21世纪高等学校规划教材 | 计算机科学与技术

数据结构与算法

瞿有甜 编著

清华大学出版社
北京

内容简介

本书以数据结构基础和算法设计方法为知识单元,系统地介绍了数据结构与算法的基本知识及应用,简明扼要地阐释了计算机算法的设计与分析方法。本书的主要内容包括线性表、树、图等基础数据结构,同时也包括一些实用性较强的算法及高级数据结构,如并查集、伸展树等。以经典问题算法为例,书中分类介绍了算法设计方法以及查找与排序算法等。编者结合ACM国际大学生程序设计竞赛的需求,对各章节知识的灵活应用进行了详细的分析,用丰富的实例帮助读者由浅入深、快速地掌握算法设计的技巧,提升算法设计能力。本书的算法全部采用C语言描述,且在Dev-C++中测试通过,习题安排上注重能力培养和实战训练的需求。

本书注重理论与实践相结合,内容深入浅出,可以作为高等院校计算机相关专业的教材或参考书,同时也可供ACM竞赛的兴趣爱好者和有关工程技术人员参考。

本书封面贴有清华大学出版社防伪标签,无标签者不得销售。
版权所有,侵权必究。举报:010-62782989,beiqinquan@tup.tsinghua.edu.cn。

图书在版编目(CIP)数据

数据结构与算法/瞿有甜编著. --北京:清华大学出版社,2015(2024.2重印)
21世纪高等学校规划教材・计算机科学与技术
ISBN 978-7-302-38396-3

Ⅰ. ①数… Ⅱ. ①瞿… Ⅲ. ①数据结构—高等学校—教材 ②算法分析—高等学校—教材
Ⅳ. ①TP311.12

中国版本图书馆CIP数据核字(2014)第250982号

责任编辑:刘 星 薛 阳
封面设计:傅瑞学
责任校对:时翠兰
责任印制:宋 林

出版发行:清华大学出版社
    网 址:https://www.tup.com.cn,https://www.wqxuetang.com
    地 址:北京清华大学学研大厦A座 邮 编:100084
    社 总 机:010-83470000 邮 购:010-62786544
    投稿与读者服务:010-62776969,c-service@tup.tsinghua.edu.cn
    质量反馈:010-62772015,zhiliang@tup.tsinghua.edu.cn
    课件下载:https://www.tup.com.cn,010-83470236
印 装 者:三河市龙大印装有限公司
经 销:全国新华书店
开 本:185mm×260mm 印 张:26.5 字 数:648千字
版 次:2015年4月第1版 印 次:2024年2月第9次印刷
印 数:5101~5900
定 价:69.80元

产品编号:061117-02

前言

本书以教育部计算机专业数据结构课程大纲为基础,结合作者对该课程教学近30年的体会,以及指导一个省属普通高校学生队参加 ACM 国际大学生程序设计竞赛的经验来组织和安排教材内容。

本书的主要内容包括基础的算法分析(大 O 阶)方法,线性结构中的顺序结构与链式结构,栈与队列的应用,串的 KMP 模式匹配算法;树、二叉树的常见遍历算法,线索二叉树、哈夫曼树;图的深度优先、广度优先遍历算法,最小生成树、最短路径、拓扑排序、关键路径算法;常用的查找和排序算法,散列表技术等。同时,从数据结构课程知识实际应用的角度,用相对比较多的篇幅,以经典算法应用为例重点介绍了常用的一些算法设计方法,例如分治法、贪心法、回溯与分支限界法、动态规划法等。

对于普通高等院校的学生来说,虽然大都能认识到数据结构课程的重要性,并有意要学好它,但事与愿违的事比比皆是。事实上有许多学生都会觉得数据结构比较抽象,上课时似乎听明白了,但实践算法时却总觉得无从下手,从而产生数据结构课程很难、枯燥乏味等不正确的观点和想法。其实数据结构中的很多算法都是人类智慧的结晶,通过它去感受计算机编程的魅力是一种非常愉悦的精神感受,这也正是许多 ACMer 对此乐不思蜀、欲罢不能的原因。

现如今各种数据结构教材、各类获奖教材、十一五、十二五规划教材可以说是层出不穷,但真正适合一个课程初学者自学和独立实践的教材并不多。为此,在本教材编写中,作者尽量摒弃传统数据结构教材"重理论思想而轻代码实现"的做法,关注一个初学数据结构和算法的自学者的感受,在题例中尽量给出完整的算法分析和代码实现。

作者是数据结构与算法课程浙江省省级精品课程负责人,也是教育部微软精品课程负责人,在执掌浙江师范大学 ACM 竞赛队教练期间,曾将一个几乎是零起点的学校 ACM 竞赛队,逐年提升竞技水平,在短短4年的时间里,实现了亚洲赛金奖的突破,并顺利取得了参加全球总决赛的资格。期望通过本教材的编写,对长期在这条战线上默默耕耘着的普通高等院校的教练们和 ACM 竞赛的爱好者们能有所启迪、有所帮助。

本书的题例和习题均以编程为主。作者认为理解概念还是相对容易的,理解算法思想并付诸于实践以解决实际问题才是本课程学习的真正目的。为增加课程学习的趣味性,提升学习者的实际编程能力或竞赛实战能力,本书的大多数题例来自北京大学和浙江大学的在线测试系统,同时也以这两个测试系统为主选择了课后练习实践题,以下是可供学习者练习的若干在线测试系统地址:

在线测试系统	简称	网 址
北京大学在线评测系统	POJ	http://poj.org/
浙江大学在线评测系统	ZOJ	http://acm.zju.edu.cn/onlinejudge/
UVA 在线评测系统	UVA	http://uva.onlinejudge.org/ http://livearchive.onlinejudge.org/

续表

在线测试系统	简称	网址
Ural 在线评测系统	Ural	http://acm.timus.ru/
SGU 在线评测系统	SGU	http://acm.sgu.ru/

  上述各在线测试系统中均提供了丰富的测试练习题目，一个普通的学习者应该从中选择一些合适的题目进行练习。虽然说编程能力是听不会、看不会，而是靠练会的，但一个人的精力毕竟是有限的，尤其是一个普通高校而又在中学阶段没有经过任何信息学竞赛训练的学习者来说，题海战术显然是不合适，这就要求读者在研读本书时，在具备熟练的代码能力的基础上，还要善于分析总结、善于分类归纳，善于对题目做拓展、变化，真正做到举一反三、触类旁通，以求收到事半功倍的学习效果。作为课程授课的老师，引导学生多做角色换位思考训练，讲解问题点到为止，留出足够的空间给学习者自己去思考、去求解未尝不是一种好的训练方法。

  学习数据结构与算法的另外一个目的是要学会分析判断最优化方法，竞赛中出现的题目往往不止一种求解方法，所以学习者首先应该学会分析某问题可以有多少种不同的求解方法，同时针对给定的问题和条件迅速判别出最优的求解方法。当然，此事说起来容易，做起来难，更何况算法和代码的优化是一个高智慧的体力活。限于作者自身的水平和能力，书中给出的算法并不一定能保证是最优的，也不一定能绝对保证是最合适的，从某种程度上说算法优化是无止境的，今天认为是最好的算法，也许明天就不是最好的了。限于篇幅，作者在介绍题例的时候一般也不对多种解法做分析，而是按照常规的理解来求解。关于算法设计的奥秘与乐趣读者可以从绪论中的求最大子序列和问题的求解中慢慢品味。

  本书成稿周期颇长，从首次与清华大学出版社签约至今已有整整 6 年时间，期间也曾几次想放弃过，但每每想起许多挚友十多年来一直为之而默默地奋斗着，又总觉得自己应该来抛砖引玉，本书就是在这样的多次纠结中完稿的。

  本书适合想从事编程工作的各类技术人员，以及就读于与计算机编程相关的各类大、中专相关专业的学生，以及工作后需要补学或温习数据结构和算法的各类读者。

  本书诸多题例的代码来自众多 ACMer 的博客，而并非选自我的队员的代码，基本的想法也是为了使算法思想和代码实现更具代表性，当然，作者也对一些代码做了适当的修改。正如前面所述，由于成书周期过长，在代码引用中未一一列出各位 ACMer 的博客地址，还请见谅！限于作者的水平，书中的错误也恳请读者批评指正，有兴趣的读者请发送邮件到 liux@tup.tsinghua.edu.cn。

  感谢清华大学出版社的多位朋友为本书的出版所做的努力，同时也感谢我的研究生王超男、钟丽丽、盛贤良，曾经的 ACM 弟子陈聪、诸一行等为本书的出版所做出的贡献。

  《数据结构与算法》被列为浙江省重点建设教材。

作　者

于杭州下沙高教园区

2014 年 7 月

目 录

第 1 章　绪论 ·· 1

1.1　数据结构简介 ·· 1
1.1.1　数据结构课程的内容 ··· 1
1.1.2　数据结构的基本概念和术语 ··· 1
1.2　抽象数据类型 ·· 4
1.3　算法的执行效率及其度量 ··· 6
1.3.1　算法 ·· 6
1.3.2　算法设计的要求 ··· 7
1.3.3　算法效率的度量 ··· 8
1.3.4　算法的存储空间需求 ··· 11
1.4　算法分析 ·· 11
1.4.1　算法设计与分析的重要性 ·· 11
1.4.2　一个简单的算法分析设计实例 ··· 13
习题 ··· 17
ACM/ICPC 实战练习 ·· 19

第 2 章　线性结构 ··· 20

2.1　线性表 ··· 20
2.1.1　线性表的定义 ·· 20
2.1.2　线性表的抽象数据类型 ··· 20
2.1.3　线性表的存储结构 ··· 21
2.2　线性表的顺序存储及运算实现 ·· 22
2.2.1　顺序表 ··· 22
2.2.2　顺序表上基本运算的实现 ·· 23
2.2.3　顺序表应用举例 ··· 25
2.3　线性表的链式存储和运算实现 ·· 26
2.3.1　单链表 ··· 27
2.3.2　单链表上基本运算的实现 ·· 28
2.3.3　循环链表 ·· 33
2.3.4　双向链表 ·· 34
2.3.5　静态链表 ·· 35
2.3.6　单链表应用举例 ··· 36

    2.3.7 线性表实现方法比较 ·············· 39
  2.4 栈 ························ 40
    2.4.1 顺序栈 ···················· 41
    2.4.2 链式栈 ···················· 42
    2.4.3 栈的应用举例 ················· 43
    2.4.4 栈与递归 ··················· 51
  2.5 队列 ······················· 52
    2.5.1 顺序队列 ··················· 52
    2.5.2 链式队列 ··················· 55
    2.5.3 基于队列的算法设计实例 ············ 56
  2.6 数组 ······················· 59
    2.6.1 数组的定义 ·················· 59
    2.6.2 数组的顺序表示和实现 ············· 59
    2.6.3 特殊矩阵的压缩存储 ·············· 60
  习题 ·························· 68
  ACM/ICPC 实战练习 ··················· 69

第 3 章　字符串 ·················· 70

  3.1 串类型定义 ···················· 70
  3.2 串的表示和实现 ·················· 71
    3.2.1 串的定长顺序存储结构及其基本运算实现 ····· 71
    3.2.2 串的堆存储结构及其基本运算实现 ········ 73
    3.2.3 串的链式存储结构及其基本运算实现 ······· 75
  3.3 串的模式匹配算法 ················· 77
    3.3.1 朴素匹配算法 ················· 78
    3.3.2 KMP 算法 ·················· 79
    3.3.3 基于 KMP 算法的应用举例 ··········· 82
  习题 ·························· 84
  ACM/ICPC 实战练习 ··················· 84

第 4 章　树和二叉树 ················ 86

  4.1 树 ························ 86
    4.1.1 树的定义和基本术语 ·············· 86
    4.1.2 树的抽象数据类型 ··············· 87
    4.1.3 树的存储结构 ················· 88
    4.1.4 树的遍历 ··················· 89
    4.1.5 树的应用 ··················· 89
  4.2 二叉树 ······················ 98
    4.2.1 二叉树的定义 ················· 98

4.2.2　二叉树的性质 ··· 99
　　　4.2.3　二叉树的存储结构 ·· 100
　　　4.2.4　表达式树 ·· 102
　　　4.2.5　二叉树的基本操作及实现 ·· 104
　4.3　遍历二叉树和线索二叉树 ·· 106
　　　4.3.1　遍历二叉树 ·· 106
　　　4.3.2　二叉树遍历的非递归实现 ·· 108
　　　4.3.3　线索二叉树 ·· 112
　4.4　树、森林和二叉树的转换 ·· 118
　　　4.4.1　树转换为二叉树 ·· 118
　　　4.4.2　森林转换为二叉树 ·· 119
　　　4.4.3　二叉树转换为树和森林 ·· 120
　4.5　Huffman 编码树 ·· 121
　　　4.5.1　最优二叉树（Huffman 树） ·· 121
　　　4.5.2　Huffman 编码 ·· 124
　4.6　二叉搜索树 ·· 126
　　　4.6.1　二叉搜索树的基本操作 ·· 126
　　　4.6.2　平衡二叉树（AVL 树） ·· 131
　4.7　伸展树 ·· 136
　　　4.7.1　伸展树的基本操作 ·· 136
　　　4.7.2　伸展树的参考例程 ·· 138
　4.8　堆与优先队列 ·· 141
　　　4.8.1　堆的逻辑定义 ·· 141
　　　4.8.2　堆的性质 ·· 142
　　　4.8.3　堆的基本操作 ·· 142
　　　4.8.4　堆的实现例程 ·· 142
　4.9　B-树和 B$^+$ 树 ·· 144
　　　4.9.1　B-树及其查找 ·· 144
　　　4.9.2　B-树的插入和删除 ·· 146
　　　4.9.3　B$^+$ 树 ·· 149
　4.10　树型结构搜索算法应用案例 ·· 149
　　　4.10.1　基于二叉树遍历的应用 ·· 149
　　　4.10.2　ACM/ICPC 竞赛题例分析 ·· 152
　习题 ·· 158
　ACM/ICPC 实战练习 ·· 159

第 5 章　图论算法 ·· 161
　5.1　图 ·· 161
　　　5.1.1　图的定义和术语 ·· 161

5.1.2　图的抽象数据类型 ··· 164
　　5.1.3　图的存储结构 ··· 164
5.2　图的遍历算法 ·· 171
　　5.2.1　深度优先搜索 ··· 172
　　5.2.2　广度优先搜索 ··· 173
　　5.2.3　深度与广度优先搜索应用 ·· 175
5.3　图的连通性 ··· 182
　　5.3.1　无向图的连通性 ·· 183
　　5.3.2　有向图的连通性 ·· 183
　　5.3.3　生成树和生成森林 ·· 184
　　5.3.4　关节点和重连通分量 ··· 186
　　5.3.5　有向图的强连通分量 ··· 188
5.4　有向无环图及其应用 ·· 194
　　5.4.1　有向无环图的概念 ·· 194
　　5.4.2　AOV 网与拓扑排序 ·· 195
　　5.4.3　AOE 网与关键路径 ·· 199
5.5　最短路径算法 ·· 203
　　5.5.1　无权最短路径 ·· 204
　　5.5.2　Dijkstra 算法 ··· 205
　　5.5.3　具有负边值的图 ··· 209
　　5.5.4　所有点对的最短路径 ··· 212
5.6　最小支撑树 ··· 216
　　5.6.1　Prim 算法 ··· 217
　　5.6.2　Kruskal 算法 ··· 219
　　5.6.3　最小生成树算法应用 ··· 222
5.7　网络流问题 ··· 223
　　5.7.1　网络流的最大流问题 ··· 224
　　5.7.2　网络流应用 ·· 229
习题 ··· 232
ACM/ICPC 实战练习 ·· 235

第 6 章　内部排序 ·· 236

6.1　概述 ·· 236
6.2　基于顺序比较的简单排序算法 ·· 236
　　6.2.1　插入排序(Insertion Sort) ··· 236
　　6.2.2　冒泡排序(Bubble Sort) ··· 241
　　6.2.3　直接选择排序(Directly Selection Sort) ·· 242
　　6.2.4　简单排序算法的时间代价对比 ·· 242
6.3　缩小增量排序方法——Shell 排序(Shell Sort) ··· 243

6.4 基于分治策略的排序 ·· 244
    6.4.1 快速排序(Quick Sort) ·· 244
    6.4.2 归并排序(Merge Sort) ·· 247
6.5 树形排序方法 ·· 249
    6.5.1 堆排序(Heap Sort) ·· 249
    6.5.2 树形选择排序(Tree Select Sort) ·· 252
6.6 分配排序和基数排序 ·· 253
    6.6.1 桶式排序(Bucket Sort) ··· 253
    6.6.2 基数排序(Radix Sort) ·· 253
6.7 内部排序问题讨论与分析 ·· 257
    6.7.1 常用排序算法性能简要分析 ··· 257
    6.7.2 排序问题的下限 ·· 257
6.8 排序应用举例 ·· 258
习题 ··· 262
ACM/ICPC 实战练习 ·· 264

第 7 章 文件管理和外排序

7.1 外存储器 ·· 265
    7.1.1 磁盘 ·· 265
    7.1.2 磁盘访问时间估算 ··· 267
7.2 外存文件的组织 ··· 268
    7.2.1 文件组织 ··· 268
    7.2.2 文件上的操作 ·· 270
    7.2.3 C 语言中的文件流操作 ·· 270
7.3 缓冲区和缓冲池 ··· 272
7.4 外排序(External Sort) ··· 273
    7.4.1 二路外排序 ·· 274
    7.4.2 多路平衡归并的实现 ··· 275
7.5 置换-选择排序 ··· 279
7.6 最佳归并树 ··· 283
习题 ··· 284

第 8 章 检索与散列表

8.1 检索的基本概念 ··· 286
8.2 基于线性表的检索 ·· 288
    8.2.1 顺序检索 ··· 288
    8.2.2 有序表的二分检索 ··· 289
    8.2.3 有序表的插值查找和斐波那契查找 ··· 293
    8.2.4 分块检索 ··· 294

8.3 集合的检索 ··· 295
　　8.3.1 集合的数学特性 ·· 295
　　8.3.2 计算机中的集合 ·· 296
8.4 键树 ··· 298
　　8.4.1 基本概念 ··· 298
　　8.4.2 键树的存储表示 ·· 298
　　8.4.3 键树相关算法实现 ··· 299
8.5 散列方法及其检索 ··· 301
　　8.5.1 散列函数 ··· 303
　　8.5.2 开散列方法(分离链接法) ··· 307
　　8.5.3 开放定址法 ·· 308
　　8.5.4 散列方法的效率分析 ·· 310
8.6 散列表及检索的应用 ·· 312
习题 ··· 318
ACM/ICPC 实战练习 ··· 319

第 9 章 算法设计方法 ·· 321

9.1 算法设计方法概论 ··· 321
　　9.1.1 常用的算法设计方法 ·· 321
　　9.1.2 算法设计中的最优化问题 ·· 322
9.2 分治法 ·· 324
　　9.2.1 分治策略的思想 ·· 324
　　9.2.2 高精度计算 ·· 326
　　9.2.3 矩阵相乘的 Strassen 算法 ·· 334
　　9.2.4 选择问题的分治算法 ·· 335
　　9.2.5 分治法求最近点对问题 ··· 336
　　9.2.6 分治法的应用 ··· 338
9.3 贪心法 ·· 347
　　9.3.1 贪心算法的思想 ·· 347
　　9.3.2 活动安排问题 ··· 348
　　9.3.3 背包问题 ··· 350
　　9.3.4 多机调度问题的近似算法 ·· 352
　　9.3.5 任务调度问题 ··· 353
　　9.3.6 贪心算法的应用 ·· 355
9.4 回溯与分支限界 ·· 362
　　9.4.1 回溯与分支限界简介 ·· 362
　　9.4.2 八皇后问题 ·· 364
　　9.4.3 0-1 背包问题的回溯算法 ··· 366
　　9.4.4 分支限界算法 ··· 368

  9.4.5　回溯与分支限界应用 …………………………………………… 370
 9.5　动态规划法 ………………………………………………………………… 377
  9.5.1　Fibonacci 数的计算 ……………………………………………… 377
  9.5.2　矩阵连乘的顺序问题 ……………………………………………… 379
  9.5.3　适合动态规划算法的两个条件 …………………………………… 384
  9.5.4　最长不降子序列问题 ……………………………………………… 390
  9.5.5　最长公共子序列问题 ……………………………………………… 393
  9.5.6　石子合并问题 ……………………………………………………… 399
  9.5.7　凸多边形最优三角剖分 …………………………………………… 405
习题 …………………………………………………………………………………… 408
ACM/ICPC 实战练习 ………………………………………………………………… 409

参考文献 …………………………………………………………………………… 411

第 1 章 绪论

信息的表示和处理是计算机科学的基础。计算机科学是一门研究数据表示和数据处理的科学。数据是计算机化的信息，它是计算机可以直接处理的基本对象。无论是用计算机进行数值计算还是非数值计算，都是对数据进行加工处理的过程。因此，要设计出一个结构良好且高效率的程序，必须研究数据的特性、数据间的相互关系及数据在计算机中的存储表示，并利用这些特性和关系设计出相应的算法和程序。研究数据结构与算法以高效的支持程序的实现是计算机科学中的一个核心基础理论和技术问题。

1.1 数据结构简介

1.1.1 数据结构课程的内容

数据结构与数学、计算机硬件和软件有十分密切的关系。数据结构与算法是计算机科学与技术专业的一门核心基础课程，同时也是许多非计算机专业的重要选修课程。数据结构与算法是计算机专业相关后续课程学习的基础，它不仅直接影响到许多后续专业课程（如编译原理、操作系统、数据库、人工智能等）的学习，而且直接影响到学习者计算机应用开发能力和水平的培养和提高。数据结构与算法及其相关技术已被广泛地应用于信息科学、系统工程、应用数学以及各种工程技术应用领域。在国际大学生程序设计竞赛（ACM International Collegiate Programming Contest，ACM/ICPC）、全国或国际青少年信息学奥林匹克（NOI/IOI）竞赛中，数据结构与算法是该类竞赛考核的核心基础内容。

用计算机进行实际应用问题求解的一般过程是分析问题、建立数学模型（或计算模型）、设计或选择算法、编程与调试、测试验证。即通过对具体问题的分析，抽象出能放映问题本质的、恰当的可求解数学模型，设计或选择解此数学模型的相关算法，完成代码程序的编写和测试验证。数据结构与算法课程集中讨论软件开发全过程中的诸如分析、设计、设计实现等阶段的若干基本问题，讨论问题相关数据对象的逻辑结构及关系，研究其在计算机中的存储表示，定义相关的操作及其实现。

1.1.2 数据结构的基本概念和术语

（1）**数据**（Data）是信息的载体，是对客观事物的符号化表示，在计算机科学中是指所有能输入到计算机中并被计算机程序处理的符号的总称，它能够被计算机识别、存储和加工处理。数据是计算机加工处理的对象,它可以是数值型数据,也可以是非数值型数据。数据的含义极为广泛,它包含了人们日常生活中方方面面的各种信息在计算机内的表示。例如整数、实数或复数等用于工程计算、科学计算和商务处理的数值型数据,字符、文字、图形、图像、语音等用于事务处理、多媒体信息处理的非数值型数据等。

(2) **数据元素**(Data Element)是数据的基本单位。在数据结构课程中,数据元素习惯上又常被称为元素、结点、顶点、记录等。例如,学籍管理系统中的一个学生基本信息记录、八皇后问题求解状态树中的一个状态、教学计划编排问题中的一个顶点等,都被称为一个数据元素。

(3) **数据项**(Data Item)或**域**(Domain)是数据的最小单位。一个数据元素通常可由若干个数据项组成,例如,组成学籍管理系统中学生基本信息的学号、姓名、性别、籍贯、出生年月、就读专业、年级、成绩等均为数据项。可见,数据的基本单位是数据元素,数据的最小单位即具有独立含义的最小标识单位是数据项。数据项是数据元素的成员,数据项又可分为简单数据项(Simple Data Item)和复杂数据项(Aggregate Data Item)。简单数据项是不包含子结构的数据项,例如学号、姓名等,而复杂数据项是包含子结构的数据项,例如成绩可能包括英语、高等数学、线性代数、概率论、程序设计等多门课程的成绩。

(4) **数据对象**(Data Object)或**数据元素类**(Data Element Class)是同质的数据元素的集合,是数据的一个子集。同质是指数据元素都具有相同的性质,但数据元素的值不一定相等。数据元素是数据对象或数据元素类的一个实例。例如,城市交通网是一个数据对象或数据元素类,它是由组成该交通网的所有城市(顶点)的集合组成。顶点 A 和顶点 B 分别代表一个城市,是该数据对象的两个实例,其值分别为 A 和 B。

(5) **数据结构**(Data Structure)通常包括数据元素之间的逻辑关系(逻辑结构)、数据元素在计算机内的存储表示(存储结构)和定义在这种结构之上的一组操作(运算)三个方面。数据的逻辑结构是从具体应用问题中抽象出来的数学模型,是对现实世界中某个特定领域知识或概念的抽象。数据的存储结构是指充分利用计算机主存储器的顺序及随机访问特点完成从逻辑结构到存储空间的一种映射。一般而言,数据元素之间都不会是孤立的,它们之间总是存在着这样或那样的关系,数据元素之间存在的这种关系称为结构。为方便起见,人们常将数据元素间的逻辑关系结构简称为数据结构。根据数据元素间关系的不同特性,通常有下列 4 类基本的数据结构。

① 线性结构($1:1$):结构中的数据元素之间存在着一对一的关系。

② 树形结构($1:N$):结构中的数据元素之间存在着一对多的关系。

③ 图形结构($M:N$):结构中的数据元素之间存在着多对多的关系,图形结构也称为网状结构。

④ 集合结构:集合结构中的数据元素之间的关系仅仅是"属于同一个集合"。由于集合中的元素关系极为松散,该结构在数据结构课程中基本不讨论。

图 1.1 为表示上述 4 类基本结构的示意图。

从上述数据结构的简单定义可知,数据结构有两个基本组成要素:数据元素的集合和关系的集合。因此,在形式上数据结构是一个二元组,其形式定义是:

$$Data\_Structure = (D, R)$$

其中,D 是数据元素的有限集,R 是 D 上关系的有限集。

图 1.1 4 种基本结构示意图

依据数据元素之间存在的不同关系,数据结构可分为线性结构和非线性结构。线性结构中各个数据元素依次排列在一个线性序列中;非线性结构中各个数据元素不再保持在一个线性序列中,每个数据元素可能与零个或多个数据元素发生联系。此外,数据结构还可依据视点的不同,分为数据的逻辑结构和数据的物理结构(又称存储结构)。

数据的逻辑结构与数据的存储无关,研究数据结构的目的是为了在计算机中实现对数据的操作,而对数据的操作则依赖于数据的存储。

数据在计算机中的存储表示即数据的存储结构可分为顺序存储和非顺序存储,即顺序存储结构和链式存储结构,这是两种最基本的存储结构。此外,针对一些特殊的应用,还有可能会使用索引存储结构、散列存储结构等其他存储表示方法,以满足一些特殊的应用需求。

(1) 顺序存储方法是把逻辑上相邻的数据元素存储在物理位置上相邻的存储单元中,这种存储表示方法称为顺序存储结构。顺序存储结构是一种最基本的存储表示方法,算法设计时常用的数组就是用顺序存储结构来实现的。

(2) 链式存储方法对逻辑上相邻的数据元素不要求其物理位置上相邻,数据元素间的逻辑关系通过附设的指针字段值来指示,这种存储表示方法称为链式存储结构,链式存储结构是数据结构中最常见的一种存储表示方法,算法设计时常用的指针就是用链式存储结构来实现的。

(3) 索引存储方法在采用上述基本方法存储数据元素的同时,还需建立一个附加的索引表,其主要目的是为了提高检索的速度和性能。索引表中的每一项称为一个索引项。索引项的一般形式是(关键字,地址),关键字是指能唯一标识数据元素的数据项。例如,一本教材的目录就是一张索引表,它的一般形式是(章节标题和内容,页码),通过对索引表中关键字(标题和内容)的搜索,可迅速定位到所关心的主题内容所在的页码。若每个数据元素在索引表中均有一个索引项,则该索引表称为稠密索引(Dense Index);若一个索引项对应一组数据元素,则该索引表称为稀疏索引(Sparse Index)。

(4) 散列存储方法(Hash 方法)是依据数据元素的关键字值,采用一个事先已经设计好的散列函数计算出该数据元素的对应的存储地址,然后依据该地址及冲突处理办法实施对数据元素的存储和检索。这个地址称为散列地址,这种存储方法称为散列存储方法。显然,散列存储方法的关键在于设计一个合适的散列函数及冲突的处理办法,其优点是处理速度快。

在上述 4 种存储结构中,顺序、链式、索引存储结构在完成其数据元素值的机内表示的同时,还能完成其数据元素间逻辑关系的机内表示。散列存储方法只能存储数据元素的值,而不能存储数据元素间的逻辑关系。在实际应用中,各种不同的存储方法既可以单独使用,也可以组合使用。当某个应用的逻辑结构确定后,采用何种存储方法,要根据具体的应用问题而定。选择具体存储方法一般要考虑的因素是算法效率、存储开销和运算操作实现的便捷性和高效性等。

1.2 抽象数据类型

数据类型(Data Type)是一个大家并不陌生的概念,在高级程序设计语言中它被用于描述程序中操作对象的特性,每个变量、常量或表达式都有一个确定的数据类型。数据类型显式或隐含地规定了在程序执行期间变量或表达式所有可能的取值范围,以及在这些值上允许进行的操作。数据类型与数据结构关系密切,是一个值的集合和定义在这个值集上的一组操作的总称。数据类型规定了该类型数据的取值范围和对这些数据所能采取的操作。如C语言中的数据类型有:整型、实型、字符型、指针类型等。在高级程序语言的层次上讨论数据结构的操作,不能直接以内存地址来描述存储结构,但可以借助高级程序语言中提供的"数据类型"来描述,例如可以用"一维数组"类型来描述顺序存储结构,以"指针"类型来描述链式存储结构等。

在高级程序设计语言中,数据类型按"值"的不同特性可分为两类:一类是非结构的原子类型,原子类型的值是不可分解的,例如C语言中的基本类型(整型、实型、字符型和枚举型)、指针类型和空类型;另一类是结构类型,结构类型的值是可以分解的,它的值是由若干成分按某种结构组成的,并且其中的成分可以是非结构的,也可以是结构的。例如,数组的值由若干分量组成,每个分量可以是整数、字符数据,也可以是数组等。

抽象数据类型(Abstract Data Type,ADT)是描述数据结构的一种理论工具,是独立于应用程序的一种抽象代数结构描述。抽象数据类型是指一个数学模型以及定义在该模型上的一组操作,即抽象数据类型是基于具体问题逻辑模型的数据类型以及定义在该类型上的一组操作。抽象数据类型的定义取决于它的一组逻辑特性,与其在计算机内部如何表示和实现无关。由此可见,一个ADT的定义是独立于其应用程序的,每一个操作由它的输入、输出定义,ADT并不涉及它的实现细节,这些实现细节对ADT用户是隐藏的。这种隐藏实现细节的过程称为封装(Encapsulation)。

抽象数据类型把数据结构作为独立于应用程序的一种抽象,使人们能够独立于程序的实现细节来理解数据结构的概念和特性。"抽象"的意义在于数据类型的数学特性抽象。当某个应用其定义的数学特性相同时,抽象数据类型等同于数据类型。例如,都是整数类型特性时,ADT与数据类型实质上是一个概念。但抽象数据类型的范畴更广,它还可以采用已定义并实现的数据类型来定义用户自己的数据类型。

抽象数据类型的定义可以由一种数据结构和定义在其上的一组操作组成,而数据结构又包括数据元素及元素间的关系,因此抽象数据类型一般可以由元素、关系及操作三种要素来定义。

抽象数据类型的描述包括给出抽象数据类型的名称、数据的集合、数据之间的关系和操作的集合等。抽象数据类型的设计者根据这些描述给出操作的具体实现,抽象数据类型的使用者依据这些描述使用抽象数据类型。

抽象数据类型描述的一般形式如下。

```
ADT 抽象数据类型名称{
    数据对象：<数据对象的定义>
    数据关系：<数据逻辑关系的定义>
    基本操作集：
        操作名 1：
            <基本操作 1 初始条件描述>
            <基本操作 1 操作结果描述>
            ⋮
        操作名 n：
            <基本操作 n 初始条件描述>
            <基本操作 n 操作结果描述>
}ADT 抽象数据类型名称
```

例 1-1 复数的抽象数据类型定义。

```
ADT Complex {
    数据对象 D：
        D = {e1, e2 | e1 ∈ RealSet, e2 ∈ RealSet }
    数据关系 R：
        R = {< e1, e2 > | e1 是复数的实部系数,e2 是复数的虚部系数}
    基本操作集 P：
        InitComplex(&z, v1, v2)
            初始条件：复数 z 不存在。
            操作结果：构造复数 z,其实部系数和虚部系数分别赋予参数 v1 和 v2 的值。
        GetReal(z, &Realpart)
            初始条件：复数 z 已经存在。
            操作结果：用 Realpart 返回复数 z 的实部系数值。
        GetImag(z, &ImagPart)
            初始条件：复数 z 已经存在。
            操作结果：用 ImagPart 返回复数 z 的虚部系数值。
        Add(z1, z2, &sum)
            初始条件：复数 z1 和 z2 已经存在。
            操作结果：用 sum 返回两个复数 z1,z2 的和。
        Subtract(z1, z2,&sub)
            初始条件：复数 z1 和 z2 已经存在。
            操作结果：用 sub 返回两个复数 z1,z2 的差。
        Multiply(z1, z2,&mult)
            初始条件：复数 z1 和 z2 已经存在。
            操作结果：用 mult 返回两个复数 z1,z2 的积。
        Division(z1, z2,&div)
            初始条件：复数 z1 和 z2 已经存在
            操作结果：用 div 返回两个复数 z1,z2 的商。
} ADT Complex
```

由此可见,使用与实现相分离是抽象数据类型的特征。其目的是为便于描述现实世界,如用线性表描述学生成绩表,用树或图描述遗传关系等。因此,从抽象数据类型的角度看,数据结构是 ADT 的物理实现。数据结构一般应包括以下 3 个方面内容。

(1) **逻辑结构**(Logical Structure)：即从数据之间存在的逻辑关系上描述数据,与数据的存储无关。

(2) **存储结构**(Storage Structure)：即数据元素及其关系在计算机存储器内的表示,数据的存储结构是数据的逻辑结构用计算机语言的实现(亦称为映像),它依赖于具体的计算机语言。

(3) **数据运算**(Data Operation):即对数据施加的操作,数据运算定义在数据的逻辑结构上,每种逻辑结构都有一个运算的集合。常见的操作有:检索、插入、删除、更新等,运算实际上也只是在抽象层面上的一系列抽象的操作。所谓抽象的操作,是指人们只需知道这些操作能"做什么",而无需考虑这些操作是"如何做"的。只有当存储结构确定之后,才考虑如何具体实现这些运算。

为了增加对数据结构相关概念的感性认识,下面举例说明。

例 1-2 考查学生成绩表,如表 1-1 所示。

表 1-1 学生成绩表

学号	姓名	数学分析	大学物理	高等代数	平均成绩
08190101	张无忌	90	85	95	90
08190102	赵敏	96	98	100	98
08190103	周芷若	95	91	99	95
08190104	小昭	70	84	86	80
08190105	纪晓芙	91	84	92	89
08190106	殷离	78	67	80	75
⋮	⋮	⋮	⋮	⋮	⋮

表 1-1 中每个学生的情况为一个记录,它由学号、姓名、数学分析、大学物理、高等代数、平均成绩等 6 个数据项组成。表中数据元素具有相同的特性,即属于同一数据对象,相邻数据元素之间还存在着序偶关系 $<a_{i-1}, a_i>$。表中数据元素以学号为序排列,可用顺序存储的二维数组结构来表示。除了常规的学生单科成绩的检索外,还可定义各科平均分的计算及检索操作等。

1.3 算法的执行效率及其度量

在问题求解过程中,如何寻求一个有效的求解算法,得到算法后如何判定或证明该算法的有效性、正确性,始终是理论计算机学者关注的问题。此外,由于算法与数据结构关系紧密,在算法设计时先要确定相应的数据结构,而在讨论某一种数据结构时也必然会涉及相应的算法。下面就从算法特性、算法的设计要求、算法效率的度量以及算法的存储空间需求等 4 个方面对算法进行介绍。

1.3.1 算法

算法(Algorithm)是对特定问题求解步骤的一种描述,是指令的有限序列。其中每一条指令表示一个或多个操作。一个算法应该具有下列特性。

(1) 有穷性:一个算法必须在有穷步内结束,即必须在有限时间内完成。

(2) 确定性:算法的每一步必须有确切的定义,无二义性。即对于相同的输入只能得出相同的输出。

（3）可行性：算法中的每一步都可以通过有限次执行已经实现的基本运算得以实现。

（4）输入：一个算法具有零个或多个输入，这些输入取自特定的数据对象集合。

（5）输出：一个算法具有一个或多个输出，这些输出同输入之间存在某种特定的关系。

算法的含义与程序十分相似，但又有区别。一个程序不一定满足有穷性。例如，操作系统，只要整个系统不遭破坏，它将永远不会停止，即使没有作业需要处理，它仍处于动态等待中。因此，操作系统不是一个算法。另一方面，程序中的指令必须是机器可执行的，而算法中的指令则无此限制。算法代表了对问题的解，而程序则是算法在计算机上的特定实现。一个算法若用程序设计语言来描述，则它就是一个程序。

问题、算法、程序三者之间有联系也有区别：**问题**（Problem）是一个函数，或是输入和输出的一种联系。**算法**是一个能够解决问题的、有具体步骤的方法。算法步骤必须无二义性，算法必须正确，长度有限，必须对所有输入都能终止。**程序**在计算机程序设计语言中是算法的实现。

1.3.2 算法设计的要求

一个问题有多种算法可解时，该选择哪一种？一般的程序设计人员会考虑以下两个核心目标。

（1）设计一个容易理解、编码和调试的算法。

（2）设计一个能有效利用计算机资源的算法。

完成算法设计后，怎么知道自己设计算法的质量呢？下面给出要设计一个好的算法通常要考虑的一些基本因素。

（1）正确性（Correctness）：算法的执行结果应当满足预先规定的功能和性能要求。算法的正确性大体上可以分为以下 4 个层次。

① 程序不含语法错误。

② 程序对于几组输入数据能够得出满足规格说明要求的结果。

③ 程序对精心选择的典型、苛刻而带有刁难性的几组输入数据能够得出满足规格说明要求的结果。

④ 程序对于一切合法的输入数据都能产生满足规格说明要求的结果。

（2）可读性（Readability）：一个算法应当思路清晰、层次分明、简单明了、易读易懂。

（3）健壮性（Robustness）：当输入不合法数据时，应能作适当处理，不至引起严重后果。例如，一个凸多边形面积的算法，是采用求各三角形面积之和的策略来解决问题的。当输入的坐标集合表示的是一个凹多边形时，不应继续计算，而应报告输入出错。并且，处理出错的方法应是返回一个表示错误或错误性质的值，而不是打印错误信息或异常，并中止程序的执行，以便在更高的抽象层次上进行处理。

（4）有效性（Efficient）：判断依据主要是效率和低存储量。效率指的是算法执行的时间。对于同一个问题如果有多个算法可以解决，执行时间短的算法效率高。存储量需求指算法执行过程中所需要的最大存储空间。效率与低存储量需求这两者都与问题的规模有关，例如求 100 个人的平均分与求 1000 个人的平均分所花的执行时间或运行空间显然有一定的差别。

一个算法如果能在所要求的**资源限制**（Resource Constraints）内将问题解决好，则称这个算法是**有效率**的(Efficient)。一个算法如果比其他已知解所需的资源都少,这个算法也被称为是有效率的。一个算法的**代价**(Cost)是指这个算法消耗的资源量。一般来说,代价是由一个关键资源例如时间来评估的,这暗示着这个算法满足其他资源限制。

1.3.3 算法效率的度量

1. 算法性能分析

算法效率即算法运行时间,需通过依据该算法编制的程序在计算机上运行时所消耗的时间来度量。而度量一个程序的执行时间通常有以下两种方法。

(1) 事后统计。因为很多计算机内部都有计时功能,有的甚至可精确到毫秒级,不同算法的程序可通过一组或若干组相同的统计数据以分辨优劣。但这种方法有两个缺陷:一是必须先运行依据算法编制的程序;二是所得时间的统计量依赖于计算机的硬件、软件等环境因素,有时容易掩盖算法本身的优劣。因此人们常常采用另一种事前分析估算的方法。

(2) 事前分析估算。一个用高级程序语言编写的程序在计算机上运行时所消耗的时间取决于下列因素。

① 依据算法选用何种策略。
② 问题的规模,例如求 100 以内还是 10 000 以内的素数。
③ 书写程序的语言,对于同一个算法,实现语言的级别越高,执行效率就越低。
④ 编译程序所产生的机器代码的质量。
⑤ 机器执行指令的速度。

显然,在各种因素都不能确定的情况下,很难比较出算法的执行时间。也就是说,使用执行算法的绝对时间来衡量算法的效率是不合适的。为此,可以将上述各种与计算机相关的软、硬件因素都确定下来,这样一个特定算法的运行工作量的大小就只依赖于问题的规模(通常用正整数 n 表示),或者说它是问题规模的函数。例如,矩阵乘积的问题规模是矩阵的阶数;一个图论的问题规模是图中的顶点数和边数。

一个算法是由控制结构(顺序、分支和循环)和原操作(指固有数据类型的操作)构成的,则算法时间取决于这两者的综合效果。为了便于比较同一问题的不同算法,通常的做法是,从算法中选取一种对于所研究的问题(或算法类型)来说是基本操作的原操作,以该基本操作重复执行的次数作为算法的时间量度。一般情况下,该基本操作重复执行的次数是问题规模 n 的某个函数 $f(n)$,可以记为 $T(n) = O(f(n))$,即该算法的**时间复杂度**(Time Complexity)。

但多数情况下,人们所说的基本操作的重复次数都是指最深层循环内的语句的重复执行次数,即语句的**频度**(Frequency Count)。算法中每条语句的执行时间之和即为一个算法所耗费的时间。

例 1-3 求 2 个 N 阶方阵的乘积,其算法如下。

```
#define n 100
void MatrixMultiply(int A[n][n], int B[n][n], int C[n][n])
{    int i,j,k;
/*1*/    for (i=1; i<=n; i++)
/*2*/        for (j=1; j<=n; j++)
```

```
/*3*/           { C[i][j] = 0;
/*4*/             for (k = 1;k <= n, k++)
/*5*/               C[i][j] = C[i][j] + A[i][k] * B[k][j];
                }
```

分析：语句1的循环控制变量 i 要增加到 n，即测试到 $i=n$ 成立时才会终止，因此它的频度是 $n+1$，但它的循环体却只能执行 n 次。语句2作为语句1循环体内的语句应该执行 n 次，但语句2本身要执行 $n+1$ 次，因此语句2的频度是 $n(n+1)$。同理可得，语句3、语句4和语句5的频度分别是 n^2、$n^2(n+1)$ 和 n^3。所以例1-3中所有语句的频度之和（即算法耗费的时间）为：$T(n) = \sum_{i=1}^{5} f_i(n) = 2n^3 + 3n^2 + 2n + 1$。当问题规模 n 趋向无穷大时，时间复杂度 $T(n)$ 的数量级（阶）称为算法的**渐近时间复杂度**（Asymptotic Time Complexity），简称时间复杂度。

对例1-3，当矩阵的阶数 n 趋向于无穷大时，显然有

$$\lim_{n \to \infty}(T(n)/n^3) = \lim_{n \to \infty}((2n^3 + 3n^2 + 2n + 1)/n^3) = 2$$

上式表明，当 n 充分大时，$T(n)$ 和 n^3 之比是一个不等于零的常数，即 $T(n)$ 和 n^3 是同阶的，或者说 $T(n)$ 和 n^3 的数量级相同，表示随着问题规模 n 的增大，算法耗费时间的增长率和 n^3 增长率相同，记作 $T(n) = O(n^3)$，这便是例1-3算法的渐近时间复杂度。下面简要介绍算法效率度量的一般方法和原则。

2．算法效率度量的表示方法

判定算法性能的一个基本考虑是处理一定"规模"（Size）的输入时该算法所需要执行的"**基本操作**"（Basic Operation）数。"基本操作"和"规模"这两个名词的含义都是模糊的，而且要视具体的算法而定。"规模"一般是指输入量的数目，一个"基本操作"应满足：完成该操作所需的时间与操作数的具体取值无关。这种通过估算当问题规模变大时，一种算法及实现它的程序的效率和开销的算法分析方法称**渐近算法分析**（Asymptotic Algorithm Analysis），简称**算法分析**（Algorithm Analysis）。

为能准确地反映算法复杂度增长与问题规模增长之间的函数关系，下面给出常用算法度量分析表示方法**大 O 表示法**（Big-Oh Notation）的函数定义。

定义：如果存在正常数 c 和 n_0，使得当 $N \geq n_0$ 时，$T(N) \leq cf(N)$，则记为 $T(N) = O(f(N))$。

$T(N) = O(f(N))$ 是指在保证函数 $T(N)$ 以不快于 $f(N)$ 速度增长；因此，$f(N)$ 是 $T(N)$ 的一个上界（Upper Bound），即某个算法的增长率上限（最差情况）是 $f(N)$。

例1-4

(1) {++x;s = 0;}
(2) for (i = 1;i <= n; i++) {++x;s += x;}
(3) for (j = 1;j <= n; j ++)
        for (k = 1;k <= n; k ++){++x;s += x;}
(4) i = 1; while(i <= n) i = i * 2;

以上4段代码含基本操作"x 增1"的语句的频度分别为 $1, n, n^2$ 和 $\log_2 n$，则这4段代码的时间复杂度分别是 $O(1)$、$O(n)$、$O(n^2)$、$O(\log_2 n)$，可以分别称作常量阶、线性阶、平方阶

和对数阶。我们可以对常见的时间复杂度,按数量级递增进行排序:
$$O(1) < O(\log_2 n) < O(n) < O(n\log_2 n) < O(n^2) < O(n^3) < O(2^n)$$

一般而言,具有指数阶量级的算法是实际不可计算的,而量级低于平方阶的算法是比较高效的。

3. 算法度量简化法则

法则 1:

如果 $T_1(N) = O(f(N))$ 且 $T_2(N) = O(g(N))$,那么
(1) $T_1(N) + T_2(N) = \max(O(f(N)), O(g(N)))$;
(2) $T_1(N) * T_2(N) = O(f(N) * g(N))$。

法则 2:

对于任意常数 k,$\log^k N = O(N)$,则表明对数增长的非常缓慢。

此外,在化简时还需采用一条实用法则,即低阶项一般可视为被高阶项所包含而忽略,而常数阶通常被舍弃。

4. 算法度量一般法则

有了上述大 O 表示法等算法度量的基本方法,同时考虑到程序结构只有 4 种基本形态,因而,不难形成算法度量的一般法则。

法则 1:for 循环

一次 for 循环运行时间至多是该 for 循环内(包括测试)语句的运行时间乘以迭代的次数。

法则 2:嵌套 for 循环

从里向外分析这些循环。在一组嵌套循环内部的一条语句总的运行时间为该语句的运行时间乘以该组所有 for 循环大小的乘积。

作为一个例子,下面程序片段为 $O(N^2)$。

```
for (i = 0; i < N; i++)
    for (j = 0; j < N; j++)
        k++;
```

法则 3:顺序语句

将各个语句的运行时间求和即可(这意味着,其中的最大值就是所得的运行时间)。

作为一个例子,下面的程序片段先用去 $O(N)$,再花费 $O(N^2)$,总的开销是 $O(N^2)$。

```
for (i = 0; i < N; i++)
    A[i] = 0;
for (i = 0; i < N; i++)
    for (j = 0; j < N; j++)
        A[i] += A[j] + i + j;
```

法则 4:If/else 语句

对于程序片段

```
If ( condition )
```

```
        S1
else
        S2;
```

一个 If/else 语句的运行时间不超过判断加上 S1 和 S2 中运行时间较长者的总的运行时间。

显然在某些情形下这么估计有些过高,但绝不会估计过低。

其他的法则都是显然的,但是,分析的基本策略是从内部(或最深层部分)向外展开的。如果有函数调用,那么这些调用要首先分析。如果有递归过程,那么存在几种选择。如果递归只是被薄面纱遮住的 for 循环,则分析通常是很简单的。否则,分析将会是比较复杂或很复杂。读者可以自己去分析一下大家非常熟悉的 Fibonacci 递归函数的算法时间复杂性。

$$\text{Fib}(N) = \text{Fib}(N-1) + \text{Fib}(N-2)$$

1.3.4 算法的存储空间需求

类似于算法的时间复杂度,可以用**空间复杂度**(Space Complexity)作为算法所需存储空间的度量。

一个程序的**空间复杂度**是指程序运行从开始到结束所需的存储量。

程序的一次运行是针对所求解问题的某一特定实例而言的。例如,求解排序问题算法的一次运行是对一组特定个数的元素进行的排序。对该组元素的排序是排序问题的一个实例。元素个数可视为该实例的特征。

程序运行所需的存储空间包括以下两部分。

(1) 固定部分:这部分空间与所处理数据的大小和个数无关,或者称与问题实例的特征无关。主要包括程序代码、常量、简单变量、定长成分的结构变量所占的空间。

(2) 可变部分:这部分空间大小与算法在某次执行中处理的特定数据的大小和规模有关。例如 100 个数据元素的排序算法与 1000 个数据元素的排序算法所需的存储空间显然是不同的。

1.4 算法分析

1.4.1 算法设计与分析的重要性

算法研究的核心问题是时间或速度问题。随着计算机硬件技术的发展,计算机的性能在不断提高,与此相比算法的作用似乎不是特别明显。那么算法的研究到底有没有必要呢?答案当然是肯定的,无论硬件性能如何提高,算法研究仍然是推动计算机技术发展的关键。

为了说明算法设计的作用,举下面一个简单的例子加以说明。插入排序(Insertsort)算法和归并(Mergesort)算法都是常见的排序算法,后者较优。

对 $n(n=1\,000\,000)$ 个数据进行排序。

在一台高速的计算机 A(每秒处理 10^9 条指令)上采用插入排序(Insertsort)算法。

在一台较慢的计算机 B(每秒处理 10^7 条指令)上采用归并排序(Mergesort)算法。

由熟练的程序员用机器语言编程,在计算机 A 上运行插入排序算法,对 n 项数据排序,需要执行 $2n^2$ 条指令,共需时间为:$(2\times(10^6)^2)/10^9 = 2000$(秒)。

由普通的程序员用高级程序语言编程,在计算机 B 上运行归并排序算法,对 n 项数据排序,需要执行 $50n\log_2 n$ 条指令,共需时间为:$(50\times 10^6 \times \log_{10} 6)\approx 100$(秒)。

从上面的数据说明,即使采用更快的计算机,对较大规模的数据排序,插入排序算法仍然比归并排序算法慢很多。许多组合优化问题是计算机应用经常碰到的,这类问题的时间复杂度是指数阶的,被称为计算机难解问题,只能靠算法的研究解决,因此一个好的算法还是非常重要的。

旅行商问题(Travel Salesman Problem)是一个著名的计算机难解问题。假定计算机每秒可处理一百万次浮点运算,采用一般 TSP 算法解 $n = 10$(10 个城市)的情形约 0.18 秒;但当城市数 $n = 20$,在同一机器上运行需要 1929 年!试想,如果改用速度提高 100 倍的计算机,则可缩短为 19 年,显然,这个时间代价仍然是不可接受的。

用同样的计算机解 0-1 背包(0-1 Knapsack)问题,会出现类似的情形。$n = 10$ 需 1ms,$n = 60$ 需要 366 世纪!将计算机运行速度提高 10 000 倍,仍要 3.66 年,这样的速度还是远远不够的。

算法与计算复杂性理论的研究表明,当问题的复杂度较高时单纯靠提高计算机性能是不能从根本上解决问题的,表 1-2 和表 1-3 可以说明这样的问题。

表 1-2 时间代价需求表

$T(n)$	$n = 10$	$n = 30$	$n = 60$
n	0.01ms	0.03ms	0.06ms
n^2	0.1ms	0.9ms	3.6ms
n^5	0.1s	24.3s	13.0min
2^n	1.0ms	17.9min	366.0 世纪
3^n	0.06ms	6.5 年	1.3×10^{13} 世纪

表 1-3 机器速度提高对解题能力的影响

$T(n)$	CPU	CPU1($\times 100$)	CPU2($\times 1000$)
n	10^5	10^7	10^8
n^2	10^4	10^5	3.16×10^5
n^5	10	25	39.8
2^n	1000	1006.64	1009.97
3^n	17	21.19	23.29

表 1-2 中的数据说明,复杂度高的特别是具有指数阶复杂度的算法,在问题规模稍有增加时,计算机的性能就难以承受。

表 1-3 中的数据表明了解题能力变化情况,即算法复杂度的概念与 CPU 速度之间的关系。当复杂度降低时,CPU 速度的提高才有明显的作用,而对于复杂度高的算法,CPU 速度提高的效果就很小了。

在实际的计算机技术领域,如查找问题、排序问题、图像处理问题等的算法复杂度较低,但这类问题最经常碰到,而且问题的规模或数据量的增长比 CPU 速度的提高还快。因此,无论是复杂度高的问题,还是复杂度低的问题,对其算法的研究都是必要的。

1.4.2 一个简单的算法分析设计实例

算法的设计过程与分析过程是相关的,为了设计一个好的算法,研究者往往要根据算法复杂度分析,不断地改进算法设计,最终得到满意的结果。

例如求最大子序列和问题:给定整数序列 $A_1,A_2,\cdots,A_N$(可能有负数),求 $\sum_{k=i}^{j}A_k$ 的最大值。

最大子序列和问题存在多种不同的解法,不同解法的效率完全不同。作为一个入门的算法设计分析学习实例,通过该简单实例的学习,期望读者能真正体会算法设计分析的重要性并初步了解算法设计分析的基本方法和思想。下面详细讨论求解该问题的 4 种不同算法。

算法 1.1
```
            int Maxsubsequencesum ( const int A[], int N)
            {   Int ThisSum, MaxSum, i, j, k;
/*1*/           MaxSum = 0;                        //初始化
/*2*/           for( i = 0; i < N; i++)
/*3*/               for (j = i; j < N; j++)
/*4*/               {   ThisSum = 0;
/*5*/                   for (k = i; k <= j; k++)
/*6*/                       ThisSum + = A[k];      //累加 i-k 的和
/*7*/                   If ( ThisSum > MaxSum)
/*8*/                       MaxSum = ThisSum;      //保存目前为止求得的 MaxSum
                    }
/*9*/           return MaxSum;
            }
```

这个算法只是穷举式地尝试所有的可能。本算法并不计算实际的子序列,实际的子序列计算还要添加一些额外的代码。显然,该算法肯定能求得最大的连续子序列和,但其运行的时间复杂度为 $O(n^3)$。

由于算法 1.1 中第 5 行和第 6 行代码的计算过分地耗时,出现了大量不必要的计算,下面通过撤除一个 for 循环来避免立方的时间开销(这种方法并不总是可行,但本例可行),从而得到改进后的算法 1.2。

算法 1.2
```
            int Maxsubsequencesum ( const int A[], int N)
            {   Int ThisSum, MaxSum, i, j, k;
/*1*/           MaxSum = 0;
/*2*/           for( i = 0; i < N; i++)
/*3*/           {   ThisSum = 0;
/*4*/               for (j = i; j < N; j++)
/*5*/               {   ThisSum + = A[j];
/*6*/                   If ( ThisSum > MaxSum)
/*7*/                       MaxSum = ThisSum;      //保存当前求得的 MaxSum
                    }
                }
/*8*/           return MaxSum;
            }
```

显然，算法 1.2 的时间复杂度为 $O(n^2)$。

不难看出，该问题应该有一个递归且算法相对复杂的 $O(N\log_2 N)$ 的解法，该方法称为"分治(Divide and Conquer)"法。其实，大家熟悉的二分查找就是一种分治策略。下面简要解析一下分治策略的定义和方法。

分治策略：对于一个规模为 n 的问题，若该问题可以容易地解决(比如说规模 n 较小)则直接解决；否则将其分解为 k 个规模较小的子问题，这些子问题互相独立且与原问题形式相同，递归地解决这些子问题，然后将各子问题的解合并得到原问题的解。这种算法设计策略叫做分治法。

如果原问题可分割成 k 个子问题，$1 < k \leqslant n$，且这些子问题都可解，并可利用这些子问题的解求出原问题的解，那么这种分治法就是可行的。由分治法产生的子问题往往是原问题的较小模式，这就为使用递归技术提供了方便。在这种情况下，反复应用分治手段，可以使子问题与原问题类型一致而其规模却不断缩小，最终使子问题缩小到很容易直接求出其解的规模。这自然导致了递归过程的产生。分治与递归像一对孪生兄弟，经常同时应用在算法设计之中，并由此产生许多高效算法。

分治法所能解决的问题一般具有以下几个特征。

(1) 该问题的规模缩小到一定的程度就可以容易地解决。

(2) 该问题可以分解为若干个规模较小的相同问题，即该问题具有最优子结构性质。

(3) 利用该问题分解出的子问题的局部解可以合并为该问题的全局解。

(4) 该问题所分解出的各个子问题是相互独立的，即子问题之间不包含公共的子子问题(问题子域不相交)。

上述的特征(1)是绝大多数问题都可以满足的，因为问题的计算复杂性一般是随着问题规模的增加而增加的；特征(2)是应用分治法的前提，它也是大多数问题可以满足的，此特征反映了递归思想的应用；特征(3)是关键，能否利用分治法完全取决于问题是否具有该特征，(如果具备了特征(1)和特征(2)，而不具备特征(3)，则可以考虑用贪心法或动态规划法)；特征(4)涉及分治法的效率，如果各子问题是不独立的，则分治法要做许多不必要的工作，重复地解公共的子问题，此时虽然可用分治法，但一般用动态规划法较好。

分治法解题的步骤如下。

分治法在每一层递归上都有以下 3 个步骤。

(1) 分解：将原问题分解为若干个规模较小，相互独立，与原问题形式相同的子问题。

(2) 解决：若子问题规模较小而容易被解决则直接解决，否则继续递归地解各个子问题。

(3) 合并：将各个子问题的解合并为原问题的解。

分析最大子序列和问题可知，最大子序列的位置可能出现三种情况：或者是整个出现在输入数据的左半部分，或者是整个出现在右半部，或者是跨越输入数据的中部从而占据左右两半部分。前两种情况可以递归求解，第三种情况的最大和可以通过求前半部分的最大和(包含前半部分的最后一个元素)以及后半部分的最大和(包含后半部分的第一个元素)，然后将这两个和加到一起而得到。例如，考虑如表 1-4 所示的输入：

表 1-4 示例输入

前 半 部 分				后 半 部 分			
4	−3	5	−2	−1	2	6	−2

其中前半部分的最大子序列和为 6（从元素 A_1 到 A_3）而后半部分的最大子序列和为 8（从元素 A_6 到 A_7）。前半部分包含其最后一个元素的最大和是 4（从元素 A_1 到 A_4），后半部分包含第一个元素的最大和是 7（从元素 A_5 到 A_7），而横跨这两部分且通过中间的最大和为 $4+7=11$（从元素 A_1 到 A_7），因此，本例中最大子序列和是包含前后两部分的元素。于是答案为 11。算法 1.3 就是采用分治法求解的代码。

算法 1.3

```
         static int
         MaxSubSum (const int A[], int left, int Right)
         {   int MaxLeftSum, MaxRightSum;              //保存左右最大和
             int MaxLeftBorderSum, MaxRightBorderSum;  //包括边界最大和
             int LeftBorderSum, RightBorderSum;        //临时变量
             int Center, i;
/*1*/        if (left == right)                        //基本状态
/*2*/          if (A[Left]> 0)
/*3*/            return A[left];
                 else
/*4*/            return 0;
/*5*/        Center = (right + left) / 2;
/*6*/        MaxLeftSum = MaxSubSum(A, Left, Center);           //递归求解
/*7*/        MaxRightSum = MaxSubSum(A, Center + 1, Right);     //递归求解
/*8*/        MaxLeftBorderSum = 0; LeftBorderSum = 0;
/*9*/        for(i = Center; i>= Left; i-- )                    //左边包含边界的最大和
/*10*/       {   LeftBorderSum += A[i];
/*11*/           if (LeftBorderSum > MaxLeftBorderSum)
/*12*/             MaxLeftBorderSum = LeftBorderSum;
             }
/*13*/       MaxRightBorderSum = 0; RightBorderSum = 0;
/*14*/       for(i = Center + 1; i <= Right; i++)               //右边包含边界的最大和
/*15*/       {   RightBoarderSum += A[i];
/*16*/           if(RightBorderSum > MaxRightBorderSum)
/*17*/             MaxRightBorderSum = RightBorderSum;
             }
/*18*/       return Max3 (MaxLeftSum, MaxRightSum,
/*19*/              MaxLeft BorderSum + MaxRighterBorderSum);
         }                                              //返回三种可能情况下的最大和
         int MaxSubsequenceSum( const intA[], int N)
         {  Return MaxSubSum(A, 0, N−1);
         }
```

显然，编程时，算法 1.3 要比前两种算法花费更多的精力。然而，程序短并不意味着程序执行效率高。对该算法运行时间的分析方法与分析计算斐波那契算法的方法类似。令 $T(n)$ 是求解大小为 N 的最大子序列和问题所花费的时间。如果 $N=1$，则算法 1.3 执行程序第 1 行到第 4 行花费某个时间常量，称作一个时间单元。于是，$T(1)=1$。否则，程序必须运行两次递归调用，即在第 9 行和第 17 行之间的两个 for 循环，所花费时间为 $O(N)$。第 1 行

到第5行,第8、13和18行上的程序的工作量都是常量,从而与$O(N)$相比可以忽略。其余就是第6、7行上运行的工作,这两行求解大小为$N/2$的子序列问题(假设N是偶数)。因此,这两行每行$T(N/2)$个时间单元,共花费$2T(N/2)$个时间单元。算法1.3花费的总的时间为$2T(N/2)+O(N)$。综上,可以得出下面的方程组。

$$T(1) = 1 \tag{1-1}$$
$$T(N) = 2T(N/2) + O(N) \tag{1-2}$$

为了简化计算,可以用N来代替上面方程中的$O(N)$项,即:

$$T(N) = 2T(N/2) + N \tag{1-3}$$

首先,在(1-3)式右边连续代入递归关系,如可以将$N/2$代入上式中得:

$$2T(N/2) = 2(2(T(N/4)) + N/2) = 4T(N/4) + N \tag{1-4}$$

因此得到:

$$T(N) = 4T(N/4) + 2N \tag{1-5}$$

再将(1-5)代入到等式(1-3)中,得:

$$4T(N/4) = 4(2T(N/8) + N/4) = 8T(N/8) + N \tag{1-6}$$

综上可得:

$$T(N) = 8T(N/8) + 3N \tag{1-7}$$

依此类推,可得到:

$$T(N) = 2^k T(N/2^k) + k \times N \tag{1-8}$$

利用$k = \log_2 N$得:

$$T(N) = NT(1) + N\log_2 N = N\log_2 N + N = O(N\log_2 N)$$

这个分析假设N是偶数,否则$N/2$就不确定了。通过该分析的递归性质可知,实际上只有当N是2的幂时,结果才是合理的,当N不是2的幂的时候,就需要更加复杂的分析,但是结果是不变的。

仔细分析求解最大子序列和问题可知,任何负的子序列都不可能是最优子序列的前缀,为此该问题还存在比分治算法更为简单和有效的方法,代码如下。

算法1.4
```
           int MaxSubsequenceSum( const int A[ ], int N)
           {   int ThisSum, MaxSum, j;
/*1*/          ThisSum = MaxSum = 0;
/*2*/          for(j = 0; j < N; j++)
/*3*/          {   ThisSum += A[j];
/*4*/              if(ThisSum > MaxSum)
/*5*/                  MaxSum = ThisSum;
/*6*/              else if (ThisSum < 0)            //前缀为负就舍弃
/*7*/                  ThisSum = 0;
               }
/*8*/          return MaxSum;
           }
```

该算法的时间复杂度为$O(N)$,它的一个附带的优点是:它只对数据进行一次扫描,一旦$A[i]$被读入并被处理,它就不再需要被记忆。在任意时刻,算法都能对它已经读入的数据给出子序列问题的正确答案(其他算法不具有这个特性)。具有这种特性的算法叫做联机算法(On line Algorithm)。仅需要常量空间并以线性时间运行的联机算法是完美的算法。

表 1-5 给出了这 4 种算法在某台计算机上的运行时间。

表 1-5　计算最大子序列和的几种算法的运行时间（秒）

算法		1	2	3	4
时间		$O(N^3)$	$O(N^2)$	$O(N \log_2 N)$	$O(N)$
输入大小/m	$N=10$	0.001 03	0.000 45	0.000 66	0.000 34
	$N=100$	0.470 15	0.011 12	0.004 86	0.000 63
	$N=1000$	448.77	1.1233	0.058 43	0.003 33
	$N=10000$	NA	111.13	0.686 31	0.030 42
	$N=100\,000$	NA	NA	8.0113	0.298 32

本课程学习有以下三个基本目的。

第一，通过课程学习，掌握常用的数据结构，并使这些数据结构形成一个程序员基本数据结构工具箱（Toolkit）。对于许多具体的应用问题，工具箱里的数据结构是理想的选择。

第二，加强对"权衡"（Tradeoff）的概念的理解，每一个数据结构都有相关的代价和效率的权衡。通过课程学习，了解不同数据结构在应用于不同实际问题时的代价和效益，真正学会在具体问题求解时灵活而又恰当的运用"权衡"。

第三，学会正确评估一个数据结构或算法的有效性。只有通过这样的分析，才能确定对于一个新问题其最适合的数据结构是工具箱中的哪一个。这个技术也使你能够判断自己或别人发明的新数据结构或算法的真正价值。

习题

（1）简述下列概念：数据、数据元素、数据类型、数据结构、逻辑结构、存储结构。

（2）根据数据元素之间的逻辑关系，一般有哪几类基本的数据结构？

（3）数据类型和抽象数据类型是如何定义的，二者有何相同和不同之处？抽象数据类型的主要特点是什么？使用抽象数据类型的主要好处是什么？

（4）评价一个好的算法，应从哪几方面来考虑？

（5）若有 100 个学生，每个学生有学号、姓名、平均成绩，采用什么样的数据结构最方便？写出这些结构。

（6）设计一数据结构，用来表示某一银行储户的基本信息：账号、姓名、开户年月日、储蓄类型、存入累加数、利息、账面总数。

（7）写出下面算法中带标号语句的频度。

```
            int a[n];
            void perm(int a[n],int k,int n)
            {
                int i;
/*1*/           if(k == n)
                {
/*2*/               for(i = 1;i < n;i++)
/*3*/                   printf("%d",a[i]);
```

```
                printf("\n");
            }
        else
            {
/*4*/       for(i=k;i<n;i++)
/*5*/           a[i] = a[i] + i * i;
/*6*/           perm(a,k+1,n);
            }
        }
```

设 k 的初值等于 1。

(8) 设有两个算法在同一个机器上运行,其执行时间分别为 $100n^2$ 和 2^n。如果要使前者快于后者,则 n 至少需要多大?

(9) 设 n 为正整数,利用记号 O,将下列程序的执行时间表示为 n 的函数。

① ```
i = 1;k = 0;
While(i<n) {
    k = k + 10 * i; i++;
}
```

② ```
i = 0; k = 0;
Do{
    k = k + 10 * i; i++;
}while (i<n);
```

③ ```
i = 1; j = 0;
While(i+j<=n)   {
    If (i>j) j++;
    Else   i++;
}
```

④ ```
x = n; //n>1
While (x>= (y+1) * (y+1))
    y++;
```

⑤ ```
x = 91; y = 100;
While(y>0)
    If(x>100)   {x = x - 10; y--;}
    Else x++;
```

(10) 按增长率由小到大的顺序排列给出的各函数: $2^{100}, (3/2)^n, (2/3)^n, n^n, n^{0.5}, n!, 2^n, \log_2 n, n^{\log_2 n}, n^{(3/2)}$。

(11) 斐波那契数列 $F_n$ 定义如下:
$$F_0 = 0, F_1 = 1, F_n = F_{n-1} + F_{n-2}, n = 2,3\cdots$$

请就此斐波那契数列,回答下列问题。

a. 在递归计算 $F_n$ 的时候,需要对较小的 $F_{n-1}, F_{n-2}, \cdots, F_1, F_0$ 精确计算多少次?

b. 如果用大 $O$ 表示法,试给出递归计算 $F_n$ 时递归函数的时间复杂度是多少?

(12) 证明: 当 $n \geq 1$ 时, $\sum_{i=1}^{n} i^3 = \dfrac{n^2 (n+1)^2}{4}$。

(13) 下面的定理称为鸽笼原理(Pigeonhole Principe):
$n$ 只鸽子要在 $m$ 个笼中栖息,则至少有一个鸽笼中有 $\lceil n/m \rceil$ 只鸽子。
```

① 用反证法证明鸽笼原理。

② 用数学归纳法证明鸽笼原理。

（14）试设计算法。有一元多项式：$P_n(x) = \sum_{i=0}^{n} a_i x^i$，求 $P_n(x_0)$ 的值，并确定算法中每条语句的执行次数和整个算法的时间复杂度。本题输入参数 n、$a_i (i = 0, 2, \cdots, n)$ 和 x_0，输出为 $P_n(x_0)$。

ACM/ICPC 实战练习

（1）POJ 1004，ZOJ 1048，UVA 2362，Financial Management

（2）POJ 1552，ZOJ 1760，UVA 2787，Doubles

（3）POJ 2739，UVA 3399，Sum of Consecutive Prime Numbers

（4）POJ 1003，ZOJ 1045，UVA 2294，Hangover

（5）POJ 2196，ZOJ 2405，UVA 3199，Specialized Four-Digit Numbers

（6）POJ 3094，ZOJ 2812，UVA 3594，Quicksum

（7）POJ 1581，ZOJ 1764，UVA 2832，A Contesting Decision

（8）POJ 2242，ZOJ 1090，The Circumference of the Circle

（9）POJ 2017，ZOJ 2176，UVA 3059，Speed Limit

第 2 章 线性结构

线性结构是一种基础数据结构,同时也是最简单且最常用的一种数据结构,其数据元素之间具有简单的前驱和后继关系。线性结构的基本特征是:在数据元素的非空有限集中,有且仅有一个数据元素没有前驱;有且仅有一个数据元素没有后继;其余数据元素有且仅有一个直接的前驱和后继。线性结构有两种存储方法:顺序存储和链式存储。线性结构的基本操作是插入、删除和检索等。

2.1 线性表

线性表是由同一类型的数据元素构成的线性结构,其特点是数据元素之间是一种线性关系。如学生健康情况信息表是一个线性表,表中数据元素的类型为学生健康记录类型;一个字符串也是一个线性表,表中数据元素的类型为字符型;26 个英文字母的字母表(A,B,C,…,Z)是一个线性表,表中数据元素类型为字母字符。由此可见,线性表中的数据元素可以是各种各样的,但同一线性表中的数据元素必定具有相同特性,且相邻数据元素之间存在着序偶关系 $<a_{i-1},a_i>$。

2.1.1 线性表的定义

线性表是具有相同数据类型的 n ($n \geqslant 0$)个数据元素的有限序列,通常记为:
$$(a_1, a_2, \cdots, a_{i-1}, a_i, a_{i+1}, \cdots, a_n)$$

其中 n 为表长,当 $n=0$ 时称为空表。

表中相邻元素之间存在着序偶关系 $<a_{i-1},a_i>$,且将 a_{i-1} 称为 a_i 的直接前趋,a_i 称为 a_{i-1} 的直接后继。就是说:对于 a_i,当 $i=2,3,\cdots,n$ 时,有且仅有一个直接前趋 a_{i-1};当 $i=1,2,\cdots,n-1$ 时,有且仅有一个直接后继 a_{i+1};而 a_1 是表中第一个元素,它没有前趋;a_n 是最后一个元素,无后继。

通常,a_i 表示序号为 i 的数据元素($i=1,2,\cdots,n$),并将它的数据类型抽象为 datatype,datatype 可根据具体问题而定。习惯上,线性表中的一个数据元素又被称为一个结点。在不同的实际应用中,结点代表的数据元素可以不同,但通常要求同一个线性表中的所有结点所代表的数据元素具有相同的属性(如数据项个数相同,对应数据项的类型相同等)。

2.1.2 线性表的抽象数据类型

线性表是一个非常灵活的数据结构,对线性表的数据元素的操作不仅包括访问,还可以对其进行插入和删除等操作。其抽象数据类型定义如下。

ADT List{

数据对象：$D = \{a_i \mid a_i \in \text{ElemSet}, i = 1, 2, 3, \cdots, n, n \geq 0\}$

数据关系：$R = \{<a_{i-1}, a_i> \mid a_{i-1}, a_i \in D, i = 1, 2, 3, \cdots, n\}$

基本操作集：

(1) Init_List(L)：构造并初始化一个空的线性表。

(2) Length_List(L)：返回线性表中所含元素的个数。//长度为零表示空表

(3) Get_List(L,i)：返回线性表 L 中第 i 个元素的值或地址，$1 \leq i \leq$ Length_List(L)。

(4) Locate_List(L,x)：在表 L 中查找值为 x 的数据元素，其结果返回在 L 中首次出现的值为 x 的那个元素的序号或地址，称为查找成功；否则，在 L 中未找到值为 x 的数据元素，返回一特殊值（如"-1"）表示查找失败。

(5) Insert_List(L,i,x)：在线性表 L 的第 i 个位置上插入一个值为 x 的新元素，这样使原序号为 $i, i+1, \cdots, n$ 的数据元素的序号变为 $i+1, i+2, \cdots, n+1$，插入后新表长＝原表长＋1，$1 \leq i \leq n+1$，n 为插入前的表长。

(6) Delete_List(L,i)：在线性表 L 中删除序号为 i 的数据元素，删除后使序号为 $i+1, i+2, \cdots, n$ 的元素变为序号为 $i, i+1, \cdots, n-1$，新表长＝原表长－1，$1 \leq i \leq n$。

}ADT List

需要说明的是：某数据结构上的基本运算，不是它的全部运算，而是一些常用的基本运算，而每一个基本运算在实现时也可能根据不同的存储结构派生出一系列相关的运算来。比如线性表的查找在链式存储结构中还会有按序号查找；再如插入运算，也可能是将新元素 x 插入到适当位置上等等，不可能也没有必要定义出它的全部运算集，读者掌握了某一数据结构上的基本运算后，其他的运算可以通过基本运算来实现，也可以直接去实现。

数据结构的运算是定义在逻辑结构层次上的，而运算的具体实现是建立在存储结构上的。因此，上面线性表 L 中定义的各操作仅仅是一个抽象在逻辑结构层次的线性表，是作为线性表逻辑结构的一部分，而每一个操作的具体实现只有在确定了线性表的存储结构之后才能完成。即每个操作在逻辑结构层次上尚不能用具体的某种程序语言写出具体的算法，而算法的实现只有在存储结构确立之后。

2.1.3 线性表的存储结构

线性表的存储结构主要有以下两类。

(1) 定长的顺序存储结构，又称向量型的一维数组结构。程序中通过创建数组来建立这种存储结构，它的特点是线性表元素可以按地址相邻存储在数组的一片连续地址区域中。它的缺陷是数组的固定长度限制了线性表长度变化，使其不得超过该固定长度。

(2) 变长的线性表存储结构。链接式存储结构、动态数组以及顺序文件等都是变长线性存储结构。

链接式存储结构使用指针，按照线性表的前驱、后继关系将元素用指针链接。对线性表长度不加限制，当新的元素要加入线性表时，可以通过 new 原语向操作系统申请新的存储空间，并用指针把它和原有的元素链在一条链上。

动态数组是另一种变长的线性存储结构，计算机系统为它提供空间表管理，既不对存储

长度施加限制,也不采取一个个元素直接链接的方法,而是为线性表的长度变化提供方法。当长度增加到一定量时,可以再申请一块较大的存储空间。

2.2 线性表的顺序存储及运算实现

2.2.1 顺序表

线性表的顺序存储是指在内存中用地址连续的一块存储空间顺序存放线性表的各元素,用这种存储形式存储的线性表称为顺序表。因为内存中的地址空间是线性的,因此,用物理上的相邻来实现数据元素之间的逻辑相邻关系既简单,又自然。

假设线性表数据元素 a_1 的存储地址为 $\text{Loc}(a_1)$,每个数据元素占 d 个存储单元,则第 i 个数据元素的地址为:

$$\text{Loc}(a_i) = \text{Loc}(a_1) + (i-1) \times d \quad (1 \leqslant i \leqslant n)$$

即只要知道顺序表首地址和每个数据元素所占地址单元的个数就可求出第 i 个数据元素的地址,可见顺序表具有随机存取数据元素的特点。

由于程序设计语言中的数组类型也具有随机存取的特点,因此,用数组来表示线性表的顺序存储结构是再合适不过的。考虑到线性表的操作中有插入、删除等运算,即表长是可变的,因此,数组的容量需设计的足够大。设用:data[MAXSIZE]来表示,其中 MAXSIZE 是一个根据实际问题定义的足够大的整数,线性表中的数据从 data[0] 开始依次顺序存放,但当前线性表中的实际元素个数可能未达到 MAXSIZE,因此需用一个变量 last 记录当前线性表中最后一个元素在数组中的位置,即 last 起一个指针的作用,始终指向线性表中最后一个元素,并约定表空时 last =-1。这种存储思想的具体描述可以是多样的。如可以是:

```
datatype  data[MAXSIZE];
   int    last;
```

这样表示的顺序表如图 2.1 所示。表长为 last + 1,数据元素分别存放在 data[0] 到 data[last] 中。这样使用简单方便,但有时管理不便。

图 2.1 线性表的顺序存储示意图

从结构性上考虑,通常将 data 和 last 封装成一个结构作为顺序表的类型。

```
Const int MAXSIZE = 顺序表的容量;
typedef  struct
   {   datatype  data[MAXSIZE];
       int  last;
   } SeqList;
```

定义一个顺序表:SeqList L ;

这样表示的线性表的表长 = L. last + 1,线性表中的数据元素 a_1 至 a_n 分别存放在

L.data[0]至 L.data[L.last]中。根据 C 语言的一些规则，有时定义一个指向 SeqList 类型的指针更为方便：

```
SeqList  *L;
```

L 是一个指针变量，线性表的存储空间通过 L = malloc(sizeof(SeqList))操作获得。L 中存放的是顺序表的地址，表长为(*L).last 或 L -> last + 1，线性表的存储区域为 L -> data，线性表中数据元素的存储空间为：L -> data[0] ～ L -> data[L -> last]。

2.2.2 顺序表上基本运算的实现

1. 顺序表的初始化

顺序表的初始化即构造一个空表，将 L 设为指针参数，首先动态分配存储空间，然后，将表中 last 指针置为-1，表示表中没有数据元素。算法如下：

```
SeqList *init_SeqList( )
  { SeqList *L;
    L = malloc(sizeof(SeqList));
    L -> last = -1;
    return L;
  }
```

2. 插入运算

线性表的插入是指在表的第 i 个位置上插入一个值为 x 的新元素，插入后使原表长为 n 的表($a_1, a_2, \cdots, a_{i-1}, a_i, a_{i+1}, \cdots, a_n$)成为表长为 $n+1$ 表($a_1, a_2, \cdots, a_{i-1}, x, a_i, a_{i+1}, \cdots, a_n$)。$i$ 的取值范围为 $1 \leqslant i \leqslant n+1$。

在顺序表上完成这一运算需通过以下步骤进行：
(1) 将 $a_i \sim a_n$ 顺序向后移动，为新元素让出位置；
(2) 将 x 置入空出的第 i 个位置；
(3) 修改 last 指针(即修改表长)，使之仍指向最后一个元素。
算法如下：

```
int   Insert_SeqList(SeqList *L, int i, datatype x)
{    int j;
     if (L-> last == MAXSIZE - 1)
         { printf("表满"); return(-1); }         /*表空间已满，不能插入*/
     if (i<1 || i>L->last+2)                      /*检查插入位置的正确性*/
         { printf("位置错");return(0); }
     for(j = L-> last; j >= i-1; j--)
         L-> data[j+1] = L-> data[j];             /*结点移动*/
     L-> data[i-1] = x;                           /*新元素插入*/
     L-> last++;                                  /*last 仍指向最后元素*/
     return (1);                                  /*插入成功，返回*/
}
```

本算法中注意以下问题：

(1) 顺序表中数据区域有 MAXSIZE 个存储单元,所以在向顺序表中做插入时先检查表空间是否满了,在表满的情况下不能再做插入,否则将产生溢出错误;

(2) 要检验插入位置的有效性,这里 i 的有效范围是:$1 \leqslant i \leqslant n+1$,其中 n 为原表长;

(3) 注意数据的移动方向。

插入算法的时间性能分析如下:

顺序表上的插入运算,时间主要消耗在数据的移动上,在第 i 个位置上插入 x,从 a_i 到 a_n 都要向后移动一个位置,共需要移动 $n-i+1$ 个元素,而 i 的取值范围为:$1 \leqslant i \leqslant n+1$,即有 $n+1$ 个位置可以插入。设在第 i 个位置上作插入的概率为 P_i,则平均移动数据元素的次数:

$$E_{in} = \sum_{i=1}^{n+1} p_i(n-i+1)$$

设:$P_i = 1/(n+1)$,即在任一位置插入概率均等的情况下,则:

$$E_{in} = \sum_{i=1}^{n+1} p_i(n-i+1) = \frac{1}{n+1} \sum_{i=1}^{n+1} (n-i+1) = \frac{n}{2}$$

这表明在顺序表上做插入操作需移动表中一半的数据元素,时间复杂度为 $O(n)$。

3. 删除运算

线性表的删除运算是指将表中第 i 个元素从线性表中去掉,删除后使原表长为 n 的线性表$(a_1, a_2, \cdots, a_{i-1}, a_i, a_{i+1}, \cdots, a_n)$成为表长为 $n-1$ 的线性表$(a_1, a_2, \cdots, a_{i-1}, a_{i+1}, \cdots, a_n)$。$i$ 的取值范围为:$1 \leqslant i \leqslant n$。

顺序表上完成这一运算的步骤如下:

(1) 将 $a_{i+1} \sim a_n$ 顺序向前移动;

(2) 修改 last 指针(即修改表长)使之仍指向最后一个元素。

算法如下:

```
int Delete_SeqList(SeqList *L;int i)
  { int  j;
    if(i<1 || i>L->last+1)                    /*检查空表及删除位置的合法性*/
      { printf ("不存在第 i 个元素");
        return(0); }
    for(j=i;j<=L->last;j++)
      L->data[j-1]=L->data[j];                /*向上移动*/
    L->last--;
    return(1);                                /*删除成功*/
  }
```

本算法应注意以下问题:

(1) 删除第 i 个元素,i 的取值为 $1 \leqslant i \leqslant n$,否则第 i 个元素不存在,因此,要检查删除位置的有效性;

(2) 当表空时不能做删除,因表空时 L -> last 的值为 -1,条件"$i<1$ || $i>L$ -> last $+1$"也包括了对表空的检查;

(3) 删除 a_i 之后,该数据已不存在,如果需要,先取出 a_i,再做删除。

删除算法的时间性能分析如下:

与插入运算相同,其时间主要消耗在了移动表中元素上,删除第 i 个元素时,其后面的元

素 $a_{i+1} \sim a_n$ 都要向前移动一个位置,共移动了 $n-i$ 个元素,所以平均移动数据元素的次数:

$$E_{de} = \sum_{i=1}^{n} p_i(n-i)$$

在等概率情况下,$p_i = 1/n$,则:

$$E_{de} = = \sum_{i=1}^{n} p_i(n-i) = \frac{1}{n}\sum_{i=1}^{n+1}(n-i) = \frac{n-1}{2}$$

这说明顺序表上作删除运算时大约需要移动表中一半的元素,时间复杂度为 $O(n)$。

4. 按值查找

线性表中的按值查找是指在线性表中查找与给定值 x 相等的数据元素。在顺序表中完成该运算最简单的方法是:从第一个元素 a_1 起依次和 x 比较,直到找到一个与 x 相等的数据元素,则返回它在顺序表中的存储下标或序号(二者差一);或者查遍整个表都没有找到与 x 相等的元素,返回 -1。

算法如下:

```
int Location_SeqList(SeqList * L, datatype x)
{    int i = 0;
     while(i <= L.last && L->data[i]!= x)
        i++;
     if (i>L->last)
        return - 1;
     else
        return i;                                      /* 返回的是存储位置 */
}
```

本算法的主要运算是比较。显然比较的次数与 x 在表中的位置有关,也与表长有关,当 $a_1 = x$ 时,比较一次成功,当 $a_n = x$ 时比较 n 次成功。平均比较次数为 $(n+1)/2$,时间复杂度为 $O(n)$。

2.2.3 顺序表应用举例

例 2-1 有顺序表 A 和 B,其元素均按从小到大的升序排列,编写一个算法将它们合并成一个顺序表 C,要求 C 的元素也是从小到大的升序排列。

算法思路:依次扫描 A 和 B 中的元素,比较当前的元素的值,将较小值的元素赋给 C,如此直到一个线性表扫描完毕,然后将未完的那个顺序表中余下部分赋给 C 即可。C 的容量要能够容纳 A、B 两个线性表相加的长度。

算法如下:

```
void merge(SeqList  A, SeqList  B,  SeqList * C)
{    int  i,j,k;
     i = 0;j = 0;k = 0;
     while ( i <= A.last && j <= B.last )
        if (A.data[i]< B.data[j])
           C->data[k++] = A.data[i++];
        else
```

```
            C->data[k++] = B.data[j++];
        while ( i <= A.last )
            C->data[k++] = A.data[i++];
        while (j <= B.last )
            C->data[k++] = B.data[j++];
        C->last = k - 1;
}
```

算法 2.1　合并有序表

算法的时间复杂度是 $O(m+n)$，其中 m 是 A 的表长，n 是 B 的表长。

例 2-2　比较两个线性表的大小。两个线性表的比较依据下列方法：设 A，B 是两个线性表，均用向量表示，表长分别为 m 和 n。A' 和 B' 分别为 A 和 B 中除去最大共同前缀后的子表。

例如 A = (x,y,y,z,x,z)，B = (x,y,y,z,y,x,x,z)，两表最大共同前缀为 (x,y,y,z)。
则 $A' = (x,z)$，$B' = (y,x,x,z)$，

若 $A' = B' =$ 空表，则 A = B；

若 $A' =$ 空表且 $B' \neq$ 空表，或两者均不空且 A' 首元素小于 B' 首元素，则 A < B；

否则，A > B。

算法思路：首先找出 A、B 的最大共同前缀；然后求出 A' 和 B'，之后再按比较规则进行比较，A > B 函数返回 1；A = B 返回 0；A < B 返回 -1。

算法如下：

```
int compare( A,B,m,n)
int A[],B[];
int m,n;
{   int i = 0,j,AS[],BS[],ms = 0,ns = 0;         /* AS,BS 作为 A',B' */
    while (A[i] == B[i]) i++;                    /* 找最大共同前缀 */
    for (j = i;j < m;j++)
       { AS[j - i] = A[j];ms++; }                /* 求 A',ms 为 A'的长度 */
    for (j = i;j < n;j++)
       { BS[j - i] = B[j];ns++; }                /* 求 B',ns 为 B'的长度 */
    if (ms == ns&&ms == 0)
        return 0;
    else if (ms == 0&&ns > 0 || ms > 0 && ns > 0 && AS[0]<BS[0])
        return - 1;
    else
        return 1;
}
```

算法 2.2　比较两个线性表的大小

算法的时间复杂度是 $O(m+n)$。

2.3　线性表的链式存储和运算实现

用连续的存储单元顺序存储线性表中各元素，在对顺序表插入、删除时需要移动数据元素，从而影响了操作的效率。本节介绍线性表链式存储结构，它通过"链"建立起数据元素之间的逻辑关系，不需要用地址连续的存储单元来实现，从而使逻辑上相邻的两个数据元素物

理上可以不相邻,但在克服了顺序存储需要移动数据元素的弱点的同时,也失去了可随机存取的优点。

2.3.1 单链表

链表是通过指针来建立数据元素之间的逻辑关系的。为建立数据元素之间的线性关系,对每个数据元素 a_i,除了存放数据元素自身的信息 a_i 之外,还需要和 a_i 一起存放其后继数据元素 a_{i+1} 所在的存贮单元的地址,这两部分信息组成一个"结点",结点的结构如图 2.2 所示。存放数据元素信息的称为数据域,存放其后继地址的称为指针域。因此 n 个元素的线性表通过每个结点的指针域拉成了一个"链子",称之为链表。在如图 2.2 所示的结构中,因为每个结点中只有一个指向后继的指针,所以称其为单链表。

链表是由一个个结点构成的,结点定义如下:

```
typedef struct node
        { datatype data;
          struct node * next;
} LNode, * LinkList;
```

| data | next |

图 2.2 单链表结点结构

定义头指针变量:LinkList   H;

如图 2.3 所示是线性表(a_1,a_2,a_3,a_4,a_5,a_6,a_7,a_8)对应的链式存储结构示意图。

当然必须将第一个结点的地址"160"放到一个指针变量如 H 中,最后一个结点没有后继,其指针域的值为 NULL,表明链表到此结束。

尽管链表是通过地址指针来建立结点间的线性逻辑关系的,但是人们对于每个结点的实际地址值并不感兴趣,所以单链表通常用如图 2.4 所示的形式而不用如图 2.3 所示的形式表示。

头指针常被用来标识一个单链表并保存链表中第一个结点的地址,如单链表 L、单链表 H 等,头指针为 NULL 则表示一个空表。

需要进一步指出的是:上面定义的 LNode 是结点的类型,LinkList 是指向 LNode 类型结点的指针类型。为了增强程序的可读性,通常将标识一个链表的头指针说明为 LinkList 类型的变量,如 LinkList L;当 L 有定义时,值要么为 NULL,表示一个空表,要么为第一个结点的地址,即链表的头指针;将用于指向某结点的指针变量说明为 LNode * 类型,如 LNode * p,则 p = malloc(sizeof(LNode));在完成申请一个 LNode 类型的存储单元操作的同时,将其地址赋值给变量 p,如图 2.5 所示。p 所指的结点为 * p,* p 的类型为 LNode 型,所以该结点的数据域为(* p).data 或 p ->data,指针域为(* p).next 或 p -> next。free(p)则表示释放 p 所指的结点,即归还 p 所指结点的存储单元。

图 2.3 链式存储结构

图 2.4 链表示意图   图 2.5 申请一个结点

2.3.2 单链表上基本运算的实现

1. 建立单链表

(1) 在单链表的头部插入结点建立单链表

链表与顺序表不同,它是一种动态管理的存储结构,链表中的每个结点所占用的存储空间不是预先分配的,而是运行时系统根据需求而生成的。

算法思路:初始链表为空;按线性表中元素的顺序依次读入数据元素,不是结束标志时,申请结点,将新结点插入到链表的头部。

图 2.6 展现了线性表:(25,45,18,76,29)之链表的建立过程,因为是在链表的头部插入,读入数据的顺序和线性表中的逻辑顺序是相反的。

图 2.6 在头部插入结点建立单链表

算法如下:

```
LinkList  Creat_LinkList1( )
{   LinkList L = NULL;                      /*空表*/
    LNode * s;
    int x;                                  /*设数据元素的类型为 int*/
    scanf(" % d",&x);
    while (x!= flag)
    {   s = malloc(sizeof(LNode));
        s -> data = x;
        s -> next = L;
        L = s;
        Scanf (" % d",&x);
    }
    return L;
}
```

(2) 在单链表的尾部插入结点建立单链表

头部插入建立单链表的方式比较简单,但读入的数据元素的顺序与生成的链表中元素的顺序是相反的,若希望次序一致,则可用尾插入的方法。因为每次将新结点插入到链表的尾部,所以需加入一个指针 r 用来始终指向链表中的尾结点,以便能够将新结点插入到链表的尾部,如图 2.7 所示展现了在链表的尾部插入结点建立链表的过程。

图 2.7 在尾部插入结点建立单链表

算法思路：初始头指针 H = NULL,尾指针 r = NULL；按线性表中元素的顺序依次读入数据元素,不是结束标志时,申请结点,将新结点插入到 r 所指结点的后面,然后 r 指向新结点(但第一个结点有所不同,读者注意下面算法中的有关部分)。

算法如下。

```
LinkList   Creat_LinkList2( )
{   LinkList L = NULL;
    LNode   * s, * r = NULL;
    int x;                              /* 设数据元素的类型为 int */
    scanf(" % d",&x);
    while (x!= flag)
    {   s = malloc(sizeof(LNode));
        s - > data = x;
        if   (L == NULL)
            L = s;                      /* 第一个结点的处理 */
        else
            r - > next = s;             /* 其他结点的处理 */
        r = s;                          /* r 指向新的尾结点 */
        scanf(" % d",&x);
    }
    if ( r!= NULL)
        r - > next = NULL;              /* 对于非空表,最后结点的指针域放空指针 */
    return L;
}
```

在上面的算法中,第一个结点的处理和其他结点是不同的,原因是第一个结点加入时链表为空,它没有直接前驱结点,它的地址就是整个链表的指针,需要放在链表的头指针变量中；而其他结点有直接前驱结点,其地址放入直接前驱结点的指针域。"第一个结点"的问题在很多操作中都会遇到,例如在链表中插入结点时,将结点插在第一个位置和插在其他位置是不同的,在链表中删除结点时,删除第一个结点和删除其他结点的处理也是不同的等等。为了方便操作,有时在链表的头部加入一个头结点,头结点的类型与数据结点一致,标识链表的头指针变量 L 中存放该结点的地址,这样既使是空表,头指针变量 L 也不为空了。头结点的加入使得"第一个结点"的问题不再存在,也使得"空表"和"非空表"处理成为一致。

头结点的加入完全是为了运算的方便,它的数据域无定义,指针域中存放的是第一个数据结点的地址指针,空表时为 NULL。

图 2.8(a)、(b)分别是带头结点的单链表空表和非空表的示意图。

图 2.8 带头结点的单链表

2. 求表长

算法思路:设一个移动指针 p 和一个计数器 j,初始化后,p 所指结点后面若还有结点,p 向后移动,计数器加 1。

(1) 设 L 是带头结点的单链表(线性表的长度不包括头结点)

算法如下:

```
int Length_LinkList1 (LinkList L)
    { LNode  * p = L;                       /*p 指向头结点*/
      int  j = 0;
      while  (p->next)
      { p = p->next;   j++; }               /*p 所指的是第 j 个结点*/
      return  j;
    }
```

(2) 设 L 是不带头结点的单链表

算法如下:

```
int  Length_LinkList2 (LinkList L)
    { LNode  * p = L;
      int  j;
      if (p == NULL)  return  0;            /*空表的情况*/
      j = 1;                                /*在非空表的情况下,p 所指的是第一个结点*/;
      while (p->next )
       { p = p->next;   j++; }
      return  j;
    }
```

从上面两个算法中看到,不带头结点的单链表空表情况要单独处理,而带上头结点之后则不用了,但算法的时间复杂度均为 $O(n)$。以后不加说明则认为单链表是带头结点的。

3. 查找操作

(1) 按序号查找 Get_Linklist(L,i)

算法思路:从链表的第一个元素结点起,判断当前结点是否是第 i 个,若是,则返回该结点的指针,否则继续后一个,直到表结束为止。没有第 i 个结点时返回空。

算法如下:

```
LNode  * Get_LinkList(LinkList  L, Int  i);
/*在单链表 L 中查找第 i 个元素结点,找到则返回其指针,否则返回空*/
{ LNode  * p = L;
```

```
    int  j = 0;
    while (p->next != NULL && j<i)
    { p = p->next;  j++;  }
        if (j == i) return p;
        else  return NULL;
}
```

(2) 按值查找即定位 Locate_LinkList(L,x)

算法思路：从链表的第一个元素结点起，判断当前结点其值是否等于 x，若是，返回该结点的指针，否则继续后一个，直到表结束为止，找不到时返回空。

算法如下：

```
LNode  * Locate_LinkList( LinkList  L, datatype  x)
    /* 在单链表 L 中查找值为 x 的结点,找到后返回其指针,否则返回空 */
{ LNode  * p = L->next;
    while ( p!= NULL && p->data != x)
        p = p->next;
    return p;
}
```

4. 插入

（1）后插结点：设 p 指向单链表中某结点，s 指向待插入的值为 x 的新结点，将 *s 插入到 *p 的后面，插入示意图如图 2.9 所示。

操作如下：

① s -> next = p -> next;

② p -> next = s;

注意：两个指针的操作顺序不能交换。

（2）前插结点：设 p 指向链表中某结点，s 指向待插入的值为 x 的新结点，将 *s 插入到 *p 的前面，插入示意图如图 2.10 所示。与后插不同的是：首先要找到 *p 的前驱 *q，然后再完成在 *q 之后插入 *s，设单链表头指针为 L，操作如下：

```
q = L;
while (q->next!= p)
    q = q->next;                    /* 找 *p 的直接前驱 */
s->next = q->next;
q->next = s;
```

对于前插操作，若先将 *s 插入到 *p 的后面，然后将 p -> data 与 s -> data 交换，这样既满足了逻辑关系，也能使得时间复杂度为 $O(1)$。

图 2.9　在 *p 之后插入 *s

图 2.10　在 *p 之前插入 *s

(3) 插入运算 Insert_LinkList(L,i,x)

算法思路：① 找到第 $i-1$ 个结点,若存在则继续②,否则结束；
　　　　　② 申请、填装新结点；
　　　　　③ 将新结点插入,结束。

算法如下：

```
int  Insert_LinkList( LinkList  L, int i, datatype  x)
   /*在单链表L的第i个位置上插入值为x的元素*/
{ LNode  * p, * s;
  p = Get_LinkList(L,i-1);              /*查找第i-1个结点*/
  if (p == NULL)
      { printf("参数i错"); return 0; }   /*第i-1个不存在不能插入*/
  else {
         s = malloc(sizeof(LNode));     /*申请、填装结点*/
         s -> data = x;
         s -> next = p -> next;          /*新结点插入在第i-1个结点的后面*/
         p -> next = s;
         return 1;
        }
}
```

思考：该算法的时间复杂度为 $O(n)$ 而不是 $O(1)$,为什么?

5. 删除

(1) 删除结点：设 p 指向单链表中某结点,删除 *p。操作示意图如图 2.11 所示。

通过示意图可见,要实现对结点 *p 的删除,首先要找到 *p 的前驱结点 *q,然后完成指针的操作即可。指针的操作由下列语句实现：

图 2.11　删除 *p

q -> next = p -> next; free(p);

若要删除 *p 的后继结点(假设存在),则可以直接完成：

s = p -> next; p -> next = s -> next; free(s);

(2) 删除运算：Del_LinkList(L,i)

算法思路：① 找到第 $i-1$ 个结点,若存在则继续②,否则结束；
　　　　　② 若存在第 i 个结点则继续③,否则结束；
　　　　　③ 删除第 i 个结点,结束。

算法如下：

```
int  Del_LinkList(LinkList  L, int i)
   /*删除单链表L上的第i个数据结点*/
{ LinkList  p,s;
  p = Get_LinkList(L,i-1);              /*查找第i-1个结点*/
  if (p == NULL)
      { printf("第i-1个结点不存在"); return -1; }
  else {  if (p -> next == NULL)
            { printf("第i个结点不存在"); return 0; }
```

```
       else
         { s = p -> next;              /* s 指向第 i 个结点 */
           p -> next = s -> next;      /* 从链表中删除 */
           free(s);                    /* 释放 * s */
           return 1;
         }
}
```

通过上面的基本操作可得知：
(1) 在单链表上插入、删除一个结点，必须知道其前驱结点；
(2) 单链表不具有按序号随机访问的特点，只能从头指针开始一个个顺序进行。

2.3.3 循环链表

对于单链表而言，最后一个结点的指针域是空指针，如果将该链表头指针置入该指针域，则使得链表头尾结点相连，就构成了单循环链表，如图 2.12 所示。

(a) 非空表　　　　　　　　　　　　　　　(b) 空表

图 2.12　带头结点的单循环链表

在单循环链表上的操作基本上与非循环链表相同，只是将原来判断指针是否为 NULL 变为是否是头指针而已，没有大的变化。

对于单链表只能从头结点开始遍历整个链表，而对于单循环链表则可以从表中任意结点开始遍历整个链表，不仅如此，有时对链表常做的操作是在表尾、表头进行，此时可以改变一下链表的标识方法，不用头指针而用一个指向尾结点的指针 R 来标识，可以使操作效率得以提高。

例如对两个单循环链表 H_1、H_2 的连接操作，是将 H_2 的第一个数据结点接到 H_1 的尾结点，如用头指针标识，则需要找到第一个链表的尾结点，其时间复杂度为 $O(n)$，而链表若用尾指针 R_1、R_2 来标识，则时间复杂度为 $O(1)$。操作如下：

```
p = R1 -> next;                 /* 保存 R1 的头结点指针 */
R1 -> next = R2 -> next -> next;/* 头尾连接 */
free(R2 -> next);               /* 释放第二个表的头结点 */
R2 -> next = p;                 /* 组成循环链表 */
```

这一过程如图 2.13 所示。

图 2.13　两个用尾指针标识的单循环链表的连接

2.3.4 双向链表

以上讨论的单链表的结点中只有一个指向其后继结点的指针域 next，因此若已知某结点的指针为 p，其后继结点的指针则为 p -> next，而找其前驱则只能从该链表的头指针开始，顺着各结点的 next 域进行，也就是说找后继的时间复杂度是 $O(1)$，找前驱的时间复杂度是 $O(n)$，如果也希望找前驱的时间复杂度为 $O(1)$，则只能付出空间的代价：每个结点再加一个指向前驱的指针域，结点的结构为如图 2.14 所示，用这种结点组成的链表称为双向链表。

双向链表结点的定义如下：

```
typedef struct  dlnode
{ datatype data;
  struct dlnode * prior, * next;
}DLNode, * DLinkList;
```

图 2.14 双链表结点结构

和单链表类似，双向链表通常也是用头指针标识，也可以带头结点和做成循环结构，图 2.15 是带头结点的双向循环链表示意图。显然通过某结点的指针 p 即可以直接得到它的后继结点的指针 p -> next，也可以直接得到它的前驱结点的指针 p -> prior。这样在有些操作中需要找前驱时，则无需再用循环。从下面的插入删除运算中可以看到这一点。

图 2.15 带头结点的双循环链表

设 p 指向双向循环链表中的某一结点，即 p 是该结点的指针，则 p -> prior -> next 表示的是 *p 结点之前驱结点的后继结点的指针，即与 p 相等；类似的，p -> next -> prior 表示的是 *p 结点之后继结点的前驱结点的指针，也与 p 相等，所以有以下等式：

p -> prior -> next = p = p -> next -> prior

双向链表中结点的插入：设 p 指向双向链表中某结点，s 指向待插入的值为 x 的新结点，将 *s 插入到 *p 的前面，插入示意图如图 2.16 所示：

操作如下：

① s -> prior = p -> prior;
② p -> prior -> next = s;
③ s -> next = p;
④ p -> prior = s;

图 2.16 双向链表中的结点插入

指针操作的顺序不是唯一的，但也不是任意的，操作①必须要放到操作④的前面完成，否则 *p 的前驱结点的指针就丢掉了。读者把每条指针操作的含义搞清楚，就不难理解了。

双向链表中结点的删除：设 p 指向双向链表中某结点，删除 *p。操作示意图如图 2.17 所示。

操作如下：

① p -> prior -> next = p -> next；

② p -> next -> prior = p -> prior； free(p)；

图 2.17 双向链表中删除结点

2.3.5 静态链表

在图 2.18 中，规模较大的结构数组 sd[MAXSIZE] 中有两个链表：其中链表 SL 是一个带头结点的单链表，表示了线性表 (a_1, a_2, a_3, a_4, a_5)，而另一个单链表 AV 是将当前 sd 中的空结点组成的链表。数组 sd 的定义如下。

```
#define MAXSIZE  …                    /*足够大的数*/
typedef struct
    {datatype  data;
     int       next;
    }SNode;                           /*结点类型*/
SNode sd[MAXSIZE];
int SL,AV;                            /*两个头指针变量*/
```

这种链表的结点中也有数据域 data 和指针域 next，与前面所讲的链表中的指针不同的是，这里的指针是结点的相对地址（数组的下标），称为静态指针，这种链表称为静态链表，空指针用"-1"表示，因为上面定义的数组中没有下标为"-1"的单元。

在图 2.18 中，SL 是用户的线性表，AV 模拟的是系统存储池中空闲结点组成的链表，当用户需要结点时，例如向线性表中插入一个元素，需自己向 AV 申请，而不能用系统函数 malloc 来申请，相关的语句为：

```
If (AV!= -1)
    { t = AV;
      AV = sd[AV].next;
    }
```

	data	next
SL=0 0		4
1	a_4	5
2	a_2	3
3	a_3	1
4	a_1	2
5	a_5	-1
AV=6 6		7
7		8
8		9
9		10
10		11
11		-1

图 2.18 静态链表

所得到的结点地址（下标）存入了 t 中；不难看出当 AV 表非空时，摘下了第一个结点给用户。当用户不再需要某个结点时，需通过该结点的相对地址 t 将它还给 AV，相关语句为：

sd[t].next = AV; AV = t;

而不能调用系统的 free 函数，交给 AV 表的结点链在了 AV 的头部。下面通过线性表插入这个例子看静态链表操作。

例 2-3 在带头结点的静态链表 SL 的第 i 个结点之前插入一个值为 x 的新结点。设静态链表的存储区域 sd 为全局变量。

```
int Insert_SList( int SL, datatype x, int i)
{ int p,s;
  p = SL;  j = 0;
  while (sd[p].next!= -1 && j<i-1)
    {p = sd[p].next;j++;}                    /*找第i-1个结点*/
  If (j == i-1)
    { if(AV!= -1)                            /*若AV表还有结点可用*/
      { t = AV;
        AV = sd[AV].next;                    /*申请、填装新结点*/
        sd[t].data = x;
        sd[t].next = sd[p].next;             /*插入*/
        sd[p].next = t;
        return 1;                            /*正常插入成功返回*/
      }
      else{printf("存储池无结点"); return 0;} /*未申请到结点,插入失败*/
    }
  else{printf("插入的位置错误"); return -1;}  /*插入位置不正确,插入失败*/
}
```

算法 2.3 静态链表的插入

该算法只是在一些描述方法上与普通链表插入有些区别,算法思路是相同的。有关基于静态链表上的其他线性表的操作基本与动态链表相同,这里不再赘述。

2.3.6 单链表应用举例

例 2-4 已知单链表 H,写一算法将其逆置,即实现如图 2.19 所示的操作。其中(a)为逆置前,(b)为逆置后。

图 2.19 单链表的逆置

算法思路:依次取原链表中的每个结点,将其作为第一个结点插入到新链表中去,指针 p 用来指向当前结点,p 为空时结束。算法如下。

```
void   reverse (LinkList H)
{ LNode  * p;
  p = H->next;                      /*p指向第一个数据结点*/
  H->next = NULL;                   /*将原链表置为空表H*/
  while (p)
  { q = p;   p = p->next;
    q->next = H->next;              /*将当前结点插到头结点的后面*/
    H->next = q;
  }
}
```

算法 2.4 单链表逆置

该算法只是对链表顺序扫描一遍即完成了逆置,所以时间复杂度为 $O(n)$。

例 2-5 已知单链表 L,写一算法,删除其重复结点,即实现如图 2.20 所示的操作。其中(a)为删除前,(b)为删除后。

图 2.20 删除重复结点

算法思路:用指针 p 指向第一个数据结点,从它的后继结点开始到表的结束,找与其值相同的结点并删除之,p 指向下一个;依此类推,p 指向最后结点时算法结束。

算法如下:

```
void pur_LinkList(LinkList H)
{ LNode  *p,*q,*r;
  p=H->next;                    /*p指向第一个结点*/
  if (p==NULL)  return;
  while (p->next)
  { q=p;
    while (q->next)              /*从*p的后继开始找重复结点*/
    { if (q->next->data==p->data)
      { r=q->next;               /*找到重复结点,用r指向,删除*r*/
        q->next=r->next;
        free(r);
      }
      else q=q->next;            /*if*/
    }                            /*while(q->next)*/
    p=p->next;                   /*p指向下一个,继续*/
  }                              /*while(p->next)*/
}
```

算法 2.5 删除重复结点

该算法的时间复杂度为 $O(n^2)$。

例 2-6 设有两个单链表 A、B,其中元素递增有序,编写算法将 A、B 归并成一个按元素值递减(允许有相同值)有序的链表 C,要求用 A、B 中的原结点形成,不能重新申请结点。

算法思路:利用 A、B 两表有序的特点,依次进行比较,将当前值较小者摘下,插入到 C 表的头部,得到的 C 表则为递减有序的。

算法如下:

```
LinkList merge(LinkList A,LinkList B)
/*设 A、B 均为带头结点的单链表*/
{ LinkList C; LNode  *p,*q;
  p=A->next; q=B->next;
  C=A;                           /*C表的头结点*/
  C->next=NULL;
  free(B);
  while (p&&q)
```

```
            { if (p->data < q->data)
                 { s = p; p = p->next; }
              else
                 {s = q; q = q->next;}          /* 从原 AB 表上摘下较小者 */
                 s->next = C->next;             /* 插入到 C 表的头部 */
                 C->next = s;
            }                                   /* while */
       if (p == NULL)   p = q;
       while (p)                                /* 将剩余的结点一个个摘下,插入到 C 表的头部 */
            { s = p; p = p->next;
              s->next = C->next;
              C->next = s;
            }
}
```

算法 2.6 链表逆序合并

该算法的时间复杂度为 $O(m+n)$。

例 2-7 设计算法求两个一元多项式的和。

算法思路:一个一元 n 次多项式通常可表示为: $A(x) = a_0 + a_1 x + a_2 x^2 + \cdots + a_n x^n$,它由 $n+1$ 个系数唯一确定。可以用一个线性表 $(a_0, a_1, a_2, \cdots, a_n)$ 来表示,每一项的指数 i 隐含在其系数 a_i 的序号里。比如,$S(x) = 5 + 10x^{30} + 90x^{100}$ 就可以用线性表 $((5,0),(10,30),(90,100))$ 来表示。

若有 $A(x) = a_0 + a_1 x + a_2 x^2 + \cdots + a_n x^n$ 和 $B(x) = b_0 + b_1 x + b_2 x^2 + \cdots + b_m x^m$,一元多项式求和也就是求 $A(x) = A(x) + B(x)$,这实质上是合并同类项的过程。

对于表示多项式的线性表的存储结构可以采用带头结点的链表,则每一个非零项对应单链表中的一个结点,且单链表应按指数递增有序排列。结点结构如图 2.21 所示。

其中,coef:系数域,存放非零项的系数;

exp:指数域,存放非零项的指数;

next:指针域,存放指向下一结点的指针。

图 2.21 一元多项式链表的结点结构

设两个工作指针 p 和 q,分别指向两个单链表的开始结点。两个多项式求和实质上是对结点 p 的指数域和结点 q 的指数域进行比较,这会出现下列 3 种情况。

(1) 若 p->exp < q->exp,则结点 p 应为结果中的一个结点,将指针 p 后移。

(2) 若 p->exp > q->exp,则结点 q 应为结果中的一个结点,将 q 插入到第一个单链表中结点 p 之前,再将指针 q 后移。

(3) 若 p->exp = q->exp,则 p 与 q 所指为同类项,将 q 的系数加到 p 的系数上。若相加结果不为 0,则指针 p 后移,删除结点 q;若相加结果为 0,则表明结果中无此项,删除结点 p 和结点 q,并将指针 p 和 q 分别后移。

算法如下:

```
Void Add(LinkList<elem> &A, LinkList<elem> B)
{    pre = A.first; p = pre->next;        //工作指针 p 初始化,指针 pre 始终指向 p 的前驱结点
     qre = B.first; q = qre->next;        //工作指针 q 初始化,指针 qre 始终指向 q 的前驱结点
     while(p&&q)
```

```
        { if(p->exp < q->exp)
            { pre = p;
              p = p->next;
            }                                        //第1种情况
          else if(p->exp > q->exp)
            { v = q->next;
              pre->next = q;
              q->next = p;
              q = v;
            }                                        //第2种情况,将结点q插入到结点p之前
          else
            { p->coef = p->coef + q->coef;           //系数相加
              if(p->coef == 0)                       //系数为0,删除结点p和结点q
                { pre->next = p->next;               //删除结点p
                  delete p;
                  p = pre->next;
                }
              else                                   //系数不为0,只删除结点q
                { pre = p;
                  p = p->next;
                }
              qre->next = q->next;                   //删除结点q
              delete q;
              q = qre->next;
            }
        }
        if(q)
            pre->next = q;                           //将结点q链接在第一个单链表的后面
        delete B.first;                              //释放第二个单链表的头结点所占的内存
}
```

算法 2.7　N 次多项式相加

2.3.7　线性表实现方法比较

前面介绍了线性表的逻辑结构及其两种存储结构:顺序存储和链式存储。从分析和讨论中可知它们各有优缺点。

1. 顺序存储的优点与缺点

（1）方法简单,各种高级语言中都有数组,容易实现。

（2）不用为表示结点间的逻辑关系而增加额外的存储开销。

（3）顺序表具有按元素序号随机访问的特点。

（4）在顺序表中做插入删除操作时,平均移动大约表中一半的元素,因此对 n 较大的顺序表效率低。

（5）需要预先分配足够大的存储空间,估计过大,可能会导致顺序表后部大量闲置;预先分配过小,又会造成溢出。

2. 链式存储的主要优点

(1) 无须事先确定线性表的长度,就可以编程实现线性表。
(2) 允许线性表的长度有很强的可变性。
(3) 采用链表的程序能够适应在线性表中经常插入、删除内部元素的情况。

3. 线性表存储结构的选择

线性表实际应用中存储结构选取时,通常会有以下几点考虑。

(1) 基于存储的考虑

顺序表的存储空间是静态分配的,在程序执行之前必须明确规定它的存储规模,也就是说事先对 MAXSIZE 要有合适的设定,过大造成浪费,过小造成溢出。可见对线性表的长度或存储规模难以估计时,不宜采用顺序表;链表不用事先估计存储规模,但链表的存储密度较低,存储密度是指一个结点中数据元素所占的存储单元和整个结点所占的存储单元之比。显然链式存储结构的存储密度是小于 1 的。

(2) 基于运算的考虑

在顺序表中按序号访问 a_i 的时间复杂度是 $O(1)$,而链表中按序号访问的时间复杂度 $O(n)$,所以如果经常做的运算是按序号访问数据元素,显然顺序表优于链表;而在顺序表中做插入、删除时平均移动表中一半的元素,当数据元素的信息量较大且表较长时,这一点是不容忽视的;在链表中作插入、删除,虽然也要找插入位置,但操作主要是比较操作,从这个角度考虑显然后者优于前者。

(3) 基于环境的考虑

顺序表容易实现,任何高级语言中都有数组类型,链表的操作是基于指针的,相对来讲前者简单些,也是用户考虑的一个因素。

总之,两种存储结构各有长短,选择哪一种由实际问题中的主要因素决定。通常"较稳定"的线性表选择顺序存储,而频繁做插入删除的即动态性较强的线性表宜选择链式存储。

2.4 栈

栈(Stack)是一种操作受限的线性数据结构,其插入和删除等操作只能在表的一端进行。允许插入、删除的这一端称为栈顶(Top),另一端称为栈底(Bottom)。当表中没有元素时称为空栈。图 2.22 给出了一个栈的示意图,进栈的顺序是 $a_1, a_2, a_3, \cdots, a_n$,当需要出栈时其顺序为 $a_n, \cdots, a_3, a_2, a_1$,所以栈又称为后进先出的线性表(Last In First Out),简称 LIFO 表。

在现实生活中,读者可以列举出很多后进先出的例子。在计算机科学中,栈被广泛应用于各种软件系统中。栈的基本操作除了入栈(插入)和出栈(删除)外,还有初始化栈、判空及取栈顶元素等。下面给出栈的抽象数据类型定义。

图 2.22 栈示意图

ADT Stack {
　　数据对象：D ={ a_i | $a_i \in$ ElemSet, i = 1,2,3,…,n, n≥0}
　　数据关系：R ={<a_{i-1}, a_i> | a_{i-1}, $a_i \in$ D, i = 1,2,3,…,n }
　　　　　约定 a_n 端为栈顶，a_1 端为栈底。

基本操作：
(1) Init_Stack(s)：构造了一个空栈。
(2) Empty_Stack(s)：若 s 为空栈返回为 1,否则返回为 0。
(3) Push_Stack(s,x)：栈 s 存在且未满，在栈 s 的顶部插入一个新元素 x,x 成为新的栈顶元素。
(4) Pop_Stack(s)：栈 s 存在且非空，将栈 s 的顶部元素从栈中删除，栈中少了一个元素。
(5) Top_Stack(s)：栈 s 存在且非空，返回栈顶元素作为结果。
} ADT Stack

2.4.1 顺序栈

利用顺序存储方式实现的栈称为顺序栈。类似于顺序表的定义，栈中的数据元素用一个预设的足够长度的一维数组来实现：datatype data[MAXSIZE]，栈底位置可以设置在数组的任一个端点，而栈顶是随着插入和删除而变化的，用一个 int top 来作为栈顶的指针，指明当前栈顶的位置，同样将 data 和 top 封装在一个结构中，顺序栈的类型描述如下。

```
#define MAXSIZE  1024
typedef struct
  {datatype  data[MAXSIZE];
   int  top;
  }SeqStack
```

定义一个指向顺序栈的指针：

```
SeqStack  * s;
```

通常 0 下标端设为栈底，这样空栈时栈顶指针 top =-1；入栈时，栈顶指针加 1,即 s -> top ++；出栈时，栈顶指针减 1,即 s -> top --。

在上述存储结构上基本操作的实现如下。

1. 置空栈

首先建立栈空间，然后初始化栈顶指针。

```
SeqStack * Init_SeqStack()
{ SeqStack  * s;
  s = malloc(sizeof(SeqStack));
  s -> top = -1;
  return s;
}
```

2. 判空栈

```
int Empty_SeqStack(SeqStack * s)
  { if (s -> top == -1) return 1;
    else return 0;
  }
```

3. 入栈

```
int Push_SeqStack (SeqStack * s, datatype x)
  { if (s -> top == MAXSIZE - 1)  return 0;       /* 栈满不能入栈 */
    else { s -> top++;
           s -> data[s -> top] = x;
           return 1;
         }
  }
```

4. 出栈

```
Int Pop_SeqStack(SeqStack * s, datatype * x)
  { if  (Empty_SeqStack ( s ) )  return 0;       /* 栈空不能出栈 */
    else { * x = s -> data[s -> top];
           s -> top --;
           return 1; }                            /* 栈顶元素存入 * x,返回 */
  }
```

5. 取栈顶元素

```
Datatype Top_SeqStack(SeqStack * s)
  { if ( Empty_SeqStack ( s ) ) return 0;         /* 栈空 */
    else return (s -> data[s -> top] );
  }
```

说明：对于顺序栈，入栈时，首先判栈是否满了，栈满的条件为 s -> top == MAXSIZE - 1，栈满时，不能入栈；否则出现空间溢出，引起错误，这种现象称为上溢。

出栈和读栈顶元素操作时，先判栈是否为空，为空时不能操作，否则产生错误。通常栈空时常作为一种控制转移的条件。

2.4.2 链式栈

用链式存储结构实现的栈称为链栈。通常链栈用单链表表示，因此其结点结构与单链表的结构相同，在此用 LinkStack 表示，即有：

```
Typedef struct node
  { datatype data;
    struct node * next;
  }StackNode, * LinkStack;
```

说明 top 为栈顶指针：LinkStack top;

因为栈中的主要运算是在栈顶插入、删除,显然在链表的头部做栈顶是最方便的,而且没有必要像单链表那样为了运算方便附加一个头结点。通常将链栈表示成图2.23的形式。链栈基本操作的实现如下。

1. 置空栈

```
LinkStack  Init_LinkStack ()
  { return   NULL;
  }
```

2. 判栈空

```
int  Empty_LinkStack (LinkStack top )
  { if (top == -1) return 1;
    else return 0;
  }
```

图 2.23　链栈示意图

3. 入栈

```
LinkStack Push_LinkStack (LinkStack top, datatype x)
  { StackNode *s;
    s = malloc (sizeof (StackNode));
    s -> data = x;
    s -> next = top;
    top = s;
    return top;
  }
```

4. 出栈

```
LinkStack Pop_LinkStack (LinkStack  top, datatype *x)
  { StackNode  *p;
    if (top == NULL) return NULL;
    else {  *x = top -> data;
        p = top;
        top  = top -> next;
        free (p);
        return   top;
    }
  }
```

2.4.3　栈的应用举例

栈结构具有后进先出的固有特性,使得它成为程序设计中的有用工具。在很多实际问题中都利用栈做一个辅助的数据结构来进行求解,下面通过几个例子进行说明。

例2-8　简单应用:数制转换问题。

将十进制数 N 转换为 R 进制的数,其基本原理是: $N = (N/R) \times R + N \% R$,其转换方法是利用辗转相除法:以 $N = 3467, R = 8$ 为例转换方法如表2-1所示。

表 2-1 十进制数转换为八进制数

N	N/8（整除）	N%8（求余）
3467	433	3
433	54	1
54	6	6
6	0	6

所以：$(3467)_{10} = (6613)_8$。

不难看出所转换的 8 进制数按底位到高位的顺序产生的,因此转换过程中每得到一位 8 进制数则进栈保存,转换完毕后依次出栈则正好是转换结果。

算法思想如下:

当 $N>0$ 时重复(1),(2)。

(1) 若 $N \neq 0$,则将 $N \% R$ 压入栈 s 中,执行 2;若 $N = 0$,将栈 s 的内容依次出栈,算法结束。

(2) 用 N / R 代替 N。

算法如下。

```
typedef  int datatype;
void conversion(int N, int R)
{ SeqStack  s;
  datetype  x;
  Init_SeqStack(&s);
  while ( N )
     { Push_SeqStack ( &s, N % R );
       N = N / R;
     }
  While (! Empty_SeqStack(& s ) )
     { Pop_SeqStack (&s, &x) ;
       printf ( " % d ", x ) ;
     }
}
         (a)
```

```
#define L  10
 void conversion(int N, int R)
{ int   s[L],top;      /*定义一个顺序栈*/
  int   x;
  top = -1;            /*初始化栈*/
  while ( N )
  { s[++top] = N % R;  /*余数入栈*/
    N = N / R;         /*商作为被除数继续*/
  }
  while (top!= -1)
  { x = s[top--];
    printf("% d",x);
  }
}
         (b)
```

算法 2.8 数制转换

算法 2.8(a)是将对栈的操作抽象为模块调用,使问题的层次更加清楚。而算法 2.8(b)中直接将 int 向量 S 和 int 变量 top 作为一个栈来使用。

例 2-9 利用栈实现迷宫的求解。

问题:这是实验心理学中的一个经典问题,心理学家把一只老鼠从一个无顶盖的大盒子的入口处赶进迷宫。迷宫中设置很多隔壁,对前进方向形成了多处障碍,心理学家在迷宫的唯一出口处放置了一块奶酪,吸引老鼠在迷宫中寻找通路以到达出口。

求解思想:回溯法是一种不断试探且及时纠正错误的搜索方法,下面的求解过程采用回溯法。从入口出发,按某一方向向前探索,若能走通(未走过的),即某处可以到达,则到达新点,否则试探下一方向;若所有的方向均没有通路,则沿原路返回前一点,换下一个方向再继续试探,直到所有可能的通路都探索到,或找到一条通路,或无路可走又返回到入口点。

在求解过程中,为了保证在到达某一点后不能向前继续行走(无路)时,能正确返回前一点以便继续从下一个方向向前试探,则需要用一个栈保存所能够到达的每一点的下标及从该点前进的方向。需要解决的 4 个问题如下。

1. 表示迷宫的数据结构

设迷宫为 m 行 n 列,利用 maze$[m][n]$ 来表示一个迷宫,maze$[i][j]$=0 或 1;其中:0 表示通路,1 表示不通,当从某点向下试探时,中间点有 8 个方向可以试探(如图 2.25 所示),而四个角点有 3 个方向,其他边缘点有 5 个方向,为使问题简单化我们用 maze$[m+2][n+2]$ 来表示迷宫,而迷宫的四周的值全部为 1。这样做使问题简单了,每个点的试探方向全部为 8,不用再判断当前点的试探方向有几个,同时与迷宫周围是墙壁这一实际问题相一致。

迷宫的定义如下:

```
#define  m   6              /*迷宫的实际行*/
#define  n   8              /*迷宫的实际列*/
int maze [m+2][n+2];
```

入口坐标为 $(1,1)$,出口坐标为 (m,n)。
如图 2.24 所示的迷宫是一个 $6×8$ 的迷宫。

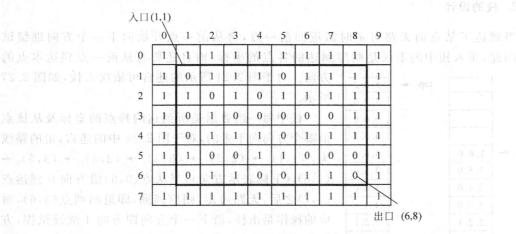

图 2.24 用 maze$[m+2][n+2]$ 表示的迷宫

2. 试探方向

在上述表示迷宫的情况下,每个点有 8 个方向去试探,如当前点的坐标 (x,y),与其相邻的 8 个点的坐标都可根据与该点的相邻方位而得到。因为出口在 (m,n),因此试探顺序规定为:从当前位置向前试探的方向为从正东沿顺时针方向进行。为了简化问题,方便地求出新点的坐标,将从正东开始沿顺时针进行的这 8 个方向的坐标增量放在一个结构数组 move$[8]$ 中,在 move 数组中,每个元素有两个域组成:横坐标增量 x,纵坐标增量 y。move 数组如图 2.26 所示。

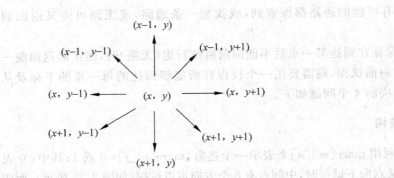

图 2.25 与点 (x,y) 相邻的 8 个点及坐标   图 2.26 增量数组 move

Move 数组定义如下。

```
typedef struct
  { int x,y
  } item ;
item move[8] ;
```

这样对 move 的设计会很方便地求出从某点 (x,y) 按某一方向 $v(0 \leqslant v \leqslant 7)$ 到达的新点 (i,j) 的坐标：$i = x + \text{move}[v].x$ ；$j = y + \text{move}[v].y$。

3. 栈的设计

当到达了某点而无路可走时需返回前一点，再从前一点开始向下一个方向继续试探。因此，压入栈中的不仅是顺序到达的各点的坐标，而且还要有从前一点到达本点的方向。对于图 2.24 所示的迷宫可依次入栈，如图 2.27 所示。

栈中每一组数据是所到达的每点的坐标及从该点沿哪个方向向下走的，对于图 2.24 中的迷宫，走的路线为：$(1,1)_1 \rightarrow (2,2)_1 \rightarrow (3,3)_0 \rightarrow (3,4)_0 \rightarrow (3,5)_0 \rightarrow (3,6)_0$。(下标表示方向)，当从点 $(3,6)$ 沿方向 0 到达点 $(3,7)$ 之后，无路可走，则应回溯，即退回到点 $(3,6)$，对应的操作是出栈，沿下一个方向即方向 1 继续试探，方向 1、2 试探失败，在方向 3 上试探成功，因此将 $(3,6,3)$ 压入栈中，即到达了点 $(4,5)$。

图 2.27 依次入栈示意图

栈中元素是一个由行、列、方向组成的三元组，栈元素的设计如下。

```
typedef struct
  {int x, y, d ;              /*横纵坐标及方向*/
  }datatype ;
```

栈的定义仍然为：SeqStack s ;

4. 防止重复到达某点,以避免发生死循环

一种方法是另外设置一个标志数组 mark[m][n],它的所有元素都初始化为 0,一旦到达了某一点 (i, j) 之后,使 mark[i][j] 置 1,下次再试探这个位置时就不能再走了。另一种方法是当到达某点 (i, j) 后使 maze[i][j] 置 -1,以便区别未到达过的点,同样也能起到防止走重复点的目的,本教材采用后者,这样在算法结束前还可恢复原迷宫。

迷宫求解算法思想如下:

(1) 栈初始化;

(2) 将入口点坐标及到达该点的方向(设为 -1)入栈;

(3) while(栈不空)

```
{ 栈顶元素→(x, y, d)
  出栈;
  求出下一个要试探的方向 d++;
  while  (还有剩余试探方向时)
     { if  (d 方向可走)
        则 { (x, y, d)入栈;
               求新点坐标   (i, j);
               将新点(i, j)切换为当前点(x, y);
               if  ((x,y) == (m,n)) 结束;
               else 重置 d = 0;
            }
        else d++;
     }
}
```

算法如下:

```
int  path(maze,move)
int maze[m][n];
item move[8];
{ SeqStack  s;
  datetype  temp;
  int x, y, d, i, j;
  temp.x = 1; temp.y = 1; temp.d = -1;
  Push_SeqStack (&s,temp);
  while (! Empty_SeqStack (&s ) )
     { Pop_SeqStack (&s,&temp);
       x = temp.x; y = temp.y; d = temp.d + 1;
       while  (d < 8)
       { i = x + move[d].x;    j = y + move[d].y;
         if  ( maze[i][j] == 0 )
            { temp = {x, y, d};
              Push_SeqStack ( &s, temp );
              x = i;   y = j;   maze[x][y] = -1;
              if  (x == m && y == n)   return 1;    /* 迷宫有路 */
              else  d = 0;
            }
         else  d++;
       }                                            /* while (d<8) */
```

```
        }                                    /*while*/
    return  0;                               /*迷宫无路*/
}
```

算法2.9 迷宫算法

栈中保存的就是一条迷宫的通路。

例 2-10 表达式求值

表达式求值是程序设计语言编译中一个最基本的问题,它的实现也是需要栈的加入。下面的算法是用算符优先法对表达式求值。

表达式是由运算对象、运算符、括号组成的有意义的式子。运算符从运算对象的个数上分,有单目运算符和双目运算符;从运算类型上分,有算术运算、关系运算、逻辑运算。在此仅讨论只含二目运算符的算术表达式。

1. 中缀表达式求值

中缀表达式:每个二目运算符在两个运算量的中间,假设所讨论的算术运算符包括: +、-、*、/、%、^(乘方)和括号( )。

设运算规则为:

(1) 运算符的优先级为: ( ) → ^ → *、/、% → +、-;

(2) 有括号出现时先算括号内的,后算括号外的,多层括号,由内向外进行;

(3) 乘方连续出现时先算最右面的。

表达式作为一个满足表达式语法规则的串存储,如表达式"$3*2\verb|^|(4+2*2-1*3)-5$",它的求值过程为:自左向右扫描表达式,当扫描到"$3*2$"时不能马上计算,因为后面可能还有更高优先级的运算,正确的处理过程是:需要两个栈:对象栈 s1 和算符栈 s2。当自左至右扫描表达式的每一个字符时,若当前字符是运算对象,入对象栈,是运算符时,若这个运算符比栈顶运算符优先级高则入栈,继续向后处理,若这个运算符比栈顶运算符优先级低则从对象栈出栈两个运算量,从算符栈出栈一个运算符进行运算,并将其运算结果入对象栈,继续处理当前字符,直到遇到结束符。

根据运算规则,左括号(在栈外时它的级别最高,而进栈后它的级别则最低了;乘方运算的结合性是自右向左,所以,它的栈外级别高于栈内——就是说有的运算符栈内栈外的级别是不同的。当遇到右括号)时,一直需要对运算符栈出栈,并且做相应的运算,直到遇到栈顶为左括号(时,将其出栈,因此右括号)级别最低但它是不入栈的。对象栈初始化为空,为了使表达式中的第一个运算符入栈,算符栈中预设一个最低级的运算符(。根据以上分析,每个运算符栈内、栈外的级别如表2-2 所示。

表 2-2 运算符的栈内、栈外级别

算 符	栈 内 级 别	栈 外 级 别
^	3	4
*、/、%	2	2
+、-	1	1
(	0	4
)	−1	−1

中缀表达式"3 * 2 ^ (4 + 2 * 2 - 1 * 3) - 5"求值过程中两个栈的状态情况如表 2-3 所示。

表 2-3 中缀表达式"3 * 2 ^ (4 + 2 * 2 - 1 * 3) - 5"的求值过程

读字符	对象栈 s1	算符栈 s2	说 明
3	3	(	3 入栈 s1
*	3	(*	* 入栈 s2
2	3,2	(*	2 入栈 s1
^	3,2	(* ^	^ 入栈 s2
(	3,2	(* ^ (	(入栈 s2
4	3,2,4	(* ^ (	4 入栈 s1
+	3,2,4	(* ^ (+	+ 入栈 s2
2	3,2,4,2	(* ^ (+	2 入栈 s1
*	3,2,4,2	(* ^ (+ *	* 入栈 s2
2	3,2,4,2,2	(* ^ (+ *	2 入栈 s1
	3,2,4,4	(* ^ (+	做 2+2=4,结果入栈 s1
-	3,2,8	(* ^ (	做 4+4=8,结果入栈 s2
	3,2,8	(* ^ (-	- 入栈 s2
1	3,2,8,1	(* ^ (-	1 入栈 s1
*	3,2,8,1	(* ^ (- *	* 入栈 s2
3	3,2,8,1,3	(* ^ (- *	3 入栈 s1
	3,2,8,3	(* ^ (-	做 1*3,结果 3 入栈 s1
)	3,2,5	(* ^ (	做 8-3,结果 5 入栈 s2
	3,2,5	(* ^	(出栈
	3,32	(*	做 2^5,结果 32 入栈 s1
	96	(	做 3*32,结果 96 入栈 s1
-	96	(-	- 入栈 s2
5	96,5	(-	5 入栈 s1
结束符	91	(	做 96-5,结果 91 入栈 s1

为了处理方便,编译程序常把中缀表达式首先转换成等价的后缀表达式,后缀表达式的运算符在运算对象之后。在后缀表达式中,不再引入括号,所有的计算按运算符出现的顺序,严格从左向右进行,而不用再考虑运算规则和级别。中缀表达式"3 * 2 ^ (4 + 2 * 2 - 1 * 3) - 5"的后缀表达式为:"3 2 4 2 2 * + 1 3 * - ^ * 5 -"。

2. 后缀表达式求值

计算一个后缀表达式,算法上比计算一个中缀表达式简单得多,这是因为表达式中既无括号又无优先级的约束。具体做法:只使用一个对象栈,当从左向右扫描表达式时,每遇到一个操作数就送入栈中保存,每遇到一个运算符就从栈中取出两个操作数进行当前的计算,然后把结果再入栈,直到整个表达式结束,这时送入栈顶的值就是结果。

下面是后缀表达式求值的算法,在下面的算法中假设每个表达式是合乎语法的,并且假设后缀表达式已被存入一个足够大的字符数组 A 中,且以"#"为结束字符,为了简化问题,限定运算数的位数仅为一位且忽略了数字字符串与相对应的数据之间的转换的问题。

```
typedef  char datetype;
double   calcul_exp(char * A)
{    /*本函数返回由后缀表达式A表示的表达式运算结果*/
   SeqStack  s;
   ch= * A++; Init_SeqStack(&s);
   while ( ch != '#')
     {
        if  (ch!= 运算符)  Push_SeqStack (&s, ch);
        else { Pop_SeqStack (&s, &a);
               Pop_SeqStack (&s, &b);              /*取出两个运算量*/
               switch (ch).
               { case ch == '+':    c = a+b; break;
                 case ch == '-':    c = a-b; break;
                 case ch == '*':    c = a*b; break;
                 case ch == '/':    c = a/b; break;
                 case ch == '%':    c = a%b; break;
                 case ch == '^':    c = a^b; break;
               }
               Push_SeqStack (&s, c);
            }
         ch= * A++;
      }
   Pop_SeqStack ( &s, result );
   return  result;
}
```

算法2.10 后缀表达式求值

栈中状态变化情况如表2-4所示。

表 2-4 栈中状态变化情况

当前字符	栈中数据	说　明
3	3	3入栈
2	3,2	2入栈
4	3,2,4	4入栈
2	3,2,4,2	2入栈
2	3,2,4,2,2	2入栈
*	3,2,4,4	计算2*2,将结果4入栈
+	3,2,8	计算4+4,将结果8入栈
1	3,2,8,1	1入栈
3	3,2,8,1,3	3入栈
*	3,2,8,3	计算1*3,将结果4入栈
-	3,2,5	计算8-5,将结果5入栈
^	3,32	计算2^5,将结果32入栈
*	96	计算3*32,将结果96入栈
5	96,5	5入栈
-	96	计算96-5,结果入栈
结束符	空	结果出栈

3. 中缀表达式转换成后缀表达式

将中缀表达式转化为后缀表达式和前述对中缀表达式求值的方法完全类似,但只需要运算符栈,遇到运算对象时直接放后缀表达式的存储区,假设中缀表达式本身合法且在字符数组 A 中,转换后的后缀表达式存储在字符数组 B 中。具体做法:遇到运算对象顺序向存储后缀表达式的 B 数组中存放,遇到运算符时类似于中缀表达式求值时对运算符的处理过程,但运算符出栈后不是进行相应的运算,而是将其送入 B 中存放。读者不难写出算法,在此不再赘述。

2.4.4 栈与递归

栈的一个重要应用是在程序设计语言中实现递归过程。现实中,有许多实际问题是递归定义的,用递归的方法可以使许多问题的结果大大简化,以"$n!$"为例:

"$n!$"的定义为:

$$n! = \begin{cases} 1 & n=0 \quad /* \text{ 递归终止条件 } */ \\ n \times (n-1)! & n>0 \quad /* \text{ 递归步骤 } */ \end{cases}$$

根据定义可以很自然地写出相应的递归函数。

```
int fact (int n)
{ if (n==0) return 1 ;
      else return (n * fact (n-1) ) ;
}
```

递归函数都有一个终止递归的条件,如上例 $n=0$ 时,将不再继续递归下去。

递归函数的调用类似于多层函数的嵌套调用,只是调用单位和被调用单位是同一个函数而已。在每次调用时系统将属于各个递归层次的信息组成一个活动记录(Activation Record),这个记录中包含着本层调用的实参、返回地址、局部变量等信息,并将这个活动记录保存在系统的"递归工作栈"中,每当递归调用一次,就要在栈顶为过程建立一个新的活动记录,一旦本次调用结束,则将栈顶活动记录出栈,根据获得的返回地址信息返回到本次的调用处。下面以求"3!"为例说明执行调用时工作栈中的状况。

为了方便将求阶乘程序修改如下,其中递归工作栈如图 2.28 所示。

	参数	返回地址
fact(0)	0	R2
fact(1)	1	R2
fact(2)	2	R2
fact(3)	3	R1

图 2.28 递归工作栈示意图

```
main ()
{ int m,n=3 ;
   m = fact (n) ;
R1:
   printf ("%d!=%d\n",n,m) ;
}
int fact (int n)
{ int  f ;
   if (n==0)  f=1 ;
   else f=n * fact (n-1) ;
R2:
   return f  ;
}
```

其中 R1 为主函数调用 fact 时返回点的地址，R2 为 fact 函数中递归调用 $fact(n-1)$ 时返回点的地址。

程序的执行过程可用图 2.29 来示意（设主函数中 $n=3$）。

图 2.29　fact(3) 的执行过程

2.5　队列

队列也是一种操作受限的线性数据结构，与栈后进先出（LIFO）的数据结构截然不同的是队列是一种"先进先出"（First In First Out，FIFO）的数据结构。将这种插入在表一端进行，而删除在表的另一端进行的数据结构称为队列（Queue），并称允许插入的一端为队尾（Rear），允许删除的一端为队首（Front）。如图 2.30 所示是一个队列的示意图。若入队顺序为 $a_1, a_2, a_3, \cdots, a_n$，则出队顺序依然是 $a_1, a_2, a_3, \cdots, a_n$。

图 2.30　队列示意图

队列的抽象数据类型定义如下。

```
ADT Queue{
    数据对象：D ={ a_i | a_i ∈ ElemSet, i = 1,2,3,…,n, n≥0}
    数据关系：R ={<a_{i-1}, a_i> | a_{i-1}, a_i ∈ D, i = 1,2,3,…,n }
        约定：其中 a_n 端为队尾，a_1 端为队头。
基本操作：
    (1) Init_Queue(q)：构造了一个空队。
    (2) In_Queue(q,x)：插入一个元素 x 到队尾。
    (3) Out_Queue(q,x)：队列 q 非空，删除队首元素，并返回其值。
    (4) Front_Queue(q,x)：队列 q 非空，读队头元素，并返回其值。
    (5) Empty_Queue(q)：若 q 为空队列则返回为 1，否则返回为 0。
}ADT Queue
```

2.5.1　顺序队列

在队列的顺序存储结构中，除了用一组地址连续的存储单元依次存放队列中的元素外，还需要附设两个指针 front 和 rear 分别指向队列的头、尾元素。顺序队列的类型定义如下。

```
define MAXSIZE 1024                    /*队列的最大容量*/
typedef struct
 {datatype  data[MAXSIZE];             /*队员的存储空间*/
  int rear,front;                      /*队头队尾指针*/
 }SeQueue;
```

定义一个指向队列的指针变量：

SeQueue * sq;

申请一个顺序队列的存储空间：

sq = malloc(sizeof(SeQueue));

队列的数据区为：

sq -> data[0] --- sq -> data[MAXSIZE - 1]

队头指针：sq -> front

队尾指针：sq -> rear

设队列头指针指向队列头元素前面一个位置，队尾指针指向队列尾元素（这样的设置是为了某些运算的方便，并不是唯一的方法）。

置空队列则为：sq -> front = sq -> rear = -1;

在不考虑溢出的情况下，入队列操作队尾指针加1，指向新位置后，元素入队列。

sq -> rear++;   sq -> data[sq -> rear] = x;   /* x 存入队尾元素中 */

在不考虑队列空的情况下，出队列操作队头指针加1，表明队头元素出队列。

sq -> front++;   x = sq -> data[sq -> front];

队列中元素的个数：m＝(sq -> rear)-(sq -> front);

队列满时：m = MAXSIZE；   队列空时：m = 0。

随着入队列、出队列的进行，会使整个队列整体向后移动，这样就出现了队尾指针已经移到了最后，再有元素入队列就会出现溢出，而事实上此时队列中并未真的"满员"，这种现象称为"假溢出"，这是由于"队尾入队头出"这种受限制的操作所造成的。解决假溢出的方法之一是将队列的数据区 data[0..MAXSIZE-1]看成头尾相接的循环结构，头尾指针的关系不变，并称其为"循环队列"（如图 2.31 所示）。

因为是头尾相接的循环结构，入队列时的队尾指针加1操作修改为：

图 2.31　循环队列示意图

sq -> rear = (sq -> rear + 1) % MAXSIZE;

出队列时的队头指针加1操作修改为：

sq -> front = (sq -> front + 1) % MAXSIZE;

可循环队列在队列满情况下有：front = rear，在队空情况下也有：front = rear。就是说"队满"和"队空"的条件相同了。这显然是必须解决的一个问题。

方法之一是附设一个存储队列中元素个数的变量如 num，当 num = 0 时队列空，当 num = MAXSIZE 时为队列满。

另一种方法是少用一个元素空间，将队尾指针加1就赶上队头指针视为满，即队列满的条件是：(rear + 1) % MAXSIZE = front，空队列的条件是：front = rear。

下面的循环队列及操作按第一种方法实现。

循环队列的类型定义及基本运算如下。

```c
typedef struct {
    datatype data[MAXSIZE];      /* 数据的存储区 */
    int front,rear;              /* 队头队尾指针 */
    int num;                     /* 队中元素的个数 */
}c_SeQueue;                      /* 循环队 */
```

1. 置空队列

```c
c_SeQueue *  Init_SeQueue()
{ q = malloc(sizeof(c_SeQueue));
  q -> front = q -> rear = MAXSIZE - 1;
  q -> num = 0;
  return q;
}
```

2. 入队列

```c
int  In_SeQueue ( c_SeQueue * q, datatype x)
{ if (num == MAXSIZE)
    { printf("队满");
      return -1;                 /* 队满不能入队 */
    }
  else
    { q -> rear = (q -> rear + 1) % MAXSIZE;
      q -> data[q -> rear] = x;
      num++;
      return 1;                  /* 入队完成 */
    }
}
```

3. 出队列

```c
int  Out_SeQueue (c_SeQueue * q, datatype * x)
{ if (num == 0)
    { printf("队列空");
      return -1;                 /* 队空不能出队 */
    }
  else
    { q -> front = (q -> front + 1) % MAXSIZE;
      * x = q -> data[q -> front];   /* 读出队头元素 */
      num--;
      return 1;                  /* 出队完成 */
    }
}
```

4. 判队列空

```c
int  Empty_SeQueue(c_SeQueue * q)
{   if (num == 0) return 1;
```

```
        else return 0;
    }
```

2.5.2 链式队列

用链表表示的队列简称链队列,一个链队列需要两个分别指向队头和队尾的指针,如图 2.32 所示。与单链表类似,为方便操作,可在链队列中添加一个头结点,并令头指针指向头结点,由此,空队列的判定条件为头、尾指针均指向头结点。

图 2.32 链队示意图

图 2.32 中头指针 front 和尾指针 rear 是两个独立的指针变量,从结构性上考虑,通常将二者封装在一个结构中。

链队的描述如下。

```
typedef struct node
  { datatype  data;
    struct  node * next;
  } QNode;                                          /*链队结点的类型*/
typedef struct
  { QNnode  * front, * rear;
  }LQueue;                                          /*将头尾指针封装在一起的链队*/
```

定义一个指向链队的指针:

```
LQueue  * q;
```

按这种思想建立的带头结点的链队如图 2.33 所示。

(a) 非空队

(b) 空队   (c) 链队中只有一个元素结点

图 2.33 头尾指针封装在一起的链队

链队的基本运算如下。

1. 创建一个带头结点的空队列

```
LQueue  * Init_LQueue()
```

```
{ LQueue * q, * p;
  q = malloc(sizeof(LQueue));            /* 申请头尾指针结点 */
  p = malloc(sizeof(QNode));             /* 申请链队头结点 */
  p -> next = NULL;
  q -> front = q -> rear = p;
  return q;
}
```

2. 入队列

```
void In_LQueue(LQueue * q, datatype  x)
  { QNode * p;
    p = malloc(sizeof(QNnode));          /* 申请新结点 */
    p -> data = x;
    p -> next = NULL;
    q -> rear -> next = p;
    q -> rear = p;
  }
```

3. 判队列空

```
int  Empty_LQueue( LQueue * q)
  { if (q -> front == q -> rear)   return 0;
    else    return 1;
  }
```

4. 出队列

```
int Out_LQueue(LQueue * q, datatype  * x)
  { QNnode * p;
    if (Empty_LQueue(q) )
        { printf ("队列空"); return 0;
        }                                         /* 队列空,出队列失败 */
    else
        { p = q -> front -> next;
          q -> front -> next = p -> next;
          * x = p -> data;                        /* 队头元素放 x 中 */
          free(p);
          if (q -> front -> next == NULL)
          q -> rear = q -> front;
             /* 只有一个元素时,出队后队空,此时还需要修改队尾指针,如图 2.33(c)所示 */
          return 1;
        }
}
```

2.5.3 基于队列的算法设计实例

例 2-11 求迷宫的最短路径:现要求设计一个算法找一条从迷宫入口到出口的最短路径。

本算法要求找一条迷宫的最短路径,算法的基本思想为:从迷宫入口点(1,1)出发,向四周搜索,记下所有一步能到达的坐标点;然后依次再从这些点出发,再记下所有一步能到达的坐标点……依此类推,直到到达迷宫的出口点(m,n)为止,然后从出口点沿搜索路径回溯直至入口。这样就找到了一条迷宫的最短路径,否则迷宫无路径。

有关迷宫的数据结构、试探方向、如何防止重复到达某点以避免发生死循环的问题与例 2-9 处理相同,不同的是:如何存储搜索路径。在搜索过程中必须记下每一个可到达的坐标点,以便从这些点出发继续向四周搜索。由于先到达的点先向下搜索,故引进一个"先进先出"的队列来保存已到达的坐标点。到达迷宫的出口点(m,n)后,为了能够从出口点沿搜索路径回溯直至入口,对于每一点,记下坐标点的同时,还要记下到达该点的前驱点,因此,用一个结构数组 sq[num] 作为队列的存储空间,因为迷宫中每个点至多被访问一次,所以 num 至多等于 $m*n$。sq 的每一个结构有三个域:x,y 和 pre,其中 x,y 分别为所到达的点的坐标,pre 为前驱点在 sq 中的坐标,是一个静态链域。除 sq 外,还有队头、队尾指针:front 和 rear 用来指向队头和队尾元素。

队的定义如下:

```
typedef  struct
   { int x,y;
     int pre;
   }sqtype;
sqtype sq[num];
int front,rear;
```

初始状态,队列中只有一个元素 sq[1] 记录的是入口点的坐标(1,1),因为该点是出发点,因此没有前驱点,pre 域为-1,队头指针 front 和队尾指针 rear 均指向它,此后搜索时都是以 front 所指点为搜索的出发点,当搜索到一个可到达点时,即将该点的坐标及 front 所指点的位置入队,不但记下了到达点的坐标,还记下了它的前驱点。front 所指点的 8 个方向搜索完毕后,则出队,继续对下一点搜索。搜索过程中遇到出口点则成功,搜索结束,打印出迷宫最短路径,算法结束;若当前队空没有搜索点了,表明没有路径,算法也结束。

算法如下:

```
void path(maze,move)
   int maze[m][n];                           /*迷宫数组*/
   item move[8];                             /*坐标增量数组*/
{ sqtype sq[NUM];
   int front,rear;
   int x,y,i,j,v;
   front = rear = 0;
   sq[0].x = 1; sq[0].y = 1; sq[0].pre = -1;    /*入口点入队*/
   maze[1,1] = -1;
   while (front <= rear)                      /*队列不空*/
      { x = sq[front].x ;   y = sq[front].y ;
        for (v = 0;v < 8;v++)
           { i = x + move[v].x;   j = x + move[v].y;
             if (maze[i][j] == 0)
                { rear++;
                  sq[rear].x = i; sq[rear].y = j;  sq[rear].pre = front;
                  maze[i][j] = -1;
```

```
        if (i==m&&j==n)
          { printpath(sq,rear);           /*打印迷宫*/
             restore(maze);                /*恢复迷宫*/
             return 1;
          }
      }
      front++;                             /* for v */
                                           /* 当前点搜索完,取下一个点搜索 */
    }                                      /* while */
    return 0;
}                                          /* path */
void printpath(sqtype sq[ ],int rear)      /* 打印迷宫路径 */
{   int   i;
    i = rear;
    do { printf(" ( %d, %d)<-- ",sq[i].x, sq[i].y);
        i = sq[i].pre;                     /* 回溯 */
    } while (i!= -1);
}                                          /* printpath */
```

算法 2.11　迷宫最短路径

上述算法对应的迷宫搜索过程和队列中的数据如图 2.34 所示。

(a) 用二维数组表示的迷宫

(b) 队列中的数据

图 2.34　迷宫搜索过程

运行结果：$(6,8) \leftarrow (5,7) \leftarrow (4,6) \leftarrow (4,5) \leftarrow (3,4) \leftarrow (3,3) \leftarrow (2,2) \leftarrow (1,1)$

在上面的例子中,不能采用循环队列。因为在本问题中,队列中保存了探索到的路径序列,如果用循环队列,会把先前得到的路径序列覆盖掉。而在有些问题中,如持续运行的实时监控系统中,监控系统源源不断地收到监控对象顺序发来的信息,例如报警信息,为了保持报警信息的顺序性,就要按顺序一一保存,而这些信息是无穷多个,不可能全部同时驻留内存,可根据实际问题,设计一个适当大的向量空间,用作循环队列,最初收到的报警信息一一入队,当队满之后,又有新的报警到来时,新的报警则覆盖掉了旧的报警,内存中始终保持当前最新的若干条报警,以便满足快速查询。

2.6 数组

数组对读者来说并不陌生,几乎所有的程序设计语言都把数组类型设定为固有类型。本节以抽象数据类型的形式讨论数组的定义和实现,使读者加深对数组类型的理解,以便更好地应用到实际问题的解决中。

2.6.1 数组的定义

数组是 $n(n>1)$ 个相同类型的数据元素 $a_1,a_2,a_3,\cdots,a_n$ 构成的有限序列,且该有限序列存储在一块地址连续的内存单元中。由此可见,数组的定义类同采用顺序存储结构的线性表。

多维数组可以看成是多个线性表组成的,例如:一维数组可以看作一个线性表,二维数组便可以看作"数据元素是一维数组"的一维数组,三维数组可以看作"数据元素是二维数组"的一维数组,依此类推。图 2.35 展示了一个 m 行 n 列的二维数组。

数组是一个具有固定格式和数量的数据有序集,每一个数据元素有唯一的一组下标来标识,因此,在数组上不能做插入、删除数据元素的操作。通常在各种高级语言中数组一旦被定义,每一维的大小及上下界都不能改变。在数组中通常做以下两种操作。

$$A = \begin{bmatrix} a_{11} & a_{12} & \cdots & a_{1n} \\ a_{21} & a_{22} & \cdots & a_{2n} \\ \vdots & \vdots & & \vdots \\ a_{m1} & a_{m2} & \cdots & a_{mn} \end{bmatrix}$$

图 2.35 m 行 n 列的二维数组

(1) 取值操作:给定一组下标,读其对应的数据元素的值。

(2) 赋值操作:给定一组下标,存储或修改与其相对应的数据元素的值。

2.6.2 数组的顺序表示和实现

通常,数组在内存中被映像为向量,即用向量作为数组的一种存储结构,这是因为内存的地址空间是一维的。数组的行列固定后,可通过一个映像函数,即根据数组元素的下标得到它的存储地址。

对于一维数组按下标顺序分配即可。

对多维数组进行分配时,要把它的元素映像存储在一维存储器中,一般有两种存储方式:一是以行为主序的顺序存放,另一种是以列为主序的顺序存放。

例如一个 2×3 的二维数组,逻辑结构可以用图 2.36 表示。以行为主序的内存映像如图 2.37(a)所示。分配顺序为:$a_{11},a_{12},a_{13},a_{21},a_{22},a_{23}$;以列为主序的分配顺序为:$a_{11},a_{21},a_{12},a_{22},a_{13},a_{23}$。它的内存映像如图 2.37(b)所示。

设有 $m \times n$ 二维数组 A_{mn},下面来讨论按元素的下标求其地址的方法。

以行为主序的分配为例:设数组的基址为 $LOC(a_{11})$,每个数组元素占据 s 个地址单元,则 a_{ij} 的物理地址为:

$$LOC(a_{ij}) = LOC(a_{11}) + ((i-1) \times n + j - 1) \times s$$

推广到一般的二维数组:$A[c_1..d_1][c_2..d_2]$,则 a_{ij} 的物理地址为:

$$LOC(a_{ij}) = LOC(a_{c_1 c_2}) + ((i-c_1) \times (d_2 - c_2 + 1) + (j - c_2)) \times s$$

a_{11}	a_{12}	a_{13}
a_{21}	a_{22}	a_{23}

图 2.36　2×3 数组的逻辑状态

图 2.37　2×3 数组的物理状态

(a) 以行为主序　(b) 以列为主序

同理对于三维数组 A_{mnp}，即 $m \times n \times p$ 数组，数组元素 a_{ijk} 的物理地址为：

$$LOC(a_{ijk}) = LOC(a_{111}) + ((i-1) \times n \times p + (j-1) \times p + k - 1) \times s$$

推广到一般的三维数组：$A[c_1..d_1][c_2..d_2][c_3..d_3]$，则 a_{ijk} 的物理地址为：

$$LOC(a_{ijk}) = LOC(a_{c_1 c_2 c_3}) + ((i - c_1) \times (d_2 - c_2 + 1) \times (d_3 - c_3 + 1)$$
$$+ (j - c_2) \times (d_3 - c_3 + 1) + (k - c_3)) \times s$$

例 2-12 若矩阵 A_{mn} 中存在某个元素 a_{ij} 满足：a_{ij} 是第 i 行中最小值且是第 j 列中的最大值，则称该元素为矩阵 A 的一个鞍点。试编写一个算法，找出 A 中的所有鞍点。

基本思想：在矩阵 A 中求出每一行的最小值元素，然后判断该元素是否是它所在列中的最大值，是则打印输出，接着处理下一行。矩阵 A 用一个二维数组表示。

算法如下：

```
void  saddle (int A[ ][ ],int m, int n)
    /* m,n 是矩阵 A 的行和列 */
{ int i,j,min;
    for (i = 0;i < m;i++)                              /* 按行处理 */
    { min = A[i][0];
        for (j = 1; j < n; j++)
            if (A[i][j] < min ) min = A[I][j];         /* 找第 I 行最小值 */
        for (j = 0; j < n; j++)                        /* 检测该行中的每一个最小值是否是鞍点 */
            if (A[I][j] == min )
            { k = j;  p = 0;
                while (p < m && A[p][j] < min )
                    p++;
                if ( p >= m) printf ( "%d, %d, %d\n", i,k,min);
            }                                           /* if */
    }                                                   /* for i */
}
```

算法 2.12　求矩阵鞍点

算法的时间复杂度为 $O(m \times (n + m \times n))$。

2.6.3　特殊矩阵的压缩存储

用一个二维数组来表示一个矩阵是非常恰当的,但在有些情况下,例如常见的一些特殊矩阵(三角矩阵、对称矩阵、带状矩阵、稀疏矩阵等),从节约存储空间的角度考虑,这种存储方式是不太合适的。下面从这一角度来考虑这些特殊矩阵的存储方法。

1. 特殊矩阵

(1) 对称矩阵

对称矩阵的特点是:在一个 n 阶方阵中,有 $a_{ij}=a_{ji}$,其中 $1 \leq i,j \leq n$,图 2.38 展示了一个 5 阶对称矩阵。对称矩阵关于主对角线对称,因此只需存储上三角或下三角部分即可。例如,只存储下三角中的元素 a_{ij},其特点是 $j \leq i$ 且 $1 \leq i \leq n$,对于上三角中的元素 a_{ij},它和对应的 a_{ji} 相等,因此当访问的元素在上三角时,直接去访问和它对应的下三角元素即可,这样,原来需要 $n \times n$ 个存储单元,现在只需要 $n(n+1)/2$ 个存储单元了,节约了 $n(n-1)/2$ 个存储单元,当 n 较大时,这是可观的一部分存储资源。

图 2.38 5 阶对称方阵及其压缩存储

如何只存储下三角部分呢?对下三角部分以行为主序顺序存储到一个向量中去,在下三角中共有 $n \times (n+1)/2$ 个元素,因此,不失一般性,设存储到向量 SA$[n(n+1)/2]$ 中,存储顺序可用图 2.39 示意,这样,原矩阵下三角中的某一个元素 a_{ij} 则具体对应一个 SA$[k]$,下面的问题是要找到 k 与 i、j 之间的关系。

图 2.39 一般对称矩阵的压缩存储

对于下三角中的元素 a_{ij},其特点是:$i \geq j$ 且 $1 \leq i \leq n$,存储到 SA 中后,根据存储原则,它前面有 $i-1$ 行,共有 $1+2+\cdots+i-1=i \times (i-1)/2$ 个元素,而 a_{ij} 又是它所在的行中的第 j 个,所以在上面的排列顺序中,a_{ij} 是第 $i \times (i-1)/2+j$ 个元素,因此它在 SA 中的下标 k 与 i、j 的关系为:

$$k = i \times (i-1)/2 + j - 1 \quad (0 \leq k < n \times (n+1)/2)$$

若 $i < j$,则 a_{ij} 是上三角中的元素,因为 $a_{ij}=a_{ji}$,这样,访问上三角中的元素 a_{ij} 时则去访问和它对应的下三角中的 a_{ji} 即可,因此将上式中的行列下标交换就是上三角中的元素在 SA 中的对应关系:

$$k = j \times (j-1)/2 + i - 1 \quad (0 \leq k < n \times (n+1)/2)$$

综上所述,对于对称矩阵中的任意元素 a_{ij},若令 $I = \max(i,j)$,$J = \min(i,j)$,则将上面两个式子综合起来得到:$k = I \times (I-1)/2 + J - 1$。

(2) 三角矩阵

形如图 2.40 所示的矩阵称为三角矩阵，其中 c 为某个常数。图 2.40(a) 为下三角矩阵：主对角线以上均为同一个常数；图 2.40(b) 为上三角矩阵，主对角线以下均为同一个常数。下面讨论它们的压缩存储方法。

$$\begin{bmatrix} 3 & c & c & c & c \\ 6 & 2 & c & c & c \\ 4 & 8 & 1 & c & c \\ 7 & 4 & 6 & 0 & c \\ 8 & 2 & 9 & 5 & 7 \end{bmatrix} \qquad \begin{bmatrix} 3 & 4 & 8 & 1 & 0 \\ c & 2 & 9 & 4 & 6 \\ c & c & 1 & 5 & 7 \\ c & c & c & 0 & 8 \\ c & c & c & c & 7 \end{bmatrix}$$

(a) 下三角矩阵　　　　(b) 上三角矩阵

图 2.40　三角矩阵

① 下三角矩阵

下三角矩阵与对称矩阵类似，不同之处在于存完下三角中的元素之后，紧接着存储对角线上方的常量，因为是同一个常数，所以存一个即可，如图 2.41 所示，这样一共存储了 $n \times (n+1)/2 + 1$ 个元素，设存入向量 $SA[n \times (n+1)/2 + 1]$ 中，这种的存储方式可节约 $n \times (n-1)/2 - 1$ 个存储单元，$SA[k]$ 与 a_{ji} 的对应关系为：

$$k = \begin{cases} i \times (i-1)/2 + j - 1 & \text{当 } i \geqslant j \\ n \times (n+1)/2 - 1 & \text{当 } i < j \end{cases}$$

0	1	2	3	4	5	...		...	$n(n+1)/2$
a_{11}	a_{21}	a_{22}	a_{31}	a_{32}	a_{33}	...	a_{n1}	a_{n2}	...	$a_{n,n}$	c

第1行　第2行　　第3行　　　　　　　　　第n行　　　常数项

图 2.41　下三角矩阵的压缩存储

② 上三角矩阵

对于上三角矩阵，存储思想与下三角类似，以行为主序顺序存储上三角部分，最后存储对角线下方的常量，如图 2.42 所示。对于第 1 行，存储 n 个元素，第 2 行存储 $n-1$ 个元素……第 p 行存储 $(n-p+1)$ 个元素，a_{ij} 的前面有 $i-1$ 行，共存储 $n + (n-1) + \cdots + (n-i+1) = \sum_{p=1}^{i-1}(n-p) + 1 = (i-1) \times (2n-i+2)/2$ 个元素，而 a_{ij} 是它所在的行中要存储的第 $(j-i+1)$ 个；所以，它是上三角存储顺序中的第 $(i-1) \times (2n-i+2)/2 + (j-i+1)$ 个，因此它在 SA 中的下标为：$k = (i-1) \times (2n-i+2)/2 + j - i$。

综上，$SA[k]$ 与 a_{ji} 的对应关系为：

$$k = \begin{cases} (i-1) \times (2n-i+2)/2 + j - i & \text{当 } i \leqslant j \\ n \times (n+1)/2 & \text{当 } i > j \end{cases}$$

(3) 带状矩阵

n 阶矩阵 A 称为带状矩阵，如果存在最小正数 m，满足当 $|i-j| \geqslant m$ 时，$a_{ij} = 0$，这时称 $w = 2m - 1$ 为矩阵 A 的带宽。如图 2.43(a) 所示是一个 $w = 3 (m = 2)$ 的带状矩阵。带状

图 2.42 上三角矩阵的压缩存储

矩阵也称为对角矩阵。由图 2.43(a)可看出,在这种矩阵中,所有非零元素都集中在以主对角线为中心的带状区域中,即除了主对角线和它的上下方若干条对角线的元素外,所有其他元素都为零(或同一个常数 c)。

带状矩阵 A 也可以采用压缩存储。一种压缩方法是将 A 压缩到一个 n 行 w 列的二维数组 B 中,如图 2.43(b)所示,当某行非零元素的个数小于带宽 w 时,先存放非零元素后补零。那么 a_{ij} 映射为 $b_{i'j'}$,映射关系为:

$$i' = i$$
$$j' = \begin{cases} j & \text{当 } i \leqslant m \\ j - i + m & \text{当 } i > m \end{cases}$$

另一种压缩方法是将带状矩阵压缩到向量 C 中去,以行为主序,顺序存储其非零元素,如图 2.43(c)所示,按其压缩规律,找到相应的映像函数。

(a) $w=3$ 的 5 阶带状矩阵　　　　　　(b) 压缩为 5×3 的矩阵

	0	1	2	3	4	5	6	7	8	9	10	11	12
$C=$	a_{11}	a_{12}	a_{21}	a_{22}	a_{23}	a_{32}	a_{33}	a_{34}	a_{43}	a_{44}	a_{45}	a_{54}	a_{55}

(c) 压缩为向量

图 2.43 带状矩阵及其压缩存储

如当 $w=3$ 时,映像函数为:

$$k = 2 \times i + j - 3$$

2. 稀疏矩阵

设 $m \times n$ 矩阵中有 t 个非零元素且 $t \ll m \times n$,这样的矩阵称为稀疏矩阵。很多科学管理及工程计算中,常会遇到阶数很高的大型稀疏矩阵。如果按常规分配方法,顺序分配在计算机内,那将是相当浪费内存的。为此提出另外一种存储方法,仅仅存放非零元素。但对于这类矩阵,通常零元素的分布没有规律,为了能找到相应的元素,仅存储非零元素的值是不够的,还要记下它所在的行和列。于是采取如下方法:将非零元素所在的行、列以及它的值构成一个三元组 (i, j, v),然后再按某种规律存储这些三元组,这种方法可以节约存储空间。

下面讨论稀疏矩阵的压缩存储方法。

(1) 稀疏矩阵的三元组表存储

将三元组按行优先的顺序,同一行中列号从小到大的规律排列成一个线性表,称为三元组表,采用顺序存储方法存储该表。如图 2.45 所示为图 2.44 中稀疏矩阵对应的三元组表。

$$A = \begin{bmatrix} 15 & 0 & 0 & 22 & 0 & -15 \\ 0 & 11 & 3 & 0 & 0 & 0 \\ 0 & 0 & 0 & 6 & 0 & 0 \\ 0 & 0 & 0 & 0 & 0 & 0 \\ 91 & 0 & 0 & 0 & 0 & 0 \\ 0 & 0 & 0 & 0 & 0 & 0 \end{bmatrix}$$

图 2.44　稀疏矩阵

	i	j	v
1	1	1	15
2	1	4	22
3	1	6	-15
4	2	2	11
5	2	3	3
6	3	4	6
7	5	1	91

图 2.45　三元组表

显然,要唯一地表示一个稀疏矩阵,还需要在存储三元组表的同时存储该矩阵的行、列,为了运算方便,矩阵的非零元素的个数也同时存储。

```
#define SMAX 1024              /* 一个足够大的数 */
typedef struct
  { int i, j;                  /* 非零元素的行、列 */
    datatype v;                /* 非零元素值 */
  }SPNode;                     /* 三元组类型 */
typedef struct
  { int mu,nu,tu;              /* 矩阵的行、列及非零元素的个数 */
    SPNode data[SMAX];         /* 三元组表 */
  } SPMatrix;                  /* 三元组表的存储类型 */
```

这样的存储方法确实节约了存储空间,但矩阵的运算从算法上可能变得复杂些。下面我们讨论这种存储方式下的稀疏矩阵转置运算。

设 SPMatrix A;表示一 $m \times n$ 的稀疏矩阵,其转置 SPMatrix B 则是一个 $n \times m$ 的稀疏矩阵;由 **A** 求 **B** 需要:将 **A** 的行、列转化成 **B** 的列、行;将 A.data 中每一三元组的行列交换后转化到 B.data 中;且每行中的元素是按列号从小到大的规律顺序存放。

A 的转置 **B** 如图 2.46 所示,图 2.47 是 **B** 对应的三元组存储。就是说,在 **A** 的三元组存储基础上得到 **B** 的三元组表存储(为了运算方便,矩阵的行列都从 1 算起,三元组表 data 也从 1 单元用起)。

$$B = \begin{bmatrix} 15 & 0 & 0 & 0 & 91 & 0 \\ 0 & 11 & 0 & 0 & 0 & 0 \\ 0 & 3 & 0 & 0 & 0 & 0 \\ 22 & 0 & 6 & 0 & 0 & 0 \\ 0 & 0 & 0 & 0 & 0 & 0 \\ -15 & 0 & 0 & 0 & 0 & 0 \end{bmatrix}$$

图 2.46　**A** 的转置

	i	j	v
1	1	1	15
2	1	5	91
3	2	2	11
4	3	2	3
5	4	1	22
6	4	3	6
7	6	1	-15

图 2.47　**B** 的三元组表

算法思路：
① A 的行、列转化成 B 的列、行；
② 在 A.data 中依次找第一列、第二列……直到最后一列，并将找到的每个三元组的行、列交换后顺序存储到 B.data 中即可。

算法如下：

```
void TransM1 (SPMatrix * A)
  { SPMatrix * B;
    int p,q,col;
    B = malloc(sizeof(SPMatrix));      /* 申请存储空间 */
    B->mu = A->nu;  B->nu = A->mu;  B->tu = A->tu;
      /* 稀疏矩阵的行、列、元素个数 */
    if (B->tu > 0)                     /* 有非零元素则转换 */
      { q = 0;
        for (col = 1; col <= (A->nu); col++)    /* 按 A 的列序转换 */
          for (p = 1; p <= (A->tu); p++)        /* 扫描整个三元组表 */
            if  (A->data[p].j == col)
              { B->data[q].i = A->data[p].j;
                B->data[q].j = A->data[p].i;
                B->data[q].v = A->data[p].v;
                q++;       }                    /* if */
      }                                         /* if(B->tu>0) */
    return B;                                   /* 返回的是转置矩阵的指针 */
  }                                             /* TransM1 */
```

分析该算法，其时间主要耗费在 col 和 p 的二重循环上，所以时间复杂度为 $O(n \times t)$（设 m、n 分别是原矩阵的行数、列数，t 是稀疏矩阵的非零元素个数），显然当非零元素的个数 t 和 $m \times n$ 同数量级时，算法的时间复杂度为 $O(m \times n^2)$，和通常存储方式下矩阵转置算法相比，可能节约了一定量的存储空间，但算法的时间性能更差一些。

该算法效率低的原因是算法要从 A 的三元组表中寻找第一列、第二列……要反复搜索 A 表，若能直接确定 A 中每一三元组在 B 中的位置，则对 A 的三元组表扫描一次即可。这是可以做到的，因为 A 中第一列的第一个非零元素一定存储在 B.data[1]，如果还知道第一列的非零元素的个数，那么第二列的第一个非零元素在 B.data 中的位置便等于第一列的第一个非零元素在 B.data 中的位置加上第一列的非零元素的个数，如此类推，因为 A 中三元组的存放顺序是先行后列，对同一行来说，必定先遇到列号小的元素，这样只需扫描一遍 A.data 即可。

根据这个想法，需引入两个向量来实现：num[$n+1$] 和 cpot[$n+1$]，num[col] 表示矩阵 A 中第 col 列的非零元素的个数（为了方便均从 1 单元用起），cpot[col] 初始值表示矩阵 A 中的第 col 列的第一个非零元素在 B.data 中的位置。于是 cpot 的初始值为：

cpot[1] = 1;
cpot[col] = cpot[col-1] + num[col-1]; $2 \leqslant col \leqslant n$

例如对于矩阵图 2.44 矩阵 A 的 num 和 cpot 的值如图 2.48 所示。

依次扫描 A.data，当扫描到一个 col 列元素时，直接

Col	1	2	3	4	5	6
num[col]	2	1	1	2	0	1
cpot[col]	1	3	4	5	7	7

图 2.48 矩阵 A 的 num 与 cpot 值

将其存放在 B.data 的 cpot[col] 位置上，cpot[col] 加 1，cpot[col] 中始终是下一个 col 列元素在 B.data 中的位置。

下面按以上思路改进转置算法如下：

```
SPMatrix * TransM2 (SPMatrix * A)
{ SPMatrix  * B;
  int    i,j,k;
  int num[n+1],cpot[n+1];
  B = malloc(sizeof(SPMatrix));          /* 申请存储空间 */
  B->mu = A->nu;  B->nu = A->mu;  B->tu = A->tu;
     /* 稀疏矩阵的行、列、元素个数 */
  if (B->tu > 0)                          /* 有非零元素则转换 */
    { for (i=1;i<=A->nu;i++)  num[i]=0;
      for (i=1;i<=A->tu;i++)             /* 求矩阵 A 中每一列非零元素的个数 */
        { j = A->data[i].j;
          num[j]++;
        }
      cpot[1] = 1;                        /* 求矩阵 A 中每一列第一个非零元素在 B.data 中的位置 */
      for (i=2;i<=A->nu;i++)
         cpot[i] = cpot[i-1] + num[i-1];
      for (i=1; i<= (A->tu); i++)         /* 扫描三元组表 */
        { j = A->data[i].j;               /* 当前三元组的列号 */
          k = cpot[j];                    /* 当前三元组在 B.data 中的位置 */
          B->data[k].i = A->data[i].j;
          B->data[k].j = A->data[i].i;
          B->data[k].v = A->data[i].v;
          cpot[j]++;
        }                                 /* for i */
    }                                     /* if (B->tu>0) */
  return B;                               /* 返回的是转置矩阵的指针 */
}                                         /* TransM2 */
```

分析这个算法的时间复杂度：这个算法中有 4 个循环，分别执行 $n,t,n-1,t$ 次，在每个循环中，每次迭代的时间是一个常量，因此总的时间复杂度是 $O(n+t)$。当然它所需要的存储空间比前一个算法多了两个向量。

(2) 稀疏矩阵的十字链表存储

三元组表可以看作稀疏矩阵顺序存储，但是在做一些操作（如加法、乘法）时，非零项数目及非零元素的位置会发生变化，这时这种表示就十分不便。在这节中，介绍一种稀疏矩阵的链式存储结构——十字链表，它同样具备链式存储的特点，因此，在某些情况下，采用十字链表表示稀疏矩阵是很方便的。

图 2.49 展示了一个稀疏矩阵的十字链表。

用十字链表表示稀疏矩阵的基本思想是：将每个非零元素存储为一个结点，结点由 5 个域组成，其结构如图 2.50 表示，其中：row 域存储非零元素的行号，col 域存储非零元素的列号，v 域存储本元素的值，right, down 是两个指针域。

稀疏矩阵中每一行的非零元素结点按其列号从小到大顺序由 right 域链成一个带表头结点的循环行链表，同样每一列中的非零元素按其行号从小到大顺序由 down 域也链成一

图 2.49　用十字链表表示的稀疏矩阵 A

个带表头结点的循环列链表。即每个非零元素 a_{ij} 既是第 i 行循环链表中的一个结点,又是第 j 列循环链表中的一个结点。行链表、列链表的头结点的 row 域和 col 域置 0。每一列链表的表头结点的 down 域指向该列链表的第一个元素结点,每一行链表的表头结点的 right 域指向该行表的第一个元素结点。由于各行、列链表头结点的 row 域、col 域和 v 域均为零,行链表头结点只用 right 指针域,列链表头结点只用 down 指针域,故这两组表头结点可以合用,也就是说对于第 i 行的链表和第 i 列的链表可以共用同一个头结点。为了方便地找到每一行或每一列,将每行(列)的这些头结点链接起来,因为头结点的值域空闲,所以用头结点的值域作为链接各头结点的链域,即第 i 行(列)的头结点的值域指向第 $i+1$ 行(列)的头结点,…,形成一个循环表。这个循环表又有一个头结点,这就是最后的总头结点,指针 HA 指向它。总头结点的 row 和 col 域存储原矩阵的行数和列数。

因为非零元素结点的值域是 datatype 类型,在表头结点中需要一个指针类型,为了使整个结构的结点一致,规定表头结点和其他结点有同样的结构,因此该域用一个联合来表示;改进后的结点结构如图 2.51 所示。

row	col	v
down		right

图 2.50　十字链表的结点结构

row	col	v/next
down		right

图 2.51　改进后的结点结构

综上,结点的结构定义如下。

```
typedef struct node
  { int row, col;
    struct node * down, * right;
    union v_next
```

```
        { datatype  v;
          struct node  * next;
        }
} MNode, * MLink;
```

对稀疏矩阵的乘法及十字链表表示法的相关算法感兴趣的读者可参阅其他文献资料。

习题

（1）线性表的顺序存储结构具有三个弱点：其一，在进行插入或删除操作时，需移动大量元素；其二，由于难以估计，必须预先分配较大的空间，往往使存储空间不能得到充分利用；其三，表的容量难以扩充。线性表的链式存储结构是否一定都能够克服上述三个弱点，试讨论之。

（2）线性表$(a_1,a_2,\cdots,a_n)$用顺序映射表示时，a_i和$a_{i+1}(1\leqslant i<n)$的物理位置相邻吗？链接表示时呢？

（3）已知线性表$(a_1,a_2,a_3,\cdots,a_n)$按顺序存储，且每个元素都是整数均不相同，设计把所有奇数移到所有偶数前边的算法。（要求时间最少，辅助空间最少）

（4）在单链表和双向链表中，能否从当前结点出发访问到任何一个结点？

（5）设计一个算法，求单链表 L 中内容为 a 的结点地址。

（6）设计一个算法，一个双向链表 L，试将指针变量 X 所指向的结点插入到指针变量 P 指向的结点之前。请画出操作前后双链表的情况图。

（7）已知递增有序的单链表 A、B 和 C 分别存储了一个集合，设计算法实现 $A=A\cup(B\cap C)$，并使求解结构 A 仍保持递增。要求算法的时间复杂度为$O(|A|+|B|+|C|)$。其中，$|A|$为集合 A 的元素个数。

（8）编号为 1、2、3、4 的四辆列车顺序开进一个栈式结构的站台，请问开出车站的顺序有多少种可能？请具体写出来。

（9）设有算术表达式，其中包含有大括号"{""}"中括号"[""]"小括号"(""")"，且这三种括号可以以任意的次序嵌套使用。请设计算法判断表达式中的括号是否匹配。

（10）有字符串次序为 $3*-y-a/y^2$，利用栈，给出将次序改为 $3y-*ay2\wedge/-$ 的操作步骤。

（11）什么是递归程序？试述其优、缺点。当一个递归程序在执行时，应借助于什么来完成？递归程序的入口语句、出口语句一般用什么语句实现？

（12）如果用一个循环数组 q[m]表示队列时，该队列只有一个队列头指针 front，不设队列尾指针 rear，而改置计数器 count 用以记录队列中结点的个数。

① 编写实现队列的三个基本运算：判空、入队、出队。

② 队列中能容纳元素的最多个数是多少？

（13）一个稀疏矩阵如图 2.52 所示，写出对应的三元组顺序表和十字链表存储表示。

（14）设二维数组 $a[m][n]$含有 $m\times n$ 个整数。

① 写出算法：判断 a 中所有元素是否互不相同？输出相关信

图 2.52 稀疏矩阵

息(yes/no);

② 试分析算法的时间复杂度。

(15) 设有二维数组 R[m][n],其元素类型为 ElemType,每行每列都按从小到大有序排列,试给出一个算法求数组中值为 x 的元素的行号 i 和列号 j。设值 x 在 R 中存在,要求比较次数不多于 $m+n$ 次。

ACM/ICPC 实战练习

(1) POJ 1979,ZOJ 2165,Red and Black

(2) POJ 2013,ZOJ 2172,UVA3055,Symmetric Order

(3) POJ 2083,ZOJ 2423,Fractal

(4) POJ 2080,ZOJ 2420,Calendar

(5) ZOJ 1256,UVA602,What Day Is It?

(6) POJ 1504,ZOJ 2001,UVA713,Adding Reversed Numbers

(7) POJ 1555,ZOJ 1720,UVA392,Polynomial Showdown

(8) POJ 1060,ZOJ 1026,UVA2323,Modular multiplication of polynomials

(9) POJ 2260,ZOJ 1949,Error Correction

(10) POJ 2246,ZOJ 1094,Matrix Chain Multiplication

(11) POJ 1363,ZOJ 1259,UVA514,Rails

(12) POJ 2106,ZOJ 2483,UVA3094,Boolean Expressions

(13) ZOJ 3210, A Stack or A Queue?

(14) POJ 2259,ZOJ 1948,UVA540, Team Queue

(15) POJ 1591,ZOJ 1326,UVA402, M*A*S*H

(16) POJ 1072,Puzzle Out

第3章 字符串

串(字符串)是一种特殊的线性表,它的数据元素仅由一个字符组成。串是计算机在处理非数值对象时常见的一种数据类型。考虑到串自身所具有的一些特性,以及串在各类算法设计实践及程序设计竞赛中的广泛应用,本章在简要介绍串的基本概念、存储结构及基本运算的基础上,重点介绍串的模式匹配算法。

3.1 串类型定义

串(String)是由零个或多个任意字符组成的有限序列。一般记作:$s = "s_1 s_2 \cdots s_n"$,其中 s 是串名;双引号为串的定界符,双引号内的内容($s_1 s_2 \cdots s_n$)为串值,引号本身不是串的内容;$s_i (1 \leqslant i \leqslant n)$ 是串的元素;n 为串的长度,表示串中所包含的字符个数,当 $n=0$ 时,称为空串,通常记为 Φ。

串中任意多个连续的字符组成的子序列称为该串的子串,Φ 为特殊的子串。包含子串的串称为主串。子串的第一个字符在主串中的序号称为子串的位置。当且仅当两个串的长度相等且对应字符都相同时,称为两个**串相等**。

ADTString{
数据对象:D ={ a_i | $a_i \in$ ElemSet, i = 1,2,3,$\cdots$,n,n$\geqslant$0 }
数据关系:R ={ $<a_{i-1}, a_i>$ | $a_{i-1}, a_i \in$ D, i = 1,2,3,$\cdots$,n }
基本操作集:

(1) StrLength(s):求出串 s 的长度。

(2) StrAssign(s1,s2):将 s2 的串值赋值给 s1。

(3) StrConcat (s1,s2,s):s1 与 s2 连接以后的结果存于 s 中,原 s1、s2 的值不变。或 StrConcat (s1,s2):将 s2 的内容连接于 s1 之后,s1 改变,s2 不变。

(4) SubStr (s,i,len):返回从串 s 的第 i 个字符开始的长度为 len 的子串。len = 0 或 i > StrLength(s)得到的是 Φ,i$\leqslant$StrLength(s)且 len > StrLength(s)则取第 i 个字符开始到串的最后一个字符的子序列作为返回值。

(5) StrCmp(s1,s2):比较两个串 s1、s2,若 s1 = s2,返回值 0;若 s1 < s2,返回值<0;若 s1 > s2,返回值>0。

(6) StrIndex(s,t):找子串 t 在主串 s 中首次出现的位置。若 t$\in$s,则操作返回 t 在 s 中首次出现的位置,否则返回值为 -1。

(7) StrInsert(s,i,t):将串 t 插入到串 s 的第 i 个字符位置上,1$\leqslant$i$\leqslant$StrLength(s)+1。

(8) StrDelete(s,i,len)：删除串 s 中从第 i 个字符开始的长度为 len 的子串,1≤i≤StrLength(s),0≤len≤StrLength(s)−i+1。

(9) StrRep(s,t,r)：用子串 r 替换串 s 中出现的所有子串 t。

} ADT String

以上是串的几个基本操作。其中前 5 个操作是最为基本的,它们不能用其他操作来合成,因此通常将这 5 个基本操作称为最小操作集。

3.2 串的表示和实现

3.2.1 串的定长顺序存储结构及其基本运算实现

1. 串的定长顺序存储结构

按预定义的大小,用一组地址连续的存储单元为每一个串变量分配一个固定长度的存储区以存储串值中的字符序列。例如：

```
#define MAXSIZE 256
char s[MAXSIZE];
```

则串的最大长度不能超过 256 个字符。

定长顺序表示带来的一个问题是如何掌握串的实际长度。以下是 3 种常用标识方法。

(1) 用一个指针来指向最后一个字符,其串描述如下。

```
typedef struct
{ char    data[MAXSIZE];
  int     curlen;
} SeqString;
```

定义一个串变量：SeqString s；

这种存储方式可以直接得到串的长度：s.curlen+1,如图 3.1 所示。

图 3.1　串的顺序存储方式 1

(2) 在串尾存储一个不会在串中出现的特殊字符作为串的终结符,以此表示串的结尾。例如 C 语言中处理定长串的方法就是用"\0"来表示串的结束。这种存储方法不能直接得到串的长度,而是用判断当前字符是否是"\0"来确定串是否结束,从而可求得串的长度,如图 3.2 所示。

```
Char s[MAXSIZE];
 0 1 2 3 4 5 6 7 8 9 10 ···         MAXSIZE-1
[a|b|c|d|e|f|g|h|i|j|k|\0|   ···   |   ]
```

图 3.2　串的顺序存储方式 2

(3) 设定长串存储空间：char s[MAXSIZE+1]；用 s[0] 存放串的实际长度,串值存放在 s[1]～s[MAXSIZE],字符的序号和存储位置一致,应用更为方便,如图 3.3 所示。

0	1	2	3	4	5	6	7	8	9	10	…	MAXSIZE
10	a	b	c	d	e	f	g	h	i	j	空闲	

图 3.3 串的顺序存储方式 3

2. 定长顺序串的基本运算

下面简要介绍定长顺序串的连接、求子串、串比较算法,其插入和删除等运算基本与顺序表相同,在此不再赘述。

(1) 串连接

把两个串 s_1 和 s_2 首尾连接成一个新串 s,即：$s \Leftarrow s_1 + s_2$。

```
int StrConcat1(s1,s2,s)
char s1[],s2[],s[];
{ int i=0, j, len1, len2;
  len1 = StrLength(s1); len2 = StrLength(s2);
  if (len1 + len2 > MAXSIZE - 1) return 0;        /* s 长度不够 */
  j = 0;
  while(s1[j]!='\0')  { s[i] = s1[j];i++; j++; }  /* 复制 s1 的内容到 s */
  j = 0;
  while(s2[j]!='\0')  { s[i] = s2[j];i++; j++; }  /* 复制 s2 的内容到 s */
  s[i] = '\0';                                    /* 在 s 串中建立结束标志 */
  return 1;
}
```

(2) 求子串

```
int StrSub (char * t, char * s, int i, int len)
/* 用 t 返回串 s 中第 i 个字符开始的长度为 len 的子串 1≤i≤串长 */
{ int slen;
  slen = StrLength(s);
  if ( i<1 || i>slen || len<=0 )      /* i 位置值不正确或 len≤0 时返回空串或不操作 */
    return 0;
  for (j=0; j<len; j++)
    t[j] = s[i+j-1];                  /* 取出长度≤len 的子串 t */
  t[j] = '\0';                        /* 建立结束标志 */
  return 1;
}
```

(3) 串比较

```
int StrComp(char * s1, char * s2)
{ int i=0;
  while (s1[i] == s2[i] && s1[i]!='\0')  i++;  /* 对应字符相同且 s1 串不是结束标志 */
  return (s1[i] - s2[i]);                      /* 若同时结束则相等,否则对应字符的大小即为比较结果 */
}
```

3.2.2 串的堆存储结构及其基本运算实现

1. 串名的存储映像

串名的存储映像是串名-串值内存分配对照表(索引表)。假设 s_1 ="abcdef", s_2 ="hij", 常见的串名-串值存储映像索引表有如下几种。

(1) 带串长度的索引表

如图 3.4 所示,索引项的结点类型定义如下:

```
typedef struct
  { char name[MAXNAME];              /*串名*/
    int length;                      /*串长*/
    char * stradr;                   /*起始地址*/
  } LNode;
```

图 3.4 带串长度的索引表

(2) 带末尾指针的索引表

如图 3.5 所示,索引项的结点类型定义如下:

```
typedef struct
  { char name[MAXNAME];              /*串名*/
    char * stradr, * enadr;          /*起始地址,末尾地址*/
  } ENode;
```

图 3.5 带末尾指针的索引表

(3) 带特征位的索引表

当一个串的存储空间需求不超过一个指针的存储空间时,可以直接将该串存储在索引项的指针域内,这样既节约了存储空间,又提高了查找速度,但同时要增加一个特征位 tag 以区分指针域存放的是指针还是串。

如图 3.6 所示,索引项的结点类型定义如下:

```
typedef struct
  { char name[MAXNAME];
    int tag;                         /*特征位*/
```

```
        union
          {char * stradr;
           char value[4];
          };
      } TNode;
```

图 3.6 带特征位的索引表

2. 堆存储结构

堆存储结构的基本思想是：在内存中开辟一块地址连续的存储空间作为应用程序中所有串的可利用存储空间(堆空间)，并根据每个串的实际长度动态地为其申请相应大小的存储区域。

如图 3.7 所示，store[SMAX+1]是一个堆存储结构示意图。阴影部分是已分配的，free 为未分配部分的起始地址。当向 store 中存放一个串时，要填上该串的索引项。

3. 基于堆存储结构的基本运算

设堆存储空间为：char store[SMAX+1];
自由区指针：int free;
串的存储映像类型如下：

图 3.7 堆结构示意图

```
typedef struct
  { int  length;                  /* 串长 */
    int  stradr;                  /* 起始地址 */
  } HString;
```

(1) 串常量赋值

```
void StrAssign(HString * s1,char * s2)
    /* 将一个字符型数组 s2 中的字符串送入堆 store 中,free 是自由区的指针 */
  { int i = 0,len;
    len = StrLength(s2);                  /* 计算 s2 的串长 */
    if (len<0||free + len - 1>SMAX)       /* 空间不够不分配 */
        return 0;
    else {for (i = 0;i<len;i++)
        store[free + i] = s2[i];          /* 逐个字符地复制 s2 内容到堆空间 */
        s1.stradr = free;                 /* 建立 s2 的索引指针 */
        s1.len. = len;                    /* 记录 s2 的长度 */
        free = free + len;                /* 修改堆空间中的 free 指针 */
    }
  }
```

(2) 赋值一个串

```
void StrCopy(Hstring * s1,Hstring s2)
/* 该运算将堆 store 中的一个串 s2 复制到 store 中的一个新串 s1 中 */
{ int i;
  if (free + s2.length - 1 > SMAX)  return  error;   /* 检查 store 的空间是否够,不够给出出
                                                         错信息 */
  else { for(i = 0; i < s2.length; i++)
         store[free + i] = store[s2.atradr + i];   /* 逐个复制 s2 的字符到 s1 中 */
         s1 -> length = s2.length;                 /* s1 的长度定义为 s2 的长度 */
         s1 -> stradr = free;                      /* 设置 s1 的首地址     */
         free = free + s2.length;                  /* 修改 free 指针 */
       }
}
```

(3) 求子串

```
void StrSub(Hstring * t, Hstring s, int i, int len)
/* 该运算将串 s 中第 i 个字符开始的长度为 len 的子串送到一个新串 t 中 */
{ int i;
  if (i < 0 || len < 0 || len > s.len - i + 1)  return  error;  /* 位置、长度等参数有误,给出
                                                                  出错信息 */
  else { t -> length = len;            /* 定义 t 的长度 */
         t -> stradr = s.stradr + i - 1;   /* 定义 t 的起始地址 */
       }
}
                                       /* 该算法本质上只是建立了一个新的串 t 的索引 */
```

(4) 串联接

```
void Concat(s1,s2,s)
HString s1,s2;
HString * s;
{ HString t;
  StrCopy (s,s1);                      /* 将 s1 的内容复制到 s */
  StrCopy (&t,s2);                     /* 在前面 s1 内容复制之后将 s2 的内容复制到 s */
  s -> length = s1.length + s2.length;   /* 计算 s 的长度 */
}
```

以上扼要介绍了堆存储结构的处理思想,但诸如废弃串的回归、自由区的管理等很多问题及细节均未涉及。事实上,在常用的高级语言及开发环境中都提供了串的类型及大量的库函数,读者可直接使用,从而使算法的设计和调试更简便、可靠。

3.2.3 串的链式存储结构及其基本运算实现

1. 串的链式存储结构

串的链式存储结构即用带头结点的单链表形式存储串,称为链式串,其结点的类型定义如下:

```
Typedef struct node
{ Char data;                           //存放字符
```

```
        Struct node * next;                    //指针域
    }Linkstring;
```

针对上述串的链式存储结构,可以有非压缩存储和压缩存储两种解决方案,如图3.8(a)、(b)所示。

图 3.8 两种解决方案

(1) 非压缩形式:一个结点只存储一个字符,其优点是操作方便,但存储空间利用率低。

(2) 压缩形式:一个结点存储多个字符。这种存储结构提高了存储空间的利用率,但也增加了实现基本操作算法的复杂性。例如改变串长的操作,可能会涉及结点的增加与删除问题。

2. 链式串基本运算算法实现

(1) 串赋值运算算法

将一个 C/C++ 字符数组 t 赋给串 s。

```
Void StrAssign (LinkString * &s, char t[ ])
{       int i = 0;
        LinkString * q, * tc;
        s = (Linkstring * ) malloc (sizeof(LinkString));      /*建立头结点*/
        s -> next = NULL;                      /*初始化链表指针*/
        tc = s;
        while (t[i]!= '\0')                    /*将整个串逐个字符地申请结点并建立链表及相应的值*/
        {   q = (LinkString *)malloc (sizeof(LinkString));
            q -> data = t[i];
            tc -> next = q; tc = q;
            i++;
        }
        tc -> next = NULL;                     /*终端结点的 next 置 NULL*/
}
```

(2) 串连接运算算法

将串 t 连接到串 s 之后,返回其结果。

```
LinkString * Concat(LinkString * s, LinkString * t)
{   LinkString * p = s -> next, * q, * tc, * r;
    r = (LinkString * )malloc (sizeof(LinkString));         //建立头结点
    r -> next = NULL;
    tc = r;                                   //tc 总是指向新链表的最后一个结点
    while (p!= NULL)                          //将 s 串复制给 r
```

```
        { q=(LinkString *) malloc (sizeof (LinkString));
          q->data=p->data;
          tc->next=q; tc=q;
          p=p->next;
        }
        p=t->next;
        while (p!=NULL)                          //将 t 串复制给 r
        { q=(LinkString *)malloc (sizeof (LinkString));
          q->data=p->data;
          tc->next=q; tc=q;    p=p->next;
        }
        tc->next=NULL;
        return(r);
}
```

（3）求子串运算算法

返回串的第 i 个位置开始的 j 个字符组成的串。

```
LinkString *SubStr (LinkString *s, int i, int j)
{   int k=1;
    LinkString *p=s->next, *q, *tc, *r;
    r=(LinkString *) malloc (sizeof (LinkString));   //建立头结点
    r->next=NULL;
    tc=r;                                            //tc 总是指向新链表的最后一个结点
    while (k<i && p!=NULL)
    {   p=p->next; k++;
    }
    if (p!=NULL)
    {   k=1;
        while (k<=j && p!=NULL)                      //复制 j 个结点
        {   q=(LinkString *) malloc (sizeof (LinkString));
            q->data=p->data;
            tc->next=q; tc=q;
            p=p->next;
            k++;
        }
        tc->next=NULL;
    }
    return (r);
}
```

3.3 串的模式匹配算法

串的模式匹配即子串定位是一种十分重要的串运算,也是 ACM/ICPC 国际大学生程序设计竞赛中的常见题型。设主串 s 和子串 t 是给定的两个串,则在 s 中寻找 t 的过程称为模式匹配(Pattern Matching),且称 t 为模式(Pattern)。如果在 s 中找到等于 t 的子串,则称匹配成功,函数返回 t 在 s 中的首次出现的存储位置(或序号),否则匹配失败,返回 -1。为了运算方便,设字符串的长度存放在 0 号单元,串值从 1 号单元存放,这样字符序号与存储位置一致。

3.3.1 朴素匹配算法

朴素匹配算法思想如下:首先将 s_1 与 t_1 进行比较,若不同,就将 s_2 与 t_1 进行比较……直到 s 的某一个字符 s_i 和 t_1 相同,再将它们之后的字符进行比较,若也相同,则如此继续往下比较,当 s 的某一个字符 s_i 与 t 的字符 t_j 不同时,则 s 返回到本趟开始字符的下一个字符,即 s_{i-j+2},t 返回到 t_1,继续开始下一趟的比较,重复上述过程。若 t 中的字符全部比完,则说明本趟匹配成功,本趟的起始位置是 $i-j+1$ 或 $i-t[0]$,否则,匹配失败。

设主串 s ="ababcabcacbab",模式 t ="abcac",匹配过程如图 3.9 所示。

图 3.9 简单模式匹配的匹配过程

依据这个思想,算法描述如下:

```
int   StrIndex_BF (char *s,char *t)
 /*从串 s 的第一个字符开始找首次与串 t 相等的子串*/
{ int i=1,j=1;
    while (i<=s[0] && j<=t[0] )                    /*都没遇到结束符*/
        if (s[i]==t[j])
           { i++;j++; }                             /*继续*/
        else
           {i=i-j+2; j=1; }                         /*回溯*/
    if (j>t[0])    return (i-t[0]);                /*返回存储位置*/
    else    return −1;                             /*匹配失败*/
}
```

该算法简称为 BF 算法。下面分析它的时间复杂度,设串 s 长度为 n,串 t 长度为 m。匹配成功的情况下,考虑下面两种极端情况。

(1) 在最好情况下,每趟不成功的匹配都发生在第一对字符比较时。

例如:s ="aaaaaaaaabc",t ="bc"。

设匹配成功发生在 s_i 处,则字符比较次数在前面 $i-1$ 趟匹配中共比较了 $i-1$ 次,第 i

趟成功的匹配共比较了 m 次,所以总共比较了 $i-1+m$ 次,所有匹配成功的可能共有 $n-m+1$ 种,设从 s_i 开始与 t 串匹配成功的概率为 p_i,在等概率情况下 $p_i=1/(n-m+1)$,因此最好情况下平均比较的次数是:

$$\sum_{i=1}^{n-m+1} p_i \times (i-1+m) = \sum_{i=1}^{n-m+1} \frac{1}{n-m+1} \times (i-1+m) = \frac{n+m}{2}$$

即最好情况下的时间复杂度是 $O(n+m)$。

(2) 在最坏情况下,每趟不成功的匹配都发生在 t 的最后一个字符。

例如: s ="aaaaaaaaaab", t ="aaab"。

设匹配成功发生在 s_i 处,则在前面 $i-1$ 趟匹配中共比较了 $(i-1)*m$ 次,第 i 趟成功的匹配共比较了 m 次,所以总共比较了 $i*m$ 次,因此最坏情况下平均比较的次数是:

$$\sum_{i=1}^{n-m+1} p_i \times (i \times m) = \sum_{i=1}^{n-m+1} \frac{1}{n-m+1} \times (i \times m) = \frac{m \times (n-m+2)}{2}$$

即最坏情况下的时间复杂度是 $O(n*m)$。

上述算法中匹配是从 s 串的第一个字符开始的,有时算法要求从指定位置开始,这时算法的参数表中要加一个位置参数 pos: StrIndex(char * s,int pos,char * t),比较的初始位置定位在 pos 处,BF 算法是 pos =1 的情况。

3.3.2 KMP 算法

BF 算法简单但效率较低,一种对 BF 算法做了很大改进的模式匹配算法是克努特(Knuth)、莫里斯(Morris)和普拉特(Pratt)同时发现的,简称 KMP 算法。

1. KMP 算法的思想

造成 BF 算法速度慢的原因是回溯,即在某趟的匹配过程失败后,对于 s 串要回到本趟开始字符的下一个字符,t 串要回到第一个字符,而这些回溯并不是必需的。例如图 3.9 所示的匹配过程,在第三趟匹配过程中,$s_3 \sim s_6$ 和 $t_1 \sim t_4$ 是匹配成功的,$s_7 \neq t_5$ 匹配失败,因此有了第四趟,其实这一趟是不必要的。由图可看出,因为在第三趟中有 $s_4=t_2$,而 $t_1 \neq t_2$,肯定有 $t_1 \neq s_4$。同理第五趟也是没有必要的,所以从第三趟之后可以直接到第六趟,进一步分析第六趟中的第一对字符 s_6 和 t_1 的比较也是多余的,因为第三趟中已经比过了 s_6 和 t_4,并且 $s_6=t_4$,而 $t_1=t_4$,必有 $s_6=t_1$,因此第六趟的比较可以从第二对字符 s_7 和 t_2 开始进行,这就是说,第三趟匹配失败后,指针 i 不动,而是将模式串 t 向右"滑动",用 t_2"对准"s_7 继续进行,依此类推。这样的处理方法指针 i 是无回溯的。

综上所述,希望某趟在 s_i 和 t_j 匹配失败后,指针 i 不回溯,模式 t 向右"滑动"至某个位置上,使得 t_k 对准 s_i 继续向右进行。显然,现在问题的关键是串 t"滑动"到哪个位置上?不妨设位置为 k,即 s_i 和 t_j 匹配失败后,指针 i 不动,模式 t 向右"滑动",使 t_k 和 s_i 对准继续向右进行比较,要满足这一假设,就要有如下关系成立:

$$"t_1 \ t_2 \cdots t_{k-1}" = "s_{i-k+1} \ s_{i-k+2} \cdots s_{i-1}" \tag{3-1}$$

(3-1)式左边是 t_k 前面的 $k-1$ 个字符,右边是 s_i 前面的 $k-1$ 个字符。

而本趟匹配失败是在 s_i 和 t_j 之处,已经得到的部分匹配结果是:

$$"t_1 \ t_2 \cdots t_{j-1}" = "s_{i-j+1} \ s_{i-j+2} \cdots s_{i-1}" \tag{3-2}$$

因为 $k<j$，所以有：

$$"t_{j-k+1}\ t_{j-k+2}\cdots t_{j-1}" = "s_{i-k+1}\ s_{i-k+2}\cdots s_{i-1}" \qquad (3\text{-}3)$$

(3-3)式左边是 t_j 前面的 $k-1$ 个字符，右边是 s_i 前面的 $k-1$ 个字符，通过(3-1)和(3-3)得到关系：

$$"t_1\ t_2\cdots t_{k-1}" = "t_{j-k+1}\ t_{j-k+2}\cdots t_{j-1}" \qquad (3\text{-}4)$$

结论：某趟在 s_i 和 t_j 匹配失败后，如果模式串中有满足关系(3-4)的子串存在，即：模式中的前 $k-1$ 个字符与模式中 t_j 字符前面的 $k-1$ 个字符相等时，模式 t 就可以向右"滑动"至使 t_k 和 s_i 对准，继续向右进行比较即可。

2. next 函数

模式中的每一个 t_j 都对应一个 k 值，由(3-4)式可知，这个 k 值仅依赖于模式 t 本身字符序列的构成，而与主串 s 无关。我们用 next[j] 表示 t_j 对应的 k 值，根据以上分析，next 函数有如下性质。

(1) next[j] 是一个整数，且 $0 \leq \text{next}[j] < j$。

(2) 为了使 t 的右移不丢失任何匹配成功的可能，当存在多个满足(3-4)式的 k 值时，应取最大的，这样向右"滑动"的距离最短，"滑动"的字符为 $j-\text{next}[j]$ 个。

(3) 如果在 t_j 前不存在满足(3-4)式的子串，此时若 $t_1 \neq t_j$，则 $k=1$；若 $t_1 = t_j$，则 $k=0$；这时"滑动"的最远，为 $j-1$ 个字符即用 t_1 和 s_{j+1} 继续比较。

因此，next 函数定义如下：

$$\text{next}[j] = \begin{cases} 0 & \text{当 } j=1 \\ \max\ \{k\ |\ 1 \leq k < j\ \text{且}\ "t_1\ t_2\cdots t_{k-1}" = "t_{j-k+1}\ t_{j-k+2}\cdots t_{j-1}"\} \\ 1 & \text{当不存在上面的 } k\ \text{且}\ t_1 \neq t_j \\ 0 & \text{当不存在上面的 } k\ \text{且}\ t_1 = t_j \end{cases}$$

设有模式串：t ="abcaababc"，则它的 next 函数值为：

j	1	2	3	4	5	6	7	8	9
模式串	a	b	c	a	a	b	a	b	c
next[j]	0	1	1	0	2	1	3	1	1

3. KMP 算法

在求得模式的 next 函数之后，匹配可按如下进行：假设以指针 i 和 j 分别指示主串和模式中的比较字符，令 i 的初值为 pos，j 的初值为 1。若在匹配过程中 $s_i \neq t_j$，则 i 和 j 分别增1，若 $s_i \neq t_j$ 匹配失败后，则 i 不变，j 退到 next[j] 位置再比较，若相等，则指针各自增1，否则 j 再退到下一个 next 值的位置，依此类推。直至下列两种情况：一种是 j 退到某个 next 值时字符比较相等，则 i 和 j 分别增1继续进行匹配；另一种是 j 退到值为零（即模式的第一个字符失配），则此时 i 和 j 也要分别增1，表明从主串的下一个字符起和模式重新开始匹配。

设主串 s ="aabcbabcaabcaababc"，子串 t ="abcaababc"，图 3.10 是一个利用 next 函数进行匹配的过程示意图。

第一趟
```
     ↓i=2
 1 2 3 4 5 6 7 8 9 10 11 12 13 14 15 16 17 18
 a a b c b a b c a  a  b  c  a  a  b  a  b  c
   a b c a a b c
   ↑
   next[2]=1
```

第二趟
```
     ↓i=2 → ↓i=5
 a a b c b a b c a a b c a a b a b c
   a b c a a b c
     a b c a a b c
   ↑j=1 → ↑j=4 next[4]=0
```

第三趟
```
           ↓i=6 →           ↓i=12
 a a b c b a b c a a b c a a b a b c
         a b c a a b c
         ↑j=1 →       ↑j=7 next[7]=3
```

第四趟
```
                       ↓i=12 →          ↓i=19
 a a b c b a b c a a b c a a b a b c
                 a b c a a b c
                 ↑j=3 →          ↑j=10
```

图 3.10 利用模式 next 函数进行匹配的过程示例

在假设已有 next 函数情况下，KMP 算法如下：

```
int StrIndex_KMP(char * s,char * t,int pos)
/* 从串 s 的第 pos 个字符开始找首次与串 t 相等的子串 */
{ int i = pos,j = 1,slen,tlen;
  while (i<= s[0] && j<= t[0] )                /* 都没遇到结束符 */
    if (j == 0||s[i] == t[j]) { i++; j++; }
    else  j = next[j];                          /* 回溯 */
  if (j>t[0])  return  i-t[0];                  /* 匹配成功，返回存储位置 */
    else  return  -1;
}
```

4. 如何求 next 函数

由以上讨论可知，next 函数值仅取决于模式本身而和主串无关。我们可以从分析 next 函数的定义出发用递推的方法求得 next 函数值。

由定义知：

$$\text{next}[1] = 0 \tag{3-5}$$

设 next$[j]=k$，即有：

$$"t_1 \ t_2 \cdots t_{k-1}" = "t_{j-k+1} \ t_{j-k+2} \cdots t_{j-1}" \tag{3-6}$$

next$[j+1]=$? 可能有以下两种情况。

(1) 第一种情况：若 $t_k = t_j$，则表明在模式串中

$$"t_1 \ t_2 \cdots t_k" = "t_{j-k+1} \ t_{j-k+2} \cdots t_j" \tag{3-7}$$

这就是说 next$[j+1]=k+1$，即

$$\text{next}[j+1] = \text{next}[j]+1 \tag{3-8}$$

(2) 第二种情况：若 $t_k \neq t_j$，则表明在模式串中

$$"t_1 t_2 \cdots t_k" \neq "t_{j-k+1} t_{j-k+2} \cdots t_j" \tag{3-9}$$

此时可把求 next 函数值的问题看成是一个模式匹配问题，整个模式串既是主串又是模式，而当前在匹配的过程中，已有(3-6)式成立，则当 $t_k \neq t_j$ 时应将模式向右滑动，使得第 next$[k]$个字符和"主串"中的第 j 个字符相比较。若 next$[k] = k'$，且 $t_{k'} = t_j$，则说明在主串中第 $j + 1$ 个字符之前存在一个最大长度为 k' 的子串，使得

$$"t_1 t_2 \cdots t_{k'}" = "t_{j-k'+1} t_{j-k'+2} \cdots t_j" \tag{3-10}$$

因此：

$$\text{next}[j+1] = \text{next}[k] + 1 \tag{3-11}$$

同理若 $t_{k'} \neq t_j$，则将模式继续向右滑动至使第 next$[k']$个字符和 t_j 对齐，依此类推，直至 t_j 和模式中的某个字符匹配成功或者不存在任何 $k'(1 < k' < k < \cdots < j)$ 满足(3-10)，此时若 $t_1 \neq t_{j+1}$，则有：

$$\text{next}[j+1] = 1 \tag{3-12}$$

否则若 $t_1 = t_{j+1}$，则有：

$$\text{next}[j+1] = 0 \tag{3-13}$$

综上所述，求 next 函数值过程的算法如下。

```
void GetNext(char * t, int next[ ])
/* 求模式 t 的 next 值并存入 next 数组中 */
{ int i = 1, j = 0;
  next[1] = 0;
  while (i < t[0])
    { while (j > 0 && t[i]!= t[j])  j = next[j];
      i++;   j++;
      if (t[i] == t[j])  next[i] = next[j];
      else  next[i] = j;
    }
}
```

上述的时间复杂度是 $O(m)$；所以 KMP 算法的时间复杂度是 $O(n \times m)$，但在一般情况下，实际的执行时间是 $O(n+m)$。当然 KMP 算法和简单的模式匹配算法相比，设计难度增加很大，我们主要学习该算法的设计技巧。

3.3.3 基于 KMP 算法的应用举例

下面给出的是一个 ACM/ICPC 的实战练习题 Oulipo[1]，题目请见 POJ 网。[POJ 3461]

题目要求：给出两个字符串，求出模式串 pat 在主串 text 中出现了多少次。

Input：

The first line of the input file contains a single number: the number of test cases to follow. Each test case has the following format:

---

[1] http://poj.org/problem? id=3461 Source: BAPC 2006 Qualification

- One line with the word W, a string over {'A', 'B', 'C', ···, 'Z'}, with $1 \leqslant |W| \leqslant 10,000$ (here |W| denotes the length of the string W).
- One line with the text T, a string over {'A', 'B', 'C', ···, 'Z'}, with $|W| \leqslant |T| \leqslant 1,000,000$.

Output:

For every test case in the input file, the output should contain a single number, on a single line: the number of occurrences of the word W in the text T.

Sample Input: **Sample Output:**
3   1
BAPC   3
BAPC   0
AZA
AZAZAZA
VERDI
AVERDXIVYERDIAN

参考程序如下:

```cpp
#include<iostream>
#include<cstring>
#include<cstdio>
using namespace std;
const int nMax = 10005;
const int mMax = 1000005;
char text[mMax],pat[nMax];
int lent,lenp,next[nMax];
void get_next(){                       /*计算模式串的 next 函数*/
    int i,j = -1;
    next[0] = -1;
    for(i = 1;i <= lenp;i++){          //pat[j]可以理解为 i 的前一个字符的 next 值所指向的字符
        while(j>-1&&pat[j+1]!=pat[i]) j = next[j];
        if(pat[j+1] == pat[i]) j++;
        next[i] = j;
    }
}

int KMP(){
    int ans = 0,i = 0,j = -1;
    get_next();                        /*调用 next 函数查找匹配情况*/
    for(i = 0;i<lent;i++){
        while(j!=-1&&pat[j+1]!=text[i]){
            j = next[j];
        }
        if(pat[j+1] == text[i]) j = j+1;
        if(j == lenp-1) ans++;         //找到一个匹配,计数器加 1
    }
```

```
        return ans;
    }
    int main(){
        int t;
        scanf("%d",&t);
        while(t--){
            scanf("%s%s",pat,text);      /*输入子串和主串*/
            lenp = strlen(pat);           /*计算模式串长度*/
            lent = strlen(text);          /*计算主串长度*/
            printf("%d\n",KMP());         /*求解出现次数并输出*/
        }
        return 0;
    }
```

习题

(1) 若串 S ="software"，其子串的个数是多少？

(2) 空串和空格串有何区别？串中的空格符有何意义？空串在串处理中有何作用？

(3) 已知模式串"cddcdececdea"，计算其对应的 next 数组。

(4) 采用顺序结构存储串，编写一个函数，求串 s 和串 t 的一个最长公共子串。

(5) 如果字符串的一个子串（其长度大于1）的各个字符均相同，则称之为等值子串。试设计一个算法，输入字符串 s，以"!"作为结束标志。如果串 s 中不存在等值子串，则输出信息"无等值子串"，否则求出（输出）一个长度最大的等值子串。

(6) 回文是指一个对称的字符串，即该串从左到右和从右到左读的结果是相同的。请设计算法判断一个字符串 s 是否是回文，是则返回 1，否则返回 0（例如"abba""abccba"均返回 1，"abab"返回 0）。

(7) 一个文本串可以用事先给定的字母映射表进行加密，例如，假设字母映射表如下：

a b c d e f g h I j k l m n o p q r s t u v w x y z

n g z q t c o b m u h e l k p d a w x f y I v r s j

则字符串"encrypt"被加密成"tkzwsdf"，请编写算法分别完成上述问题的加密和解密工作。

ACM/ICPC 实战练习

(1) POJ 1488, UVA 272, TEX Quotes

(2) POJ 3080, ZOJ 2784, Blue Jeans

(3) POJ 1782, ZOJ 2240, Run Length Encoding

(4) POJ 2192, ZOJ 2401, Zipper

(5) POJ 2408, ZOJ 1960, Anagram Groups

(6) POJ 2141, Message Decowding

(7) POJ 1159, Palindrome
(8) POJ 1961, ZOJ 2177, Period
(9) POJ 2752, Seek the Name, Seek the Fame
(10) POJ 1598, ZOJ 1315, Excuses, Excuses!
(11) POJ 1035, ZOJ 2040, Spell checker
(12) POJ 1936, ZOJ 1970, All in All
(13) POJ 2406, ZOJ 1905, Power Strings
(14) POJ 2121, ZOJ 2311, Inglish-Number Translator
(15) POJ 2403, ZOJ 1902, Hay Points

第 4 章 树和二叉树

在计算机科学中,树是一种广泛使用的非线性数据结构。所谓非线性结构是指在该结构中至少存在一个数据元素,有两个或两个以上的直接后继(或直接前驱)元素。计算机系统中的文件系统、目录组织就是一种十分重要的树型非线性结构。

4.1 树

4.1.1 树的定义和基本术语

1. 树的定义

树(tree)是包含 $n(n>0)$ 个结点的有穷集合,其中:
(1) 每个元素称为结点(node);
(2) 有一个特定的结点被称为根结点或树根(root);
(3) 除根结点之外的其余数据元素被分为 $m(m \geqslant 0)$ 个互不相交的集合 $T_1, T_2, \cdots, T_{m-1}$,其中每一个集合 $T_i(1 \leqslant i \leqslant m)$ 本身也是一棵树,被称作原树的子树(subtree)。

很显然,树是递归定义的,所以,递归是树的固有特性。

图 4.1(a)是一棵具有 9 个结点的树,即 T ={A,B,C,…,H,I},结点 A 为树 T 的根结点,除根结点 A 之外的其余结点分为两个不相交的集合:T_1 ={B,D,E,F,H,I}和 T_2 ={C,G},T_1 和 T_2 构成了结点 A 的两棵子树,T_1 和 T_2 本身也分别是一棵树。例如,子树 T_1 的根结点为 B,其余结点又分为三个不相交的集合:T_{11} ={D},T_{12} ={E,H,I}和 T_{13} ={F}。T_{11}、T_{12} 和 T_{13} 构成了子树 T_1 的根结点 B 的三棵子树。如此可继续向下分为更小的子树,直到每棵子树只有一个根结点为止。

从树的定义和图 4.1(a)的示例可以看出,树具有下面两个特点:
(1) 树的根结点没有前驱结点,除根结点之外的所有结点有且只有一个前驱结点。
(2) 树中所有结点可以有零个或多个后继结点。

由此特点可知,图 4.1(b)、(c)、(d)所示的都不是树结构。

2. 基本术语

(1) 结点的度:树中每个结点具有的子树个数称为该结点的度。如图 4.1(a)所示,该树中结点 A 的度是 2,结点 B 的度是 3。

图 4.1 树结构和非树结构的示意

（2）树的度：树中所有结点的度的最大值称之为树的度。如图 4.1(a)所示，该树的度为 3。

（3）叶子结点：度为 0 的结点，或者称为终端结点。如图 4.1(a)所示，该树的叶子结点是 D,H,I,F,G。

（4）分枝结点：度大于 0 的结点称为分枝结点或非终端结点。一棵树的结点除叶子结点外，其余的都是分支结点。

（5）孩子、双亲结点：一个结点的后继称为该结点的孩子结点，这个结点称为它孩子结点的双亲结点。如图 4.1(a)所示，该树的结点 A 的孩子结点是 B 和 C，即 A 是 B 和 C 的双亲结点。

（6）子孙结点：一个结点的所有子树中的结点称之为该结点的子孙结点。

（7）祖先结点：从某个结点到达树根结点的路径上通过的所有结点称为该结点的祖先结点。

（8）兄弟结点：具有同一双亲的结点互相称之为兄弟结点。如图 4.1(a)所示，结点 H 和 I 是兄弟结点。

（9）结点层数：树具有一种层次结构，根结点为第一层，其孩子结点为第二层，如此类推得到每个结点的层数。如图 4.1(a)所示，该树的结点层数是 4。

（10）树的深度：树中所有结点的最大层数称为树的深度。如图 4.1(a)所示，该树的深度是 4。

（11）有序树和无序树：如果一棵树中结点的各子树从左到右是有次序的，即若交换了某结点各子树的相对位置，则构成不同的树，称这棵树为有序树；反之，则称为无序树。

（12）森林：零棵或有限棵不相交的树的集合称为森林。自然界中树和森林是不同的概念，但在数据结构中，树和森林只有很小的差别。任何一棵树，删去根结点就变成了森林。

4.1.2 树的抽象数据类型

树的应用很广泛，在不同的实际应用中，树的基本操作不尽相同。下面给出一个树的抽象数据类型定义。

ADT Tree{

数据对象 D：一个所有数据元素具有相同特性的有限集合。

数据关系 R：若 D = Φ，则为空树；若 D = {root}，则仅有一个根结点的树 R = Φ，否则，

R ={H},H 满足如下二元关系:

(1) D 中存在唯一的在关系 H 中无前驱的数据元素,称为根 root;

(2) 若 D -{root}≠Φ,则 D -{root}={$D_1,D_2,\cdots,D_m$}(m>0),且 $D_i \cap D_j = \Phi(i \neq j, 1 \leqslant I, j \leqslant m)$;

(3) 除 root 外,D 中每个元素在关系 H 中有且仅有一个前驱。

基本操作:

(1) Initiate(T):初始化一棵空树 T。

(2) Root(x):求结点 x 所在树的根结点。

(3) Parent(T,x):求树 T 中结点 x 的双亲结点。

(4) Child(T,x,i):求树 T 中结点 x 的第 i 个孩子结点。

(5) RightSibling(T,x):求树 T 中结点 x 的第一个右边兄弟结点。

(6) Insert(T,x,i,s):把以 s 为根结点的树插入到树 T 中作为结点 x 的第 i 棵子树。

(7) Delete(T,x,i):在树 T 中删除结点 x 的第 i 棵子树。

(8) Tranverse(T):是树的遍历操作,即按某种方式访问树 T 中的每个结点,且使每个结点只被访问一次。

}ADT Tree

4.1.3 树的存储结构

树既可以采用顺序存储结构,也可以采用链式存储结构,但无论采用何种存储方式,除了准确存储各结点本身的数据信息外,还要唯一反映树中各结点之间的逻辑关系。常见的树的存储表示方法有双亲表示法、孩子表示法、双亲孩子表示法、孩子兄弟表示法等。在此仅介绍一种常用的存储结构——孩子兄弟表示法,即左孩子右兄弟表示法。

在树中,每个结点除其信息域外,再增加两个分别指向该结点的第一个孩子结点和下一个兄弟结点的指针。在这种存储结构下,树中结点的存储表示可描述为如下结构。

```
typedef struct TreeNode {
    elemtype data;
    struct TreeNode * son;
    struct TreeNode * next;
}NodeType;
```

图 4.2 给出了图 4.1(a)所示的树采用孩子兄弟表示法时的存储示意图。

图 4.2 树的孩子兄弟表示法示意

4.1.4 树的遍历

树的遍历是树的一种重要的运算。所谓遍历是指对树中所有结点的信息的访问,即依次对树中每个结点访问一次且仅访问一次。对普通树的遍历只有深度优先、宽度优先两种遍历方法,深度优先又可以分为先序和后序两种,但没有中序遍历之说,中序遍历只有二叉树才有;宽度优先又称为层次遍历。

1. 先根遍历

先根遍历的定义如下。
（1）访问根结点。
（2）按照从左到右的顺序先根遍历根结点的每一棵子树。
对图 4.1(a)所示的树进行先根遍历,得到的结果序列为：A B D E H I F C G。

2. 后根遍历

后根遍历的定义如下。
（1）按照从左到右的顺序后根遍历根结点的每一棵子树。
（2）访问根结点。
对图 4.1(a)所示的树进行后根遍历,得到的结果序列为：D H I E F B G C A。

3. 层次遍历

层次遍历的定义为：从树的第一层（根结点）开始,从上至下逐层遍历,在同一层中,则按从左到右的顺序对结点逐个访问。
对图 4.1(a)所示的树进行层次遍历,得到的结果序列为：A B C D E F G H I。

4.1.5 树的应用

1. 判定树

例 4-1 设有 8 枚硬币,分别表示为 a,b,c,d,e,f,g,h,其中有一枚且仅有一枚硬币是伪造的,假硬币的重量与真硬币的重量不同,可能轻,也可能重。现要求以天平为工具,用最少的比较次数挑选出假硬币,并同时确定这枚硬币的重量是比真硬币轻还是重。

问题的解决过程是一系列判断,构成如图 4.3 所示的树结构,称为判定树。图中大写字母 H 和 L 分别表示假硬币较真硬币重和轻。具体判定方法如下。

从 8 枚硬币中任取 6 枚,假设是 a,b,c,d,e 和 f,天平两端各放三枚进行比较。假设 a,b,c 三枚放在天平的一端,d,e,f 三枚放在天平的另一端,可能出现以下 3 种比较结果：
（1）$a+b+c > d+e+f$；
（2）$a+b+c = d+e+f$；
（3）$a+b+c < d+e+f$。
以（1）为例进行讨论,若 $a+b+c > d+e+f$,根据题目的假设,可以肯定这六枚硬币中必有一枚为假币,同时也说明 g,h 为真币。这时可将天平两端各去掉一枚硬币,假设它们是 c

图 4.3 八硬币问题判定树

和 f，同时将天平两端的硬币各换一枚，假设硬币 b，e 作了互换，然后进行第二次比较，那么比较的结果同样可能有三种。

（1）a+e>b+d：这种情况表明天平两端去掉硬币 c，f 且硬币 b，e 互换后，天平两端的轻重关系保持不变，从而说明了假币必然是 a，d 中的一个，这时我们只要用一枚真币（b，c，e，f，g，h）和 a 或 d 进行比较，就能找出假币。例如，用 b 和 a 进行比较，若 a>b，则 a 是较重的假币；若 a=b，则 d 为较轻的假币；不可能出现 a<b 的情况。

（2）a+e=b+d：此时天平两端由不平衡变为平衡，表明假币一定在去掉的两枚硬币 c，f 中，a，b，d，e，g，h 必定为真硬币，同样的方法，用一枚真币和 c 或 f 进行比较，例如，用 a 和 c 进行比较，若 c>a，则 c 是较重的假币；若 a=c，则 f 为较轻的假币；不可能出现 c<a 的情况。

（3）a+e<b+d：此时表明由于天平两端两枚硬币 b，e 的对换，引起了两端轻重关系的改变，那么可以肯定 b 或 e 中有一枚是假硬币，只要用一枚真币和 b 或 e 进行比较，就能找出假币。例如，用 a 和 b 进行比较，若 a<b，则 b 是较重的假币；若 a=b，则 e 为较轻的假币；不可能出现 a>b 的情况。

对于（2）和（3）的各种情况，可用类似的方法进行分析。图 4.3 所示的判定树包括了所有可能发生的情况，8 枚硬币中，每一枚硬币都可能是或轻或重的假币，因此共有 16 种结果，反映在树中，则有 16 个叶结点，从图 4.3 可看出，每种结果都需要经过三次比较才能得到。

8 硬币算法如下：

```
#include<iostream>
using namespace std;

void eightcoin(int arr[]);                    /*函数声明*/
void compare(int a, int b,int real, int index1,int index2);
void print(int jia, int zhen, int i);

int main()
{   int i = 0;
    int arr[8];                               /*这里输入a、b、c、d、e、f、g、h的重量*/
    printf("请输入八枚硬币：\n");
    for(i; i < 8; i++)
```

```c
        { scanf("%d",&arr[i]);
        }
        eightcoin(arr);
        system("pause");
        return 0;
}

void eightcoin(int arr[])
{   /* 取数组中的前 6 个元素分为两组进行比较 abc,def */
    /* 会有 a+b+c > d+e+f | a+b+c == d+e+f | a+b+c < d+e+f 三种情况 */
    int abc = arr[0] + arr[1] + arr[2];
    int def = arr[3] + arr[4] + arr[5];
    int a = arr[0];
    int b = arr[1];
    int c = arr[2];
    int d = arr[3];
    int e = arr[4];
    int f = arr[5];
    int g = arr[6];
    int h = arr[7];
    if(abc > def)                        /* 6 枚硬币必有一枚假币,g,h 为真币 */
        if((a + e) > (d + b))            /* 去掉 c,f,且 b,e 互换后,天平关系不变,假币是 a 或 d */
            compare(a, d, g,1,3);
        else if((a + e) == (d + b))
                compare(c,f,g,2,5);
             else
                compare(b,e,g,1,4);
    else if(abc == def)                  /* 假币在 g,h 之中,最好状态 */
        if (g == a)
            print(h,g,7);
        else
            print(g,h, 6);
      else                               /* abc < def 这两组存在一枚假币,g,h 为真币 */
        if((a + e) > (d + b))
            compare(b,e,g,1,4);
        else if((a + e) == (d + b))
                compare(c,f,g,2,5);
             else
                compare(a, d, g,1,3);
}
/**
 * 取出可能有一枚假币的两枚假币,作为参数 a 和参数 b
 * real 表示真币的重量,index1 为第一枚硬币的下标,index2 为第二枚硬币的下标
 */
void compare(int a, int b,int real, int index1,int index2)
{   if(a == real)
        print(b,real,index2);
    else
        print(a, real,index1);
}
```

```
void print(int jia, int zhen, int i)
{   if(jia > zhen)
        Printf("位置在: %d, 是假币! 且偏重!", i + 1);
    else
        printf("位置在: %d, 是假币! 且偏轻!", i + 1);
}
```

算法 4.1　八硬币问题

2．集合的表示

集合是一种常用的数据表示方法,对集合可以做多种操作,假设集合 S 由若干个元素组成,可以按照某一规则把集合 S 划分成若干个互不相交的子集合,例如,集合 S={1,2,3,4,5,6,7,8,9,10},可以被分成如下三个互不相交的子集合:

S_1 ={1,2,4,7}

S_2 ={3,5,8}

S_3 ={6,9,10}

集合{S_1,S_2,S_3}就被称为集合 S 的一个划分。

此外,在集合上还有最常用的一些运算,例如集合的交、并、补、差以及判定一个元素是否是集合中的元素等等。

为了有效地对集合执行各种操作,可以用树结构表示集合。用树中的一个结点表示集合中的一个元素,树结构采用双亲表示法存储。例如,集合 S_1、S_2 和 S_3 可分别表示为如图 4.4(a)、(b)、(c)所示的结构。将它们作为集合 S 的一个划分,存储在如图 4.5 所示的一维数组中。

图 4.4　集合的树结构表示

数组元素结构的存储表示描述如下:

```
typedef struct {
    elemtype data;
    int      parent;
}NodeType;
```

其中 data 域存储结点本身的数据,parent 域为指向双亲结点的指针,即存储双亲结点在数组中的序号。

当集合采用这种存储表示方法时,很容易实现集合的一些基本操作。例如,求两个集合的并集,就可以简单地把一个集合的树根结点作为另一个集合的树根结点的孩子结点。如求上述集合 S_1 和 S_2 的并集,可以表示为:

$S_1 \bigcup S_2$ ={1,2,3,4,5,7,8}

该结果用树结构表示如图 4.6 所示。

序号	data	parent
0	1	-1
1	2	0
2	3	-1
3	4	0
4	5	2
5	6	-1
6	7	0
7	8	2
8	9	5
9	10	5

图 4.5　集合 S_1、S_2、S_3 的树结构存储示意

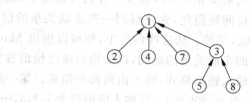

图 4.6　集合 S_1 并集合 S_2 后的树结构示意

集合并运算的算法实现如下：

```
void Union(NodeType a[ ],int i,int j)
 /*合并以数组 a 的第 i 个元素和第 j 个元素为树根结点的集合*/
{ if (a[i].parent!= -1||a[j].parent!= -1)
    {printf("\n 调用参数不正确");
     return;
    }
  a[j].parent = i;                    /*将 i 置为两个集合共同的根结点*/
}
```

如果要查找某个元素所在的集合,可以沿着该元素的双亲域向上查,当查到某个元素的双亲域值为 -1 时,该元素就是所查元素所属集合的树根结点,算法如下：

```
int Find(NodeType a[ ],elemtype x)
{/*在数组 a 中查找值为 x 的元素所属的集合*/
 /*若找到,返回树根结点在数组 a 中的序号;否则,返回 -1 */
 /*常量 MAXNODE 为数组 a 的最大容量*/
  int i,j;
  i = 0;
  while (i < MAXNODE && a[i].data!= x) i++;
    if (i >= MAXNODE) return -1;       /*值为 x 的元素不属于该组集合,返回 -1 */
    j = i;
  while (a[j].parent!= -1) j = a[j].parent;
    return j;                          /*j 为该集合的树根结点在数组 a 中的序号*/
}
```

上述基本思想就是并查集算法的核心,并查集也是程序设计竞赛中常见的题型。并查集(Union-find Sets)是一种简单的用途广泛的集合。并查集是若干个不相交集合,能够实现较快地合并和判断元素所在集合的操作。一般采取树形结构来存储并查集,并利用一个 rank 数组来存储集合的深度下界,在查找操作时进行路径压缩使后续的查找操作加速,可以看成是将编号分别为 $1\sim N$ 的 N 个对象划分为不相交集合,在每个集合中,选择其中某

个元素代表所在集合。

并操作：把集合 x 和集合 y 合并。要求：x 和 y 互不相交，否则不执行操作，若 x,y 在同一集合，则说明有回路。

查操作：搜索单元素 x 所在的集合，并返回该集合号。

例 4-2 亲戚(Relations)：或许你并不知道，你的某个朋友是你的亲戚。他可能是你的曾祖父的外公的女婿的外甥的表姐的孙子。如果能得到完整的家谱，判断两个人是否亲戚应该是可行的，但如果两个人的最近公共祖先与他们相隔好几代，使得家谱十分庞大，那么检验亲戚关系实非人力所能及。在这种情况下，最好的帮手就是计算机。

为了将问题简化，你将得到一些亲戚关系的信息，如同 Marry 和 Tom 是亲戚，Tom 和 Ben 是亲戚，等等。从这些信息中，你可以推出 Marry 和 Ben 是亲戚。请写一个程序，对于题目关心的亲戚关系的提问，以最快的速度给出答案。

参考输入输出格式，输入由两部分组成。第一部分以 N,M 开始。N 为问题涉及的人的个数($1 \leqslant N \leqslant 200\,00$)。这些人的编号为 $1,2,3,\cdots,N$。下面有 M 行($1 \leqslant M \leqslant 1\,000\,000$)，每行有两个数 a_i,b_i，表示已知 a_i 和 b_i 是亲戚。第二部分以 Q 开始。以下 Q 行有 Q 个询问($1 \leqslant Q \leqslant 1\,000\,000$)，每行为 c_i,d_i，表示询问 c_i 和 d_i 是否为亲戚。

对于每个询问 c_i,d_i，若 c_i 和 d_i 为亲戚，则输出 Yes，否则输出 No。

输入 relation.in	输出 relation.out
10 7	Yes
2 4	No
5 7	Yes
1 3	
8 9	
1 2	
5 6	
2 3	
3	
3 4	
7 10	
8 9	

该题如果只用链表或数组来存储集合，效率会很低，肯定超时。参考程序如下：

```
#include <iostream>
#include <cstdio>
using namespace std;
int father[20010];                    //father[i]表示 i 的父亲
int Find(int a)                       //查找其父亲并压缩路径
{   if(father[a] != a)
        father[a] = Find(father[a]);
    return father[a];
}
int main()
{   int N,M;
```

```
    int a,b;
    scanf("%d%d",&N,&M);              //给每个元素建立一个集合
        for(int i = 1 ; i <= N ; ++i)
        father[i] = i;
//合并
    for(int i = 0 ; i < M ; ++i)
    {   scanf("%d%d",&a,&b);
        a = Find(a);
        b = Find(b);
        father[a] = b;
    }
//查询
    scanf("%d",&M);
    while(M--)
    {   scanf("%d%d",&a,&b);
        a = Find(a);
        b = Find(b);
        if(a == b)
            printf("YES\n");
        else
            printf("NO\n");
    }
    return 0;
}
```

算法 4.2　并查集判定亲戚关系

3. 关系等价与求等价类问题

(1) 问题：已知集合 S 及其上的等价关系 R，求 R 在 S 上的一个划分 $\{S_1,S_2,\cdots,S_n\}$，其中，$S_1,S_2,\cdots,S_n$ 分别为 R 的等价类，它们满足：

$$\bigcup S_i = S \quad 且 \quad S_i \bigcap S_j = \Phi\,(i \neq j)$$

设集合 S 中有 n 个元素，关系 R 中有 m 个序偶对。

(2) 算法思想如下。

① 令 S 中每个元素各自形成一个单元素的子集，记作 $S_1,S_2,\cdots,S_n$；

② 重复读入 m 个序偶对，对每个读入的序偶对 $<x,y>$，判定 x 和 y 所属子集。不失一般性，假设 $x \in S_i, y \in S_j$，若 $S_i \neq S_j$，则将 S_i 并入 S_j，并置 S_i 为空（或将 S_j 并入 S_i，并置 S_j 为空）；若 $S_i = S_j$，则不做什么操作，接着读入下一对序偶。直到 m 个序偶对都被处理过后，$S_1,S_2,\cdots,S_n$ 中所有非空子集即为 S 的 R 等价类，这些等价类的集合即为集合 S 的一个划分。

(3) 数据的存储结构：采用前面介绍的集合的存储方式，即采用双亲表示法来存储本算法中的集合。

(4) 算法实现

通过前面的分析可知，本算法在实现过程中所用到的基本操作有以下两个。

① Find(S,x) 查找函数。确定集合 S 中的单元素 x 所属子集 S_i，函数的返回值为该子集树根结点在双亲表示法数组中的序号；

② Union(S,i,j)集合合并函数。将集合S的两个互不相交的子集合并,i 和 j 分别为两个子集用树表示的根结点在双亲表示法数组中的序号。合并时,将一个子集的根结点的双亲域的值由没有双亲改为指向另一个子集的根结点。

这两个操作的实现在前面已经介绍过,下面就本问题的解决算法步骤给出描述:

① k = 1;
② 若 k > m 则转⑦,否则转③;
③ 读入一序偶对< x,y >;
④ i = Find(S,x);j = Find(S,y);
⑤ 若 i ≠ j,则 Union(S,i,j);
⑥ k ++;
⑦ 输出结果,结束。

(5) 算法的时间复杂度

查找算法和合并算法的时间复杂度分别为 $O(d)$ 和 $O(1)$,其中 d 是树的深度。这种表示集合的树的深度和树的形成过程有关。在极端的情况下,每读入一个序偶对,就需要合并一次,即最多进行$(m-n)/2$次合并,若假设每次合并都是将含成员多的根结点指向含成员少的根结点,则最后得到的集合树的深度为n,而树的深度与查找有关。这样全部操作的时间复杂度可估计为 $O(n^2)$。

若将合并算法进行改进,即合并时将含成员少的根结点指向含成员多的根结点,这样会减少树的深度,从而减少了查找时的比较次数。促使整个算法效率的提高。

例 4-3 食物链:动物王国中有三类动物 A,B,C,这三类动物的食物链构成了有趣的环形。A 吃 B,B 吃 C,C 吃 A。现有 N 个动物,以 1~N 编号。每个动物都是 A,B,C 中的一种,但是我们并不知道它到底是哪一种。有人用两种说法对这 N 个动物所构成的食物链关系进行描述:

第一种说法是"1 X Y",表示 X 和 Y 是同类。

第二种说法是"2 X Y",表示 X 吃 Y。

此人对 N 个动物,用上述两种说法,一句接一句地说出 K 句话,这 K 句话有的是真的,有的是假的。当一句话满足下列三条之一时,这句话就是假话,否则就是真话。

(1) 当前的话与前面的某些真的话冲突,就是假话;
(2) 当前的话中 X 或 Y 比 N 大,就是假话;
(3) 当前的话表示 X 吃 X,就是假话。

根据给定的 $N(1 \leqslant N \leqslant 50\,000)$ 和 K 句话$(0 \leqslant K \leqslant 100\,000)$,输出假话的总数。[POJ 1182]

Input

第一行是两个整数 N 和 K,以一个空格分隔。以下 K 行每行是三个正整数 D,X,Y,两数之间用一个空格隔开,其中 D 表示说法的种类。

若 $D = 1$,则表示 X 和 Y 是同类。

若 $D = 2$,则表示 X 吃 Y。

Output

只有一个整数,表示假话的数目。

Sample Input
100 7
1 101 1
2 1 2
2 2 3
2 3 3
1 1 3
2 3 1
1 5 5

Sample Output
3

参考程序如下：

```cpp
#include <iostream>
const int MAX = 50005;
int father[MAX];
int rank[MAX];

void Make_Sent(int x)                   //初始化集合
{   father[x] = x;
    rank[x] = 0;
}

int Find_set(int x)                     //查找 x 的集合，回溯时压缩路径，并修改 x 与
                                        //father[x]的关系
{   int t;
    if(x!= father[x])
    {   t = father[x];
        father[x] = Find_set(father[x]); //更新 x 与 father[X]的关系
        rank[x] = (rank[x] + rank[t]) % 3;
    }
    return father[x];
}

void Union(int x, int y, int d)         //合并 x,y 所在的集合
{   int xf = Find_set(x);
    int yf = Find_set(y);               //将集合 xf 合并到 yf 集合上
    father[xf] = yf;                    //更新 xf 与 father[xf]的关系
    rank[xf] = (rank[y] - rank[x] + 3 + d) % 3;
}

int main()
{   int totle = 0;
    int i,n,k,x,y,d,xf,yf;
    scanf("%d%d",&n,&k);
    for(i = 1;i <= n;++i)
```

```
            Make_Sent(i);
    while(k--)
    {   scanf("%d%d%d",&d,&x,&y);        //如果x或y比n大,或x吃x,是假话
        if(x>n||y>n||(d==2 && x == y))
            totle++;
        else
        {   xf = Find_set(x);
            yf = Find_set(y);             //如果x,f的父节点相同,那么可以判断给出的关
                                          //系是否正确的
            if(xf == yf)
            { if((rank[x] - rank[y] + 3) % 3 != d-1)
                    totle++;
            }
            else
                Union(x,y,d-1);            //否则合并x,y
        }
    }
    printf("%d\n",totle);
    return 0;
}
```

算法4.3 并查集求解食物链

4.2 二叉树

4.2.1 二叉树的定义

二叉树(Binary Tree)是个有限元素的集合,该集合或者为空,或者由一个称为根(root)的元素及两个互不相交的、分别被称为左子树和右子树的二叉树组成。当集合为空时,称该二叉树为空二叉树。

二叉树是有序的,即若将其左、右子树颠倒,就成为另一棵不同的二叉树。即使树中结点只有一棵子树,也要区分它是左子树还是右子树。因此二叉树具有5种基本形态,如图4.7所示。

图4.7 二叉树的5种基本形态

本章 4.1.1 节中引入的有关树的术语也都适用于二叉树。

4.2.2 二叉树的性质

性质 1 一棵非空二叉树的第 i 层上最多有 2^{i-1} 个结点($i \geqslant 1$)。

该性质可由数学归纳法证明。

性质 2 一棵深度为 k 的二叉树中,最多具有 $2^k - 1$ 个结点。

证明 设第 i 层的结点数为 $x_i(1 \leqslant i \leqslant k)$,深度为 k 的二叉树的结点数为 M,x_i 最多为 2^{i-1},则有:

$$M = \sum_{i=1}^{k} x_i \leqslant \sum_{i=1}^{k} 2^{i-1} = 2^k - 1$$

性质 3 对于一棵非空的二叉树,如果其叶子结点数为 n_0,度数为 2 的结点数为 n_2,则有:

$$n_0 = n_2 + 1$$

证明 设 n 为二叉树的结点总数,n_1 为二叉树中度为 1 的结点数,则有:

$$n = n_0 + n_1 + n_2 \tag{4-1}$$

在二叉树中,除根结点外,其余结点都有唯一的一个进入分支。设 B 为二叉树中的分支数,那么有:

$$B = n - 1 \tag{4-2}$$

这些分支是由度为 1 和度为 2 的结点发出的,一个度为 1 的结点发出一个分支,一个度为 2 的结点发出两个分支,所以有:

$$B = n_1 + 2n_2 \tag{4-3}$$

综合(4-1)、(4-2)、(4-3)式可以得到:

$$n_0 = n_2 + 1$$

完全二叉树和满二叉树是两种特殊形态的二叉树。

一棵深度为 k 且有 $2^k - 1$ 个结点的二叉树称为**满二叉树**。如图 4.8(a)所示是一棵深度为 4 的满二叉树,这种二叉树的特点是所有分支结点都存在左子树和右子树,并且所有叶子结点都在同一层上。因此,图 4.8(b)不是满二叉树。

图 4.8 满二叉树和非满二叉树示意图

可以对满二叉树的结点进行连续编号,约定编号从根结点起,自上而下,自左而右。由此可引出完全二叉树的定义。深度为 k 的,有 n 个结点的二叉树,当且仅当其每一个结点都

与深度为 k 的满二叉树中编号从 1 至 n 的结点一一对应时,称之为**完全二叉树**。

完全二叉树的特点是:叶子结点只能出现在最下层和次下层,且最下层的叶子结点集中在树的左部。显然,一棵满二叉树必定是一棵完全二叉树,而完全二叉树未必是满二叉树。如图 4.9(a)所示为一棵完全二叉树,图 4.9(b)和图 4.8(b)都不是完全二叉树。

(a) 一棵完全二叉树　　　　　　　　(b) 一棵非完全二叉树

图 4.9　完全二叉树和非完全二叉树示意图

完全二叉树可以运用在很多场合,下面介绍完全二叉树的两个重要特性。

性质 4　具有 n 个结点的完全二叉树的深度 k 为 $\lfloor \log_2 n \rfloor + 1$。

证明　根据完全二叉树的定义和性质 2 可知,当一棵完全二叉树的深度为 k、结点个数为 n 时,有:$2^{k-1} - 1 < n \leqslant 2^k - 1$,即 $2^{k-1} \leqslant n < 2^k$,对不等式取对数有:$k - 1 \leqslant \log_2 n < k$,由于 k 是整数,所以有 $k = \lfloor \log_2 n \rfloor + 1$。

性质 5　对于具有 n 个结点的完全二叉树,如果按照从上至下和从左到右的顺序对二叉树中的所有结点从 1 开始顺序编号,则对于任意的序号为 i 的结点,有如下性质。

(1) 如果 $i > 1$,则序号为 i 的结点的双亲结点的序号为 $i/2$ ("/"表示整除);如果 $i = 1$,则序号为 i 的结点是根结点,无双亲结点。

(2) 如果 $2i \leqslant n$,则序号为 i 的结点的左孩子结点的序号为 $2i$;如果 $2i > n$,则序号为 i 的结点无左孩子。

(3) 如果 $2i + 1 \leqslant n$,则序号为 i 的结点的右孩子结点的序号为 $2i + 1$;如果 $2i + 1 > n$,则序号为 i 的结点无右孩子。

此外,若对二叉树的根结点从 0 开始编号,则相应的 i 号结点的双亲结点的编号为 $(i-1)/2$,左孩子的编号为 $2i+1$,右孩子的编号为 $2i+2$。

此性质可采用数学归纳法证明。

4.2.3　二叉树的存储结构

1. 顺序存储结构

所谓二叉树的顺序存储,就是用一组连续的存储单元存放二叉树中的结点。一般是按照二叉树结点从上至下、从左到右的顺序存储。这样结点在存储位置上的前驱后继关系并不一定就是它们在逻辑上的邻接关系,然而只有通过一些方法确定某结点在逻辑上的前驱结点和后继结点,这种存储才有意义。因此,依据二叉树的性质,完全二叉树和满二叉树采用顺序存储比较合适,树中结点的序号可以唯一地反映出结点之间的逻辑关系,这样既能够最大可能地节省存储空间，又可以利用数组元素的下标值确定结点在二叉树中的位置，以及结点之间的关系。图 4.10 给出了图 4.9(a)所示的完全二叉树的顺序存储示意图。

图 4.10 完全二叉树的顺序存储示意图

对于一般的二叉树，如果仍按从上至下和从左到右的顺序将树中的结点顺序存储在一维数组中，则数组元素下标之间的关系不能够反映二叉树中结点之间的逻辑关系，只有增添一些并不存在的空结点，使之成为一棵完全二叉树的形式，然后再用一维数组顺序存储。如图 4.11 给出了一棵一般二叉树改造后的完全二叉树形态和其顺序存储状态示意图。显然，这种存储方式会造成空间的大量浪费，不宜用顺序存储结构。最坏的情况是右单支树，如图 4.12 所示，一棵深度为 k 的右单支树，只有 k 个结点，却需分配 2^k-1 个存储单元。

(a) 一棵二叉树　　　　　　(b) 改造后的完全二叉树

(c) 改造后完全二叉树顺序存储状态

图 4.11 一般二叉树及其顺序存储示意图

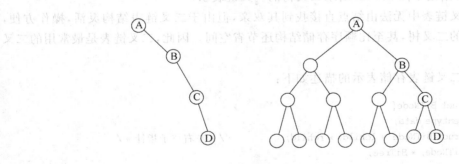

(a) 一棵右单只二叉树　　　(b) 改造后的右单支树对应的完全二叉树

(c) 单支树改造后完全二叉树的顺序存储状态

图 4.12 右单支二叉树及其顺序存储示意图

二叉树的顺序存储表示的描述如下：

```
#define MAXNODE                    /*二叉树的最大结点数*/
typedef elemtype SqBiTree[MAXNODE]; /*0号单元存放根结点*/
SqBiTree bt;
```

即将 bt 定义为含有 MAXNODE 个 elemtype 类型元素的一维数组。

2. 链式存储结构

所谓二叉树的链式存储结构是指用链表来表示一棵二叉树，即用链指针来指示元素的逻辑关系。通常有下面两种形式。

(1) 二叉链表存储

链表中每个结点由三个域组成，除了数据域外，还有两个指针域，分别用来给出该结点左孩子和右孩子所在的链结点的存储地址。结点的存储结构如下图4.13所示。

其中，data 域存放某结点的数据信息；lchild 与 rchild 分别存放指向左孩子和右孩子的指针，当左孩子或右孩子不存在时，相应指针域值为空（用符号 ∧ 或 NULL 表示）。

图 4.15(a) 给出了图 4.9(b) 所示二叉树的二叉链表示。

二叉链表也可以用带头结点的方式存放，如图 4.15(b) 所示。

(2) 三叉链表存储

每个结点由 4 个域组成，具体结构如图 4.14 所示。

图 4.13 结点的链式存储结构　　　　图 4.14 三叉链表的结点存储结构

其中，data、lchild 以及 rchild 三个域的意义同二叉链表结构；parent 域为指向该结点双亲结点的指针。这种存储结构既便于查找孩子结点，又便于查找双亲结点；但是，相对于二叉链表存储结构而言，它增加了空间开销。

图 4.15(c) 给出了图 4.9(b) 所示二叉树的三叉链表示。

尽管在二叉链表中无法由结点直接找到其双亲，但由于二叉链表结构灵活，操作方便，对于一般情况的二叉树，甚至比顺序存储结构还节省空间。因此，二叉链表是最常用的二叉树存储方式。

二叉树的二叉链表存储表示的描述如下：

```
typedef struct BiTNode{
    elemtype data;
    struct BiTNode * lchild, * rchild;      /*左右孩子指针*/
}BiTNode, * BiTree;
```

即将 BiTree 定义为指向二叉链表结点结构的指针类型。

4.2.4 表达式树

图 4.16 表示一个表达式树（Expression Tree）的例子。表达式树的树叶是操作数（Operand），例如常数或变量，而其他的结点为操作符（Operator）。由于所有的操作都是二

图 4.15 图 4.9(b)所示二叉树的二叉链表三叉链表表示示意图

元的,因此这棵特定的树正好是二叉树,虽然这是最简单的情况,但是结点还是有可能含有多于两个的孩子的。一个结点也有可能只有一个孩子,如具有一目减算符(Unary Minus Operator)的情形。可以将通过递归计算左子树和右子树所得到的值应用在根处的算符操作中,从而算出表达式树 T 的值。图 4.16 例子中,左子树的值是"$a+(b*c)$",右子树的值是"$((d*e)+f)*g$",因此整个树表示"$(a+(b*c))+(((d*e)+f)*g)$"。

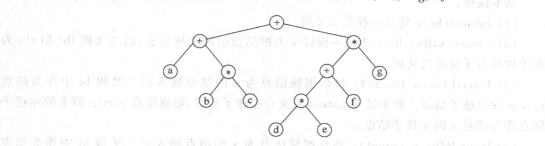

图 4.16 "$(a+(b*c))+((d*e+f)*g)$"的表达式树

通过递归产生带括号的左表达式,然后打印出在根处的运算符,最后递归地产生一个带括号的右表达式而得到一个(对两个括号整体运算的)中缀表达式(Infix Expression)。这种方法称为中序遍历(Inorder Traversal)。

通过递归地打印出左子树、右子树、然后打印运算符,这种方法称为后序遍历(Postorder Traversal),上图后序遍历可得到一个"$abc*+de*f+g*+$"的后缀表达式(Postfix

Expression)。

先打印出运算符,然后递归地打印出左子树和右子树,可得"++ a * bc * + * defg"这样一个前缀表达式(Prefix Expression),这种遍历方法称为先序遍历(Preorder Traversal)。

第二章中已经介绍了如何利用栈将中缀表达式转换成后缀表达式的方法,现在给出一种算法把后缀表达式转变成表达式树。

(1) 一次一个符号地读入表达式;

(2) 如果符号是操作数,则建立一个单结点树并将一个指向它的指针推入栈中;

(3) 如果符号是操作符,那么就从栈中弹出指向两棵树 T_1 和 T_2 的那两个指针(T_1 的先弹出)并形成一棵新的树,该树的根就是操作符,它的左右儿子分别指向 T_2 和 T_1,然后将指向这棵新树的指针压入栈中;

(4) 重复上述过程,直至表达式树完成。

4.2.5 二叉树的基本操作及实现

1. 二叉树的 ADT 及基本操作

根据二叉树的定义及特性,可以给出如下二叉树的 ADT 描述。

ADT Binary_Tree{

数据对象 D:一个所有数据元素具有相同特性的有限集合。

数据关系 R:若 $D = \Phi$,则 $R = \Phi$,Binary_Tree 为空二叉树;若 $D \neq \Phi$,则 $R = \{H\}$,且 H 满足如下二元关系:

(1) D 中存在唯一的在关系 H 中无前驱数据元素,称为根 root;

(2) 若 $D - \{root\} \neq \Phi$,则 $D - \{root\} = \{D_l, D_r\}$,且 $D_l \cap D_r = \Phi$(D_l, D_r 分别是左右子树数据对象);

(3) 除 root 外,D 中每个元素在关系 H 中有且仅有一个前驱。

基本操作:

(1) Initiate(bt):建立一棵空二叉树。

(2) Create(x,lbt,rbt):生成一棵以 x 为根结点的数据域信息,以二叉树 lbt 和 rbt 为左子树和右子树的二叉树。

(3) InsertL(bt,x,parent):将数据域信息为 x 的结点插入到二叉树 bt 中作为结点 parent 的左孩子结点。如果结点 parent 原来有左孩子结点,则将结点 parent 原来的左孩子结点作为结点 x 的左孩子结点。

(4) InsertR(bt,x,parent):将数据域信息为 x 的结点插入到二叉树 bt 中作为结点 parent 的右孩子结点。如果结点 parent 原来有右孩子结点,则将结点 parent 原来的右孩子结点作为结点 x 的右孩子结点。

(5) DeleteL(bt,parent):在二叉树 bt 中删除结点 parent 的左子树。

(6) DeleteR(bt,parent):在二叉树 bt 中删除结点 parent 的右子树。

(7) Search(bt,x):在二叉树 bt 中查找数据元素 x。

(8) Traverse(bt):按某种方式遍历二叉树 bt 的全部结点。

}ADT Binary_Tree

2. 算法的实现

算法的实现依赖于具体的存储结构,当二叉树采用不同的存储结构时,上述各种操作的实现算法是不同的。下面讨论基于二叉链表存储结构的上述操作的实现算法。

(1) Initiate(bt)初始建立二叉树 bt,并使 bt 指向头结点。在二叉树根结点前建立头结点,就如同在单链表前建立的头结点,可以方便后边的一些操作实现。

```
int Initiate (BiTree * bt)
{ / * 初始化建立二叉树 * bt 的头结点 * /
    if(( * bt = (BiTNode * )malloc(sizeof(BiTNode))) == NULL)
        return 0;
    * bt -> lchild = NULL;
    * bt -> rchild = NULL;
    return 1;
}
```

(2) Create(x,lbt,rbt)建立一棵以 x 为根结点的数据域信息,以二叉树 lbt 和 rbt 为左右子树的二叉树。建立成功时返回所建二叉树结点的指针;建立失败时返回空指针。

```
BiTree Create(elemtype x,BiTree lbt,BiTree rbt)
{ / * 生成一棵以 x 为根结点的数据域值以 lbt 和 rbt 为左右子树的二叉树 * /
    BiTree p;
    if ((p = (BiTNode * )malloc(sizeof(BiTNode))) == NULL) return NULL;
    p -> data = x;
    p -> lchild = lbt;
    p -> rchild = rbt;
    return p;
}
```

(3) InsertL(bt,x,parent)

```
BiTree InsertL(BiTree bt,elemtype x,BiTree parent)
{ / * 在二叉树 bt 的结点 parent 的左子树插入结点数据元素 x * /
    BiTree p;
    if (parent == NULL)
      { printf("\n 插入出错");
        return NULL;
      }
    if ((p = (BiTNode * )malloc(sizeof(BiTNode))) == NULL) return NULL;
    p -> data = x;
    p -> lchild = NULL;
    p -> rchild = NULL;
    if (parent -> lchild == NULL) parent -> lchild = p;
    else {p -> lchild = parent -> lchild;
          parent -> lchild = p;
         }
    return bt;
}
```

(4) InsertR(bt,x,parent)功能类同于(3),算法略。

(5) DeleteL(bt,parent)在二叉树 bt 中删除结点 parent 的左子树。当 parent 或 parent 的左孩子结点为空时删除失败。删除成功时返回根结点指针；删除失败时返回空指针。

```
BiTree DeleteL(BiTree bt,BiTree parent)
{/*在二叉树 bt 中删除结点 parent 的左子树*/
    BiTree p;
    if (parent == NULL||parent->lchild == NULL)
     { printf("\n 删除出错");
        return NULL'
     }
    p = parent->lchild;
    parent->lchild = NULL;
    free(p); /*当 p 为非叶子结点时,这样删除仅释放了所删子树根结点的空间*/
             /*若要删除子树分支中的结点,需用后面介绍的遍历操作来实现*/
    return br;
}
```

(6) DeleteR(bt,parent)功能类同于(5),只是删除结点 parent 的右子树。算法略。

操作 Search(bt,x)实际是遍历操作 Traverse(bt)的特例,关于二叉树的遍历操作的实现,将在下一节中重点介绍。

4.3 遍历二叉树和线索二叉树

4.3.1 遍历二叉树

1. 深度优先遍历二叉树

二叉树的遍历是指按照某种顺序访问二叉树中的每个结点,且仅被访问一次。遍历是二叉树中经常要用到的一种操作。通过一次完整的遍历,可使二叉树中结点信息由非线性排列变为某种意义上的线性序列。也就是说,遍历操作使非线性结构线性化。

由二叉树的定义可知,一棵二叉树由根结点、根结点的左子树和根结点的右子树三部分组成。因此,只要依次遍历这三部分,就可以遍历整个二叉树。常用的遍历方式主要有：先序遍历、中序遍历和后序遍历。

(1) 先序遍历

先序遍历的递归过程为：若二叉树为空,遍历结束。否则：

① 访问根结点；
② 先序遍历根结点的左子树；
③ 先序遍历根结点的右子树。

先序遍历二叉树的递归算法如下：

```
void PreOrder(BiTree bt)
{ /*先序遍历二叉树 bt*/
    if (bt == NULL) return;           /*递归调用的结束条件*/
    Visite(bt->data);                 /*访问结点的数据域*/
```

```
    PreOrder(bt->lchild);              /*先序递归遍历 bt 的左子树*/
    PreOrder(bt->rchild);              /*先序递归遍历 bt 的右子树*/
}
```

对于图 4.9(b)所示二叉树,先序遍历的结点序列为:A B D G C E F。

(2) 中序遍历

中序遍历的递归过程为:若二叉树为空,遍历结束。否则:

① 中序遍历根结点的左子树;
② 访问根结点;
③ 中序遍历根结点的右子树。

中序遍历二叉树的递归算法如下:

```
void InOrder(BiTree bt)
{ /*中序遍历二叉树 bt */
    if (bt == NULL) return;            /*递归调用的结束条件*/
    InOrder(bt->lchild);               /*中序递归遍历 bt 的左子树*/
    Visite(bt->data);                  /*访问结点的数据域*/
    InOrder(bt->rchild);               /*中序递归遍历 bt 的右子树*/
}
```

对于图 4.9(b)所示二叉树,中序遍历的结点序列为:D G B A E C F。

(3) 后序遍历

后序遍历的递归过程为:若二叉树为空,遍历结束。否则:

① 后序遍历根结点的左子树;
② 后序遍历根结点的右子树;
③ 访问根结点。

后序遍历二叉树的递归算法如下。

```
void PostOrder(BiTree bt)
{ /*后序遍历二叉树 bt */
    if (bt == NULL) return;            /*递归调用的结束条件*/
    PostOrder(bt->lchild);             /*后序递归遍历 bt 的左子树*/
    PostOrder(bt->rchild);             /*后序递归遍历 bt 的右子树*/
    Visite(bt->data);                  /*访问结点的数据域*/
}
```

对于图 4.9(b)所示二叉树,后序遍历的结点序列为:G D B E F C A。

2. 广度优先遍历二叉树

所谓广度优先遍历即二叉树的层次遍历,是指从二叉树的第一层(根结点)开始,从上至下逐层遍历,在同一层中,则按从左到右的顺序对结点逐个访问。对于图 4.9(b)所示二叉树,层次遍历的结果序列为:A B C D E F G。

下面讨论层次遍历的算法。

由层次遍历的定义可以推知,在进行层次遍历时,对一层结点访问完后,再按照它们的访问次序对各个结点的左孩子和右孩子顺序访问,这样一层一层进行,先遇到的结点先访问,这与队列的操作原则比较吻合。因此,在进行层次遍历时,可设置一个队列结构,遍历从

二叉树的根结点开始,首先将根结点指针入队列,然后从队头取出一个元素,每取一个元素,执行下面两个操作:

(1) 访问该元素所指结点;

(2) 若该元素所指结点的左、右孩子结点非空,则将该元素所指结点的左孩子指针和右孩子指针顺序入队。

重复(1)(2),当队列为空时,二叉树的层次遍历结束。

在下面的层次遍历算法中,二叉树以二叉链表存放,一维数组 Queue[MAXNODE]用以实现队列,变量 front 和 rear 分别表示当前队首元素和队尾元素在数组中的位置。

```
void LevelOrder(BiTree bt)
/* 层次遍历二叉树 bt */
{ BiTree Queue[MAXNODE];
  int front,rear;
  if (bt == NULL) return;
  front = -1;
  rear = 0;
  queue[rear] = bt;
  while(front!= rear)
    {front++;
     Visite(queue[front]->data);          /* 访问队首结点的数据域 */
     if (queue[front]->lchild!= NULL)     /* 将队首结点的左孩子结点入队列 */
      { rear++;
        queue[rear] = queue[front]->lchild;
      }
     if (queue[front]->rchild!= NULL)     /* 将队首结点的右孩子结点入队列 */
      { rear++;
        queue[rear] = queue[front]->rchild;
      }
    }
}
```

4.3.2 二叉树遍历的非递归实现

1. 基于栈的二叉树非递归遍历

前面给出的二叉树先序、中序和后序三种遍历算法都是递归算法。当给出二叉树的链式存储结构以后,用具有递归功能的程序设计语言很方便就能实现上述算法。然而,并非所有程序设计语言都允许递归;另一方面,递归程序虽然简洁,但可读性一般不好,执行效率也不高。因此,就存在如何把一个递归算法转化为非递归算法的问题。解决这个问题的方法可以通过对三种遍历方法的实质过程的分析得到。

对二叉树进行先序、中序和后序遍历都是从根结点开始的,且在遍历过程中经过结点的路线是一样的,只是访问的时机不同而已。图 4.17 中

图 4.17 遍历图 4.9(b)的路线示意图

所示的从根结点左外侧开始,由根结点右外侧结束的曲线是遍历图 4.9(b)的路线。沿着该路线按△标记的结点读得的序列为先序序列,按 * 标记读得的序列为中序序列,按⊕标记读得的序列为后序序列。然而,这一路线正是从根结点开始沿左子树深入下去,当深入到最左端,无法再深入下去时,则返回,再逐一进入刚才深入时遇到结点的右子树,再进行如此的深入和返回,直到最后从根结点的右子树返回到根结点为止。先序遍历是在深入时遇到结点就访问,中序遍历是在从左子树返回时遇到结点访问,后序遍历是在从右子树返回时遇到结点访问。

遍历过程中,返回结点的顺序与深入结点的顺序相反,即后深入先返回,正好符合栈结构后进先出的特点。因此,可以用栈来帮助实现这一遍历路线。其过程如下。

在沿左子树深入时,深入一个结点入栈一个结点,若为先序遍历,则在入栈之前访问之;当沿左分支深入不下去时,则返回,即从堆栈中弹出前面压入的结点,若为中序遍历,则此时访问该结点,然后从该结点的右子树继续深入;若为后序遍历,则将此结点再次入栈,然后从该结点的右子树继续深入,与前面类同,仍为深入一个结点入栈一个结点,深入不下去再返回,直到第二次从栈里弹出该结点,才访问之。

(1) 先序遍历的非递归实现

在下面算法中,二叉树以二叉链表存放,一维数组 stack[MAXNODE]用以实现栈,变量 top 用来表示当前栈顶的位置。

```
void NRPreOrder(BiTree bt)
{ /* 非递归先序遍历二叉树 */
    BiTree stack[MAXNODE],p;
    int top;
    if (bt == NULL) return;
    top = 0;
    p = bt;
    while(!(p == NULL&&top == 0))
        { while(p!= NULL)
            { Visite(p->data);              /* 访问结点的数据域 */
              if (top< MAXNODE - 1)         /* 将当前指针 p 压栈 */
               { stack[top] = p;
                 top++;
               }
              else { printf("栈溢出");
                     return;
                   }
              p = p->lchild;                /* 指针指向 p 的左孩子 */
            }
          if (top <= 0) return;             /* 栈空时结束 */
          else{ top-- ;
                p = stack[top];             /* 从栈中弹出栈顶元素 */
                p = p->rchild;              /* 指针指向 p 的右孩子结点 */
              }
        }
}
```

对于图 4.9(b)所示的二叉树,用该算法进行遍历过程中,栈 stack 和当前指针 p 的变化情况以及树中各结点的访问次序如表 4-1 所示。

表 4-1 二叉树先序非递归遍历过程

步骤	指针 p	栈 stack 内容	访问结点值
初态	A	空	
1	B	A	A
2	D	A,B	B
3	∧	A,B,D	D
4	G	A,B	
5	∧	A,B,G	G
6	∧	A,B	
7	∧	A	
8	C	空	
9	E	C	C
10	∧	C,E	E
11	∧	C	
12	F	空	
13	∧	F	F
14	∧	空	

(2) 中序遍历的非递归实现

中序遍历的非递归算法的实现,只需将先序遍历的非递归算法中的 Visite(p -> data) 移到 p = stack[top] 和 p = p -> rchild 之间即可。

(3) 后序遍历的非递归实现

由前面的讨论可知,后序遍历与先序遍历和中序遍历不同,在后序遍历过程中,结点在第一次出栈后,还需再次入栈,也就是说,结点要入两次栈,出两次栈,而访问结点是在第二次出栈时访问。因此,为了区别同一个结点指针的两次出栈,设置一标志 flag,令:

$$flag = \begin{cases} 1 & \text{第一次出栈,结点不能访问} \\ 2 & \text{第二次出栈,结点可以访问} \end{cases}$$

当结点指针进、出栈时,其标志 flag 也同时进、出栈。因此,可将栈中元素的数据类型定义为指针和标志 flag 合并的结构体类型。定义如下:

```
typedef struct {
    BiTree link;
    int flag;
}stacktype;
```

后序遍历二叉树的非递归算法如下。在算法中,一维数组 stack[MAXNODE] 用于实现栈的结构,指针变量 p 指向当前要处理的结点,整型变量 top 用来表示当前栈顶的位置,整型变量 sign 为结点 p 的标志量。

```
void NRPostOrder(BiTree bt)
/*非递归后序遍历二叉树 bt*/
{ stacktype stack[MAXNODE];
  BiTree p;
```

```
    int top,sign;
    if (bt == NULL) return;
    top = -1                              /*栈顶位置初始化*/
    p = bt;
    while (!(p == NULL && top == -1))
      { if (p!= NULL)                     /*结点第一次进栈*/
          { top++;
            stack[top].link = p;
            stack[top].flag = 1;
            p = p->lchild;                /*找该结点的左孩子*/
          }
        else { p = stack[top].link;
               sign = stack[top].flag;
               top--;
               if (sign == 1)             /*结点第二次进栈*/
                 {top++;
                  stack[top].link = p;
                  stack[top].flag = 2;    /*标记第二次出栈*/
                  p = p->rchild;
                 }
               else { Visite(p->data);    /*访问该结点数据域值*/
                      p = NULL;
                    }
             }
      }
```

2. 二叉树非递归遍历其他方法

前面介绍的二叉树的遍历算法可分为两类，一类是依据二叉树结构的递归性，采用递归调用的方式来实现；另一类则是通过堆栈或队列来辅助实现。采用这两类方法对二叉树进行遍历时，递归调用和栈的使用都带来额外空间增加，递归调用的深度和栈的大小是动态变化的，都与二叉树的高度有关。因此，在最坏的情况下，即二叉树退化为单分支树的情况下，递归的深度或栈需要的存储空间等于二叉树中的结点数。

还有一类二叉树的遍历算法，就是不用栈也不用递归来实现。常用的不用栈的二叉树遍历的非递归方法有以下三种。

（1）对二叉树采用三叉链表存放，即在二叉树的每个结点中增加一个双亲域 parent，这样，在遍历深入到不能再深入时，可沿着走过的路径回退到任何一棵子树的根结点，并再向另一方向走。由于这一方法的实现是在每个结点的存储上又增加一个双亲域，故其存储开销就会增加。

（2）采用逆转链的方法，即在遍历深入时，每深入一层，就将其再深入的孩子结点的地址取出，并将其双亲结点的地址存入，当深入不下去需返回时，可逐级取出双亲结点的地址，沿原路返回。虽然此种方法是在二叉链表上实现的，没有增加过多的存储空间，但在执行遍历的过程中改变子女指针的值，这即是以时间换取空间，同时当有几个用户同时使用这个算法时将会发生问题。

(3) 在线索二叉树上的遍历,即利用具有 n 个结点的二叉树中的叶子结点和一度结点的 $n+1$ 个空指针域来存放线索,然后在这种具有线索的二叉树上遍历时,就可不需要栈,也不需要递归了。有关线索二叉树的详细内容,将在下一节中讨论。

4.3.3 线索二叉树

1. 线索二叉树的定义

按照某种遍历方式对二叉树进行遍历,可以把二叉树中所有结点排列为一个线性序列。在该序列中,除第一个结点外,每个结点有且仅有一个直接前驱结点;除最后一个结点外,每个结点有且仅有一个直接后继结点。但是,二叉树中每个结点在这个序列中的直接前驱结点和直接后继结点是什么,二叉树的存储结构中并没有反映出来,只能在对二叉树遍历的动态过程中得到这些信息。为了保留结点在某种遍历序列中直接前驱和直接后继的位置信息,可以利用二叉树的二叉链表存储结构中的那些空指针域来指示。这些指向直接前驱结点和直接后继结点的指针被称为线索(Thread),加了线索的二叉树称为线索二叉树。

线索二叉树将为二叉树的遍历提供许多便利。

2. 线索二叉树的结构

一个具有 n 个结点的二叉树若采用二叉链表存储结构,在 $2n$ 个指针域中只有 $n-1$ 个指针域是用来存储结点孩子的地址,而另外 $n+1$ 个指针域存放的都是 NULL。因此,可以利用某结点空的左指针域(lchild)指出该结点在某种遍历序列中的直接前驱结点的存储地址,利用结点空的右指针域(rchild)指出该结点在某种遍历序列中的直接后继结点的存储地址;对于那些非空的指针域,则仍然存放指向该结点左、右孩子的指针。这样,就得到了一棵线索二叉树。

由于序列可由不同的遍历方法得到,因此,线索树有先序线索二叉树、中序线索二叉树和后序线索二叉树三种。把二叉树改造成线索二叉树的过程称为线索化。

对图 4.9(b)所示的二叉树进行线索化,得到先序线索二叉树、中序线索二叉树和后序线索二叉树分别如图 4.18(a)、(b)、(c)所示。图中实线表示指针,虚线表示线索。

那么,实际存储中如何区别某结点的指针域内存放的是指针还是线索? 通常可以采用下面两种方法来实现。

(1) 为每个结点增设两个标志位域 ltag 和 rtag,令:

$$\text{ltag} = \begin{cases} 0 & \text{lchild 指向结点的左孩子} \\ 1 & \text{lchild 指向结点的前驱结点} \end{cases}$$

$$\text{rtag} = \begin{cases} 0 & \text{rchild 指向结点的右孩子} \\ 1 & \text{rchild 指向结点的后继结点} \end{cases}$$

每个标志位令其只占一位,这样就只需增加很少的存储空间。这样结点的结构如图 4.19 所示。

(2) 不改变结点结构,仅在作为线索的地址前加一个负号,即负的地址表示线索,正的地址表示指针。

(a) 先序线索二叉树　　　　(b) 中序线索二叉树

(c) 后序线索二叉树

图 4.18　线索二叉树

图 4.19　结点存储结构

下面以第一种方法来介绍线索二叉树的存储。为了将二叉树中所有的空指针域都利用上，以及操作便利的需要，在存储线索二叉树时往往增设一头结点，其结构与其他线索二叉树的结点结构一样，只是其数据域不存放信息，其左指针域指向二叉树的根结点，右指针域指向自己。而原二叉树在某序遍历下的第一个结点的前驱线索和最后一个结点的后继线索都指向该头结点。图 4.20 给出了图 4.18(b) 对应二叉树的中序线索树的完整的线索树存储。

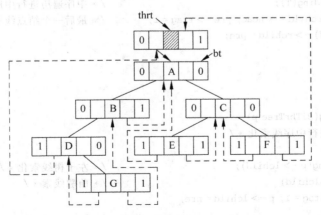

图 4.20　中序线索二叉树的存储示意

3. 线索二叉树的基本操作实现

在线索二叉树中,结点的结构可以定义为如下形式。

```
typedef char elemtype;
typedef struct BiThrNode {
    elemtype data;
    struct BiThrNode * lchild;
    struct BiThrNode * rchild;
    unsigned ltag:1;
    unsigned rtag:1;
   }BiThrNodeType, * BiThrTree;
```

下面以中序线索二叉树为例,讨论线索二叉树的建立、线索二叉树的遍历以及在线索二叉树上查找前驱结点、查找后继结点、插入结点和删除结点等操作的实现算法。

(1) 建立一棵中序线索二叉树

建立线索二叉树,或者说对二叉树线索化,实质上就是遍历一棵二叉树。在遍历过程中,访问结点的操作是检查当前结点的左、右指针域是否为空,如果为空,将它们改为指向前驱结点或后继结点的线索。为实现这一过程,设指针 pre 始终指向刚刚访问过的结点,即若指针 p 指向当前结点,则 pre 指向它的前驱,以便增设线索。

另外,在对一棵二叉树加线索时,必须首先申请一个头结点,建立头结点与二叉树的根结点的指向关系,对二叉树线索化后,还需建立最后一个结点与头结点之间的线索。

下面是建立中序线索二叉树的递归算法,其中 pre 为全局变量。

```
int InOrderThr(BiThrTree * head,BiThrTree T)
{/* 中序遍历二叉树 T,并将其中序线索化, * head 指向头结点。*/
    if (!( * head = (BiThrNodeType * )malloc(sizeof(BiThrNodeType)))) return 0;
    ( * head)->ltag = 0; ( * head)->rtag = 1;          /* 建立头结点 */
    ( * head)->rchild = * head;                        /* 右指针回指 */
    if (!T) ( * head)->lchild = * head;                /* 若二叉树为空,则左指针回指 */
    else { ( * head)->lchild = T; pre = head;
        InThreading(T);                                /* 中序遍历进行中序线索化 */
        pre->rchild = * head; pre->rtag = 1;           /* 最后一个结点线索化 */
        ( * head)->rchild = pre;
      }
    return 1;
}

void InThreading(BiThrTree p)
{/* 中序遍历进行中序线索化 */
    if (p)
     { InThreading(p->lchild);                         /* 左子树线索化 */
       if (!p->lchild)                                 /* 前驱线索 */
        { p->ltag = 1; p->lchild = pre;
        }
       if (!pre->rchild)                               /* 后继线索 */
        { pre->rtag = 1; pre->rchild = p;
```

```
        pre = p;
        InThreading(p->rchild);              /*右子树线索化*/
    }
}
```

(2) 在中序线索二叉树上查找任意结点的中序前驱结点

对于中序线索二叉树上的任一结点，寻找其中序的前驱结点，有以下两种情况：

① 如果该结点的左标志为 1，那么其左指针域所指向的结点便是它的前驱结点；

② 如果该结点的左标志为 0，表明该结点有左孩子，根据中序遍历的定义，它的前驱结点是以该结点的左孩子为根结点的子树的最右结点，即沿着其左子树的右指针链向下查找，当某结点的右标志为 1 时，它就是所要找的前驱结点。

在中序线索二叉树上寻找结点 p 的中序前驱结点的算法如下：

```
BiThrTree InPreNode(BiThrTree p)
{/*在中序线索二叉树上寻找结点 p 的中序前驱结点*/
    BiThrTree pre;
    pre = p->lchild;
    if (p->ltag!= 1)
        while (pre->rtag == 0) pre = pre->rchild;
    return(pre);
}
```

(3) 在中序线索二叉树上查找任意结点的中序后继结点

对于中序线索二叉树上的任一结点，寻找其中序的后继结点，有以下两种情况：

① 如果该结点的右标志为 1，那么其右指针域所指向的结点便是它的后继结点；

② 如果该结点的右标志为 0，表明该结点有右孩子，根据中序遍历的定义，它的前驱结点是以该结点的右孩子为根结点的子树的最左结点，即沿着其右子树的左指针链向下查找，当某结点的左标志为 1 时，它就是所要找的后继结点。

在中序线索二叉树上寻找结点 p 的中序后继结点的算法如下：

```
BiThrTree InPostNode(BiThrTree p)
{/*在中序线索二叉树上寻找结点 p 的中序后继结点*/
    BiThrTree post;
    post = p->rchild;
    if (p->rtag!= 1)
        while (post->rtag == 0) post = post->lchild;
    return(post);
}
```

以上给出的仅是在中序线索二叉树中寻找某结点的前驱结点和后继结点的算法。在前序线索二叉树中寻找某结点的后继结点以及在后序线索二叉树中寻找某结点的前驱结点可以采用同样的方法分析和实现。

(4) 在中序线索二叉树上查找任意结点在先序下的后继

若一个结点是某子树在中序下的最后一个结点，则它必是该子树在先序下的最后一个结点。该结论可以用反证法证明。下面就依据这一结论,讨论在中序线索二叉树上查找某结点在先序下后继结点的情况。设开始时,指向某结点的指针为 p。

① 若待确定先序后继的结点为分支结点,有两种情况:
- 当 p -> ltag = 0 时,p -> lchild 为 p 在先序下的后继。
- 当 p -> ltag = 1 时,p -> rchild 为 p 在先序下的后继。

② 若待确定先序后继的结点为叶子结点,则也有两种情况:
- 若 p -> rchild 是头结点,则遍历结束。
- 若 p -> rchild 不是头结点,则 p 结点一定是以 p -> rchild 结点为根的左子树中在中序遍历下的最后一个结点,因此 p 结点也是在该子树中按先序遍历的最后一个结点。此时,若 p -> rchild 结点有右子树,则所找结点在先序下的后继结点地址为 p -> rchild -> rchild;若 p -> rchild 为线索,则让 p = p -> rchild,重复②的判定。

在中序线索二叉树上寻找结点 p 的先序后继结点的算法如下:

```
BiThrTree IPrePostNode(BiThrTree head,BiThrTree p)
{/* 在中序线索二叉树上寻找结点 p 的先序的后继结点,head 为线索树的头结点 */
    BiThrTree post;
    if (p -> ltag == 0) post = p -> lchild;
    else { post = p;
        while (post -> rtag == 1&&post -> rchild!= head) post = post -> rchild;
        post = post -> rchild;
    }
    return(post);
}
```

(5) 在中序线索二叉树上查找任意结点在后序遍历下的前驱

若一个结点是某子树在中序下的第一个结点,则它必是该子树在后序下的第一个结点。该结论也可以用反证法证明。下面就依据这一结论,讨论在中序线索二叉树上查找某结点在后序下前驱结点的情况。设开始时,指向某结点的指针为 p。

① 若待确定后序前驱的结点为分支结点,则有两种情况:
- 当 p -> ltag = 0 时,p -> lchild 为 p 在后序下的前驱。
- 当 p -> ltag = 1 时,p -> rchild 为 p 在后序下的前驱。

② 若待确定后序前驱的结点为叶子结点,则也有两种情况:
- 若 p -> lchild 是头结点,则遍历结束。
- 若 p -> lchild 不是头结点,则 p 结点一定是以 p -> lchild 结点为根的右子树中在中序遍历下的第一个结点,因此 p 结点也是在该子树中按后序遍历的第一个结点。此时,若 p -> lchild 结点有左子树,则所找结点在后序下的前驱结点的地址为 p -> lchild -> lchild;若 p -> lchild 为线索,则让 p = p -> lchild,重复②的判定。

在中序线索二叉树上寻找结点 p 的后序前驱结点的算法如下:

```
BiThrTree IPostPretNode(BiThrTree head,BiThrTree p)
{/* 在中序线索二叉树上寻找结点 p 的先序的后继结点,head 为线索树的头结点 */
    BiThrTree pre;
    if (p -> rtag == 0) pre = p -> rchild;
    else { pre = p;
```

```
            while (pre->ltag==1&& post->rchild!=head) pre=pre->lchild;
            pre=pre->lchild;
        }
    return(pre);
}
```

(6) 在中序线索二叉树上查找值为 x 的结点

利用在中序线索二叉树上寻找后继结点和前驱结点的算法,就可以遍历到二叉树的所有结点。比如,先找到按某序遍历的第一个结点,然后再依次查询其后继;或先找到按某序遍历的最后一个结点,然后再依次查询其前驱。这样,既不用栈也不用递归就可以访问到二叉树的所有结点。

在中序线索二叉树上查找值为 x 的结点,实质上就是在线索二叉树上进行遍历,将访问结点的操作具体写为拿结点的值与 x 比较的语句。其算法如下:

```
BiThrTree Search (BiThrTree head,elemtype x)
{/* 在以 head 为头结点的中序线索二叉树中查找值为 x 的结点 */
    BiThrTree p;
    p=head->lchild;
    while (p->ltag==0&&p!=head) p=p->lchild;
    while(p!=head && p->data!=x) p=InPostNode(p);
    if (p==head)
        { printf("Not Found the data!\n");
            return(0);
        }
    else return(p);
}
```

(7) 在中序线索二叉树上的更新

线索二叉树的更新是指在线索二叉树中插入一个结点或者删除一个结点。一般情况下,这些操作有可能破坏原来已有的线索,因此,在修改指针时,还需要对线索做相应的修改。一般来说,这个过程的代价几乎与重新进行线索化相同。这里仅讨论一种比较简单的情况,即在中序线索二叉树中插入一个结点 p,使它成为结点 s 的右孩子。

下面分两种情况来分析:

① 若 s 的右子树为空,如图 4.21(a)所示,则插入结点 p 之后成为图 4.21(b)所示的情形。在这种情况中,s 的后继将成为 p 的中序后继,s 成为 p 的中序前驱,而 p 成为 s 的右孩子。二叉树中其他部分的指针和线索不发生变化。

② 若 s 的右子树非空,如图 4.22(a)所示,插入结点 p 之后如图 4.22(b)所示。s 原来的右子树变成 p 的右子树,由于 p 没有左子树,故 s 成为 p 的中序前驱,p 成为 s 的右孩子;又由于 s 原来的后继成为 p 的后继,因此还要将 s 原来指向 s 后继的左线索,改为指向 p。

下面给出上述操作的算法:

```
void InsertThrRight(BiThrTree s,BiThrTree p)
{/* 在中序线索二叉树中插入结点 p 使其成为结点 s 的右孩子 */
```

```
BiThrTree w;
  p -> rchild = s -> rchild;
  p -> rtag = s -> rtag;
  p -> lchild = s;
  p -> ltag = 1;                              /*将s变为p的中序前驱*/
  s -> rchild = p;
  s -> rtag = 0;                              /*p成为s的右孩子*/
  if(p -> rtag == 0)  /*当s原来右子树不空时,找到s的后继w,变w为p的后继,p为w的前驱*/
    { w = InPostNode(p);
      w -> lchild = p;
    }
}
```

图 4.21　中序线索树更新位置右子树为空

图 4.22　中序线索树更新位置右子树不为空

4.4　树、森林和二叉树的转换

分析树的孩子兄弟表示法和二叉树的二叉链表表示法可知,树和二叉树的存储表示结构本质上是一致的,两者都是用二叉链表作为其存储结构,只是解释不同而已。所以,通过二叉链表可以导出树和二叉树之间的一个对应关系。对于一棵有序树,通过树的孩子兄弟表示法可以得到其对应的二叉树结构,这样,对树的操作实现就可以借助二叉树来实现。下面将讨论树、森林与二叉树之间的转换方法。

4.4.1　树转换为二叉树

如图 4.23 所示的一棵树,根结点 A 依序有 B、C、D 三个孩子。
将一棵树转换为二叉树的方法如下:
(1) 树中所有相邻兄弟之间加一条连线。
(2) 对树中的每个结点,只保留它与第一个孩子结点之间的连线,删去它与其他孩子结点之间的连线。
(3) 以树的根结点为轴心,将整棵树顺时针转动一定的角度,使之结构层次分明。

图 4.23　一棵树

可以证明,树作这样的转换所构成的二叉树是唯一的。图 4.24(a)、(b)、(c)给出了图 4.23 所示的树转换为二叉树的转换过程示意图。

(a) 相邻兄弟加连线　　(b) 删去双亲与其他孩子的连线　　(c) 转换后的二叉树

图 4.24　树转换为二叉树的过程

由上面的转换可以看出，在二叉树中，左分支上的各结点在原来的树中是父子关系，而右分支上的各结点在原来的树中是兄弟关系。由于树的根结点没有兄弟，所以变换后的二叉树的根结点的右孩子必为空。

事实上，一棵树采用孩子兄弟表示法所建立的存储结构与它所对应的二叉树的二叉链表存储结构是完全相同的。

根据树与二叉树的转换关系以及树与二叉树遍历的操作定义可知，树的遍历序列与由树转换成的二叉树的遍历序列之间有如下的对应关系：

（1）树的先序遍历⇔二叉树的先序遍历；

（2）树的后序遍历⇔二叉树的中序遍历。

4.4.2　森林转换为二叉树

森林是若干棵树的集合，只要将森林中各棵树的根视为兄弟，每棵树又可以用二叉树表示，这样，森林也同样可以用二叉树表示。

森林转换为二叉树的方法如下。

（1）将森林中的每棵树转换成相应的二叉树。

（2）第一棵二叉树不动，从第二棵二叉树开始，依次把后一棵二叉树的根结点作为前一棵二叉树根结点的右孩子，当所有二叉树连起来后，此时所得到的二叉树就是由森林转换得到的二叉树。

这一方法可形式化描述如下：

如果 $F = \{T_1, T_2, \cdots, T_m\}$ 是森林，则可按如下规则将 F 转换成一棵二叉树 B = (root, LB, RB)。

（1）若 F 为空，即 $m = 0$，则 B 为空树。

（2）若 F 非空，即 $m \neq 0$，则 B 的根 root 即为森林中第一棵树的根 $Root(T_1)$；B 的左子树 LB 是从 T_1 中根结点的子树森林 $F_1 = \{T_{11}, T_{12}, \cdots, T_{1m_1}\}$ 转换而成的二叉树；其右子树 RB 是从森林 $F' = \{T_2, T_3, \cdots, T_m\}$ 转换而成的二叉树。

图 4.25 给出了森林及其转换为二叉树的过程。

(a) 一个森林

(b) 森林中每棵树转换为二叉树　　(c) 所有二叉树连接后的二叉树

图 4.25　森林及其转换为二叉树的过程示意

4.4.3　二叉树转换为树和森林

树和森林都可以转换为二叉树,二者不同的是树转换成的二叉树,其根结点无右分支,而森林转换后的二叉树,其根结点有右分支。显然这一转换过程是可逆的,即可以依据二叉树的根结点有无右分支,将一棵二叉树还原为树或森林,具体方法如下:

(1) 若某结点是其双亲的左孩子,则把该结点的右孩子、右孩子的右孩子……都与该结点的双亲结点用线连起来。

(2) 删去原二叉树中所有的双亲结点与右孩子结点的连线。

(3) 整理由(1)、(2)两步所得到的树或森林,使之结构层次分明。

图 4.26 给出了一棵二叉树还原为森林的过程示意。

(a) 一棵二叉树　　　　　　(b) 加连线　　　　　　(c) 去掉与右孩子的连线

(d) 还原后的树

图 4.26　二叉树还原为树的过程示意

二叉树转换成树或森林的方法也可形式化描述如下:

如果 B = (root,LB,RB)是一棵二叉树,则可按如下规则转换成森林 F = { $T_1, T_2, \cdots, T_m$ }。

(1) 若 B 为空，则 F 为空。

(2) 若 B 非空，则森林中第一棵树 T_1 的根 $Root(T_1)$ 即为 B 的根 root；T_1 中根结点的子树森林 F_1 是由 B 的左子树 LB 转换而成的森林；F 中除 T_1 之外其余树组成的森林 $F' = \{T_2, T_3, \cdots, T_m\}$ 是由 B 的右子树 RB 转换而成的森林。

4.5 Huffman 编码树

4.5.1 最优二叉树（Huffman 树）

1. 哈夫曼树的基本概念

最优二叉树，也称哈夫曼（Haffman）树，是指对于一组带有确定权值的叶结点，构造具有最小带权路径长度的二叉树。

二叉树的路径长度是指由根结点到所有叶结点的路径长度之和。如果二叉树中的叶结点都具有一定的权值，不妨设二叉树具有 n 个带权值的叶结点，那么从根结点到各个叶结点的路径长度与相应结点权值的乘积之和叫做二叉树的带权路径长度，记为：

$$WPL = \sum_{k=1}^{n} W_k L_k$$

其中 W_k 为第 k 个叶结点的权值，L_k 为第 k 个叶结点的路径长度。如图 4.27 所示的二叉树，它的带权路径长度值

$$WPL = 2\times2 + 4\times2 + 5\times2 + 3\times2 = 28$$

在给定一组具有确定权值的叶结点，可以构造出不同的带权二叉树。例如，给出 4 个叶结点，设其权值分别为 1，3，5，7，我们可以构造出形状不同的多个二叉树。这些形状不同的二叉树的带权路径长度将各不相同。图 4.28 给出了其中 5 个不同形状的二叉树。

图 4.27 一个带权二叉树

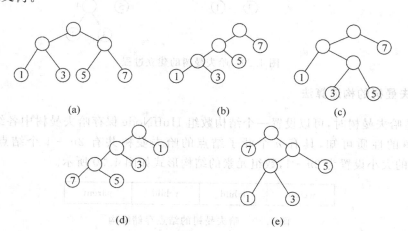

图 4.28 具有相同叶子结点和不同带权路径长度的二叉树

这 5 棵树的带权路径长度分别为:
(a) WPL = 1×2 + 3×2 + 5×2 + 7×2 = 32
(b) WPL = 1×3 + 3×3 + 5×2 + 7×1 = 29
(c) WPL = 1×2 + 3×3 + 5×3 + 7×1 = 33
(d) WPL = 7×3 + 5×3 + 3×2 + 1×1 = 43
(e) WPL = 7×1 + 5×2 + 3×3 + 1×3 = 29

由此可见,具有相同权值的一组叶子结点所构成的二叉树有不同的形态和不同的带权路径长度,Haffman 提出了一种生成带权路径长度最小,即最优二叉树(哈夫曼树)的生成方法,其基本思想如下:

(1) 由给定的 n 个权值 $\{W_1, W_2, \cdots, W_n\}$ 构造 n 棵只有一个叶结点的二叉树,从而得到一个二叉树的集合 $F = \{T_1, T_2, \cdots, T_n\}$。

(2) 在 F 中选取根结点的权值最小和次小的两棵二叉树作为左、右子树构造一棵新的二叉树,这棵新的二叉树根结点的权值为其左、右子树根结点权值之和。

(3) 在集合 F 中删除作为左、右子树的两棵二叉树,并将新建立的二叉树加入到集合 F 中。

(4) 重复(2)、(3),当 F 中只剩下一棵二叉树时,这棵二叉树便是所要建立的哈夫曼树。

图 4.29 给出了前面提到的叶结点权值集合为 $W = \{1, 3, 5, 7\}$ 的哈夫曼树的构造过程,其带权路径长度为 29。由哈夫曼的构造过程不难发现,对于同一组给定叶结点所构造的哈夫曼树,树的形状可以不同,但其带权路径长度相同且一定是最小的。

图 4.29 哈夫曼树的建立过程

2. 哈夫曼树的构造算法

在构造哈夫曼树时,可以设置一个结构数组 HuffNode 保存哈夫曼树中各结点的信息,根据二叉树的性质可知,具有 n 个叶子结点的哈夫曼树共有 $2n-1$ 个结点,所以数组 HuffNode 的大小设置为 $2n-1$,数组元素的结构形式如图 4.30 所示。

| weight | lchild | rchild | parent |

图 4.30 哈夫曼树的结点存储结构

其中,weight 域保存结点的权值,lchild 和 rchild 域分别保存该结点的左、右孩子结点在数组 HuffNode 中的序号,从而建立起结点之间的关系。为了判定一个结点是否已加入到要建立的哈夫曼树中,可通过 parent 域的值来确定。初始时 parent 的值为 -1,当结点加入到树中时,该结点 parent 的值为其双亲结点在数组 HuffNode 中的序号,就不会是 -1 了。

  构造哈夫曼树时,首先将由 n 个字符形成的 n 个叶结点存放到数组 HuffNode 的前 n 个分量中,然后根据前面介绍的哈夫曼方法的基本思想,不断将两个较小子树合并为一个较大的子树,每次构成的新子树的根结点顺序放到 HuffNode 数组中的前 n 个分量的后面。

  下面给出哈夫曼树的构造算法。

```c
#define MAXVALUE 10000                    /*定义最大权值*/
#define MAXLEAF 30                        /*定义哈夫曼树中叶子结点个数*/
#define MAXNODE MAXLEAF*2-1
typedef struct {
    int weight;
    int parent;
    int lchild;
    int rchild;
}HNodeType;
void HaffmanTree(HNodeType HuffNode[ ])
{/*哈夫曼树的构造算法*/
    int i,j,m1,m2,x1,x2,n;
    scanf("%d",&n);                       /*输入叶子结点个数*/
    for(i=0;i<2*n-1;i++)                  /*数组HuffNode[ ]初始化*/
    { HuffNode[i].weight=0;
      HuffNode[i].parent=-1;
      HuffNode[i].lchild=-1;
      HuffNode[i].rchild=-1;
    }
    for(i=0;i<n;i++) scanf("%d",&HuffNode[i].weight);   /*输入n个叶子结点的权值*/
    for(i=0;i<n-1;i++)                    /*构造哈夫曼树*/
    { m1=m2=MAXVALUE;
      x1=x2=0;
      for(j=0;j<n+i;j++)
      { if(HuffNode[j].weight<m1 && HuffNode[j].parent==-1)
        { m2=m1; x2=x1;
          m1=HuffNode[j].weight; x1=j;
        }
        else if(HuffNode[j].weight<m2 && HuffNode[j].parent==-1)
        { m2=HuffNode[j].weight;
          x2=j;
        }
      }
      /*将找出的两棵子树合并为一棵子树*/
      HuffNode[x1].parent=n+i; HuffNode[x2].parent=n+i;
      HuffNode[n+i].weight=HuffNode[x1].weight+HuffNode[x2].weight;
      HuffNode[n+i].lchild=x1; HuffNode[n+i].rchild=x2;
    }
}
```

4.5.2 Huffman 编码

哈夫曼树被广泛地应用于各种技术中,其中最典型的就是在编码技术上的应用。利用哈夫曼树,我们可以得到平均长度最短的编码。本书以数据通信中电文的传送为例来分析说明。

在数据通信中,经常需要将传送的文字转换成由二进制字符 0,1 组成的二进制串,称为编码。例如,要传送的电文为 ABACCDA,电文中只含有 A,B,C,D 四种字符,若这四种字符采用图 4.31(a)所示的编码,则电文的代码为 000010000100100111000,长度为 21。在传送电文时,我们总是希望传送时间尽可能短,这就要求电文代码尽可能短,显然,这种编码方案产生的电文代码不够短。图 4.31(b)所示为另一种编码方案,用此编码对上述电文进行编码所建立的代码为 00010010101100,长度为 14。在这种编码方案中,4 种字符的编码均为两位,是一种等长编码。如果在编码时考虑字符出现的频率,让出现频率高的字符采用尽可能短的编码,出现频率低的字符采用稍长的编码,构造一种不等长编码,则电文的代码就可能更短。如当字符 A,B,C,D 采用图 4.31(c)所示的编码时,上述电文的代码为 0110010101110,长度仅为 13。

字符	编码
A	000
B	010
C	100
D	111

(a)

字符	编码
A	00
B	01
C	10
D	11

(b)

字符	编码
A	0
B	110
C	10
D	111

(c)

字符	编码
A	01
B	010
C	001
D	10

(d)

图 4.31 字符的 4 种不同的编码方案

哈夫曼树可用于构造使电文的编码总长最短的编码方案。具体做法如下:设需要编码的字符集合为 $\{d_1,d_2,\cdots,d_n\}$,它们在电文中出现的次数或频率集合为 $\{w_1,w_2,\cdots,w_n\}$,以 $d_1,d_2,\cdots,d_n$ 作为叶结点,$w_1,w_2,\cdots,w_n$ 作为它们的权值,构造一棵哈夫曼树,规定哈夫曼树中的左分支代表 0,右分支代表 1,则从根结点到每个叶结点所经过的路径分支组成的 0 和 1 的序列便为该结点对应字符的编码,我们称之为哈夫曼编码。图 4.31(c)中的编码对应的二叉树如图 4.32 所示。

在哈夫曼编码树中,树的带权路径长度的含义是各个字符的码长与其出现次数的乘积之和,也就是电文的代码总长,所以采用哈夫曼树构造的编码是一种能使电文代码总长最短的不等长编码。

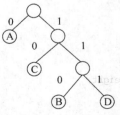

图 4.32 哈夫曼编码示例

在建立不等长编码时,必须使任何一个字符的编码都不是另一个字符编码的前缀,这样才能保证译码的唯一性。例如图 4.31(d)所示编码方案,字符 A 的编码 01 是字符 B 的编码 010 的前缀部分,这样对于代码串 0101001,既是 AAC 的代码,也是 ABD 和 BDA 的代码,因此,这样的编码不能保证译码的唯一性,我们称之为具有二义性的译码。然而,采用哈夫曼树进行编码,则不会产生上述二义性问题。因为,在哈夫曼树中,每个字符结点都是叶结点,它们不可能在根结点到其他字符结点的路径上,所以一个字符的哈夫曼编码不可能是另一个字符的哈夫曼编码的前缀,从而保证了译码的非二义性。下面讨论实现哈夫曼编码的算法。实现哈夫曼编码的算法可分为以下两大部分。

(1) 构造哈夫曼树。

(2) 在哈夫曼树上求叶结点的编码。

求哈夫曼编码,实质上就是在已建立的哈夫曼树中,从叶子结点开始,沿结点的双亲链域回退到根结点,每回退一步,就走过了哈夫曼树的一个分支,从而得到一位哈夫曼码值,由于一个字符的哈夫曼编码是从根结点到相应叶结点所经过的路径上各分支所组成的 0,1 序列,因此先得到的分支代码为所求编码的低位码,后得到的分支代码为所求编码的高位码。我们可以设置一结构数组 HuffCode 用来存放各字符的哈夫曼编码信息,数组元素的结构如图 4.33 所示。

其中,分量 bit 为一维数组,用来保存字符的哈夫曼编码,start 表示该编码在数组 bit 中的开始位置。所以,对于第 i 个字符,它的哈夫曼编码存放在 HuffCode[i].bit 中的从 HuffCode[i].start 到 n 的分量上。

图 4.33 HuffCode 数组元素存储结构

哈夫曼编码算法描述如下:

```
#define MAXBIT 10                           /*定义哈夫曼编码的最大长度*/
typedef struct {
    int bit[MAXBIT];
    int start;
}HCodeType;
void HaffmanCode( )
{ /*生成哈夫曼编码*/
  HNodeType HuffNode[MAXNODE];
  HCodeType HuffCode[MAXLEAF],cd;
  int i,j,c,p;
  HuffmanTree (HuffNode );                  /*建立哈夫曼树*/
  for (i = 0;i < n;i++)                     /*求每个叶结点的哈夫曼编码*/
    { cd.start = n - 1; c = i;
      p = HuffNode[c].parent;
      while(p!= 0)                          /*由叶结点向上直到树根*/
        { if (HuffNode[p].lchild == c) cd.bit[cd.start] = 0;
          else cd.bit[cd.start] = 1;
          cd.start -- ; c = p;
          p = HuffNode[c].parent;
        }
      for (j = cd.start + 1;j < n;j++)      /*保存求出的每个叶结点的哈夫曼编
                                              码和编码的起始位*/
        HuffCode[i].bit[j] = cd.bit[j];
      HuffCode[i].start = cd.start;
    }
  for (i = 0;i < n;i++)                     /*输出每个叶结点的哈夫曼编码*/
    { for (j = HuffCode[i].start + 1;j < n;j++)
```

```
        printf("% ld",HuffCode[i].bit[j]);
    printf("\n");
    }
}
```

正如前面所说,由于哈夫曼树不唯一,自然会导致哈夫曼编码的不唯一,解决这个问题,只需增加一个选择左右子树的约定,如权值大的在左,权值小的在右。

4.6 二叉搜索树

4.6.1 二叉搜索树的基本操作

树形结构的一个重要应用是用来组织索引,二叉搜索树是适用于内存储器的一种重要的树形索引。使二叉树成为二叉搜索树的性质是:二叉搜索树的任何一个结点,设其值为 K,则该结点左子树的任意一个结点的值都小于 K;该结点右子树的任意一个结点的值都大于或等于 K。二叉搜索树又名二叉排序树。

如下图 4.34 所示(a)为二叉搜索树,(b)则不是,因为(b)中关键字为 6 的结点的左子树中有一个结点的值为 7。

由于树是递归定义的,所以通常用递归的方法编写例程会比较方便,考虑到二叉搜索树的平均深度是 $O(\log_2 N)$,所以我们一般也不必担心栈空间被用尽的情况。

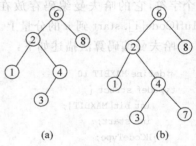

图 4.34 两棵二叉树

1. 二叉搜索树抽象数据类型

ADT BinarySearch_Tree{
数据对象 D:一个所有数据元素具有相同特性的有限集合。
数据关系 R:R 满足 Binary_Tree 的条件,且满足:
D_l 中所有数据元素的值小于树根(或子树根)的值,并且 D_r 中所有数据元素的值大于树根(或子树根)的值。
基本操作:
(1) MakeEmpty (T):初始化 BinarySearch_Tree;
(2) Find (X, T):在 BinarySearch_Tree 中查找结点值为 X 的结点,查找成功返回 T,否则,返回 NULL;
(3) FindMin (T):查找 BinarySearch_Tree 中的最小值元素;
(4) FindMax (T):查找 BinarySearch_Tree 中的最大值元素;
(5) Insert (X, T):在 BinarySearch_Tree 中插入结点值为 X 的结点;
(6) Delete (X, T):在 BinarySearch_Tree 中删除结点值为 X 的结点;
}ADT BinarySearch_Tree

2．算法实现

下面给出上述 ADT 中的主要算法实现。

(1) MakeEmpty

```
MakeEmpty (T)
{   If(T!= NULL)
    {   MakeEmpty (T->Left);
        MakeEmpty (T->Right);
        Free (T);
    }
    Return NULL;
}
```

(2) Find

Find 操作返回指向树 T 中具有关键字 X 的结点指针，结点不存在返回 NULL。
依据定义可得二叉搜索树的查找过程如下：

① 若搜索树为空，查找失败。
② 搜索树非空，将给定值 X 与查找树的根结点关键码比较。
③ 若相等，查找成功，结束查找过程，否则：
a. 当 X 小于根结点关键码，查找将在以左孩子结点为根的子树上继续进行，转①；
b. 当 X 大于根结点关键码，查找将在以右孩子结点为根的子树上继续进行，转①。

递归算法如下：

```
Find (X, T)
{   if (T == NULL)
        return NULl;
    if (X < T->Element)
        return Find(X, T->Left);
    else
        if (X > T->Element)
            return Find(X, T->Right);
        else
            return T;
}
```

算法关键是要对是否为空树进行测试，否则就可能在 NULL 指针上兜圈子。
非递归算法如下：

```
typedef  struct  NODE
         {   ElemType elem;                   /*数据元素字段*/
             struct NODE  *lc, *rc;           /*左、右指针字段*/
         }NodeType;                           /*二叉树结点类型*/
int SearchElem(NodeType *t, NodeType **p, NodeType **q, KeyType x)
{       /*在二叉搜索树 t 上查找关键码为 X 的元素，若找到，返回 1，且 q 指向该结点，p 指向其父
           结点；*/
        /*否则，返回 0，且 p 指向查找失败的最后一个结点*/
        int  flag = 0;   *q = t;
```

```
        while( * q)                           /* 从根结点开始查找 */
        {   if(x>( * q)->elem.key)            /* X 大于当前结点 * q 的元素关键码 */
            {   * p= * q;   * q=( * q)->rc;}  /* 将当前结点 * q 的右孩子置为新根 */
            else
            {   if(x<( * q)->elem.key)        /* X 小于当前结点 * q 的元素关键码 */
                {   * p= * q;   * q=( * q)->lc;}  /* 将当前结点 * q 的左孩子置为新根 */
                Else {flag=1;break;}          /* 查找成功,返回 */
            }
        }/* while */
        return flag;
}
```

(3) FindMin 和 FindMax

FindMin 和 FindMax 分别返回树中最小元数和最大元数的位置。FindMin 从根开始并且只要有左孩子就向左进行,终止点即为最小的元素。FindMax 除分支朝向右孩子外其余过程相同。

本例用递归编写 FindMin,而用非递归编写 FindMax。

```
FindMin (T)
{   if (T==NULL)
        return NULL;
    else
        if (T->Left==NULL)
            return T;
        else
            Return FindMin (T->Left);
}
FindMax(T)
{   if(T!=NULL)
        while(T->Right!=NULL)
            T=T->Right;
    return T;
}
```

(4) Insert

如果 X 存在则什么也不做,否则,先定位后插入,并返回新树根指针。

递归算法如下。

```
Insert (ElementType X, SearchTree T)
{   if (T==NULL)
    {   T=malloc (sizeof (struct TreeNode));     /* 创建并返回单结点树 */
        if (T==NULL)
            FatalError("Out of space");
        else
            {   T->Element=X;
                T->Left=T->Right=NULL;
            }
    }
    else
        if (X<T->Element)
```

```
                T->Left = Insert(X, T->Left);
            else
                if(X > T->Element)
                    T->Right = Insert(X,T->Right);
                /*否则 X 已在这棵树中,我们将什么也不做*/
        retrun T;                                        /*不要忘记这一行*/
    }
```

非递归算法:

```
int InsertNode (NodeType * * t,KeyType x)
{/*在二叉搜索树*t上插入关键码为 x 的结点*/
NodeType * p = * t, * q, * s; int flag = 0;
    if(!SearchElem( * t,&p,&q,x));                      /*在*t为根的子树上查找*/
    {   s = (NodeType * )malloc(sizeof(NodeType));      /*申请结点,并赋值*/
        s->elem.key = x; s->lc = NULL; s->rc = NULL;
        flag = 1;                                       /*设置插入成功标志*/
        if(!p) t = s;                                   /*向空树中插入时*/
        else
        {   if(kx > p->elem.key)p->rc = s;              /*插入结点为 p 的右孩子*/
            else p->lc = s;                             /*插入结点为 p 的左孩子*/
        }
    }
    return flag;
}
```

(5) Delete

先找要删结点,若查找失败,直接返回;若找到要删结点,则有以下几种可能:

① 叶子:立即删除;

② 有一个孩子:在其双亲结点调整指针绕过该节点后删除;

③ 两个孩子:用其右子树的最小的数据元素结点值代替该结点的数据,并递归地删除那个替代结点,即递归地用有一个孩子的方法删除。

递归算法如下:

```
Delete(X, T)
{   Position TmpCell;
    if ( T == NULL )
        Error ( "Element not found" );
    else
        if ( X < T->Element )                           /*去左子树*/
            T->Left = Delete ( X, T->Left );
        else
            if ( X > T->Element )                       /*去右子树*/
                T->Right = Delete ( X,T->Left);
            else                                        /*找到并删除*/
                if (T->Left && T->Right )               /*两个孩子*/
                {   /* Replace with smallest in right subtree */
                    TemCell = FinMin(T->Right);
                    T->Element = TmpCell->Element;
                    T->Right = Delete(T->Element,T->Right);
```

```
            }
        else                               /*1个或0个孩子*/
        {   TmpCell = T;
            if ( T -> Left == NULL )       /*同样操作0个孩子*/
                T = T -> Right;
            else if ( T -> Right == NULL)
                T = T -> Left;
            free( TmpCell );
        }
        return T;
    }
```

非递归算法如下：

```
int DeleteNode(NodeType * * t,KeyType x)
{   NodeType * p = * t, * q, * s, * * f;
    int flag = 0;
    if(SearchElem( * t,&p,&q,x));
    {   flag = 1;                              /*查找成功,置删除成功标志*/
        if(p == q) f = &( * t);                /*待删结点为根结点时*/
        else                                   /*待删结点非根结点时*/
        {   f = &(p -> lc); if(x > p -> elem.key)   f = &(p -> rc);
        }   /* f 指向待删结点的双亲结点的相应指针域*/
        if(!q -> rc) * f = q -> lc;            /*若待删结点无右子树,以左子树替换待删结点*/
        else
        {   if(!q -> lc) * f = q -> rc;        /*若待删结点无左子树,以右子树替换待删结点*/
            else                               /*既有左子树又有右子树*/
            {   p = q -> rc;s = p;
                while(p -> lc)                 /*在右子树上搜索待删结点的前驱 p*/
                {s = p;p = p -> lc;}
                * f = p;p -> lc = q -> lc;     /*替换待删结点 q,重接左子树*/
                if(s!= p)
                {   s -> lc = p -> rc;         /*待删结点的右孩子有左子树时,还要重接右子树*/
                    p -> rc = q -> rc;
                }
            }
        }
        free(q);
    }
    return flag;
}
```

实际应用中,如果删除的次数不多,则通常使用懒删除(Lazy Deletion)策略。

除了上述 6 个基本操作外,常见的对二叉树的操作在二叉搜索树中同样适用。如 Retrieve (P)读取指针 P 位置的元素的值；Parent(T,X)找结点 X 的双亲；Leftchild(T,X) 找结点 X 的左孩子；Rightchild(T,X)找结点 X 的右孩子等,但这些操作相对都比较简单, 请读者自行完成相关算法的描述。特别值得一提的是对二叉搜索树的中序遍历能得到一组递增的结果序列。例如对图 4.34(a)中二叉树的遍历结果是：1 2 3 4 6 8。二叉搜索树的这种排序特性还将在 AVL 树和 B-树中进行介绍。

3. 二叉搜索树的查找性能

由二叉搜索树的定义不难理解,其查找过程类似于折半查找。所不同的是具有 N 个结点的表,其折半查找对应的判定树是唯一的,所以它的代价不会超过 $O(\log_2 N)$;但对于一棵有 N 个结点的二叉搜索树的结构是不唯一的,即 N 个结点二叉搜索树可以有多棵,所以其查找代价就完全依赖于该树结构。极端情况下可以是 $O(N)$ 的代价。当然,可以证明上述若干算法中,除了 MakeEmpty() 是 $O(1)$ 的时间复杂度外,其他算法的平均代价都是 $O(\log_2 N)$ 的时间复杂度,这个代价与均衡二叉搜索树基本一致。对证明过程感兴趣的读者可以参考 Mark AllenWeiss 编写的数据结构与算法分析教材。

4.6.2 平衡二叉树(AVL 树)

平衡二叉树或者是一棵空树,或者是具有下列性质的二叉搜索树:它的左子树和右子树都是平衡二叉树,且左子树和右子树高度之差的绝对值不超过 1。

图 4.35 给出了两棵二叉搜索树,每个结点旁边所注数字是以该结点为根的树中,左子树与右子树高度之差,这个数字称为结点的平衡因子(Balance Factor)。由平衡二叉树的定义可知,所有结点的平衡因子只能取 -1,0,1 三个值之一。若二叉搜索树中存在这样的结点,其平衡因子的绝对值大于 1,这棵树就不是平衡二叉树,如图 4.30(a)所示的二叉搜索树就是非平衡的。

(a) 非平衡二叉树   (b) 平衡二叉树

图 4.35 不平衡与平衡二叉搜索树

在平衡二叉树上插入或删除结点后,可能使树失去平衡,因此,需要对失去平衡的树进行平衡化调整。设 a 结点为失去平衡的最小子树根结点,对该子树进行平衡化调整归纳起来有以下 4 种情况。

1. 左单旋转(RR 型)

如图 4.36 的图(a)为插入前的子树。其中,B 为结点 a 的左子树,D、E 分别为结点 c 的左右子树,B、D、E 三棵子树的高均为 h。图 4.36(a)所示的子树是平衡二叉树。

在图 4.36(a)所示的树上插入结点 x,如图 4.36(b)所示。结点 x 插入在结点 c 的右子树 E 上,导致结点 a 的平衡因子绝对值大于 1,以结点 a 为根的子树失去平衡。

(1) 调整策略

调整后的子树除了各结点的平衡因子绝对值不超过 1 之外,还必须是二叉搜索树。由

图 4.36　RR 型平衡旋转

于结点 c 的左子树 D 可作为结点 a 的右子树,将结点 a 为根的子树调整为左子树是 B,右子树是 D,再将结点 a 为根的子树调整为结点 c 的左子树,结点 c 为新的根结点,如图 4.36(c) 所示。

(2) 平衡化调整操作判定

沿插入路径检查三个点 a、c、E,若它们处于"\"直线上的同一个方向,则要作左单旋转,即以结点 c 为轴逆时针旋转。

2. 右单旋转(LL 型)

右单旋转与左单旋转类似,沿插入路径检查三个点 a、c、E,若它们处于"/"直线上的同一个方向,则要作右单旋转,即以结点 c 为轴顺时针旋转,如图 4.37 所示。

图 4.37　LL 型平衡旋转

3. 先左后右双向旋转(LR 型)

如图 4.38 所示为插入前的子树,根结点 a 的左子树比右子树高度高 1,待插入结点 x 将插入到结点 b 的右子树上,并使结点 b 的右子树高度增 1,从而使结点 a 的平衡因子的绝对值大于 1,导致结点 a 为根的子树平衡被破坏,如图 4.39(a)、4.39(d) 所示。

沿插入路径检查三个点 a、b、c,若它们呈"<"字形,需要进行先左后右双向旋转。

(1) 首先,对结点 b 为根的子树,以结点 c 为轴,向左逆时针旋转,结点 c 成为该子树的新根,如图 4.39(b)、图 4.39(e) 所示;

(2) 由于旋转后,待插入结点 x 相当于插入到结点 b 为根的子树上,这样 a、c、b 三点处于"/"直线上的同一个方向,则要作右单旋

图 4.38　插入前

图 4.39 LR 型平衡旋转

转,即以结点 c 为轴顺时针旋转,如图 4.39(c)、图 4.39(f)所示。

4. 先右后左双向旋转(RL 型)

先右后左双向旋转和先左后右双向旋转对称,请读者自行补充整理。

5. AVL 树的插入

在平衡的二叉搜索树 T 上插入一个关键码为 x 的新元素,递归算法可描述如下:

(1) 若 T 为空树,则插入一个数据元素为 x 的新结点作为 T 的根结点,树的深度增 1。

(2) 若 x 和 T 的根结点关键码相等,则不进行插入。

(3) 若 x 小于 T 的根结点关键码,而且在 T 的左子树中不存在与 x 有相同关键码的结点,则将新元素插入在 T 的左子树上,并且当插入之后的左子树深度增加 1 时,分别就下列情况进行处理。

① T 的根结点平衡因子为 -1(右子树的深度大于左子树的深度),则将根结点的平衡因子更改为 0,T 的深度不变。

② T 的根结点平衡因子为 0(左、右子树的深度相等),则将根结点的平衡因子更改为 1,T 的深度增加 1。

③ T 的根结点平衡因子为 1(左子树的深度大于右子树的深度),则:

- 若 T 的左子树根结点的平衡因子为 1,需进行单向右旋平衡处理,并且在右旋处理之后,将根结点和其右子树根结点的平衡因子更改为 0,树的深度不变;
- 若 T 的左子树根结点平衡因子为 -1,需进行先左后右双向旋转平衡处理,并且在旋转处理之后,修改根结点和其左、右子树根结点的平衡因子,树的深度不变。

(4) 若 x 大于 T 的根结点关键码,而且在 T 的右子树中不存在与 x 有相同关键码的结点,则将新元素插入在 T 的右子树上,并且当插入之后的右子树深度增加 1 时,分别就不同情况处理之。其情形与 x 小于 T 相对称,读者可自行补充整理。

参考程序如下。

```
typedef  struct  NODE{
    ElemType elem;           /*数据元素*/
    Int bf;                  /*平衡因子*/
    Struct NODE *lc,*rc;     /*左右孩子指针*/
}NodeType;                   /*结点类型*/
void R_Rotate(NodeType **p)
{ /*对以*p指向的结点为根的子树,作右单旋转处理,处理之后,*p指向的结点为子树的新根*/
    lp=(*p)->lc;             /**lp指向*p左子树根结点*/
    (*p)->lc=lp->rc;         /**lp的右子树挂接*p的左子树*/
    lp->rc=*p; *p=lp;        /**p指向新的根结点*/
}

void L_Rotate(NodeType **p)
{ /*对以*p指向的结点为根的子树,作左单旋转处理,处理之后,*p指向的结点为子树的新根*/
    lp=(*p)->rc;             /**lp指向*p右子树根结点*/
    (*p)->rc=lp->lc;         /**lp的左子树挂接*p的右子树*/
    lp->lc=*p; *p=lp;        /**p指向新的根结点*/
}
#define LH 1 /*左高*/
#define EH 0 /*等高*/
#define RH 1 /*右高*/
void LeftBalance((NodeType **p*taller)
{ /*对以*p指向的结点为根的子树,作左平衡旋转处理,处理之后,*p指向的结点为子树的新根*/
    lp=(*p)->lc;             /**lp指向*p左子树根结点*/
    switch((*p)->bf)         /*检查*p平衡度,并作相应处理*/
    {case LH:                /*新结点插在*p左孩子的左子树上,需作单右旋转处理*/
        (*p)->bf=lp->bf=EH;R_Rotate(p);break;
    case EH:                 /*原本左、右子树等高,因左子树增高使树增高*/
        (*p)->bf=LH;*taller=TRUE;break;
    case RH:                 /*新结点插在*p左孩子的右子树上,需作先左后右双旋处理*/
        rd=lp->rc;           /*rd指向*p左孩子的右子树根结点*/
        switch(rd->bf)       /*修正*p及其左孩子的平衡因子*/
        { case LH:(*p)->bf=RH;lp->bf=EH;break;
          case EH:(*p)->bf=lp->bf=EH;break;
          case RH:(*p)->bf=EH;lp->bf=LH;break;
        }/*switch(rd->bf)*/
        rd->bf=EH; L_Rotate(&((*p)->lc));  /*对*p的左子树作左旋转处理*/
        R_Rotate(p);                        /*对*t作右旋转处理*/
    }/*switch((*p)->bf)*/
}/*LeftBalance*/
void RightBalance((NodeType **p,Boolean,*taller)
{ NodeType *rp=(*P)->rc;
    switch(rp->bf)
    { case RH: (*p)->bf=rp->bf=EH;L_Rotate(p);break;
      case EH: (*p)->bf=LH;*taller=TRUE;break;
      case LH: NodeType *ld=rp->lc;
        switch(ld->bf)
        { case RH: (*p)->bf=RH;rp->bf=EH;break;
          case EH: (*p)->bf= rp->bf=EH;break;
```

```
                    case LH: (*p)->bf = EH; rp->bf = LH; break;
                }
                ld->bf = EH; R_Rotate(&((*p)->rc));
                L_Rotate(p);
            }
    }
    int InsertAVL(NodeType **t, ElemType e, Boolean *taller)
    {   /*若在平衡的二叉搜索树 t 中不存在和 e 有相同关键码的结点,则插入一个数据元素为 e 的*/
        /*新结点,并返回 1,否则返回 0.若因插入而使二叉搜索树失去平衡,则作平衡旋转处理,*/
        /*布尔型变量 taller 反映 t 长高与否*/
        if(!(*t))                                /*插入新结点,树"长高",置 taller 为 TURE*/
        {   *t = (NodeType *)malloc(sizeof(NodeType)); (*T)->elem = e;
            (*t)->lc = (*t)->rc = NULL; (*t)->bf = EH; *taller = TRUE;
        }/*if*/
        else
        {   if(e.key == (*t)->elem.key)          /*树中存在和 e 有相同关键码的结点,不插入*/
            {   taller = FALSE; return 0;}
            if(e.key<(*t)->elem.key)
            {   /*应继续在*t 的左子树上进行*/
                if(!InsertAVL(&((*t)->lc),e,&taller)) return 0; /*未插入*/
                if(*taller)                     /*已插入到*t 的左子树中,且左子树增高*/
                    switch((*t)->bf)            /*检查*t 平衡度*/
                    {case LH:                   /*原本左子树高,需作左平衡处理*/
                        LeftBalance(t); *taller = FALSE; break;
                     case EH:                   /*原本左、右子树等高,因左子树增高使树增高*/
                        (*t)->bf = LH; *taller = TRUE; break;
                     case RH:                   /*原本右子树高,使左、右子树等高*/
                        (*t)->bf = EH; *taller = FALSE; break;
                    }
            }/*if*/
            else                                /*应继续在*t 的右子树上进行*/
            {   if(!InsertAVL(&((*t)->rc),e,&taller))return 0; /*未插入*/
                if(*taller)  /*已插入到*t 的左子树中,且左子树增高*/
                    switch((*t)->bf)            /*检查*t 平衡度*/
                    {case LH:                   /*原本左子树高,使左、右子树等高*/
                        (*t)->bf = EH; *taller = FALSE; break;
                     case EH:                   /*原本左、右子树等高,因右子树增高使树增高*/
                        (*t)->bf = RH; *taller = TRUE; break;
                     case RH: /*原本右子树高,需作右平衡处理*/
                        RightBalance(t); *taller = FALSE; break;
                    }
            }/*else*/
        }/*else*/
        return 1;
    }/*InsertAVL*/
```

6. 平衡树的查找分析

在平衡树上进行查找的过程和二叉排序树相同,因此,在查找过程中和给定值进行比较的关键码个数不超过树的深度。那么,含有 n 个关键码的平衡树的最大深度是多少呢? 为解答这个问题,我们先分析深度为 h 的平衡树所具有的最少结点数。

假设以 N_h 表示深度为 h 的平衡树中含有的最少结点数。显然，$N_0 = 0, N_1 = 1, N_2 = 2$，并且 $N_h = N_{h-1} + N_{h-2} + 1$。这个关系和斐波那契序列极为相似。利用归纳法容易证明：当 $h \geqslant 0$ 时，$N_h = F_{h+2} - 1$，而 F_k 约等于 $\phi^h / \sqrt{5}$（其中 $\phi = (1 + \sqrt{5})/2$），则 N_h 约等于 $\phi^{h+2} / \sqrt{5} - 1$。反之，含有 n 个结点的平衡树的最大深度为 $\log_\phi(\sqrt{5}(n+1)) - 2$。因此，在平衡树上进行查找的时间复杂度为 $O(\log_2 n)$。

上述对二叉排序树和二叉平衡树的查找性能的讨论都是在等概率的提前下进行的。

4.7 伸展树

二叉查找树（Binary Search Tree）能够支持多种动态集合操作，它可以被用来表示有序集合、建立索引或优先队列等。二叉查找树上基本操作的时间是与树的高度成正比的。对一个含 n 个结点的完全二叉树，这些操作的最坏情况运行时间为 $O(\log_2 n)$，但如果树是含 n 个结点的线性链，则这些操作的最坏情况运行时间为 $O(n)$。伸展树（Splay Tree）是对二叉查找树的一种改进，也叫自适应查找树，是一种用于保存有序集合的简单高效的数据结构。虽然伸展树并不保证树是一直平衡的，但由于伸展树可以适应需求序列，而且可以证明其每一步操作的均摊复杂度是 $O(\log_2 n)$，即尽管伸展树的最坏运行时间仍可能为 $O(N)$，但对任意 M 次连续操作其最多花费为 $O(M \log_2 N)$。由于伸展树无需保留树的高度或平衡信息，因此，其性能及编程复杂度等在实际应用中比 AVL 树更优秀。

伸展树的基本依据是 90/10 法则（或 80/20 原则），其结构与标准 BST 相同，但它通过类似 AVL 树的旋转操作来重构树的结构，使得经常被访问的结点朝树根方向移动，从而提高了操作效率。相反，如果数据不符合 90/10 法则，则性能就无法保证了。

4.7.1 伸展树的基本操作

伸展树的伸展操作 Splay(x,S) 是通过一系列旋转将 S 中的元素 x 调整至树根。调整过程有以下三种情况。

（1）情况一：x 的双亲结点 y 是根。有如下两种可能：

① x 是 y 的左孩子：进行一次 Zig(右旋)操作（如图 4.40 所示）；

② x 是 y 的右孩子：进行一次 Zag(左旋)操作。

经过旋转，x 成为伸展树 S 的根结点，调整结束。

（2）情况二：x 的双亲结点 y 不是根，y 的双亲节点为 z，且 x 与 y 同时是各自双亲结点的左孩子或者右孩子，即有如下两种可能。

图 4.40 Zig/Zig 单旋转

① x 是 y 的左孩子且 y 是 z 的左孩子：进行一次 Zig-Zig 操作（如图 4.41 所示），即分别以 y、x 为根做两次右旋；

② x 是 y 的右孩子且 y 是 z 的右孩子：进行一次 Zag-Zag 操作，即分别以 y、x 为根做两次左旋。

（3）情况三：x 的双亲结点 y 不是根，y 的双亲结点 z，x 与 y 中一个是其双亲结点的左孩子而另一个是其双亲结点的右孩子，即有如下两种可能。

① x 是 y 的左孩子且 y 是 z 的右孩子：进行一次 Zig-Zag 操作（如图 4.42 所示）；

图 4.41　Zig-Zig/Zag-Zag 一字型旋转

图 4.42　Zig-Zag/Zag-Zig 之字型旋转

② x 是 y 的右孩子且 y 是 z 的左孩子：进行一次 Zag-Zig 操作。

由此可见，之字型旋转需以 x 为根连续转两次。下面通过一个图例来解释伸展操作。

例如，对图 4.43 所示伸展树执行 Splay(1,S)，元素 1 被调整到 S 的根部；再执行 Splay(2,S)，元素 2 被调整到 S 的根部（如图 4.44 所示），显然，调整后的 S 比原来"平衡"了许多。

图 4.43　伸展操作示例 Splay(1,S)

图 4.44　伸展操作示例 Splay(2,S)

有了 Splay 操作，就可以在伸展树 S 上进行如下运算。

(1) **查找操作 Find(x,S)**：在伸展树 S 中查找元素 x。如果 x 在树中，则再执行 Splay(x,S) 调整伸展树。

(2) **插入操作 Insert(x,S)**：将 x 插入到伸展树 S 中的相应位置上，再执行 Splay(x,S)。

(3) **删除操作 Delete(x,S)**：首先，用 BST 方法找到 x 的位置。如果 x 没有孩子或只有一个孩子，那么直接将 x 删去，并通过 Splay 操作，将 x 节点的父节点调整到伸展树的根节点处。否则，向下查找 x 的后继 y，用 y 替代 x 的位置，最后执行 Splay(y,S)，将 y 调整为伸展树的根。

(4) **合并操作 Join(S_1,S_2)**：将两个伸展树 S_1 与 S_2 合并成为一个伸展树。其中 S_1 的所有元素都小于 S_2 的所有元素。首先，找到伸展树 S_1 中最大的一个元素 x，再通过 Splay(x,S_1)

将 x 调整到伸展树 S_1 的根。然后再将 S_2 作为 x 节点的右子树,从而得到了新的伸展树 S。如图 4.45 所示。

（5）**分离操作 Split(x,S)**：以 x 为界,将伸展树 S 分离为两棵伸展树 S_1 和 S_2,其中 S_1 中所有元素都小于 x,S_2 中的所有元素都大于 x。首先执行 Find(x,S),将元素 x 调整为伸展树的根节点,则 x 的左子树就是 S_1,而右子树为 S_2。如图 4.46 所示。

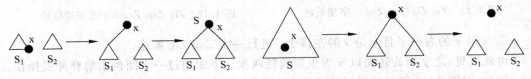

图 4.45 伸展树的合并操作　　　　　　　图 4.46 伸展树的分离操作

除了上面介绍的五种基本操作,伸展树还支持求最大值、求最小值、求前趋、求后继等多种操作,这些基本操作也都是建立在伸展操作的基础上的。

通常来说,每进行一种操作后都会进行一次 Splay 操作,这样可以保证每次操作的均摊时间复杂度是 $O(\log_2 N)$。

4.7.2 伸展树的参考例程

```
#include<stdio.h>
#include<stdlib.h>

struct SplayNode;
typedef struct SplayNode * SplayTree;
typedef int ElementType;                    /*为了测试方便,这里采用了 int 型*/

struct SplayNode
{
    ElementType Element;
    SplayTree Left;
    SplayTree Right;
};  /*此处并没有增加双亲结点的指针,而是和一般的 BST 一样的结构*/

typedef struct SplayNode * Position;
static Position NullNode = NULL;            /*对 NullNode 的初始化*/

SplayTree Initialize(void);
SplayTree Splay(ElementType Item, Position X);
SplayTree SingleRotateWithLeft(SplayTree T);
SplayTree SingleRotateWithRight(SplayTree T);
SplayTree Insert(ElementType Item, SplayTree T);
SplayTree Remove(ElementType Item, SplayTree T);

SplayTree Initialize(void)
{
    if(NullNode == NULL)
```

```c
        NullNode = (SplayTree)malloc(sizeof(struct SplayNode));
        NullNode->Left = NullNode->Right = NullNode; /*NullNode 代表 NULL,简化代码*/
    }
    return NullNode;
}

SplayTree Splay(ElementType Item, Position X)
{
    static struct SplayNode Header;
    Position LeftTreeMax, RightTreeMin;
    Header.Left = Header.Right = NullNode;
    LeftTreeMax = RightTreeMin = &Header;
    NullNode->Element = Item;       /*NullNode 结点元素本身不存,存 Item 是空间的充分利用.*/
    while(Item != X->Element)
    {           /*当 Item != X->Element 的时,一直做 Splay 直到元素 Item 上升到 X 的位置(一般是
                  根位置)。*/
        if(Item < X->Element)
        {
            if(Item < X->Left->Element) X = SingleRotateWithLeft(X);
            if(X->Left == NullNode) break;   /*NullNode 可不用判断树是否空树,break 表示
找不到元素 Item,用与它最接近的元素放到 X 位置。*/
            RightTreeMin->Left = X;
            RightTreeMin = X;
            X = X->Left;
        }
        else
        {   if(Item > X->Right->Element) X = SingleRotateWithRight(X);
/*满足这两个条件,形成了 Zig-Zig 情况*/
            if(X->Right == NullNode) break;   /*Link Left*/
            LeftTreeMax->Right = X;
            LeftTreeMax = X;
            X = X->Right;
        }
    }                                      /*While Item != X->Element*/

/*Reassemble*/
    LeftTreeMax->Right = X->Left;           /*合并操作,将三棵树合并.*/
    RightTreeMin->Left = X->Right;
    X->Left = Header.Right;
    X->Right = Header.Left;
    return X;
}                           /*到此为止 SplayTree 的核心操作 Splay 操作结束*/

SplayTree SingleRotateWithLeft(SplayTree T)
{
    SplayTree Temp;
    Temp = T->Left;
    T->Left = Temp->Right;
    Temp->Right = T;
    return Temp;
}                                       /*树的左边的单旋操作,树的左旋.*/
```

```c
SplayTree SingleRotateWithRight(Position K2)
{
    Position K1;
    K1 = K2->Right;
    K2->Right = K1->Left;
    K1->Left = K2;
    return K1;
}                                              /*树的右边单旋操作,树的右旋.*/

SplayTree Insert(ElementType Item, SplayTree T)
{
    static Position NewNode = NULL;
    if(NewNode == NULL)
    {
        NewNode = (SplayTree)malloc(sizeof(struct SplayNode));
    }
    NewNode->Element = Item;
    if(T == NullNode)
    {
        NewNode->Left = NewNode->Right = NullNode;
        T = NewNode;
    } /*如果T是空树,则直接用新结点.*/
    else
    {
        T = Splay(Item, T);        /*此处进行对根的Splay,把最接近Item的结点放到根上.*/
        if(Item < T->Element)
        {
            NewNode->Left = T->Left;
            NewNode->Right = T;
            T->Left = NullNode;
            T = NewNode;                    /*T->Left的所有元素必小于Item*/
        }
        else
        if(T->Element < Item)
        {
            NewNode->Right = T->Right;
            NewNode->Left = T;
            T->Right = NullNode;
            T = NewNode;
        }
        else
            return T; /*这个结点的值就是Item,Item已经在根上,什么都不做.*/
    }
    NewNode = NULL;     /*将NewNode置NULL以使下次插入可分配新结点,这是由于定义的
NewNode是static,所以空间一直存在导致的.定义为static是因为如果要插入的元素已经在结点上
便不用无故再分配空间.*/
    return T;
```

```
}
SplayTree Remove(ElementType Item, SplayTree T)
{
    Position NewTree;
    if(T != NullNode)
    {
        T = Splay(Item, T);
        if(Item == T->Element)
        {   /*找到了要删除的结点*/
            if(T->Left == NullNode) NewTree = T->Right;
            /*因为结点已经 Splay 到根了,如果它没有左孩子,则直接接到右孩子上就行了.*/
            else
            {
                NewTree = T->Left;
                NewTree = Splay(Item, NewTree);
                NewTree->Right = T->Right;
            }   /*否则的话,先把新树指向 T 的左边,再找到最接近 Item 的值,即左子树中最大值*/
            free(T);
            T = NewTree;
        }
    }
    return T;
}
int main()
{
    return 0;
}
```

4.8 堆与优先队列

在作业调度时,调度程序反复提取队列中的第一个作业并运行,因而实际情况中某些时间较短的作业将等待很长时间才能运行,或者某些具有重要性的作业在队列中也不能保证优先运行。堆(Heap)即为解决此类问题设计的一种数据结构。堆亦被称为优先队列(Priority Queue),是计算机科学中一类特殊的数据结构的统称。堆通常是一个可以被看作一棵树的数组对象。

4.8.1 堆的逻辑定义

n 个元素序列 $\{k_1, k_2, \cdots, k_i, \cdots, k_n\}$,当且仅当满足下列关系之一时称之为堆。
(1) $k_i \leq k_{2i}$ && $k_i \leq k_{2i+1}$,$(i = 1, 2, 3, 4, \cdots, n/2)$,最小值堆(如图 4.47(a)所示)。
(2) $k_i \geq k_{2i}$ && $k_i \geq k_{2i+1}$,$(i = 1, 2, 3, 4, \cdots, n/2)$,最大值堆(如图 4.47(b)所示)。
显然,最小值堆和最大值堆的结构完全一致,知道最小值堆的性质和算法也就等于知道了最大值堆的性质和算法,反之亦然。

图 4.47　最小/最大值堆示例

4.8.2　堆的性质

由堆的逻辑定义可知,堆一般通过构造二叉堆(Binary Heap)实现,且具有以下性质。

(1) 堆序性(Heap Order),即任意结点的值小于它的所有后裔的值,最小值在堆的根上。

(2) 堆总是一棵完全二叉树。

4.8.3　堆的基本操作

(1) build:建立一个空堆;
(2) insert:向堆中插入一个新元素;
(3) update:将新元素提升使其符合堆的性质;
(4) get:获取当前堆顶元素的值;
(5) delete:删除堆顶元素;
(6) heapify:使删除堆顶元素后的堆再次成为堆。

4.8.4　堆的实现例程

(1) Insert:为将元素 X 插入堆中,先找到空闲位置,若满足堆序性,则插入完成;否则将双亲结点元素与空闲位置元素值互换,完成空闲位置上移,直至满足堆序性。这种策略叫做上滤(Percolate Up)。具体操作是将结点插在二叉树的最后一个叶子结点位置,然后比较它跟其双亲结点的大小,如果大则停止;如果小则交换位置,并对父亲结点递归该过程直至根结点,复杂度为 $O(\log n)$。

(2) DeleteMin:欲删除最小元素即二叉树的根结点,先用最后一个结点替换掉根结点,并调整替换后的根元素到堆的某个合适位置,使得堆仍然满足堆序性质。这种向下替换元素的过程叫做下滤(Percolate Down)。

下面给出堆的结构采用数组实现的参考例程,起始索引为 0。

```
#define MAX_HEAP_LEN 100
static int heap[MAX_HEAP_LEN];
static int heap_size = 0;                    //堆中的元素个数

static void swap(int * a, int * b)
```

```c
{
    int temp = *b;
    *b = *a;
    *a = temp;
}

static void percolate_up(int i)
{
    int done = 0;
    if( i == 0 ) return;                        //结点 i 已经是根
    while((i!=0)&&(!done))
    {
        if(heap[i] > heap[(i-1)/2])
        {                                       //如果当前结点比双亲结点大，则交换
            swap(&heap[i],&heap[(i-1)/2]);
        }
        else
        {
            done = 1;
        }
        i = (i-1)/2;
    }
}

static void percolate_down(int i)
{
    int done = 0;
    if (2*i + 1 > heap_size) return;            //结点 i 是叶子结点

    while((2*i+1 < heap_size)&&(!done))
    {
        i = 2*i+1;                              //跳转到左孩子
        if ((i+1< heap_size) && (heap[i+1] > heap[i]))
        {                                       //在这两个孩子中找到较大者
            i++;
        }
        if (heap[(i-1)/2] < heap[i])
        {
            swap(&heap[(i-1)/2], &heap[i]);
        }
        else
        {
            done = 1;
        }
    }
}

static void delete(int i)
{
    int last = heap[heap_size - 1];             //获得最后一个
    heap_size--;                                //收缩堆
```

```
        if (i == heap_size) return;
        heap[i] = last;                    //用最后的结点覆盖当前的
        percolate_down(i);
    }

    int delete_max()
    {
        int ret = heap[0];
        delete(0);
        return ret;
    }

    void insert(int new_data)
    {
        if(heap_size >= MAX_HEAP_LEN) return;
        heap_size++;
        heap[heap_size - 1] = new_data;
        percolate_up(heap_size - 1);
    }
```

4.9 B-树和 B⁺ 树

4.9.1 B-树及其查找

B-树是一种平衡的多路查找树，它在文件系统中很有用。

定义：一棵 m 阶的 B-树，或者为空树，或为满足下列特性的 m 叉树。

(1) 树中每个结点至多有 m 棵子树；

(2) 若根结点不是叶子结点，则至少有两棵子树；

(3) 除根结点之外的所有非终端结点至少有 $\lceil m/2 \rceil$ 棵子树；

(4) 所有的非终端结点中包含以下信息数据：$(A_0, K_1, A_1, K_2, \cdots, K_n, A_n)$

其中：$K_i (i=1,2,\cdots,n)$ 为关键码，且 $K_i < K_{i+1}$，A_i 为指向子树根结点的指针 $(i=0, 1, \cdots, n)$，且指针 A_{i-1} 所指子树中所有结点的关键码均小于 $K_i (i=1,2,\cdots,n)$，A_n 所指子树中所有结点的关键码均大于 K_n，$\lceil m/2 \rceil - 1 \leqslant n \leqslant m-1$，$n$ 为关键码的个数。

(5) 所有的叶子结点都出现在同一层次上，并且不带信息（可以看作是外部结点或查找失败的结点，实际上这些结点不存在，指向这些结点的指针为空）。

例 4-4 如图 4.48 所示为一棵 5 阶的 B-树，其深度为 4。

B-树的查找类似二叉搜索树的查找，所不同的是 B-树每个结点上是多关键码的有序表，在到达某个结点时，先在有序表中查找，若找到，则查找成功；否则，则按照对应的指针信息指向的子树中去查找，当到达叶子结点时，则说明树中没有对应的关键码，查找失败。即在 B-树上的查找过程是一个顺指针查找结点和在结点中查找关键码交叉进行的过程。例如，在图 4.48 中查找关键码为 93 的元素。首先，从 t 指向的根结点 a 开始，结点 a 中只有一个关键码，且 93 大于它，因此，按 a 结点指针域 A_1 到结点 c 去查找，结点 c 由两个关键码，而 93 也都大于它们，应按 c 结点指针域 A_2 到结点 i 去查找，在结点 i 中顺序比较关键

图 4.48 一棵 5 阶的 B-树

码,找到关键码 K_3。

算法如下:

```
#define  m  5                      /*B树的阶,暂设为5*/
typedef  struct NODE{
    int  keynum;                   /*结点中关键码的个数,即结点的大小*/
    struct NODE * parent;          /*指向双亲结点*/
    KeyType key[m+1];              /*关键码向量,0号单元未用*/
    struct NODE * ptr[m+1];        /*子树指针向量*/
    record  * recptr[m+1];         /*记录指针向量*/
}NodeType;                         /*B树结点类型*/

typedef  struct{
    NodeType * pt;                 /*指向找到的结点*/
    int   i;                       /*在结点中的关键码序号,结点序号区间[1,2,…,m]*/
    int   tag;                     /*1:查找成功,0:查找失败*/
}Result;                           /*B树的查找结果类型*/

Result SearchBTree(NodeType * t,KeyType kx)
{   /*在 m 阶 B 树 t 上查找关键码 kx,返回(pt,i,tag).若查找成功,则特征值 tag=1,*/
    /*指针 pt 所指结点中第 i 个关键码等于 kx;否则,特征值 tag=0,等于 kx 的关键码记录*/
    /*应插入在指针 pt 所指结点中第 i 个和第 i+1 个关键码之间*/
    p=t;q=NULL;found=FALSE;i=0;    /*初始化,p指向待查结点,q指向p的双亲*/
    while(p&&!found)
    {   n=p->keynum;i=Search(p,kx);  /*在p->key[1…keynum]中查找*/
        if(i>0&&p->key[i]==kx) found=TRUE;   /*找到*/
        else{q=p;p=p->ptr[i];}
    }
    if(found) return (p,i,1);      /*查找成功*/
    else return (q,i,0);           /*查找不成功,返回kx的插入位置信息*/
}
```

算法 4.4 m 阶 B-树的查找

B-树的查找是由两个基本操作交叉进行的过程,即

(1) 在 B-树上找结点;

(2) 在结点中找关键码。

由于通常 B-树是存储在外存上的,操作(1)就是通过指针在磁盘相对定位,将结点信

息读入内存之后,再对结点中的关键码有序表进行顺序查找或折半查找。因为在磁盘上读取结点信息比在内存中进行关键码查找耗时多,所以,在磁盘上读取结点信息的次数,即 B-树的层次树是决定 B-树查找效率的首要因素。

那么,对含有 n 个关键码的 m 阶 B-树,最坏情况下达到多深呢?可按二叉平衡树进行类似分析。首先,讨论 m 阶 B-树各层上的最少结点数。

由 B-树定义:第一层至少有 1 个结点;第二层至少有 2 个结点;由于除根结点外的每个非终端结点至少有 $\lceil m/2 \rceil$ 棵子树,则第三层至少有 $2(\lceil m/2 \rceil)$ 个结点……以此类推,第 $k+1$ 层至少有 $2\lceil m/2 \rceil^{k-1}$ 个结点。而 $k+1$ 层的结点为叶子结点。若 m 阶 B-树有 n 个关键码,则叶子结点即查找不成功的结点为 $n+1$,由此有:

$$n+1 \geqslant 2 \times (\lceil m/2 \rceil)^{k-1}$$

即

$$k \leqslant \log_{\lceil m/2 \rceil}\left(\frac{n+1}{2}\right)+1$$

这就是说,在含有 n 个关键码的 B-树上进行查找时,从根结点到关键码所在结点的路径上涉及的结点数不超过 $\log_{\lceil m/2 \rceil}\left(\frac{n+1}{2}\right)+1$ 个。

4.9.2 B-树的插入和删除

1. 插入

在 B-树上插入关键码与在二叉搜索树上插入结点不同,关键码的插入不是在叶子结点上进行的,而是在最底层的某个非终端结点中添加一个关键码,若该结点上关键码个数不超过 $m-1$ 个,则可直接插入到该结点上;否则,该结点上关键码个数至少达到 m 个,因而使该结点的子树超过了 m 棵,这与 B-树定义不符。所以要进行调整,即结点的"分裂"。方法为:将结点中的关键码分成三部分,使得前后两部分关键码个数均大于等于($\lceil m/2 \rceil-1$),而中间部分只有一个结点。前后两部分成为两个结点,中间的一个结点将其插入到双亲结点中。若插入双亲结点而使双亲结点中关键码个数超过 $m-1$,则双亲结点继续分裂,直到插入某个双亲结点,其关键码个数小于 m 为止。可见,B-树是由底向上生长的。

例 4-5 就下列关键码序,建立 5 阶 B-树,如图 4.49 所示。
20,54,69,84,71,30,78,25,93,41,7,76,51,66,68,53,3,79,35,12,15,65

(1) 向空树中插入 20,得图 4.49(a)所示。

(2) 插入 54,69,84,得图 4.49(b)所示。

(3) 插入 71,索引项达到 5,要分裂成三部分:{20,54},{69}和{71,84},并将 69 上升到该结点的父结点中,如图 4.49(c)所示。

(4) 插入 30,78,25,93 得图 4.49(d)。

(5) 插 41 又分裂得图 4.49(e)。

(6) 7 直接插入。

(7) 76 插入,分裂得图 4.49(f)。

(8) 51,66 直接插入,当插入 68 时需分裂,得图 4.49(g)。

(9) 53,3,79,35 直接插入,12 插入时,需分裂,但中间关键码 12 插入父结点时,又需要

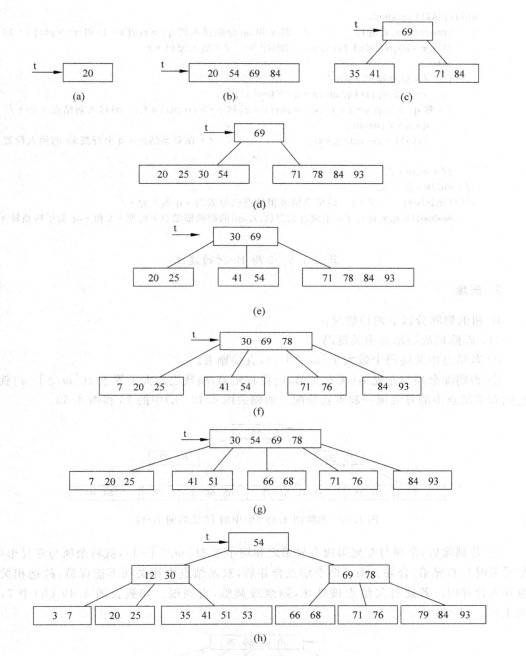

图 4.49 建立 B-树的过程

分裂,则 54 上升为新根。15,65 直接插入得图 4.49(h)。

算法如下:

```
int InserBTree(NodeType ** t,KeyType kx,NodeType * q,int i)
{   /*在 m 阶 B 树 *t 上结点 *q 的 key[i],key[i+1]之间插入关键码 kx */
    /*若引起结点过大,则沿双亲链进行必要的结点分裂调整,使 *t 仍为 m 阶 B 树*/
    x = kx;ap = NULL;finished = FALSE;
```

```
        while(q&&!finished)
        {   Insert(q,i,x,ap);            /*将 x 和 ap 分别插入到 q->key[i+1]和 q->ptr[i+1]*/
            if(q->keynum<m) finished = TRUE;    /*插入完成*/
            else
            { /*分裂结点*p*/
                s = m/2;split(q,ap);x = q->key[s];
         /*将 q->key[s+1…m],q->ptr[s…m]和 q->recptr[s+1…m]移入新结点*ap*/
                q = q->parent;
                if(q)i = Search(q,kx);          /*在双亲结点*q 中查找 kx 的插入位置*/
            }/*else*/
        }/*while*/
        if(!finished)       /*(*t)是空树或根结点已分裂为*q 和*ap*/
            NewRoot(t,q,x,ap); /*生成含信息(t,x,ap)的新的根结点*t,原*t 和*ap 为子树指针*/
    }
```

算法 4.5 5 阶 B-树的建立

2．删除

B-树的删除分以下两种情况。

(1) 删除最底层结点中关键码

① 若结点中关键码个数大于$\lceil m/2 \rceil - 1$,直接删去。

② 否则除余项与左兄弟(无左兄弟,则找右兄弟)项数之和大于等于$2(\lceil m/2 \rceil - 1)$就与它们双亲结点中的有关项一起重新分配。如删去图 4.49(h)中的 76 得图 4.50。

图 4.50 删除图 4.49(h)中的 76 之后的 B-树

③ 若删除后,余项与左兄弟或右兄弟之和均小于$2(\lceil m/2 \rceil - 1)$,就将余项与左兄弟(无左兄弟时与右兄弟)合并。由于两个结点合并后,双亲结点中相关项不能保持,故把相关项也并入合并项。若此时父结点被破坏,则继续调整,直到根。如删去图 4.49(h)中 7,得图 4.51。

图 4.51 删去图 4.49(h)中的 7 之后的 B-树

(2) 删除非底层结点中关键码

若所删除关键码非底层结点中的 K_i,则可以指针 A_i 所指子树中的最小关键码 X 替代 K_i,然后,再删除关键码 X,直到这个 X 在最底层结点上,即转为(1)的情形。

4.9.3 B$^+$树

B$^+$树是应文件系统所需而产生的一种B-树的变形树。一棵m阶的B$^+$树和m阶的B-树的差异主要有以下几方面。

(1) 有n棵子树的结点中含有n个关键码。

(2) 所有的叶子结点中包含了全部关键码的信息,及指向含有这些关键码记录的指针,且叶子结点本身依关键码的大小自小而大的顺序链接。

(3) 所有的非终端结点可以看成是索引部分,结点中仅含有其子树根结点中最大(或最小)关键码。

例如图4.52所示为一棵5阶的B$^+$树,通常在B$^+$树上有两个头指针,一个指向根结点,另一个指向关键码最小的叶子结点。因此,可以对B$^+$树进行两种查找运算:一种是从最小关键码起顺序查找,另一种是根结点开始,进行随机查找。

图4.52 一棵5阶B$^+$树

在B$^+$树上进行随机查找、插入和删除的过程基本上与B-树类似。只是在查找时,若非终端结点上的关键码等于给定值,并不终止,而是继续向下直到叶子结点。因此,在B$^+$树中,不管查找成功与否,每次查找都是走了一条从根到叶子结点的路径。B$^+$树查找的分析类似于B-树。B$^+$树的插入仅在叶子结点上进行,当结点中的关键码个数大于m时要分裂成两个结点,它们所含关键码的个数均为$\left\lfloor \frac{m+1}{2} \right\rfloor$。并且,它们的双亲结点中应同时包含这两个结点中的最大关键码。B$^+$树的删除也仅在叶子结点进行,当叶子结点中的最大关键码被删除时,其在非终端结点中的值可以作为一个"分界关键码"存在。若因删除而使结点中关键码的个数少于$\left\lceil \frac{m}{2} \right\rceil$时,其和兄弟结点的合并过程也和B-树类似。

4.10 树型结构搜索算法应用案例

二叉树在计算机科学中的应用非常普遍,尤其是关于树的实际应用中,许多问题的解决借助于二叉树结构就显得较为简单,下面从几个方面来讨论二叉树的具体应用。

4.10.1 基于二叉树遍历的应用

1. 查找数据元素 Search(bt,x)

在二叉树中查找数据元素x,查找成功返回该结点的指针;查找失败返回空指针。

算法实现如下。

```
BiTree Search(BiTree bt,elemtype x)
{/*在 bt 为根结点指针的二叉树中查找数据元素 x*/
  BiTree p;
  if (bt->data == x) return bt;                    /*查找成功返回*/
  if (bt->lchild!= NULL) return(Search(bt->lchild,x));
  /*在 bt->lchild 为根结点指针的二叉树中查找数据元素 x*/
  if (bt->rchild!= NULL) return(Search(bt->rchild,x));
  /*在 bt->rchild 为根结点指针的二叉树中查找数据元素 x*/
  return NULL;                                      /*查找失败返回*/
}
```

2. 统计出给定二叉树中叶子结点的数目

(1) 顺序存储结构的实现

```
int CountLeaf1(SqBiTree bt,int k)
{/*一维数组 bt[2^k-1]为二叉树存储结构,k 为二叉树深度,函数值为叶子数.*/
  total = 0;
  for(i = 1;i <= pow(2,k)-1;i++)
    { if (bt[i]!= 0)                                /*存储有实际结点数据*/
      { if ((bt[2*i] == 0 && bt[2*i+1] == 0) || (i>(pow(2,k)-1)/2))
                                                    /*判定是否是叶子结点*/
        total++;                                    /*叶子结点计数器加 1*/
      }
    }
  return(total);
}
```

(2) 二叉链表存储结构的实现

```
int CountLeaf2(BiTree bt)
{/*开始时,bt 为根结点所在链结点的指针,返回值为 bt 的叶子数*/
  if (bt == NULL) return(0);
  if (bt->lchild == NULL && bt->rchild == NULL) return(1);  /*叶子结点计数器加 1*/
  return(CountLeaf2(bt->lchild) + CountLeaf2(bt->rchild));  /*分支结点递归求解*/
}
```

3. 创建二叉树二叉链表存储并显示输出

设创建时按二叉树带空指针的先序次序(即扩展的二叉树先序序列)输入结点值,结点值类型为字符型。输出按中序输出。CreateBinTree(BinTree *bt)是以二叉链表为存储结构建立一棵二叉树 T 的存储,bt 为指向二叉树 T 根结点的指针。设建立时的输入序列为：AB0D00CE00F00。InOrderOut(bt)为按中序输出二叉树 bt 的结点。

算法实现如下：

```
void CreateBinTree(BinTree *T)                      /*以加入结点的先序序列输入,构造二叉链表*/
{char ch;
  scanf("\n%c",&ch);                                /*读入输入序列中的字符*/
  if (ch == '0') *T = NULL;                         /*读入 0 时,将相应结点置空*/
```

```
    else { * T = (BinTNode * )malloc(sizeof(BinTNode));    /*生成结点空间*/
        ( * T) -> data = ch;
        CreateBinTree(&( * T) -> lchild);                  /*构造二叉树的左子树*/
        CreateBinTree(&( * T) -> rchild);                  /*构造二叉树的右子树*/
    }
}
void InOrderOut(BinTree T)                                 /*中序遍历输出二叉树T的结点值*/
{if (T)
    { InOrderOut(T -> lchild);                             /*中序遍历二叉树的左子树*/
      printf(" % 3c",T -> data);                           /*访问结点的数据*/
      InOrderOut(T -> rchild);                             /*中序遍历二叉树的右子树*/
    }
}
main()
{BiTree bt;
 CreateBinTree(&bt);
 InOrderOut(bt);
}
```

算法 4.6 创建二叉链表结构并输出

4. 表达式运算

把任意一个算术表达式用一棵二叉树表示,如表达式"$3x^2 + x - 1/x + 5$"的二叉树表示如图 4.53 所示,其中每个叶子结点都是操作数,每个非叶子结点都是运算符。对于一个非叶子结点,它的左、右子树分别是它的两个操作数。

对该二叉树分别进行先序、中序和后序遍历,可以得到表达式的三种不同表示形式。

(1) 前缀表达式:+ - + * 3 * xxx/1x5;
(2) 中缀表达式:3 * x * x + x - 1/x + 5;
(3) 后缀表达式:3xx * * x + 1x/ - 5 +。

中缀表达式是经常使用的算术表达式,前缀表达式和后缀表达式分别称为波兰式和逆波兰式,它们在编译程序中有着非常重要的作用。

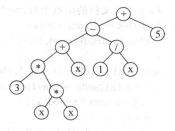

图 4.53 表达式 $3x^2 + x - 1/x + 5$ 的二叉树表示示意

5. 由遍历序列恢复二叉树

任意给定一棵二叉树,其结点的先序序列、中序序列和后序序列都是唯一的。那么,如果已知某二叉树的某种或某几种遍历序列可否唯一确定一棵二叉树呢? 很显然,如果只知道三种遍历序列中的任何一种,我们都无法唯一确定这棵二叉树;但若已知中序序列,且已知先序序列或后序序列中的任何一个,就能唯一确定这棵二叉树。

下面通过一个例子,来分析由二叉树的先序序列和中序序列构造唯一的一棵二叉树的实现算法。已知一棵二叉树的先序序列与中序序列分别为:

先序序列:A B C D E F G H I;
中序序列:B C A E D G H F I。

首先,由先序序列可知,结点 A 是二叉树的根。其次,根据中序序列,在 A 之前的所有结点都是其左子树结点，在 A 之后的所有结点都是其右子树结点，如图 4.54（a）所示。用同样方法可知 B 是左子树的根，B 的左子树为空，B 的右子树是 C；D 是右子树的根，D 的左子树为 E，右子树为 F、G、H、I，如图 4.54(b)所示。继续上述过程，最后可得如图 4.54(c)所示的整棵二叉树。

图 4.54　一棵二叉树的恢复过程示意

上述过程是一个递归过程，其递归算法的思想是：先根据先序序列的第一个元素建立根结点；然后在中序序列中找到该元素，确定根结点的左、右子树的中序序列；再在先序序列中确定左、右子树的先序序列；最后由左子树的先序序列与中序序列建立左子树，由右子树的先序序列与中序序列建立右子树。

下面给出用 C 语言描述的该算法。假设二叉树的先序序列和中序序列分别存放在一维数组 preod[ ]与 inod[ ]中，并假设二叉树各结点的数据值均不相同。

```
void ReBiTree(char preod[ ],char inod[ ],int n,BiTree root)
/*n 为二叉树的结点个数,root 为二叉树根结点的存储地址*/
{ if (n<=0) root = NULL;
  else PreInOd(preod,inod,1,n,1,n,&root);
}
void PreInOd(char preod[ ],char inod[ ],int i,j,k,h,BiTree *t)
{ *t = (BiNode *)malloc(sizeof(BiTNode));
  *t->data = preod[i];
  m = k;
  while (inod[m]!= preod[i]) m++;
  if (m == k)  *t->lchild = NULL
  else PreInOd(preod,inod,i+1,i+m-k,k,m-1,&t->lchild);
    if (m == h) *t->rchild = NULL
    else PreInOd(preod,inod,i+m-k+1,j,m+1,h,&t->rchild);
}
```

需要说明的是，数组 preod 和 inod 的元素类型可根据实际需要来设定，这里设为字符型。

思考：如果只知道二叉树的先序序列和后序序列，你能唯一确定一棵二叉树吗？

类似前面的应用还有很多，如复制一个二叉树，判断两棵二叉树是否相等或相似，求二叉树的深度或高度等等。

4.10.2　ACM/ICPC 竞赛题例分析

如前面树的应用中介绍的亲戚、食物链问题一样，下面再来介绍几个树和二叉树的实际应用实战例子。

例 4-6 Tree Recovery 问题描述：由已知遍历序列（先序、中序）重建一棵二叉树，然后再给出其后序遍历的序列。[POJ 2255]

Input

The input will contain one or more test cases.

Each test case consists of one line containing two strings preord and inord, representing the preorder traversal and inorder traversal of a binary tree. Both strings consist of unique capital letters. (Thus they are not longer than 26 characters.)

Input is terminated by end of file.

Output

For each test case, recover Valentine's binary tree and print one line containing the tree's postorder traversal (left subtree, right subtree, root).

Sample Input

DBACEGF ABCDEFG
BCAD CBAD

Sample Output

ACBFGED
CDAB

问题分析参考上一节介绍，下面给出参考程序。

```c
#include<stdio.h>
#include<string.h>
#include<stdlib.h>
struct node{
    char value;
    struct node * left, * right;
};
void make_tree(char * pre, char * mid, struct node * root)
{   int i, len;
    int flag = 0, flag1 = 0;
    struct node * ptr1, * ptr2;
    char ppre[28], mmid[28];
    for(i = 0; mid[i] != pre[0]; i++);        //找到根节点在中序中的位置
    if(i != 0)                                //判断左子树是否存在
        flag = 1;
    if(i != (int)strlen(mid) - 1)             //判断右子树是否存在
        flag1 = 1;
    if(flag)                                  //构建该根的左子树
    {   ptr1 = (struct node * )malloc(sizeof(struct node));
        ptr1 -> value = pre[1];
        root -> left = ptr1;                  //该根与左子树建立联系
        if(flag1 == 0)
            root -> right = NULL;
        strncpy(ppre, pre + 1, i);            //左子树的前序
        strncpy(mmid, mid, i);                //左子树的中序
        ppre[i] = mmid[i] = 0;
        make_tree(ppre, mmid, ptr1);          //已知左子树的前序和中序，构建左子树
                                              //free(ptr1);
```

```c
        if(flag1)
        {   ptr2 = (struct node *)malloc(sizeof(struct node));    //构建该根的右子树
            ptr2->value = pre[i+1];
            root->right = ptr2;                                    //该根与右子树建立联系
            if(flag == 0)
                root->left = NULL;
            len = strlen(pre) - i - 1;
            strncpy(ppre, pre+i+1, len);                           //得到右子树的前序
            strncpy(mmid, mid+i+1, len);                           //得到右子树的中序
            ppre[len] = mmid[len] = 0;
            make_tree(ppre, mmid, ptr2);                           //根据它的前序和中序,构建右子树
        }                                                          //free(ptr2);
        if(strlen(pre) == 1)
            root->left = root->right = NULL;
}
void PostOrderVisit(struct node * p)                               //后序遍历树
{
    if(p == NULL)
        return;
    PostOrderVisit (p->left);
    PostOrderVisit (p->right);
    printf(" %c", p->value);
}
int main()
{   char pre[28], mid[28];
    while(scanf(" %s %s", pre, mid) != EOF)
    {   struct node * root;
        root = (struct node *)malloc(sizeof(struct node));
        root->value = pre[0];
        make_tree(pre, mid, root);
        PostOrderVisit (root);
        putchar('\n');
    }
    return 0;
}
```

例 4-7 Godfather 问题描述:给你一棵无向树(边无方向)T,要求依次去除树中的某个结点,求去掉该结点后变成的森林 T'中的最大分支。并要求该分支为去除的结点尽可能少。答案可能有多个,需要按照结点编号从小到大输出。[POJ 3107]

算法分析:去掉某一结点后,形成的树包括子树和原树去掉以这个点为根的树所形成的树,在这几个树中求最大值即可。结点数的计算可用回溯,过程中选取最大值。

Input

The first line of the input file contains n——the number of persons suspected to belong to mafia ($2 \leqslant n \leqslant 50\,000$). Let them be numbered from 1 to n.

The following $n-1$ lines contain two integer numbers each. The pair a_i, b_i means that the gangster a_i has communicated with the gangster b_i. It is guaranteed that the gangsters' communications form a tree.

Output

Print the numbers of all persons that are suspected to be Godfather. The numbers must be printed in the increasing order, separated by spaces.

Sample Input	Sample Output
6	2 3
1 2	
2 3	
2 5	
3 4	
3 6	

参考程序：

```
#include<cstdio>
#include<cstring>
#include<algorithm>
#define Max(a, b) a>b?a:b
using namespace std ;
const int MAX = 50001 ;
int vis[MAX], head[MAX], ans[MAX], num[MAX] ;
int n, k, Min, sum ;
struct Edge{
    int v, next ;
}edge[2*MAX] ;
void addedge(int a, int b){
    edge[k].v = b ;
    edge[k].next = head[a] ;
    head[a] = k++ ;
}
void dfs(int x){
    int i, v, min = -1 ;
    num[x] = 1 ;
    vis[x] = 1 ;
    for(i = head[x]; i; i = edge[i].next){
        v = edge[i].v ;
        if(vis[v]) continue ;
        dfs(v) ;
        num[x] += num[v] ;                  //计算结点数
        min = Max(min, num[v]) ;            //选取子树中结点最多的
    }
    min = Max(min, n - num[x]) ;            //子树中较大者与除去root 为 x 的树相比较
    if(min<Min){
        Min = min ;
        sum = 1 ;
        ans[0] = x ;
```

```
        }else if(min == Min){
            ans[sum++] = x ;
        }
    }
    int main(){
        int x, y ;
        scanf("%d", &n) ;
        k = 1 ;
        memset(head, 0, sizeof(head)) ;
        for(int i = 1; i < n; i++){
            scanf("%d%d", &x, &y) ;
            addedge(x, y) ;
            addedge(y, x) ;
        }
        memset(num, 0, sizeof(num)) ;
        memset(vis, 0, sizeof(vis)) ;
        Min = MAX ;
        dfs(1) ;
        sort(ans, ans + sum) ;
        for(int i = 0; i < sum; i++)
            printf("%d ", ans[i]) ;
        printf("\n") ;
        return 0 ;
    }
```

例 4-8 Knight Moves 问题描述：神话般的国际象棋玩家 Somurolov 先生声称，他可以把一个骑士从一个位置很快地移动到另一个位置，但其他人却不行。你能打败他吗？请你编写一个程序来计算骑士从一个位置到达另一个位置所要移动的最少步数，这样你才有机会比 Somurolov 快。也许人们不熟悉国际象棋，骑士移动可能如图 4.55 所示。[POJ 1915]

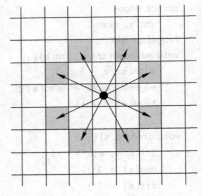

图 4.55 骑士可能的移动

Input

The input begins with the number n of scenarios on a single line by itself.

Next follow n scenarios. Each scenario consists of three lines containing integer numbers. The first line specifies the length l of a side of the chess board ($4 \leq l \leq 300$). The entire board has size $l * l$. The second and third line contain pair of integers $\{0, \cdots, l-1\} * \{0, \cdots, l-1\}$ specifying the starting and ending position of the knight on the board. The integers are separated by a single blank. You can assume that the positions are valid positions on the chess board of that scenario.

Output

For each scenario of the input you have to calculate the minimal amount of knight moves which are necessary to move from the starting point to the ending point. If starting point and ending point are equal, distance is zero. The distance must be written on a single line.

Sample Input	Sample Output
3	5
8	28
0 0	0
7 0	
100	
0 0	
30 50	
10	
1 1	
1 1	

参考程序如下：

```cpp
#include<iostream>
#include<cstdio>
#include<cstring>
#include<cstdlib>
#include<queue>
#define N 307
using namespace std;
int x1,y1,x2,y2,l;
int dx[8] = {1,2,2,1,-1,-2,-2,-1};
int dy[8] = {2,1,-1,-2,-2,-1,1,2};
queue<int> xx;                               //辅助队列
queue<int> yy;
bool map[N][N];                              //访问标志数组
int levels[N][N];                            //表示i,j的树状层次,这类题中就是记录steps
bool inmap(int x,int y){                     //判断如果点在图中
    return ( x<l && y<l && x>=0 && y>=0 );
}
void bfs(int x,int y){
    for(int k = 0;k<8;k++)
        if(inmap(x+dx[k],y+dy[k]) && !map[x+dx[k]][y+dy[k]]){
            map[x+dx[k]][y+dy[k]] = true;
            levels[x+dx[k]][y+dy[k]] = levels[x][y] + 1;
            xx.push(x+dx[k]);
            yy.push(y+dy[k]);
            //sum++;
            if(x+dx[k] == x2 && y+dy[k] == y2) return;
        }
    if(!xx.empty()){
        xx.pop();
        yy.pop();
    }
    if(!xx.empty())
        bfs( xx.front(),yy.front() );
}
```

```
    int main(){
        int n;
        scanf("%d",&n);
        while( n-- ){
            //input
            scanf("%d%d%d%d%d",&l,&x1,&y1,&x2,&y2);
            //init
            while(!xx.empty()){
                xx.pop();
                yy.pop();
            }
            memset(map,false,sizeof(map));
            memset(levels,0,sizeof(levels));
            xx.push(x1);
            yy.push(y1);
            map[x1][y1] = true;                    //have been searched
            levels[x1][y1] = 0;
            bfs(x1,y1);
            printf("%d\n",levels[x2][y2]);
        }
        return 0;
    }
```

习题

(1) 证明在 N 个结点的二叉树中，存在 $N+1$ 个 NULL 指针代表 $N+1$ 个孩子。

(2) 证明在高度为 H 的二叉树中，结点的最大个数是 $2^{H+1}-1$。

(3) 满结点(Full Node)是指具有两个孩子的结点。证明满结点的个数加 1 等于非空二叉树的树叶的个数。

(4) 设二叉树有树叶 $l_1, l_2, \cdots, l_M$，各树叶的深度分别是 $d_1, d_2, \cdots, d_M$。证明 $\sum_{i=1}^{M} 2^{-d_i} \leqslant 1$，并确定何时等号成立。

(5) 已知二叉树采用二叉链表方式存放，要求返回二叉树 T 的后序序列中的第一个结点的指针，是否可以不用递归且不用栈来完成？请说明原因。

(6) 具有 n 个结点的满二叉树的叶子结点的个数是多少？说明理由。

(7) 列出先序遍历能得到 ABC 序列的所有不同的二叉树。

(8) 画出同时满足下列两个条件的两棵不同的二叉树。

① 按先序遍历二叉树顺序为 ABCDE；

② 高度为 5，其对应的树(森林)的高度最大为 4。

(9) 对于表达式 $(a-b+c)*d/(e+f)$

① 画出它的中序二叉树，并标出该二叉树的前序线索；

② 给出它的前缀表达式和后缀表达式。

(10) 试找出分别满足下列条件的所有二叉树。

① 先序序列和中序序列相同；
② 中序序列和后序序列相同；
③ 先序序列和后序序列相同。

(11) ① 指出将 3,1,4,6,9,2,5,7 插入到初始为空的二叉查找树中的结果。
② 指出删除根后的结果。

(12) 写出实现基本二叉查找树操作的例程。

(13) 指出将 2,1,4,5,9,3,6,7 插入到初始空 AVL 树后的结果。

(14) 编写一些高效率的函数，只使用指向二叉树的根的一个指针 T，并计算：
① T 中结点的个数；
② T 中树叶的片数；
③ T 中满结点的个数。

(15) ① 指出将下列关键字插入到初始为空 2-3 树后的结果：3,1,4,5,9,2,6,8,7,0。
② 指出在①建立的 2-3 树中删除 0，然后再删除 9 所得到的结果。

(16) 如果两棵二叉树或者都是空树，或者非空且具有相似的左子树和右子树，则这两棵二叉树是相似的。编写一个函数以确定是否两棵二叉树是相似的。

(17) 根据下面给定的字母和权建立 Huffman 编码树，并给出各字母的代码。

A	B	C	D	E	F	G	H	I	J	K	L
2	3	5	7	11	13	17	19	23	31	37	41

一段根据这样的分布频率包含 n 个字母的信息，其预期存储长度为多少位？

(18) 在 min-heap 中，最大的元素可能位置在哪？

(19) 给出后序遍历二叉树的非递归算法，bt 是二叉树的根，S 是一个栈，MaxSize 是栈的最大容量。

```
typedef struct Node{
    BTNode *[MaxSize+1];
    int top;
} stacktyp;
```

(20) 一棵具有 n 个结点的完全二叉树，以一维数组作为存储结构，试设计一个对该完全二叉树进行前序遍历的算法。

(21) 已知一棵二叉树的前序遍历序列和中序遍历序列，编写算法建立对应的二叉树。

(22) 编写一个算法，利用叶子结点中的空指针域，将所有叶子结点链接为一个带有头结点的单链表，算法返回头结点的地址。

ACM/ICPC 实战练习

(1) POJ 1330, Nearest Common Ancestors
(2) POJ 2003, ZOJ 2348, Hire and Fire
(3) POJ 1703, Find them, Catch them

(4) POJ 1988，Cube Stacking
(5) POJ 3321，Apple Tree
(6) POJ 2236，Wireless Network
(7) POJ 2524，Ubiquitous Religions
(8) ZOJ 1674，Family Tree
(9) ZOJ 1635，Directory Listing
(10) POJ 1634，ZOJ 1989，Who's the boss?
(11) POJ 1760，ZOJ 2057，Disk Tree
(12) POJ 1909，ZOJ 2374，Marbles on a tree
(13) POJ 3437，ZOJ 2885，Tree Grafting
(14) POJ 2499，Binary Tree
(15) POJ 2255，ZOJ 1944，Tree Recovery
(16) POJ 1145，Tree Summing
(17) POJ 1095，ZOJ 1062，Trees Made to Order
(18) POJ 2309，BST
(19) POJ 1577，ZOJ 1700，Falling Leaves
(20) ZOJ 2724，Windows Message Queue
(21) POJ 1785，ZOJ 2243，Binary Search Heap Construction
(22) POJ 2568，ZOJ 1965，Decode the Tree
(23) POJ 3253，Fence Repair
(24) POJ 2201，ZOJ 2452，Cartesian Tree
(25) POJ 2051，ZOJ 2212，Argus
(26) POJ 1442，ZOJ 1319，Black Box
(27) POJ 3214，Heap
(28) ZOJ 1470，How Many Trees?
(29) POJ 2775，The Number of the Same BST
(30) ZOJ 2738，The Kth BST
(31) POJ 2567，ZOJ 1097，Code the Tree

第 5 章 图论算法

图状结构是一种比树形结构更复杂的非线性数据结构。在树状结构中,结点间具有分支层次关系,每一层上的结点只能和上一层中的至多一个结点相关,但可能和下一层的多个结点相关。而在图状结构中,任意两个结点之间都可能相关,即结点之间的邻接关系可以是任意的。因此,图状结构被用于描述各种复杂的数据对象,在自然科学、社会科学和人文科学等许多领域有着非常广泛的应用,与之相关的实现算法会影响到许多实际应用问题的算法效率。

5.1 图

5.1.1 图的定义和术语

1. 图的定义

图(Graph)是由非空的顶点集合和一个描述顶点之间关系——边(或者弧)的集合组成,其形式化定义为:

$$G = (V, E)$$
$$V = \{v_i \mid v_i \in dataobject\}$$
$$E = \{(v_i, v_j) \mid v_i, v_j \in V \land P(v_i, v_j)\}$$

其中,G 表示一个图,V 是图 G 中顶点的集合,E 是图 G 中边的集合,集合 E 中 $P(v_i, v_j)$ 表示顶点 v_i 和顶点 v_j 之间有一条直接连线,即偶对(v_i, v_j)表示一条边。图 5.1 给出了一个图的示例,在该图中:

集合 $V = \{v_1, v_2, v_3, v_4, v_5\}$;

集合 $E = \{(v_1, v_2), (v_1, v_4), (v_2, v_3), (v_3, v_4), (v_3, v_5), (v_2, v_5)\}$。

2. 图的相关术语

(1) 无向图。在一个图中,如果任意两个顶点构成的偶对$(v_i, v_j) \in E$是无序的,即顶点之间的连线是没有方向的,则称该图为无向图。如图 5.1 所示是一个无向图 G_1。

(2) 有向图。在一个图中,如果任意两个顶点构成的偶对$(v_i, v_j) \in E$是有序的,即顶点之间的连线是有方向的,则称该图为有向图。如图 5.2 所示是一个有向图 G_2。

$$G_2 = (V_2, E_2)$$

$V_2 = \{v_1, v_2, v_3, v_4\}$

$E_2 = \{<v_1, v_2>, <v_1, v_3>, <v_3, v_4>, <v_4, v_1>\}$

图 5.1 无向图 G_1

图 5.2 有向图 G_2

(3) 顶点、边、弧、弧头、弧尾。图中，数据元素 v_i 称为顶点(Vertex)；$P(v_i, v_j)$ 表示在顶点 v_i 和顶点 v_j 之间有一条直接连线。如果是在无向图中，则称这条连线为边；如果是在有向图中，一般称这条连线为弧。边用顶点的无序偶对 (v_i, v_j) 来表示，称顶点 v_i 和顶点 v_j 互为邻接点，边 (v_i, v_j) 依附于顶点 v_i 与顶点 v_j；弧用顶点的有序偶对 $<v_i, v_j>$ 来表示，有序偶对的第一个结点 v_i 被称为始点(或弧尾)，在图中就是不带箭头的一端；有序偶对的第二个结点 v_j 被称为终点(或弧头)，在图中就是带箭头的一端。

(4) 无向完全图。在一个无向图中，如果任意两顶点都有一条直接边相连接，则称该图为无向完全图。可以证明，在一个含有 n 个顶点的无向完全图中，有 $n(n-1)/2$ 条边。

(5) 有向完全图。在一个有向图中，如果任意两顶点之间都有方向互为相反的两条弧相连接，则称该图为有向完全图。在一个含有 n 个顶点的有向完全图中，有 $n(n-1)$ 条边。

(6) 稠密图、稀疏图。若一个图接近完全图，称为稠密图；称边数很少的图为稀疏图。

(7) 顶点的度、入度、出度。顶点的度(degree)是指依附于某顶点 v 的边数，通常记为 TD(v)。在有向图中，要区别顶点的入度与出度的概念。顶点 v 的入度是指以顶点为终点的弧的数目，记为 ID(v)；顶点 v 出度是指以顶点 v 为始点的弧的数目，记为 OD(v)。有 TD(v) = ID(v) + OD(v)。

例如，在 G_1 中有：

$TD(v_1) = 2$ $TD(v_2) = 3$ $TD(v_3) = 3$ $TD(v_4) = 2$ $TD(v_5) = 2$

在 G_2 中有：

$ID(v_1) = 1$ $OD(v_1) = 2$ $TD(v_1) = 3$

$ID(v_2) = 1$ $OD(v_2) = 0$ $TD(v_2) = 1$

$ID(v_3) = 1$ $OD(v_3) = 1$ $TD(v_3) = 2$

$ID(v_4) = 1$ $OD(v_4) = 1$ $TD(v_4) = 2$

可以证明，对于具有 n 个顶点、e 条边的图，顶点 v_i 的度 $TD(v_i)$ 与顶点的个数以及边的数目满足关系：

$$e = \left(\sum_{i=1}^{n} TD(v_i)\right)/2$$

(8) 边的权、网图。与边有关的数据信息称为权(Weight)。在实际应用中，权值可以有某种含义。例如，在一个反映城市交通线路的图中，边上的权值可以表示该条线路的长度或者等级；对于一个电子线路图，边上的权值可以表示两个端点之间的电阻、电流或电压值；对于反映工程进度的图而言，边上的权值可以表示从前一个工程到后一个工程所需要的时间等等。边上带权的图称为网图或网络(Network)。如图 5.3 所示,就是一个无向网图。如果边是有方向的带权图,则就是一个有向网图。

(9) 路径、路径长度。顶点 v_p 到顶点 v_q 之间的路径(Path)是指顶点序列 $v_p, v_{i1}, v_{i2}, \cdots, v_{im}, v_q$。其中,$(v_p, v_{i1}), (v_{i1}, v_{i2}), \cdots, (v_{im}, v_q)$ 分别为图中的边。路径上边的数目称为路径长度。图 5.1 所示的无向图 G_1 中,$v_1 \rightarrow v_4 \rightarrow v_3 \rightarrow v_5$ 与 $v_1 \rightarrow v_2 \rightarrow v_5$ 是从顶点 v_1 到顶点 v_5 的两条路径,路径长度分别为 3 和 2。

(10) 回路、简单路径、简单回路。第一个顶点和最后一个顶点相同的路径称为回路或者环(Cycle)。序列中顶点不重复出现的路径称为简单路径。在图 5.1 中,前面提到的 v_1 到 v_5 的两条路径都为简单路径。除第一个顶点与最后一个顶点之外,其他顶点不重复出现的回路称为简单回路,或者简单环。如图 5.2 中的 $v_1 \rightarrow v_3 \rightarrow v_4 \rightarrow v_1$。

(11) 子图。对于图 $G = (V, E)$,$G' = (V', E')$,若存在 V' 是 V 的子集,E' 是 E 的子集,则称图 G' 是 G 的一个子图。图 5.4 分别给出了 G_2 和 G_1 的两个子图 G' 和 G''。

(12) 连通的、连通图、连通分量。在无向图中,如果从一个顶点 v_i 到另一个顶点 $v_j (i \neq j)$ 有路径,则称顶点 v_i 和 v_j 是连通的。如果图中任意两个顶点都是连通的,则称该图是连通图。无向图的极大连通子图称为连通分量。图 5.5(a)中有两个连通分量如图 5.5(b)所示。

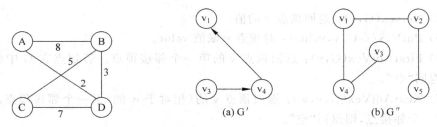

图 5.3 一个无向网图示意　　图 5.4 图 G_2 和 G_1 的两个子图示意

(13) 强连通图、强连通分量。对于有向图来说,若图中任意一对顶点 v_i 和 $v_j (i \neq j)$ 均有从一个顶点 v_i 到另一个顶点 v_j 的路径,也有从 v_j 到 v_i 的路径,则称该有向图是强连通图。有向图的极大强连通子图称为强连通分量。图 5.2 中有两个强连通分量,分别是 $\{v_1, v_3, v_4\}$ 和 $\{v_2\}$,如图 5.6 所示。

图 5.5 无向图及连通分量示意　　图 5.6 有向图 G_2 的两个强连通分量示意

(14) 生成树。所谓连通图 G 的生成树,是指包含 G 的全部 n 个顶点的一个极小连通子图。它必定包含且仅包含 G 的 $n-1$ 条边。图 5.4(b) G'' 给出了图 5.1 中 G_1 的一棵生成树。在生成树中添加任意一条属于原图中的边必定会产生回路,因为新添加的边使其所依附的两个顶点之间有了第二条路径。若生成树中减少任意一条边,则必然成为非连通的。

(15) 生成森林。在非连通图中，由每个连通分量都可得到一个极小连通子图，即一棵生成树，这些连通分量的生成树就组成了一个非连通图的生成森林。

5.1.2 图的抽象数据类型

图的抽象数据类型定义如下。

ADT Graph{

数据对象 V：V 是具有相同特性的数据元素的集合，称为顶点集。

数据关系 R：R ={VR}

VR ={<v,w>|v,w∈V 且 P(v,w)，<v,w>表示从 v 到 w 的弧，谓词 P(v,w)定义了弧<v,w>的意义或信息}

基本操作：

(1) CreateGraph(&G,V,VR)：按 V 和 VR 的定义构造图 G。

(2) DestroyGraph(&G)：销毁图 G。

(3) Locatevex(G,u)：若 G 中存在顶点 u，则返回该顶点在图中的位置；否则返回其他信息。

(4) Getvex(G,v)：返回顶点 v 的值。

(5) PutVex(&G,v,value)：对顶点 v 赋值 value。

(6) FirstAdjVex(G,v)：返回顶点 v 的第一个邻接顶点。若顶点在 G 中没有邻接顶点，则返回"空"。

(7) NextAdjVex(G,v,w)：返回顶点 v 的（相对于 w 的）下一个邻接顶点。若 w 是 v 的最后一个邻接点，则返回"空"。

(8) InsertVex(&G,v)：在图 G 中增添新顶点 v。

(9) DeleteVex(&G,v,w)：删除 G 中顶点 v 及其相关的弧。

(10) InsertArc(&G,v,w)：在 G 中增添弧<v,w>，若 G 是无向的，则还增添对称弧<w,v>。

(11) DeleteArc(&G,v,w)：在 G 中删除弧<v,w>，若 G 是无向的，则还删除对称弧<w,v>。

(12) DFSTraverse(G,Visit())：对图进行深度优先遍历。在遍历过程中对每个顶点调用函数 Visit 一次且仅一次。一旦 visit()失败，则操作失败。

(13) BFSTraverse(G,Visit())：对图进行广度优先遍历。在遍历过程中对每个顶点调用函数 Visit 一次且仅一次。一旦 visit()失败，则操作失败。

}ADT Graph

5.1.3 图的存储结构

图是一种结构复杂的数据结构，表现在不仅各个顶点的度可以千差万别，而且顶点之间的逻辑关系也错综复杂。从图的定义可知，一个图的信息包括两部分，即图中顶点的信息以及描述顶点之间的关系（边或者弧的信息）。因此无论采用什么方法建立图的存储结构，都要完整、准确地反映这两方面的信息。

1. 邻接矩阵

所谓邻接矩阵（Adjacency Matrix）的存储结构，就是用一维数组存储图中顶点的信息，用矩阵表示图中各顶点之间的邻接关系。如图 5.7 所示，假设图 $G=(V,E)$ 有 n 个确定的顶点，即 $V=\{v_0,v_1,\cdots,v_{n-1}\}$，则表示 G 中各顶点相邻关系为一个 $n\times n$ 的矩阵，矩阵的元素为：

$$A[i][j]=\begin{cases}1 & \text{若}(v_i,v_j)\text{或}<v_i,v_j>\text{是 }E(G)\text{中的边}\\0 & \text{若}(v_i,v_j)\text{或}<v_i,v_j>\text{不是 }E(G)\text{中的边}\end{cases}$$

如图 5.8 所示，若 G 是网图，则邻接矩阵可定义为：

$$A[i][j]=\begin{cases}w_{ij} & \text{若}(v_i,v_j)\text{或}<v_i,v_j>\text{是 }E(G)\text{中的边}\\0\text{ 或}\infty & \text{若}(v_i,v_j)\text{或}<v_i,v_j>\text{不是 }E(G)\text{中的边}\end{cases}$$

w_{ij} 表示边 (v_i,v_j) 或 $<v_i,v_j>$ 上的权值；∞ 表示一个计算机允许的、大于所有边上权值的数。

图 5.7　一个无向图的邻接矩阵表示　　　　图 5.8　一个网图的邻接矩阵表示

从图的邻接矩阵存储方法容易看出这种表示具有以下特点。

(1) 无向图的邻接矩阵一定是一个对称矩阵。因此，在具体存放邻接矩阵时只需存放上三角（或下三角）矩阵的元素即可。

(2) 对于无向图，邻接矩阵的第 i 行（或第 i 列）非零元素（或非 ∞ 元素）的个数正好是第 i 个顶点的度 $TD(v_i)$。

(3) 对于有向图，邻接矩阵的第 i 行（或第 i 列）非零元素（或非 ∞ 元素）的个数正好是第 i 个顶点的出度 $OD(v_i)$（或入度 $ID(v_i)$）。

(4) 用邻接矩阵方法存储图，很容易确定图中任意两个顶点之间是否有边相连；但是，要确定图中有多少条边，则必须按行、按列对每个元素进行检测，所花费的时间代价很大。这是用邻接矩阵存储图的局限性。

在用邻接矩阵存储图时，除了用一个二维数组存储用于表示顶点间相邻关系的邻接矩阵外，还需用一个一维数组来存储顶点信息，另外还有图的顶点数和边数。故可将其形式描述如下：

```
#define MaxVertexNum 100              /*最大顶点数设为100*/
typedef char VertexType;              /*顶点类型设为字符型*/
typedef int EdgeType;                 /*边的权值设为整型*/
typedef struct {
    VertexType vexs[MaxVertexNum];    /*顶点表*/
```

```
        EdgeType edges[MaxVertexNum][MaxVertexNum];  /*邻接矩阵,即边表*/
        int n,e;                                     /*顶点数和边数*/
    }MGragh;                                         /*MGragh是以邻接矩阵存储的图类型*/
```

建立一个图的邻接矩阵存储的算法如下:

```
void CreateMGraph(MGraph *G)                         /*建立有向图G的邻接矩阵存储*/
{
    int i,j,k,w;
    char ch;
    printf("请输入顶点数和边数(输入格式为:顶点数,边数):\n");
    scanf("%d,%d",&(G->n),&(G->e));                  /*输入顶点数和边数*/
    printf("请输入顶点信息(输入格式为:顶点号<CR>):\n");
    for (i=0;i<G->n;i++) scanf("\n%c",&(G->vexs[i]));
                                                     /*输入顶点信息,建立顶点表*/
    for (i=0;i<G->n;i++)
        for (j=0;j<G->n;j++) G->edges[i][j]=0;       /*初始化邻接矩阵*/
    printf("请输入每条边对应的两个顶点的序号(输入格式为:i,j):\n");
    for (k=0;k<G->e;k++)
    { scanf("\n%d,%d",&i,&j);                        /*输入e条边,建立邻接矩阵*/
      G->edges[i][j]=1;                              /*若加入G->edges[j][i]=1;,*/
                                                     /*则为无向图的邻接矩阵存储建立*/
    }
}/*CreateMGraph*/
```

算法 5.1

2. 邻接表

邻接表(Adjacency List)是图的一种顺序存储与链式存储结合的存储方法。邻接表表示法类似于树的孩子链表表示法。就是对于图 G 中的每个顶点 v_i,将所有邻接于 v_i 的顶点 v_j 链成一个单链表,这个单链表就称为顶点 v_i 的邻接表,再将所有顶点的邻接表表头放到数组中,就构成了图的邻接表。在邻接表表示中有两种结点结构,如图 5.9 所示。

一种是顶点表的结点结构,它由顶点域(vertex)和指向第一条邻接边的指针域(firstedge)构成,另一种是边表(即邻接表)结点,它由邻接点域(adjvex)和指向下一条邻接边的指针域(next)构成。对于网图的边表需再增设一个存储边上权值信息的域(info),网图的边表结构如图 5.10 所示。

顶点域	边表头指针
vertex	firstedge

(a)顶点表

邻接点域	指针域
adjvex	next

(b)边表

图 5.9 邻接矩阵表示的结点结构

邻接点域	边上信息	指针域
adjvex	info	next

图 5.10 网图的边表结构

图 5.11 给出了无向图 5.7 对应的邻接表表示。
邻接表表示的形式描述如下。

```
#define MaxVerNum 100                                /*最大顶点数为100*/
typedef struct node{                                 /*边表结点*/
```

```
        int adjvex;                             /* 邻接点域 */
        struct node * next;                     /* 指向下一个邻接点的指针域 */
                                                /* 若要表示边上信息,则应增加一个数据域 info */
    }EdgeNode;
typedef struct vnode{                           /* 顶点表结点 */
    VertexType vertex;                          /* 顶点域 */
    EdgeNode * firstedge;                       /* 边表头指针 */
    }VertexNode;
typedef VertexNode AdjList[MaxVertexNum];       /* AdjList 是邻接表类型 */
typedef struct{
    AdjList adjlist;                            /* 邻接表 */
    int n,e;                                    /* 顶点数和边数 */
    }ALGraph;                                   /* ALGraph 是以邻接表方式存储的图类型 */
```

序号 vertex firstedge

0	v_0	→	1	→	3	∧
1	v_1	→	0	→	2	→	3	∧
2	v_2	→	1	∧
3	v_3	→	0	→	1	∧

图 5.11 图的邻接表表示

建立一个有向图的邻接表存储的算法如下:

```
void CreateALGraph(ALGraph * G)
{                                               /* 建立有向图的邻接表存储 */
    int i,j,k;
    EdgeNode * s;
    printf("请输入顶点数和边数(输入格式为:顶点数,边数): \n");
    scanf("%d,%d",&(G->n),&(G->e));             /* 读入顶点数和边数 */
    printf("请输入顶点信息(输入格式为:顶点号<CR>): \n");
    for (i = 0;i<G->n;i++)                      /* 建立有 n 个顶点的顶点表 */
    { scanf("\n%c",&(G->adjlist[i].vertex));    /* 读入顶点信息 */
        G->adjlist[i].firstedge = NULL;         /* 顶点的边表头指针设为空 */
    }
    printf("请输入边的信息(输入格式为:i,j): \n");
    for (k = 0;k<G->e;k++)                      /* 建立边表 */
    { scanf("\n%d,%d",&i,&j);                   /* 读入边<$v_i$,$v_j$>的顶点对应序号 */
        s = (EdgeNode * )malloc(sizeof(EdgeNode));/* 生成新边表结点 s */
        s->adjvex = j;                          /* 邻接点序号为 j */
        s->next = G->adjlist[i].firstedge;      /* 将新边表结点 s 插入到顶点 $v_i$ 的边表头部 */
        G->adjlist[i].firstedge = s;
    }
}                                               /* CreateALGraph */
```

算法 5.2 建立有向图的邻接表存储

若无向图中有 n 个顶点、e 条边,则它的邻接表需 n 个头结点和 $2e$ 个表结点。显然,在边稀疏($e \ll n(n-1)/2$)的情况下,用邻接表表示图比邻接矩阵节省存储空间,当和边相关的信息较多时更是如此。

在无向图的邻接表中,顶点 v_i 的度恰为第 i 个链表中的结点数;而在有向图中,第 i 个链表中的结点个数只是顶点 v_i 的出度,为求入度,必须遍历整个邻接表。在所有链表中其邻接点域的值为 i 的结点的个数是顶点 v_i 的入度。有时,为了便于确定顶点的入度或以顶点 v_i 为头的弧,可以建立一个有向图的逆邻接表,即对每个顶点 v_i 建立一个链接以 v_i 为头的弧的链表。例如图 5.12 所示为有向图 G_2(图 5.2)的邻接表和逆邻接表。

(a) 邻接表   (b) 逆邻接表

图 5.12 图 5.2 的邻接表和逆邻接表

在建立邻接表或逆邻接表时,若输入的顶点信息为顶点的编号,则建立邻接表的时间复杂度为 $O(n+e)$,否则,需要通过查找才能得到顶点在图中位置,时间复杂度为 $O(n*e)$。

在邻接表上容易找到任一顶点的第一个邻接点和下一个邻接点,但要判定任意两个顶点(v_i 和 v_j)之间是否有边或弧相连,则需搜索第 i 个或第 j 个链表,因此,不及邻接矩阵方便。

3. 十字链表

十字链表(Orthogonal List)是有向图的一种存储方法,它实际上是邻接表与逆邻接表的结合,即把每一条边的边结点分别组织到以弧尾顶点为头结点的链表和以弧头顶点为头顶点的链表中。在十字链表表示中,顶点表和边表的结点结构分别如图 5.13 的(a)和(b)所示。

(a) 十字链表顶点表结点结构

(b) 十字链表边表的弧结点结构

图 5.13 十字链表顶点表、边表的弧结点结构示意

在弧结点中有 5 个域:其中尾域(tailvex)和头(headvex)分别指示弧尾和弧头这两个顶点在图中的位置,链域 hlink 指向弧头相同的下一条弧,链域 tlink 指向弧尾相同的下一条弧,info 域指向该弧的相关信息。弧头相同的弧在同一链表上,弧尾相同的弧也在同一链表上。它们的头结点即为顶点结点,它由三个域组成:vertex 域存储和顶点相关的信息,如顶点的名称等;firstin 和 firstout 为两个链域,分别指向以该顶点为弧头或弧尾的第一个弧

结点。例如，图 5.14(a)中所示图的十字链表如图 5.14(b)所示。若将有向图的邻接矩阵看成是稀疏矩阵的话，则十字链表也可以看成是邻接矩阵的链表存储结构，在图的十字链表中，弧结点所在的链表为非循环链表，结点之间相对位置自然形成，不一定按顶点序号有序，表头结点即顶点结点，它们之间是顺序存储。

(a) 一个有向图 G_4　　　　(b) 有向图的十字链表

图 5.14　有向图及其十字链表表示示意

有向图的十字链表存储表示的形式描述如下。

```
#define MAX_VERTEX_NUM 20
typedef struct ArcBox {
    int tailvex, headvex;              /*该弧的尾和头顶点的位置*/
    struct ArcBox * hlink, tlink;      /*分别为弧头相同和弧尾相同的弧的链域*/
    InfoType info;                     /*该弧相关信息的指针*/
}ArcBox;
typedef struct VexNode {
    VertexType vertex;
    ArcBox fisrin, firstout;           /*分别指向该顶点第一条入弧和出弧*/
}VexNode;
typedef struct {
    VexNode xlist[MAX_VERTEX_NUM];     /*表头向量*/
    int vexnum, arcnum;                /*有向图的顶点数和弧数*/
}OLGraph;
```

下面给出建立一个有向图的十字链表存储的算法。通过该算法，只要输入 n 个顶点的信息和 e 条弧的信息，便可建立该有向图的十字链表，其算法内容如下：

```
void CreateDG(LOGraph * * G)
/*采用十字链表表示，构造有向图 G(G.kind = DG)*/
{ scanf (&( * G->brcnum),&( * G->arcnum),&IncInfo);
                                        /*IncInfo 为 0 则各弧不含信息*/
    for (i = 0;i< * G->vexnum;++i)       /*构造表头向量*/
    { scanf(&(G->xlist[i].vertex));      /*输入顶点值*/
      * G->xlist[i].firstin = NulL; * G->xlist[i].firstout = NULL;   /*初始化指针*/
    }
    for(k = 0;k< G.arcnum;++k)           /*输入各弧并构造十字链表*/
    { scanf(&v1,&v2);                    /*输入一条弧的始点和终点*/
      i = LocateVex( * G,v1); j = LocateVex( * G,v2);   /*确定 $v_1$ 和 $v_2$ 在 G 中位置*/
```

```
        p = (ArcBox * ) malloc (sizeof(ArcBox));    /* 假定有足够空间 */
        * p = { i,j, * G->xlist[j].fistin, * G->xlist[i].firstout,NULL}
                                                     /* 对弧结点赋值 */
                                            /* {tailvex, headvex, hlink, tlink, info} */
        * G->xlist[j].fisrtin = * G->xlist[i].firstout = p;
                                            /* 完成在入弧和出弧链头的插入 */
        if (IncInfo) Input( p->info);        /* 若弧含有相关信息,则输入 */
     }
}/* CreateDG */
```

算法 5.3　建立有向图的十字链表

在十字链表中既容易找到以 v_i 为尾的弧,也容易找到以 v_i 为头的弧,因而容易求得顶点的出度和入度(或视需要在建立十字链表的同时求出)。同时,由算法 5.3 可知,建立十字链表的时间复杂度和建立邻接表是相同的。在某些有向图的应用中,十字链表是很有用的工具。

4. 邻接多重表

邻接多重表(Adjacency Multilist)主要用于存储无向图。因为,如果用邻接表存储无向图,每条边的两个边结点分别在以该边所依附的两个顶点为头结点的链表中,这给图的某些操作带来不便。例如,对已访问过的边做标记,或者要删除图中某一条边等,都需要找到表示同一条边的两个结点。因此,在进行这一类操作的无向图的问题中采用邻接多重表作存储结构更为适宜。

邻接多重表的存储结构和十字链表类似,也是由顶点表和边表组成,每一条边用一个结点表示,其顶点表结点结构和边表结点结构如图 5.15 所示。

(a) 邻接多重表顶点表结点结构

(b) 邻接多重表边表结点结构

图 5.15　邻接多重表顶点表、边表结构示意

其中,顶点表由两个域组成,vertex 域存储和该顶点相关的信息,firstedge 域指示第一条依附于该顶点的边;边表结点由 6 个域组成,mark 为标记域,可用以标记该条边是否被搜索过;ivex 和 jvex 为该边依附的两个顶点在图中的位置;ilink 指向下一条依附于顶点 ivex 的边;jlink 指向下一条依附于顶点 jvex 的边,info 为指向和边相关的各种信息的指针域。

例如,图 5.16 所示为无向图 5.1 的邻接多重表。在邻接多重表中,所有依附于同一顶点的边串联在同一链表中,由于每条边依附于两个顶点,则每个边结点同时链接在两个链表中。可见,对无向图而言,其邻接多重表和邻接表的差别,仅仅在于同一条边在邻接表中用

两个结点表示,而在邻接多重表中只有一个结点。因此,除了在边结点中增加一个标志域外,邻接多重表所需的存储量和邻接表相同。在邻接多重表上,各种基本操作的实现亦和邻接表相似。邻接多重表存储表示的形式描述如下:

```
#define MAX_VERTEX_NUM 20
typedef emnu{ unvisited,visited} VisitIf;
typedef struct EBox{
    VisitIf mark;                        /* 访问标记 */
    int ivex,jvex;                       /* 该边依附的两个顶点的位置 */
    struct EBox ilink, jlink;            /* 分别指向依附这两个顶点的下一条边 */
    InfoType info;                       /* 该边信息指针 */
}EBox;
typedef struct VexBox{
    VertexType data;
    EBox fistedge;                       /* 指向第一条依附该顶点的边 */
}VexBox;
typedef struct{
    VexBox adjmulist[MAX_VERTEX_NUM];
    int vexnum,edgenum;                  /* 无向图的当前顶点数和边数 */
}AMLGraph;
```

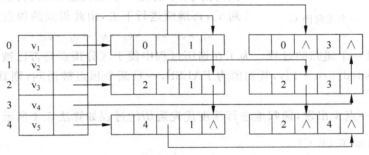

图 5.16　无向图 G_1 的邻接多重表

5.2　图的遍历算法

　　图的遍历是指从图中的任一顶点出发,对图中的所有顶点访问一次且只访问一次。图的遍历操作和树的遍历操作功能相似。图的遍历是图的一种基本操作,图的许多其他操作都是建立在遍历操作的基础之上的。

　　由于图结构本身的复杂性,所以图的遍历操作也较复杂,主要表现在以下 4 个方面。

　　(1) 在图结构中,没有一个"自然"的首结点,图中任意一个顶点都可作为第一个被访问的结点。

　　(2) 在非连通图中,从一个顶点出发,只能够访问它所在的连通分量上的所有顶点,因此,还需考虑如何选取下一个出发点以访问图中其余的连通分量。

　　(3) 在图结构中,如果有回路存在,那么一个顶点被访问之后,有可能沿回路又回到该顶点。

　　(4) 在图结构中,一个顶点可以和其他多个顶点相连,当这样的顶点访问过后,存在如何选取下一个要访问的顶点的问题。

图的遍历通常有深度优先搜索和广度优先搜索两种方式,下面分别介绍。

5.2.1 深度优先搜索

深度优先搜索(Depth First Search)遍历类似于树的先根遍历,是树的先根遍历的推广。

假设初始状态是图中所有顶点未曾被访问,则深度优先搜索可从图中某个顶点 v 出发,访问此顶点,然后依次从 v 的未被访问的邻接点出发深度优先遍历图,直至图中所有和 v 有路径相通的顶点都被访问到;若此时图中尚有顶点未被访问,则另选图中一个未曾被访问的顶点作起始点,重复上述过程,直至图中所有顶点都被访问到为止。

图 5.17 一个无向图 G_5

以图 5.17 的无向图 G_5 为例,进行图的深度优先搜索。假设从顶点 v_1 出发进行搜索,在访问了顶点 v_1 之后,选择邻接点 v_2。因为 v_2 未曾访问,则从 v_2 出发进行搜索。依次类推,接着从 v_4、v_8、v_5 出发进行搜索。在访问了 v_5 之后,由于 v_5 的邻接点都已被访问,则搜索回到 v_8。由于同样的理由,搜索继续回到 v_4、v_2 直至 v_1,此时由于 v_1 的另一个邻接点未被访问,则搜索又从 v_1 到 v_3,再继续进行下去,由此得到的顶点访问序列为:

$$v_1 \to v_2 \to v_4 \to v_8 \to v_5 \to v_3 \to v_6 \to v_7。$$

显然,这是一个递归的过程。为了在遍历过程中便于区分顶点是否已被访问,需附设访问标志数组 visited[0:n-1],,其初值为 FALSE,一旦某个顶点被访问,则其相应的分量置为 TRUE。

从图的某一点 v 出发,递归地进行深度优先遍历的过程如算法 5.4 所示。

```
void DFS(Graph G, int v )
{                                           /* 从第 v 个顶点出发递归地深度优先遍历图 G */
    visited[v] = TRUE; Visit (v);           /* 访问第 v 个顶点 */
    for(w = FirstAdjVex(G,v); w; w = NextAdjVex(G,v,w))
        if (!visited[w]) DFS(G,w);          /* 对 v 的尚未访问的邻接顶点 w 递归调用 DFS */
}
```

算法 5.4

算法 5.5 和算法 5.6 给出了对以邻接表为存储结构的整个图 G 进行深度优先遍历实现的 C 语言描述。

```
void DFSTraverseAL(ALGraph * G)
{                                           /* 深度优先遍历以邻接表存储的图 G */
    int i;
    for (i = 0; i < G->n; i++)
        visited[i] = FALSE;                 /* 标志向量初始化 */
    for (i = 0; i < G->n; i++)
        if (!visited[i]) DFSAL(G,i);        /* vi 未访问过,从 vi 开始 DFS 搜索 */
}                                           /* DFSTraveseAL */
```

算法 5.5

```
void DFSAL(ALGraph *G,int i)
{                                        /* 以 Vi 为出发点对邻接表存储的图 G 进行 DFS 搜索 */
    EdgeNode *p;
    printf("visit vertex:V%c\n",G->adjlist[i].vertex);   /* 访问顶点 Vi */
    visited[i] = TRUE;                   /* 标记 Vi 已访问 */
    p = G->adjlist[i].firstedge;         /* 取 Vi 边表的头指针 */
    while(p)                             /* 依次搜索 Vi 的邻接点 Vj,j = p->adjva */
    {if (!visited[p->adjvex])            /* 若 Vj 尚未访问,则以 Vj 为出发点向纵深搜索 */
        DFSAL(G,p->adjvex);
      p = p->next;                       /* 找 Vi 的下一个邻接点 */
    }
}                                        /* DFSAL */
```

算法 5.6

分析上述算法,在遍历时,对图中每个顶点至多调用一次 DFS 函数,因为一旦某个顶点被标志成已被访问,就不再从它出发进行搜索。因此,遍历图的过程实质上是对每个顶点查找其邻接点的过程。其耗费的时间则取决于所采用的存储结构。当用二维数组表示邻接矩阵图的存储结构时,查找每个顶点的邻接点所需时间为 $O(n^2)$,其中 n 为图中顶点数。而当以邻接表作图的存储结构时,找邻接点所需时间为 $O(e)$,其中 e 为无向图中的边数或有向图中的弧数。由此,当以邻接表作存储结构时,深度优先搜索遍历图的时间复杂度为 $O(n+e)$。

5.2.2 广度优先搜索

广度优先搜索(Breadth First Search)遍历类似于树的按层次遍历的过程。

假设从图中某顶点 v 出发,在访问了 v 之后依次访问 v 的各个未曾访问过和邻接点,然后分别从这些邻接点出发依次访问它们的邻接点,并使"先被访问的顶点的邻接点"先于"后被访问的顶点的邻接点"被访问,直至图中所有已被访问的顶点的邻接点都被访问到。若此时图中尚有顶点未被访问,则另选图中一个未曾被访问的顶点作起始点,重复上述过程,直至图中所有顶点都被访问到为止。换句话说,广度优先搜索遍历图的过程中以 v 为起始点,由近至远,依次访问和 v 有路径相通且路径长度为 $1,2,\cdots$ 的顶点。

例如,对图 5.17 所示无向图 G_5 进行广度优先搜索遍历,首先访问 v_1 和 v_1 的邻接点 v_2 和 v_3,然后依次访问 v_2 的邻接点 v_4 和 v_5 及 v_3 的邻接点 v_6 和 v_7,最后访问 v_4 的邻接点 v_8。由于这些顶点的邻接点均已被访问,并且图中所有顶点都被访问,由此完成了图的遍历。得到的顶点访问序列为: $v_1 \rightarrow v_2 \rightarrow v_3 \rightarrow v_4 \rightarrow v_5 \rightarrow v_6 \rightarrow v_7 \rightarrow v_8$。

与深度优先搜索类似,在遍历的过程中也需要一个访问标志数组。并且,为了顺次访问路径长度为 $2,3,\cdots$ 的顶点,需附设队列以存储已被访问的路径长度为 $1,2,\cdots$ 的顶点。

从图的某一顶点 v 出发,非递归地进行广度优先遍历的过程如算法 5.7 所示。

```
Void BFSTraverse(Graph G, Status( *Visit)(int v))
{                              /* 按广度优先非递归遍历图 G.使用辅助队列 Q 和访问标志数
                                  组 visited */
    for (v = 0;v < G.vexnum;++v)
        visited[v] = FALSE;
```

```
    InitQueue(Q);                          /* 初始化队列 Q */
    if (!visited[v])                       /* v 尚未被访问 */
    {  EnQueue(Q,v);                       /* v 入队列 */
       while (!QueueEmpty(Q))
       {  DeQueue(Q,u);                    /* 队头元素出队并置为 u */
          visited[u] = TRUE; visit(u);     /* 访问 u,并设置访问标志 */
          for(w = FirstAdjVex(G,u); w; w = NextAdjVex(G,u,w))
             if (!visited[w]) EnQueue(Q,w); /* u 的尚未访问的邻接顶点 w 入队列 Q */
       }
    }
}                                          /* BFSTraverse */
```

算法 5.7

算法 5.8 和算法 5.9 给出了对以邻接矩阵为存储结构的整个图 G 进行广度优先遍历实现的 C 语言描述。

```
void BFSTraverseAL(MGraph * G)
{                                          /* 广度优先遍历以邻接矩阵存储的图 G */
    int i;
    for (i = 0;i< G->n;i++)
        visited[i] = FALSE;                /* 标志向量初始化 */
    for (i = 0;i< G->n;i++)
        if (!visited[i]) BFSM(G,i);        /* vi 未访问过,从 vi 开始 BFS 搜索 */
}                                          /* BFSTraverseAL */
```

算法 5.8

```
void BFSM(MGraph * G, int k)
{                                          /* 以 Vi 为出发点,对邻接矩阵存储的图 G 进行 BFS 搜索 */
    int i,j;
    InitQueue(&Q);
    printf("visit vertex:V%c\n",G->vexs[k]); /* 访问原点 Vk */
    visited[k] = TRUE;
    EnQueue(&Q,k);                         /* 原点 Vk 入队列 */
    while (!QueueEmpty(&Q))
    {  i = DeQueue(&Q);                    /* Vi 出队列 */
       for (j = 0;j< G->n;j++)             /* 依次搜索 Vi 的邻接点 Vj */
          if (G->edges[i][j] == 1 && !visited[j])  /* 若 Vj 未访问 */
          { printf("visit vertex:V%c\n",G->vexs[j]); /* 访问 Vj */
            visited[j] = TRUE;
            EnQueue(&Q,j);                 /* 访问过的 Vj 入队列 */
          }
    }
}                                          /* BFSM */
```

算法 5.9

分析上述算法,每个顶点至多进一次队列。遍历图的过程实质是通过边或弧找邻接点的过程,因此广度优先搜索遍历图的时间复杂度和深度优先搜索遍历相同,两者不同之处仅仅在于对顶点访问的顺序不同。

5.2.3 深度与广度优先搜索应用

例 5-1 火力网：炮台的排放问题，图 5.18 表示了一个 4×4 的方形城市，其中黑色块是障碍物，白色块是路(空地)，黑色圆圈表示炮台安放的位置。布防规则是：炮台可排放在路上，但任意两个炮台若中间没有障碍物分隔就不能在同一行或同一列中，反之，合法。图 5.18 中前两种排放合法，后两种则不合法。

图 5.18 城市炮台的排放

输入文件包含一个或多个图的描述，0 表示输入结束。每个图描述都开始于一个整数 n ($n \leqslant 4$)，表示城市大小 $n \times n$，接下来的 n 行逐行描述图的信息，"."表示开放空间，"X"表示墙。请问每次输入一个城市图之后，最多可以排放几个炮台。[ZOJ 1002]

Sample input：	.X.	....
4	X.X	....
.X..	.X.	0
....	3	Sample output：
XX..	....	5
....	.XX	1
2	.XX	5
XX	4	2
.X	....	4
3	....	

解题思路如下。

由于地图的大小最大为 4×4，可将地图用一个 char 数组存起来，即 map[4][4]。如果 map[i][j]='X' 则表示地图此处存放的为墙，map[i][j]='.' 则表示此处存放的为空地，而 map[i][j]='o' 则表示此处存放的为炮台。关键是炮台不能同时在水平和垂直线上，除非有墙作为间隔。定义 k 为位置，$k=0$ 即为地图左上方第一个格子(如图 5.19 所示)。

依次往其中放炮台，需判断两个条件：
(1) 放的位置是否为空地；
(2) 同行同列不能够有炮台，除非有墙间隔(见 canput 函数)。

如果到了 $k = n * n$ 即终止条件时，看目前的最大炮台数是否大于 bestn 最优炮台数。

0	1	2	3
4	5	6	7
8	9	10	11
12	13	14	15

图 5.19 位置地图

如此搜索，即可得到最好的结果。算法如下：

```
#include<stdio.h>
```

```c
int n;                              //城市的尺寸
char map[4][4];                     //城市的地图,最多是 4 * 4
int bestn;                          //最多放的炮台数

int canput(int row, int col)        //看炮台是否能够放置
{   int i;
    for(i = row - 1; i > = 0; i -- )    //扫描行
    {   if(map[i][col] == 'X')
        {   break;
        }
        if(map[i][col] == 'o')
        {   return 0;
        }
    }
    for(i = col - 1; i > = 0; i -- )    //扫描同一列
    {   if(map[row][i] == 'X')
        {   break;
        }
        if(map[row][i] == 'o')
        {   return 0;
        }
    }
    return 1;
}

void backtrack(int k, int current)  //current 为放的数目,k 为放置炮台的位置 0,1,2,3,…,n×n
{   int x, y;
    if(k > = n * n)                 //到达最后一个
    {   if(current > bestn)
        {   bestn = current;
        }
        return;
    }
    else
    {   x = k / n;                  //计算 x 坐标
        y = k % n;                  //计算 y 坐标
        if(map[x][y] == '.'&&canput(x,y))
        {   map[x][y] = 'o';        //安放炮台
            backtrack(k + 1, current + 1);  //进入下一个坐标,数目加 1
            map[x][y] = '.';        //还原
        }
        backtrack(k + 1, current);  //很技术,可以选择也可以不选择
    }
}
void initial()
{   int i, j;
    for(i = 0; i < 4; i++)
    {   for(j = 0; j < 4; j++)
```

```
              map[i][j]='.';
            }
        }
    }
}
int main()
{   scanf(" % d",&n);
    while(n)
    {   int i,j;
        bestn = 0;
        initial();
        for(i = 0;i < n;i++)
        {   for(j = 0;j < n;j++)
            {   char ch;
                ch = getchar();
                if(ch == '\n')
                {   j--;
                    continue;
                }
                else
                {   map[i][j] = ch;
                }
            }
        }
        backtrack(0,0);
        printf(" % d\n",bestn);
        scanf(" % d",&n);                      //不要忘了初始化
    }
    return 0;
}
```

算法 5.10

例 5-2 拼图游戏: 有一个游戏, 给出一个图, 该图是由 $n \times n$ 个小正方形组成, 每个小正方形又由 4 个三角形组成, 且每个三角形上都有一个 0~9 之间的数字, 要求用这 $n \times n$ 个小正方形拼成一个图, 该图的每个小正方形的相邻的三角形的中间的数是相同的, 如图 5.20 所示。

 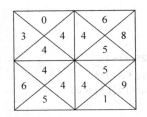

图 5.20 一个 2×2 的小正方形拼图前后对比图

输入文件包含多组游戏情况, 每组开始用一个整数 $n(0 \leqslant n \leqslant 5)$ 表示游戏的规模, 之后 $n \times n$ 行标识这些三角形的数字, 每行包含 4 个数字, 次序是顶三角、右三角、底三角和左三角。0 表示输入结束。输出格式见输出样例, 每个游戏之间输出一个空白行。[ZOJ1008]

Sample Input

2
5 9 1 4
4 4 5 6
6 8 5 4
0 4 4 3
2
1 1 1 1
2 2 2 2
3 3 3 3
4 4 4 4
0

Output for the Sample Input

Game 1: Possible

Game 2: Impossible

解题思路如下：

这个题目属于 DFS+剪枝的题目，期望通过本题的学习，了解经典的剪枝思想。题目输入是一个个正方形的图，通过移动方块，使得每两个方块连接处的数字相同。

为了能够减少搜索时间，将相同类型的方块只保存一次，并且保存相同方块出现的次数。一旦一个方块不匹配了，那么相同方块都可以直接剪枝。

由于 $n \leqslant 5$，故用 element[25][4]，方块最多 25 块，每一块有 4 个三角形，顶三角、右三角、底三角和左三角，对应的坐标分别为 0,1,2,3。用 state 来保存每一种类型的方块出现的次数。backtrack 这个回溯函数，从 ipos=0 处进行搜索，直到 ipos=$n*n$，这样就到了终止条件。在每个 ipos 位置，分别放入各个状态的方块，用完一个状态的方块，那个状态的方块个数减 1；用 result 记录当前放入的方块的类型，并与正上方的方块、正左方的方块进行比对，看可否放入，不能放入返回 0，否则返回 1。此外，方块可移动但不能旋转。

```
#include<stdio.h>
int n;                          //n 表示游戏的大小, n 小于等于 5
int element[25][4];             //存放每一个格子
int state[25];                  //每个状态
int result[25];                 //存放的结果
int q;                          //状态的个数

void initial()                  //初始化
{   int i,j;
    for(i=0;i<25;i++)
    {   for(j=0;j<4;j++)
        {   element[i][j]=0;
        }
        state[i]=0;
        result[i]=0;
    }
    q=0;
}

int backtrack(int ipos)         //搜索到 ipos 位
```

```c
{   int i;
    if(ipos == n * n)                       //成功放完 n*n 个 squre
    {   return 1;
    }
    else
    {   for(i = 0;i < q;i++)                //在 ipos 位把每个状态放一次
        {   if(state[i] == 0)               //该种类型方格已经用完
            {   continue;
            }
            else
            {   if(ipos >= n)               //判断能否符合要求：不是最上边的
                {   if(element[result[ipos - n]][2]!= element[i][0])
                    {   continue;
                    }
                }
                if(ipos % n!= 0)            //不是最左边的
                {   if(element[result[ipos - 1]][1]!= element[i][3])
                    {   continue;
                    }
                }
                state[i] -- ;
                result[ipos] = i;
                if(backtrack(ipos + 1) == 1)    //dfs 的精髓！
                    return 1;
                state[i]++;                 //恢复该方格的类型数 1 个，便于下一次搜索
            }
        }
    }
    return 0;
}
int main()
{   int i,j,index;
    index = 0;
    int top,right,bottom,left;
    scanf("%d",&n);
    while(n)
    {   initial();
        index++;
        for(i = 0;i < n * n;i++)            //判断是否有同一种类型，是则进行 state[j]++，
                                            //同种类型加 1
        {   scanf("%d %d %d %d",&top,&right,&bottom,&left);
            for(j = 0;j < q;j++)
            {   if(element[j][0] == top&&element[j][1] == right&&
                    element[j][2] == bottom&&element[j][3] == left)
                {   state[j]++;
                    break;
                }
            }
            if(j == q)                      //没有同种类型，将新的类型存入 iSquare 中
            {   element[q][0] = top;
                element[q][1] = right;
                element[q][2] = bottom;
                element[q][3] = left;
                state[q] = 1;               //该种类型的数目现在是一种
```

```
                q++;
            }
        }
        if(index>1)
        {   printf("\n");                   //陷井！就是每个结果之间要有空白行
        }
        printf("Game %d: ",index);
        if(backtrack(0))
        {   printf("Possible\n");
        }
        else
        {   printf("Impossible\n");
        }
        scanf("%d",&n);
    }
    return 0;
}
```

算法 5.11

题目要求样例的解之间要用空行分隔，但最后一个样例的解之后就不应有多余的空行。

例 5-3 数独游戏：数独游戏是一种非常流行的填数游戏。要求用 1~9 的数字去填充如图 5.21 所示的 9×9 表格，具体要求如下。

(1) 每一行的 9 个格子中 1~9 各出现一次。

(2) 每一列的 9 个格子中 1~9 各出现一次。

(3) 还有如上图用粗线隔开的 3×3 的小块的 9 个格子中 1~9 个数字也各出现一次。

输入数据首先是给出测试用例数，然后是表相关的 9 行数据，每行 9 个 10 进制数字，0 表示该位置是空的。对每个测试用例按照输入数据的格式输出解，并在空白处填入符合规则的数字。如果解不唯一，只要输出其中一种即可。[POJ 2676]

图 5.21 数独表

Sample Input

```
1
103000509
002109400
000704000
300502006
060000050
700803004
000401000
009205800
804000107
```

Sample Output

```
143628579
572139468
986754231
391542786
468917352
725863914
237481695
619275843
854396127
```

解题思路如下:

本题求解需要使用回溯法、DFS算法,并使用标记法剪枝。下面说说剪枝。

(1) 如果有一个格子,9个数都不能填进去,剪枝。如果只能填一个,不用说,直接填。

(2) 如果有这么一行,有一个数放到9个格子里面的任一个都不可,剪枝。如果只有一个格子可填该数,直接填。

(3) 如果有这么一列,有一个数放到9个格子里面的任一个都不可,剪枝。如果只有一个格子可填该数,直接填。

(4) 如果有这么一个九宫格,有一个数放到9个格子里面的任一个都不可,剪枝。如果只有一个格子可填该数,直接填。

参考算法如下:

```
#include<stdio.h>
#include<stdlib.h>
bool rUsed[9][10],cUsed[9][10],sUsed[9][10];
//用于标记某行、某列、某个3×3小方格上哪些数字已经被使用过了
int pos[100];                          //还没有填充数字的方格位置
int nullNum;                           //空白的个数,即需填数字个数
int table[9][9];
bool DFS_SUDO;
void print()                           //输出结果表
{   for(int i = 0;i<9;i++)
    {   for(int j = 0;j<9;j++)
            printf ("%d",table[i][j]);
        printf ("\n");
    }
}

void DFS(int n)
{   if (n>= nullNum)                   //已填写数字个数大于等于空白数
    {   DFS_SUDO = true;               //递归结束
        print();                       //调用 Print 函数输出结果
        return;
    }
    int r = pos[n]/9;                  //在第 r 行
    int c = pos[n]%9;                  //在第 c 列
    int k = (r/3)*3+(c/3);             //在第 k 个小方格
    for(int i = 1; i<=9 && !DFS_SUDO;i++)
    {   if ( cUsed[c][i] ) continue;   //判别列中是否用过该数字
        if ( rUsed[r][i] ) continue;   //判别行中是否用过该数字
        if ( sUsed[k][i] ) continue;   //判别方块中是否用过该数字
        cUsed[c][i] = rUsed[r][i] = sUsed[k][i] = true;    //置已用数字标志
        table[r][c] = i;               //当前位置填上数字 i
        DFS(n+1);                      //递归找下一个要填数的位置
        table[r][c] = 0;               //如果 DFS 搜索失败就回溯,并还原原来的值
        cUsed[c][i] = rUsed[r][i] = sUsed[k][i] = false;   //还原标志位的值
    }
    return;
```

```c
    }

int main()
{   FILE * fp;
    int testCase;
    char line[10];
    fp = fopen("test.txt","r");              //以文件形式打开测试文件
    //testCase = fgetc(fp) - '0';
    fscanf(fp," %d",&testCase);              //输入测试的数据组数
    fgetc(fp);                               //输入一行结束符
    while(testCase -- )
    {   nullNum = 0;
        for(int i = 0;i < 9;i++)             //初始化标志位
            for( int j = 0;j < 10 ;j++)
                rUsed[i][j] = cUsed[i][j] = sUsed[i][j] = false;
        for(int i = 0 ;i < 9 ;i++)
        {   fgets(line,11,fp);               //读入一行
            for(int j = 0;j < 9;j++)
            {   table[i][j] = line[j] - '0';
                if(table[i][j]){
                    rUsed[i][ table[i][j] ] = true;    //第 i 行用过这个数
                    cUsed[j][ table[i][j] ] = true;    //第 j 列用过这个数
                    int k = (i/3) * 3 + (j/3);         //第 k 个 3×3 方格
                    sUsed[k][ table[i][j] ] = true;    //第 k 个方格用过这个数
                }
                else
                    pos[nullNum++] = 9 * i + j;        //使用数组,记录没有填数的小方格的位置
            }
        }
        DFS_SUDO = false;
        DFS(0);
    }
    fclose(fp);
    return 0;
}
```

算法 5.12

使用二维数组直接把已经存在的数字和没有填数字的位置用数组记录下来,这样在 DFS 搜索的时候就非常方便,所以,选择合适和便于处理的数据结构有事半功倍的效果。建议读者再重新去思考和理解一下第二章介绍的迷宫问题算法。

5.3 图的连通性

利用图的遍历算法可以判定一个图的连通性。本节将重点讨论无向图的连通性、有向图的连通性、由图得到其生成树或生成森林以及连通图中是否有关节点等几个有关图的连通性的问题。

5.3.1 无向图的连通性

在对无向图进行遍历时,对于连通图,仅需从图中任一顶点出发,进行深度优先搜索或广度优先搜索,便可访问到图中所有顶点。对非连通图,则需从多个顶点出发进行搜索,而每一次从一个新的起始点出发进行搜索过程中得到的顶点访问序列恰为其各个连通分量中的顶点集。例如,图5.5(a)是一个非连通图G_3,对其邻接表(如图5.22所示)进行深度优先搜索遍历,并调用两次DFS(即分别从顶点A和D出发),得到的顶点访问序列分别为:A B F E和C D,这两个顶点集分别加上遍历时所依附于这些顶点的边,便构成了非连通图G_3的两个连通分量,如图5.5(b)所示。

图 5.22 G_3 的邻接表

因此,要想判定一个无向图是否为连通图,或有几个连通分量,就可设一个计数变量count,初始时取值为0,在算法5.5的第二个for循环中,每调用一次DFS,就给count增1。这样,当整个算法结束时,依据count的值,就可确定图的连通性了。

5.3.2 有向图的连通性

深度优先搜索是求有向图的强连通分量的一个有效方法。假设以十字链表作有向图的存储结构,则求强连通分量的步骤如下。

(1) 在有向图G上,从某个顶点出发沿以该顶点为尾的弧进行深度优先搜索遍历,并按其所有邻接点的搜索都完成(即退出DFS函数)的顺序将顶点排列起来。此时需对5.2.1节中的算法作如下两点修改:①在进入DFSTraverseAL函数时首先进行计数变量的初始化,即在入口处加上count=0的语句;②在退出函数之前将完成搜索的顶点号记录在另一个辅助数组finished[vexnum]中,即在函数DFSAL结束之前加上finished[++count]=v的语句。

(2) 在有向图G上,从最后完成搜索的顶点(即finished[vexnum-1]中的顶点)出发,沿着以该顶点为头的弧作逆向的深度搜索遍历,若此次遍历不能访问到有向图中所有顶点,则从余下的顶点中最后完成搜索的那个顶点出发,继续作逆向的深度优先搜索遍历,依次类推,直至有向图中所有顶点都被访问到为止。此时调用DFSTraverseAL时需作如下修改:函数中第二个循环语句的边界条件应改为v从finished[vexnum-1]至finished[0]。

由此,每一次调用DFSAL作逆向深度优先遍历所访问到的顶点集便是有向图G中一个强连通分量的顶点集。

例如图 5.14 (a) 所示的有向图,假设从顶点 v_1 出发作深度优先搜索遍历,得到 finished 数组中的顶点号为 (1,3,2,0),则再从顶点 v_1 出发作逆向的深度优先搜索遍历,得到两个顶点集 $\{v_1,v_3,v_4\}$ 和 $\{v_2\}$,这就是该有向图的两个强连通分量的顶点集。

上述求强连通分量的第(2)步,其实质如下。

(1) 构造一个有向图 Gr,设 $G = (V,\{A\})$,则 $Gr = (Vr,\{Ar\})$ 对于所有 $<v_i,v_j> \in A$,必有 $<v_j,v_i> \in Ar$。即 Gr 中拥有和 G 方向相反的弧。

(2) 在有向图 Gr 上,从顶点 finished[vexnum−1] 出发作深度优先遍历。可以证明,在 Gr 上所得深度优先生成森林中每一棵树的顶点集即为 G 的强连通分量的顶点集。

显然,利用遍历求强连通分量的时间复杂度亦和遍历相同。

5.3.3 生成树和生成森林

这一节将给出通过对图的遍历,得到图的生成树或生成森林的算法。

设 E(G) 为连通图 G 中所有边的集合,则从图中任一顶点出发遍历图时,必定将 E(G) 分成两个集合 T(G) 和 B(G),其中 T(G) 是遍历图过程中历经的边的集合;B(G) 是剩余边的集合。显然,T(G) 和图 G 中所有顶点一起构成连通图 G 的极小连通子图。按照 5.1.2 节的定义,它是连通图的一棵生成树,并且由深度优先搜索得到的为深度优先生成树;由广度优先搜索得到的为广度优先生成树。例如,图 5.23 (a) 和 (b) 所示分别为连通图 G_5 的深度优先生成树和广度优先生成树。图中虚线为集合 B(G) 中的边,实线为集合 T(G) 中的边。

(a) G_5 的深度优先生成树   (b) G_5 的广度优先生成树

图 5.23   由图 5.17 无向图 G_5 得到的生成树

对于非连通图,通过这样的遍历,将得到的是生成森林。例如,图 5.24 (b) 所示为图 5.24 (a) 的深度优先生成森林,它由三棵深度优先生成树组成。

假设以孩子兄弟链表作生成森林的存储结构,则算法 5.13 生成非连通图的深度优先生成森林,其中 DFSTree 函数如算法 5.14 所示。显然,算法 5.13 的时间复杂度和遍历相同。

(a) 一个非连通图无向图G_6 (b) G_6的深度优先生成树林

图 5.24 非连通图 G_6 及其生成树林

```
void DFSForest(Graph G, CSTree * T)
{                                        /*建立无向图 G 的深度优先生成森林的孩子兄弟链表 T*/
    T = NULL;
    for (v = 0;v < G.vexnum;++v)
        if (!visited[v] = FALSE;
    for(v = 0;v < G.vexnum;++v)
        if (!visited[v])                 /*顶点 v 为新的生成树的根结点*/
        { p = (CSTree)malloc(sixeof(CSNode));  /*分配根结点*/
          p = {GetVex(G,v).NULL,NULL};   /*给根结点赋值*/
          if (!T)
              ( * T) = p;                /*T 是第一棵生成树的根*/
          else q->nextsibling = p;       /*前一棵的根的兄弟是其他生成树的根*/
          q = p;                         /*q 指示当前生成树的根*/
          DFSTree(G,v,&p);               /*建立以 p 为根的生成树*/
        }
}
```

算法 5.13

```
void DFSTree(Graph G, int v,CSTree * T)
{                   /*从第 v 个顶点出发深度优先遍历图 G,建立以 *T 为根的生成树*/
    visited[v] = TRUE;
    first = TRUE;
    for(w = FirstAdjVex(G,v); w; w = NextAdjVex(G,v,w))
        if(!visited[w])
        { p = (CSTree)malloc(sizeof)CSNode));    /*分配孩子结点*/
          * p = {GetVex(G,w),NULL,NULL};
          if (first)         /*w 是 v 的第一个未被访问的邻接顶点,作为根的左孩子结点*/
          { T->lchild = p;
            first = FALSE;
          }
          else               /*w 是 v 的其他未被访问的邻接顶点,作为上一邻接顶点的右兄弟*/
          { q->nextsibling = p;
          }
          q = p;
```

```
            DFSTree(G,w,&q);        /* 从第 w 个顶点出发深度优先遍历图 G,建立生成子树 * q */
    }
}
```
算法 5.14

5.3.4 关节点和重连通分量

假若在删去顶点 v 以及和 v 相关联的各边之后,将图的一个连通分量分割成两个或两个以上的连通分量,则称顶点 v 为该图的一个关节点(Articulation Point)。一个没有关节点的连通图称为重连通图(Biconnected Graph)。在重连通图上,任意一对顶点之间至少存在两条路径,则在删去某个顶点以及依附于该顶点的各边时也不破坏图的连通性。若在连通图上至少删去 k 个顶点才能破坏图的连通性,则称此图的连通度为 k。关节点和重连通图在实际中较多应用。显然,一个表示通信网络的图的连通度越高,其系统越可靠,无论是哪一个站点出现故障或遭到外界破坏,都不影响系统的正常工作;又如,一个航空网若是重连通的,则当某条航线因天气等某种原因关闭时,旅客仍可从别的航线绕道而行;再如,若将大规模的集成电路的关键线路设计成重连通的话,则在某些元件失效的情况下,整个片子的功能不受影响,反之,在战争中,若要摧毁敌方的运输线,仅需破坏其运输网中的关节点即可。

例如,图 5.25(a)中图 G_7 是连通图,但不是重连通图。图中有 3 个关节点 A、B 和 G。若删去顶点 B 以及所有依附顶点 B 的边,G_7 就被分割成三个连通分量{A、C、F、L、M、J}、{G、H、I、K}和{D、E}。类似地,若删去顶点 A 或 G 以及所依附于它们的边,则 G_7 被分割成两个连通分量,由此,关节点亦称为割点。

(a) 一个连通图无向图G_7　　　　　　　　(b) G_7的深度优先生成树

图 5.25　无向连通图 G_7 及其生成树

利用深度优先搜索便可求得图的关节点,并由此可判别图是否是重连通的。

图 5.25(b)所示为从顶点 A 出发深度优先生成树,图中实线表示树边,虚线表示回边

（即不在生成树上的边）。对树中任一顶点 v 而言，其孩子结点为在它之后搜索到的邻接点，而其双亲结点和由回边连接的祖先结点是在它之前搜索到的邻接点。由深度优先生成树可得出两类关节点的特性。

（1）若生成树的根有两棵或两棵以上的子树，则此根顶点必为关节点。因为图中不存在连接不同子树中顶点的边，因此，若删去根顶点，生成树便变成生成森林。如图 5.25(b)中的顶点 A。

（2）若生成树中某个非叶子结点 v，其某棵子树的根和子树中的其他结点均没有指向 v 的祖先的回边，则 v 为关节点。因为，若删去 v，则其子树和图的其他部分被分割开来。如图 5.25(b)中的顶点 B 和 G。

若对图 Graph =(V,{Edge})重新定义遍历时的访问函数 visited，并引入一个新的函数 low，则由一次深度优先遍历便可求得连通图中存在的所有关节点。

定义 visited[v]为深度优先搜索遍历连通图时访问顶点 v 的次序号；定义：

$$low(v) = Min\left\{visited[v], low[w], visited[k] \;\middle|\; \begin{array}{l} w \text{ 是 } v \text{ 在 DFS 生成树上的孩子结点;} \\ k \text{ 是 } v \text{ 在 DFS 生成树上由回边联结的祖先结点;} \\ (v,w) \in Edge; \\ (v,k) \in Edge, \end{array}\right\}$$

若对于某个顶点 v，存在孩子结点 w 且 low[w]≥visited[v]，则该顶点 v 必为关节点。因为当 w 是 v 的孩子结点时，low[w]≥visited[v]，表明 w 及其子孙均无指向 v 的祖先的回边。

由定义可知，visited[v]值即为 v 在深度优先生成树的前序序列的序号，只需将 DFS 函数中头两个语句改为 visited[v0]=++count（在 DFSTraverse 中设初值 count = 1）即可；low[v]可由后序遍历深度优先生成树求得，而 v 在后序序列中的次序和遍历时退出 DFS 函数的次序相同，由此修改深度优先搜索遍历的算法便可得到求关节点的算法（如算法 5.15 和算法 5.16 所示）。

```
void FindArticul(ALGraph G)
{ /* 连通图 G 以邻接表作存储结构,查找并输出 G 上全部关节点 */
    count = 1;                              /* 全局变量 count 用于对访问计数 */
    visited[0] = 1;                         /* 设定邻接表上 0 号顶点为生成树的根 */
    for(i = 1; i < G.vexnum; ++i)           /* 其余顶点尚未访问 */
        visited[i] = 0;
    p = G.adjlist[0].first;
    v = p -> adjvex;
    DFSArticul(g,v);                        /* 从顶点 v 出发深度优先查找关节点 */
    if(count < G.vexnum)                    /* 生成树的根至少有两棵子树 */
        {printf(0,G.adjlist[0].vertex);     /* 根是关节点,输出 */
        while(p -> next)
            { p = p -> next;
              v = p -> adjvex;
              if(visited[v] == 0) DFSArticul(g,v);
            }
        }
} /* FindArticul */
```

算法 5.15

```
void DFSArticul(ALGraph G, int v0)
/*从顶点 v0 出发深度优先遍历图 G,查找并输出关节点*/
{ visited[v0]= min = ++count;                         /*v0 是第 count 个访问的顶点*/
  for(p= G.adjlist[v0].firstedge; p; p= p->next;)     /*对 v0 的每个邻接点检查*/
    { w = p->adjvex;                                  /*w 为 v0 的邻接点*/
      if(visited[w]== 0)                              /*若 w 未曾访问,则 w 为 v0 的孩子*/
        { DFSArticul(G,w);                            /*返回前求得 low[w]*/
          if(low[w]< min) min = low[w];
          if(low[w]>= visited[v0]) printf(v0,G.adjlist[v0].vertex);  /*输出关节点*/
        }
      else if(visited[w]< min) min = visited[w];/*w 已访问,w 是 v0 在生成树上的祖先*/
    }
  low[v0] = min;
}
```

算法 5.16

例如,图 G_7 中各顶点计算所得 visited 和 low 的函数值如表 5-1 所示。

表 5-1 visited 与 low 的函数值表

i	0	1	2	3	4	5	6	7	8	9	10	11	12
G.adjlist[i].vertex	A	B	C	D	E	F	G	H	I	J	K	L	M
visited[i]	1	5	12	10	11	13	8	6	9	4	7	2	3
low[i]	1	1	5	5	5	5	8	2	8	2	5	1	1
求得 low 值的顺序	13	9	8	7	6	12	3	5	2	1	4	11	10

其中 J 是第一个求得 low 值的顶点,由于存在回边(J,L),则 low[J]= Min{visited[J], visited[L]}=2。顺便提一句,上述算法中将指向双亲的树边也看成是回边,由于不影响关节点的判别,因此,为使算法简明起见,在算法中没有区别之。

由于上述算法的过程就是一个遍历的过程,因此,求关节点的时间复杂度仍为 $O(n+e)$。

5.3.5 有向图的强连通分量

求强连通分量有三种算法——Kosaraju,Tarjan,Gabow,本节重点介绍高效的 Tarjan 算法。Tarjan 算法应用非常广泛,几乎任何和图的遍历有关的问题都可以套用 Tarjan 算法的思想(例如求割点、桥、块、强连通分量等)。提出此算法的普林斯顿大学的 Robert E Tarjan 教授也是 1986 年的图灵奖获得者。

在有向图 G 中,如果两个顶点间至少存在一条路径,称两个顶点强连通(Strongly Connected)。如果有向图 G 的每两个顶点都强连通,称 G 是一个强连通图。非强连通图有向图的极大强连通子图,称为强连通分量(Strongly Connected Components,SCC)。求强连通分量的意义是:由于强连通分量内部的结点性质相同,可以将一个强连通分量内的结点缩成一个点,即消除了环,这样,原图就变成了一个有向无环图(directed acyclic graph,DAG)。

图 5.26 中 G_8 的子图{1,2,3,4}为一个强连通分量,因为顶点 1,2,3,4 两两可达。{5}, {6}也分别是两个强连通分量。

直接根据定义，用双向遍历取交集的方法求强连通分量，时间复杂度为 $O(N^2+M)$。更好的方法是 Tarjan 算法或 Kosaraju 算法，两者的时间复杂度都是 $O(N+M)$。

Tarjan 算法是基于对图深度优先搜索的算法，每个强连通分量为搜索树中的一棵子树。搜索时，把当前搜索树中未处理的节点加入一个堆栈，回溯时可以判断栈顶到栈中的节点是否为一个强连通分量。

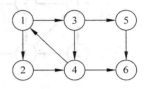

图 5.26　有向图 G_8

定义 DFN(u) 为结点 u 搜索的次序编号（时间戳），Low(u) 为 u 或 u 的子树能够追溯到的最早的栈中结点的次序号。由定义可以得出：

```
Low(u) = Min
{   DFN(u),
    Low(v),(u,v)为树枝边,u 为 v 的双亲结点
    DFN(v),(u,v)为指向栈中结点的后向边(非横叉边)
}
```

当 DFN(u)＝Low(u) 时，以 u 为根的搜索子树上所有结点是一个强连通分量。伪代码如下：

```
tarjan(u)
{   DFN[u] = Low[u] = ++ Index              //为结点 u 设定次序编号和 Low 初值
    Stack.push(u)                            //将结点 u 压入栈中
    for each (u, v) in E                     //枚举每一条边
        if (v is not visted)                 //如果结点 v 未被访问过
            tarjan(v)                        //继续向下找
            Low[u] = min(Low[u], Low[v])
        else if (v in S)                     //如果结点 v 还在栈内
            Low[u] = min(Low[u], DFN[v])
    if (DFN[u] == Low[u])                    //如果结点 u 是强连通分量的根
        repeat
            v = S.pop
            print v                          //将 v 退栈，为该强连通分量中一个顶点
        until (u == v)
}
```

算法 5.17

算法演示：从结点 1 开始 DFS，把遍历到的结点加入栈中。搜索到结点 u＝6 时，DFN[6]=Low[6]，找到一个强连通分量。退栈到 u＝v 为止，{6} 为一个强连通分量（如图 5.27(a) 所示）。

返回结点 5，发现 DFN[5]＝Low[5]，退栈后 {5} 为一个强连通分量（如图 5.27(b) 所示）。

返回结点 3，继续搜索到结点 4，把 4 加入堆栈。发现结点 4 向结点 1 有后向边，结点 1 还在栈中，所以 Low[4]=1。结点 6 已经出栈，(4,6) 是横叉边，返回 3，(3,4) 为树枝边，所以 Low[3]= Low[4]=1（图 5.26(c)）。

继续回到结点 1，最后访问结点 2。访问边 (2,4)，4 还在栈中，所以 Low[2]= DFN[4]=5。

图 5.27 针对图 5.25 有向图 G_8 的 Tarjad 算法演示

返回 1 后,发现 DFN[1]= Low[1],把栈中结点全部取出,组成一个连通分量{1,3,4,2}(如图 5.27(d)所示)。

至此,算法结束。通过该算法,求出了图中全部的三个强连通分量{1,3,4,2},{5},{6}。运行 Tarjan 算法的过程中,每个顶点都被访问了一次,且只进出了一次堆栈,每条边也只被访问了一次,所以该算法的时间复杂度为 $O(N+M)$。算法模板如下:

```
int top;                                //这个是用作栈顶的指针
int Stack[MAX];                         //维护的一个栈
bool instack[MAX];                      //instack[i]为真表示 i 在栈中
int DFN[MAX],Low[MAX];
int Belong[MAX];                        //Belong[i] = a;表示 i 这个点属于第 a 个连通分量
int Bcnt,Dindex;                        //Bcnt 用来记录连通分量的个数,Dindex 表示到达某个点的时间
void tarjan(int u)
{   int v;
    DFN[u] = Low[u] = ++Dindex;         //这里要注意 Dindex 是初始化为 0,这里就不能
                                        //Dindex++;不然第一个点的 DFN 和 Low 就为 0
    Stack[++top] = u;
    instack[u] = true;
    for (edge *e = V[u]; e; e = e->next) //对所有可达边的搜索
    {   v = e->t;
        if (!DFN[v])                    //这个 if 就是用来更新 Low[u]
        {   tarjan(v);
            if (Low[v] < Low[u])
                Low[u] = Low[v];
        }
        else if (instack[v] && DFN[v] < Low[u])
            Low[u] = DFN[v];
    }
    if (DFN[u] == Low[u])               //这里表示找完一个强连通了
```

```
        {   Bcnt ++;                                    //强连通个数加1
            do
            {   v = Stack[top --];
                instack[v] = false;
                Belong[v] = Bcnt;
            }
            while (u != v);                             //一直到v=u都是属于第Bcnt个强连通分量
        }
    }
}
void solve()
{   int i;
    Stop = Bcnt = Dindex = 0;
    memset(DFN,0,sizeof(DFN));
    for (i = 1; i <= N; i ++)                           //这里是一定要对所有点tarjan才能求出所有的
                                                        //点的强连通分量
        if (!DFN[i])
            tarjan(i);
}
```

算法 5.18

该 Tarjan 算法与求无向图的双连通分量(割点、桥)的 Tarjan 算法有着很深的联系。学习该 Tarjan 算法,有助于深入理解求双连通分量的 Tarjan 算法,两者可以类比、组合理解。

例 5-4 道路建设(Road Construction)。题目描述:给你一个无向图,然后问你至少需要添加几条边,可以使整个图变成边双连通分量,也就是说任意两点至少有两条路可以互相连通。第一行输入两个整数 n、r,$n(3 \leqslant n \leqslant 1000)$ 表示岛上的旅游景点数,$r(2 \leqslant r \leqslant 1000)$ 是道路数,旅游景点被标识为 1 到 n。接着的 r 行是表示景点的两个整数 v 和 w。游客可以沿着道路的任何一个方向旅行,每对景点之间至多一条直接的道路。在当前道路设置中,任何的两个景点间都可以旅行。输出需要添加的最少道路数。[POJ 3352]

Sample Input 1

10 12
1 2
1 3
1 4
2 5
2 6
5 6
3 7
3 8
7 8
4 9
4 10
9 10

Sample Input 2

3 3
1 2
2 3
1 3

Output for Sample Input 1

2

Output for Sample Input 2

0

问题分析如下：

对于属于同一个边双连通分量的任意点是至少有两条通路是可以互相可达的，因此可以将一个边双连通分量缩成一个点。考虑不在边双连通分量中的点，通过缩点后可形成一棵树。对于一个树型的无向图，需要添加（度为1的点的个数+1）/2条边使得图成为双连通的。这样问题就是变成缩点之后，求图中度为1的点的个数了。

这个题目的条件给的很强，任意两个点之间不会有重边，因此可以直接经过Tarjan的low值进行边双连通分量的划分，最后求出度为1的点数即可。如果有重边的话，不同的low值是可能属于同一个边双连通分量的，这个时候就要通过将图中的桥去掉然后求解边双连通分量。

Tarjan算法在求解强连通分量的时候，通过引入dfs过程中对一个点访问的顺序dfsNum（也就是在访问该点之前已经访问的点的个数）和一个点可以到达的最小的dfsNum的low数组，当遇到一个顶点的dfsNum值等于low值，那么该点就是一个强连通分量的根。因为在dfs的过程中已经将点入栈，因此只需要将栈中的元素出栈直到遇到根，那么这些点就组成一个强连通分量。

对于边双连通分量，还需要先了解一些概念。
（1）边连通度：使一个子图不连通所需要删除的最小的边数就是该图的边连通度。
（2）桥（割边）：当删除一条边就使得图不连通的那条边称为桥或者是割边。
（3）边双连通分量：边连通度大于等于2的子图称为边双连通分量。

理解了这些概念之后再来看看Tarjan算法是如何求解边双连通分量的，不过在此之前还得先说说Tarjan是怎样求桥的。

引入dfsNum表示一个点在dfs过程中所被访问的时间，然后就是low数组表示该点最小的可以到达的dfsNum。分析一下桥的特点，删除一条边之后，如果dfs过程中的子树没有任何一个点可以到达双亲结点及双亲结点以上的结点，那么这个时候子树就被封死了，这条边就是桥。有了这个性质，也就是说当dfs过程中遇到一条树边a→b，并且此时low[b]>dfsNum[a]，那么a→b就是一座桥。把所有的桥去掉之后那些独立的分量就是不同的边双连通分量，此时就可以按照需要灵活的求出边双连通分量了。参考代码如下。

```cpp
#include <iostream>
#include <cstring>
#include <cstdlib>
#include <cstdio>
#include <vector>
using namespace std;
const int Max = 1010;
int top[Max],edge[Max][Max];
int dfsNum[Max],dfsnum;
int low[Max],degree[Max], cc[Max];
int ccCnt, ans;
bool exist[Max][Max];
void tarjan(int a, int fa)
{   dfsNum[a] = low[a] = ++dfsnum;
    for(int i = 0;i<top[a];i++)
    {   if(edge[a][i]!= fa)
```

//memset(top,0,sizeof(top));
//memset(dfsNum,0,sizeof(dfsNum)),dfsNum = 1;

```
            {   if(dfsNum[edge[a][i]] == 0)
                {   tarjan(edge[a][i],a);
                    if(low[a]>low[edge[a][i]])
                        low[a] = low[edge[a][i]];
                    if(dfsNum[a] < low[edge[a][i]])
                        exist[a][edge[a][i]] = exist[edge[a][i]][a] = true;
                }
                else
                    if(low[a]>dfsNum[edge[a][i]])
                        low[a] = dfsNum[edge[a][i]];
            }
        }
    }

    void dfs(int fa, int u)
    {   cc[u] = ccCnt;
        for(int i = 0; i<top[u]; i++)
        {   int v = edge[u][i];
            if(v != fa && !exist[u][v] && !cc[v])
                dfs(u, v);
        }
    }

    int solve(int n)
    {   int i,j;
        int a,b;
        memset(cc, 0, sizeof(cc));
        ccCnt = 1;
        for(i = 1; i <= n; i++)
        {   if(!cc[i])
            {   dfs(-1, i);
                ccCnt++;
            }
        }
        for(i = 1;i <= n;i++)
        {   a = i;
            for(j = 0;j<top[i];j++)
            {   b = edge[a][j];
                if(cc[a] != cc[b])
                {   degree[cc[a]]++;
                    degree[cc[b]]++;
                }
            }
        }
        int leaves = 0;
        for(i = 1;i<ccCnt;i++)
            if(degree[i] == 2)
                leaves++;
        return (leaves + 1)/2;
    }
```

```
int main()
{   int n,m;
    int i,a,b;
    while(scanf("%d %d",&n,&m)!=EOF)
    {   memset(top,0,sizeof(top));
        memset(degree,0,sizeof(degree));
        for(i=0;i<m;i++)
        {   scanf("%d %d",&a,&b);
            edge[a][top[a]++] = b;
            edge[b][top[b]++] = a;
        }
        memset(dfsNum,0,sizeof(dfsNum));
        dfsnum = 0;
        memset(exist, false, sizeof(exist));
        tarjan(1, -1);
        ans = solve(n);
        printf("%d\n",ans);
    }
    return 0;
}
```

算法 5.19

Robert Tarjan 还发明了求双连通分量的 Tarjan 算法,以及求最近公共祖先的离线 Tarjan 算法,建议基础好的读者去设计实现这些算法[POJ 1236,1470]。

5.4 有向无环图及其应用

5.4.1 有向无环图的概念

一个无环的有向图称作有向无环图(Directed Acycline Graph)。简称 DAG 图。DAG 图是一类较有向树更一般的特殊有向图,图 5.28 给出了有向树、DAG 图和有向图的例子。

图 5.28 有向树、DAG 图和有向图示意

有向无环图是描述含有公共子式的表达式的有效工具。例如下述表达式:
$((a+b)*(b*(c+d)+(c+d)*e)*((c+d)*e)$

可以用第六章讨论的二叉树来表示,如图 5.29 所示。仔细观察该表达式,可发现有一些相同的子表达式,如(c+d)和(c+d)*e 等,在二叉树中,它们也重复出现。若利用有向无环图,则可实现对相同子式的共享,从而节省存储空间。例如图 5.30 所示为表示同一表

达式的有向无环图。

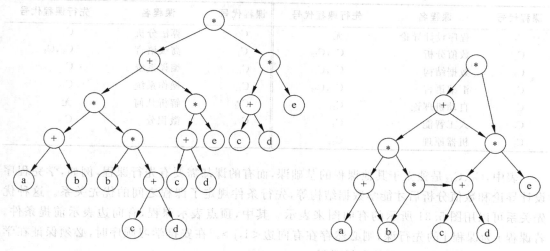

图 5.29　用二叉树描述表达式　　　　图 5.30　描述表达式的有向无环图

检查一个有向图是否存在环要比无向图复杂。对于无向图来说,若深度优先遍历过程中遇到回边(即指向已访问过的顶点的边),则必定存在环;而对于有向图来说,这条回边有可能是指向深度优先生成森林中另一棵生成树上顶点的弧。但是,如果从有向图上某个顶点 v 出发的遍历,在 dfs(v)结束之前出现一条从顶点 u 到顶点 v 的回边,由于 u 在生成树上是 v 的子孙,则有向图必定存在包含顶点 v 和 u 的环。

有向无环图是描述一项工程或系统的进行过程的有效工具。除最简单的情况之外,几乎所有的工程(Project)都可分为若干个称作活动(Activity)的子工程,而这些子工程之间,通常受着一定条件的约束,如其中某些子工程的开始必须在另一些子工程完成之后。对整个工程和系统,人们关心的是两个方面的问题:一是工程能否顺利进行;二是估算整个工程完成所必需的最短时间。以下两小节将详细介绍这样两个问题是如何通过对有向图进行拓扑排序和关键路径操作来解决的。

5.4.2　AOV 网与拓扑排序

1. AOV 网(Activity On Vertex Network)

一个工程或某种流程可以分解为若干个小工程或阶段,这些小工程或阶段就称为活动。若以图中的顶点来表示活动,有向边表示活动之间的优先关系,则这样的活动在顶点上的有向图称为 AOV 网。在 AOV 网中,若从顶点 i 到顶点 j 之间存在一条有向路径,称顶点 i 是顶点 j 的前驱,或者称顶点 j 是顶点 i 的后继。若<i,j>是图中的弧,则称顶点 i 是顶点 j 的直接前驱,顶点 j 是顶点 i 的直接后驱。

AOV 网中的弧表示了活动之间存在的制约关系。例如,计算机专业的学生必须完成一系列规定的基础课和专业课才能毕业。学生按照怎样的顺序来学习这些课程呢?这个问题可以被看成是一个大的工程,其活动就是学习每一门课程。这些课程的名称与相应代号如表 5-2 所示。

表 5-2　计算机专业的课程设置及其关系

课程代号	课程名	先行课程代号	课程代号	课程名	先行课程代号
C_1	程序设计导论	无	C_8	算法分析	C_3
C_2	数值分析	C_1,C_{13}	C_9	高级语言	C_3,C_4
C_3	数据结构	C_1,C_{13}	C_{10}	编译系统	C_9
C_4	汇编语言	C_1,C_{12}	C_{11}	操作系统	C_{10}
C_5	自动机理论	C_{13}	C_{12}	解析几何	无
C_6	人工智能	C_3	C_{13}	微积分	C_{12}
C_7	机器原理	C_{13}			

表中，C_1、C_{12} 是独立于其他课程的基础课，而有的课却需要有先行课程，例如，学完程序设计导论和数值分析后才能学数据结构等，先行条件规定了课程之间的优先关系。这种优先关系可以用图 5.31 所示的有向图来表示。其中，顶点表示课程，有向边表示前提条件。若课程 i 为课程 j 的先行课，则必然存在有向边 <i,j>。在安排学习顺序时，必须保证在学习某门课之前，已经学习了其先行课程。

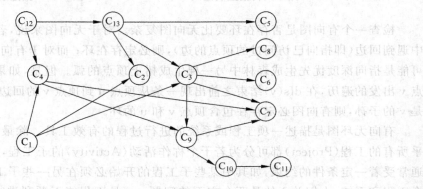

图 5.31　一个 AOV 网实例

类似的 AOV 网的例子还有很多，比如大家熟悉的计算机程序，任何一个可执行程序也可以划分为若干个程序段（或若干语句），由这些程序段组成的流程图也是一个 AOV 网。

2. 拓扑排序

首先介绍一下离散数学中的偏序集合与全序集合两个概念。

若集合 A 中的二元关系 R 是自反的、非对称的和传递的，则 R 是 A 上的偏序关系。集合 A 与关系 R 一起称为一个偏序集合。

若 R 是集合 A 上的一个偏序关系，如果对每个 a,b∈A 必有 aRb 或 bRa，则 R 是 A 上的全序关系。集合 A 与关系 R 一起称为一个全序集合。

偏序关系经常出现在日常生活中。例如，若把 A 看成一项大的工程必须完成的一批活动，则 aRb 意味着活动 a 必须在活动 b 之前完成。例如，对于前面提到的计算机专业的学生必修的基础课与专业课，由于课程之间的先后依赖关系，某些课程必须在其他课程以前讲授，这里的 aRb 就意味着课程 a 必须在课程 b 之前学完。

AOV 网所代表的一项工程中活动的集合显然是一个偏序集合。为了保证该项工程得以顺利完成，必须保证 AOV 网中不出现回路；否则，意味着某项活动应以自身作为能否开展的先决条件，这是不合理的。

测试 AOV 网是否具有回路（即是否是一个有向无环图）的方法，就是在 AOV 网的偏序集合下构造一个线性序列，该线性序列具有以下性质：

（1）在 AOV 网中，若顶点 i 优先于顶点 j，则在线性序列中顶点 i 仍然优先于顶点 j；

（2）对于网中原来没有优先关系的顶点与顶点，如图 5.31 中的 C_1 与 C_{13}，在线性序列中也建立了一个先后关系，或者顶点 i 优先于顶点 j，或者顶点 j 优先于顶点 i。

满足这样性质的线性序列称为拓扑有序序列。构造拓扑序列的过程称为拓扑排序。也可以说拓扑排序就是由某个集合上的一个偏序得到该集合上的一个全序的操作。

若某个 AOV 网中所有顶点都在它的拓扑序列中，则说明该 AOV 网不会存在回路，这时的拓扑序列集合是 AOV 网中所有活动的一个全序集合。以图 5.31 中的 AOV 网为例，可以得到不止一个拓扑序列，C_1，C_{12}，C_4，C_{13}，C_5，C_2，C_3，C_9，C_7，C_{10}，C_{11}，C_6，C_8 就是其中之一。显然，对于任何一项工程中各个活动的安排，必须按拓扑有序序列中的顺序进行才是可行的。

3. 拓扑排序算法

对 AOV 网进行拓扑排序的方法和步骤如下：

（1）从 AOV 网中选择一个没有前驱的顶点（该顶点的入度为 0）并且输出它。

（2）从网中删去该顶点，并且删去从该顶点发出的全部有向边。

（3）重复上述两步，直到剩余的网中不再存在没有前驱的顶点为止。

这样操作的结果有两种：一种是网中全部顶点都被输出，这说明网中不存在有向回路；另一种就是网中顶点未被全部输出，剩余的顶点均有前驱顶点，这说明网中存在有向回路。

图 5.32 给出了在一个 AOV 网上实施上述步骤的例子。

图 5.32 求一拓扑序列的过程

这样得到一个拓扑序列：$V_2, V_5, V_1, V_4, V_3, V_7, V_6$。

为了实现上述算法，对 AOV 网采用邻接表存储方式，并且邻接表中顶点结点中增加一个记录顶点入度的数据域，即顶点结构设为：count, vertex, firstedge。

其中，vertex、firstedge 的含义如前所述；count 为记录顶点入度的数据域。边结点的结构同 5.2.2 节所述。图 5.32(a)中的 AOV 网的邻接表如图 5.33 所示。

图 5.33　图 5.32(a)所示的 AOV 网的邻接表

顶点表结点结构的描述改为：

```
typedef struct vnode{                    /* 顶点表结点 */
    int count                            /* 存放顶点入度 */
    VertexType vertex;                   /* 顶点域 */
    EdgeNode * firstedge;                /* 边表头指针 */
}VertexNode;
```

当然也可以不增设入度域，而另外设一个一维数组来存放每一个结点的入度。

算法中可设置一个堆栈，凡是网中入度为 0 的顶点都将其入栈。为此，拓扑排序的算法步骤如下：

(1) 将没有前驱的顶点（count 域为 0）压入栈；

(2) 从栈中退出栈顶元素输出，并把该顶点引出的所有有向边删去，即把它的各个邻接顶点的入度减 1；

(3) 将新的入度为 0 的顶点再入堆栈；

(4) 重复(2)～(4)，直到栈为空为止。此时或者是已经输出全部顶点，或者剩下的顶点中没有入度为 0 的顶点。

从上面的步骤可以看出，栈在这里只是起到一个保存当前入度为零的顶点，并使之处理有序的作用。这种有序可以是后进先出，也可以是先进先出，故此也可用队列来辅助实现。在下面给出用 C 语言描述的拓扑排序的算法实现中，采用栈来存放当前未处理过的入度为零的结点，但并不需要额外增设栈的空间，而是设一个栈顶位置的指针将当前所有未处理过的入度为零的结点连接起来，形成一个链式栈。

```
void Topo_Sort (AlGraph * G)
{                                    /* 对以带入度的邻接链表为存储结构的图 G,输出其一种拓扑序列 */
    int top = -1;                    /* 栈顶指针初始化 */
    for (i = 0; i<n; i++)            /* 依次将入度为 0 的顶点压入链式栈 */
    {   if ( G->adjlist[i]. Count == 0)
```

```
            {   G->adjlist[i].count = top;
                top = i;
            }
        }
        for (i = 0;i<n;i++)
        {   if (top = -1)
            {   printf("The network has a cycle");
                return;
            }
            j = top;
            top = G->adjlist[top].count;         /*从栈中退出一个顶点并输出*/
            printf(" % c",G->adjlist[j].vertex);
            ptr = G->adjlist[j].firstedge;
            while (ptr!= null)
            {   k = ptr->adjvex;
                G->adjlist[k].count--;           /*当前输出顶点邻接点的入度减1*/
                if(G->adjlist[k].count == 0)     /*新的入度为0的顶点进栈*/
                {   G->adjlist[k].count = top;
                    top = k;
                }
                ptr = ptr->next;                 /*找到下一个邻接点*/
            }
        }
    }
```

算法 5.20

对一个具有 n 个顶点、e 条边的网来说,整个算法的时间复杂度为 $O(e+n)$。

5.4.3 AOE 网与关键路径

1. AOE 网(Activity On Edge Network)

若在带权的有向图中,以顶点表示事件,以有向边表示活动,边上的权值表示活动的开销(如该活动持续的时间),则此带权的有向图称为 AOE 网。

如果用 AOE 网来表示一项工程,那么,仅仅考虑各个子工程之间的优先关系还不够,更多的是关心整个工程完成的最短时间是多少;哪些活动的延期将会影响整个工程的进度,而加速这些活动是否会提高整个工程的效率。因此,通常在 AOE 网中列出完成预定工程计划所需要进行的活动,每个活动计划完成的时间,要发生哪些事件以及这些事件与活动之间的关系,从而可以确定该项工程是否可行,估算工程完成的时间以及确定哪些活动是影响工程进度的关键。

AOE 网具有以下两个性质:

(1) 只有在某顶点所代表的事件发生后,从该顶点出发的各有向边所代表的活动才能开始。

(2) 只有在进入一某顶点的各有向边所代表的活动都已经结束,该顶点所代表的事件才能发生。

图 5.34 给出了一个具有 15 个活动、11 个事件的假想工程的 AOE 网。$v_1, v_2, \cdots, v_{11}$ 分别表示一个事件；$<v_1, v_2>, <v_1, v_3>, \cdots, <v_{10}, v_{11}>$ 分别表示一个活动；用 $a_1, a_2, \cdots, a_{15}$ 代表这些活动。其中，v_1 称为源点，是整个工程的开始点，其入度为 0；v_{11} 为终点，是整个工程的结束点，其出度为 0。

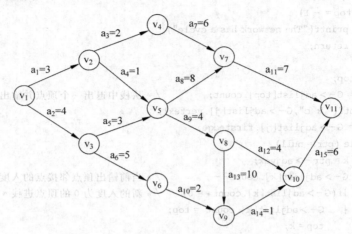

图 5.34 一个 AOE 网实例

对于 AOE 网，可采用与 AOV 网一样的邻接表存储方式。其中，邻接表中边结点的域为该边的权值，即该有向边代表的活动所持续的时间。

2. 关键路径

由于 AOE 网中的某些活动能够同时进行，故完成整个工程所必须花费的时间应该为源点到终点的最大路径长度（这里的路径长度是指该路径上的各个活动所需时间之和）。具有最大路径长度的路径称为关键路径。关键路径上的活动称为关键活动。关键路径长度是整个工程所需的最短工期。这就是说，要缩短整个工期，必须加快关键活动的进度。

利用 AOE 网进行工程管理时需要解决的主要问题如下：

(1) 计算完成整个工程的最短路径；

(2) 确定关键路径，以找出哪些活动是影响工程进度的关键。

3. 关键路径的确定

为了在 AOE 网中找出关键路径，需要定义几个参数，并且说明其计算方法。

(1) 事件的最早发生时间 ve[k]

ve[k] 是指从源点到顶点的最大路径长度代表的时间。这个时间决定了所有从顶点发出的有向边所代表的活动能够开工的最早时间。根据 AOE 网性质，只有进入 v_k 所有活动 $<v_j, v_k>$ 都结束时，v_k 代表的事件才能发生；而活动 $<v_j, v_k>$ 的最早结束时间为 ve[j] + dut($<v_j, v_k>$)。所以计算 v_k 发生的最早时间的方法如下：

$$\begin{cases} ve[1] = 0 \\ ve[k] = \text{Max}\{ve[j] + dut(<v_j, v_k>)\} \quad <v_j, v_k> \in p[k] \end{cases} \quad (5-1)$$

其中，p[k]表示所有到达 v_k 的有向边的集合；dut($<v_j,v_k>$)为有向边$<v_j,v_k>$上的权值。

(2) 事件的最迟发生时间 vl[k]

vl[k]是指在不推迟整个工期的前提下，事件 v_k 允许的最晚发生时间。设有向边$<v_k,v_j>$代表从 v_k 出发的活动，为了不拖延整个工期，v_k 发生的最迟时间必须保证不推迟从事件 v_k 出发的所有活动$<v_k,v_j>$的终点 v_j 的最迟时间 vl[j]。vl[k]的计算方法如下：

$$\begin{cases} vl[n] = ve[n] \\ vl[k] = \text{Min}\{vl[j] - dut(<v_k,v_j>)\} \quad <v_k,v_j> \in s[k] \end{cases} \quad (5-2)$$

其中，s[k]为所有从 v_k 发出的有向边的集合。

(3) 活动 a_i 的最早开始时间 e[i]

若活动 a_i 是由弧$<v_k,v_j>$表示，根据 AOE 网的性质，只有事件 v_k 发生了，活动 a_i 才能开始。也就是说，活动 a_i 的最早开始时间应等于事件 v_k 的最早发生时间。因此，有：

$$e[i] = ve[k] \quad (5-3)$$

(4) 活动 a_i 的最晚开始时间 l[i]

活动 a_i 的最晚开始时间指在不推迟整个工程完成日期的前提下，必须开始的最晚时间。若由弧$<v_k,v_j>$表示，则 a_i 的最晚开始时间要保证事件 v_j 的最迟发生时间不拖后。因此，应该有：

$$l[i] = vl[j] - dut(<v_k,v_j>) \quad (5-4)$$

根据每个活动的最早开始时间 e[i]和最晚开始时间 l[i]就可判定该活动是否为关键活动，也就是那些 l[i] = e[i]的活动就是关键活动，而那些 l[i] > e[i]的活动则不是关键活动，l[i] - e[i]的值为活动的时间余量。关键活动确定之后，关键活动所在的路径就是关键路径。

以图 5.35 所示的 AOE 网为例，求出上述参量，来确定该网的关键活动和关键路径。

首先，按照(5-1)式求事件的最早发生时间 ve[k]。

ve(1) = 0　　　　　　　　　　　ve(7) = max{ve(4) + 6, ve(5) + 8} = 15
ve(2) = 3　　　　　　　　　　　ve(8) = ve(5) + 4 = 11
ve(3) = 4　　　　　　　　　　　ve(9) = max{ve(8) + 10, ve(6) + 2} = 21
ve(4) = ve(2) + 2 = 5　　　　　　ve(10) = max{ve(8) + 4, ve(9) + 1} = 22
ve(5) = max{ve(2) + 1, ve(3) + 3} = 7　ve(11) = max{ve(7) + 7, ve(10) + 6} = 28
ve(6) = ve(3) + 5 = 9

其次，按照(5-2)式求事件的最迟发生时间 vl[k]。

vl(11) = ve(11) = 28　　　　　　vl(5) = min{vl(7) - 8, vl(8) - 4} = 7
vl(10) = vl(11) - 6 = 22　　　　　vl(4) = vl(7) - 6 = 15
vl(9) = vl(10) - 1 = 21　　　　　 vl(3) = min{vl(5) - 3, vl(6) - 5} = 4
vl(8) = min{vl(10) - 4, vl(9) - 10} = 11　vl(2) = min{vl(4) - 2, vl(5) - 1} = 6
vl(7) = vl(11) - 7 = 21　　　　　 vl(1) = min{vl(2) - 3, vl(3) - 4} = 0
vl(6) = vl(9) - 2 = 19

再按照(5-3)式和(5-4)式求活动 a_i 的最早开始时间 e[i]和最晚开始时间 l[i]。

a_1	$e(1) = ve(1) = 0$	$l(1) = vl(2) - 3 = 3$
a_2	$e(2) = ve(1) = 0$	$l(2) = vl(3) - 4 = 0$
a_3	$e(3) = ve(2) = 3$	$l(3) = vl(4) - 2 = 13$
a_4	$e(4) = ve(2) = 3$	$l(4) = vl(5) - 1 = 6$
a_5	$e(5) = ve(3) = 4$	$l(5) = vl(5) - 3 = 4$
a_6	$e(6) = ve(3) = 4$	$l(6) = vl(6) - 5 = 14$
a_7	$e(7) = ve(4) = 5$	$l(7) = vl(7) - 6 = 15$
a_8	$e(8) = ve(5) = 7$	$l(8) = vl(7) - 8 = 13$
a_9	$e(9) = ve(5) = 7$	$l(9) = vl(8) - 4 = 7$
a_{10}	$e(10) = ve(6) = 9$	$l(10) = vl(9) - 2 = 19$
a_{11}	$e(11) = ve(7) = 15$	$l(11) = vl(11) - 7 = 21$
a_{12}	$e(12) = ve(8) = 11$	$l(12) = vl(10) - 4 = 18$
a_{13}	$e(13) = ve(8) = 11$	$l(13) = vl(9) - 10 = 11$
a_{14}	$e(14) = ve(9) = 21$	$l(14) = vl(10) - 1 = 21$
a_{15}	$e(15) = ve(10) = 22$	$l(15) = vl(11) - 6 = 22$

最后,比较 e[i] 和 l[i] 的值可判断出 $a_2, a_5, a_9, a_{13}, a_{14}, a_{15}$ 是关键活动,关键路径如图 5.35 所示。

由上述方法得到求关键路径的算法步骤如下:

(1) 输入 e 条弧 <j, k>,建立 AOE 网的存储结构;

图 5.35 一个 AOE 网实例

(2) 从源点 v_0 出发,令 ve[0] = 0,按拓扑有序求其余各顶点的最早发生时间 ve[i] ($1 \leqslant i \leqslant n-1$)。如果得到的拓扑有序序列中顶点个数小于网中顶点数 n,则说明网中存在环,不能求关键路径,算法终止;否则执行步骤(3);

(3) 从汇点 v_n 出发,令 vl[n-1] = ve[n-1],按逆拓扑有序求其余各顶点的最迟发生时间 vl[i]($n-2 \geqslant i \geqslant 2$);

(4) 根据各顶点的 ve 和 vl 值,求每条弧 s 的最早开始时间 e(s) 和最迟开始时间 l(s)。若某条弧满足条件 e(s) = l(s),则为关键活动。

由该步骤得到的算法如算法 5.21 和算法 5.22 所示。在算法 5.21 中,Stack 为栈的存储类型;引用的函数 FindInDegree(G, indegree) 用来求图 G 中各顶点的入度,并将所求的入度存放于一维数组 indegree 中。

```
int topologicalOrder(ALGraph G, Stack T)
{                /*有向网 G 采用邻接表存储结构,求各顶点事件的最早发生时间 ve(全局变量) */
  /* T 为拓扑序列顶点栈, S 为零入度顶点栈. */
  /*若 G 无回路,则用栈 T 返回 G 的一个拓扑序列,且函数值为 OK,否则为 ERROR. */
  FindInDegree(G, indegree);        /*对各顶点求入度 indegree[0..vernum-1] */
  InitStack(S);                     /*建零入度顶点栈 S*/
  count = 0; ve[0..G.vexnum - 1] = 0;  /*初始化 ve[ ]*/
```

```
        for (i = 0; i < G.vexnum; i++)          /*将初始时入度为 0 的顶点入栈*/
          { if (indegree[i] == 0) push(S,i); }
        while (!StackEmpty(S)) {
            Pop (S,j); Push (T,j); ++count;     /*j 号顶点入 T 栈并计数*/
            for (p = G.adjlist[j].firstedge; p; p = p->next)
              {  k = p->adjvex;                 /*对 j 号顶点的每个邻接点的入度减 1*/
                 if(- - indegree[k] == 0) Push(S,k);     /*若入度减为 0,则入栈*/
                 if (ve[j] + * (p->info)> ve[k])
                     ve[k] = ve[j] + * (p->info);
              }
        }
        if (count < G. vexnum) return 0;        /*该有向网有回路返回 0,否则返回 1*/
        else return 1;
    }                                           /*TopologicalOrder*/
```

算法 5.21

```
int Criticalpath(ALGraph G)
{                                               /*G 为有向网,输出 G 的各项关键活动.*/
        InitStack(T);                           /*建立用于产生拓扑逆序的栈 T*/
        if (! TopologicalOrder (G,T) ) return 0; /*该有向网有回路返回 0*/
        vl[0..G.vexnum - 1] = ve [G.vexnum - 1]; /*初始化顶点事件的最迟发生时间*/
        while (! StackEmpty (T) )               /*按拓扑逆序求各顶点的 vl 值*/
          for (Pop(T,j), p = G. adjlist[j].firstedge; p; p = p->next)
            {  k = p->adjvex; dut = * (p->info);
               if ( vl [k] - dut < vl [j] ) vl [j] = vl [k] - dut;
            }
        for ( j = 0; j < G. vexnum; + + j)      /*求 e,l 和关键活动*/
          for (p = G.adjlist [j].firstedge; p; p = p->next)
            {  k = p->adjvex; dut = * (p->indo);
               e = ve [j]; l = vl [k] - dut;
               tag = (e == l) ? '*':'' ;
               printf ( j,k,dut,e,l,tag );      /*输出关键活动*/
            }
        return 1;                               /*求出关键活动后返回 1*/
}                                               /*Criticalpath*/
```

算法 5.22

5.5 最短路径算法

最短路径问题是图的又一个比较典型的应用问题。例如,某一地区的一个公路网,给定了该网内的 n 个城市以及这些城市之间的相通公路的距离,能否找到城市 A 到城市 B 之间一条距离最近的通路呢？如果将城市用点表示,城市间的公路用边表示,公路的长度作为边的权值,那么,这个问题就可归结为在网图中,求点 A 到点 B 的所有路径中,边的权值之和最短的那一条路径。这条路径就是两点之间的最短路径,并称路径上的第一个顶点为源点(Sourse),最后一个顶点为终点(Destination)。在非网图中,最短路径是指两点之间经历的边数最少的路径。

输入一个赋权图：与每条边(v_i, v_j)相联系的是穿越该弧的代价（或称为值）$c_{i,j}$，一条路径 $v_1, v_2, \cdots, v_n$ 的值是 $\sum_{i=1}^{n-1} c_{i,i+1}$，叫作赋权路径长度（Weighted Path Length）。而无权路径长度（Unweighted Path Length）只是路径上的边数，即 $n-1$。

单源最短路径问题：给定一个带权图 $G = (V, E)$ 和一个特定顶点 s 作为输入，找到 s 到 G 中每一个其他顶点的最短带权路径。

例如图 5.36(a)中，从 v_1 到 v_6 的最短带权路径长度为 6，它是从 v_1 到 v_4 到 v_7 再到 v_6 的路径。在这两个顶点间的最短无权路径长度为 2。图 5.36(b)给出了一个权值为负数的边，从 v_5 到 v_4 的路径长度为 1，但通过循环 v_5, v_4, v_2, v_5, v_4 存在一条最短路径，其值为 -5，其实这条路径仍然不是最短的，因为循环可以进行多次，因此，这两个顶点间的最短路径问题是不确定的。类似的 v_1 到 v_6 的最短路径也是不确定的，因为，它可以进入同样的循环。这个循环叫负值环（Negative Cost Cycle）；当它出现在图中时，最短路径问题就是不确定的。有带负值的边未必就是坏事，但它的出现似乎使问题增加了难度。

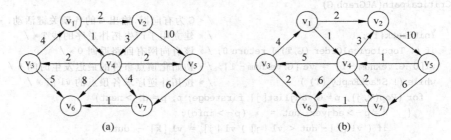

图 5.36　带权有向图和带负值权的有向图

本节重点介绍单源最短路径问题的相关算法。首先，考虑无权最短路径问题，并指出如何以 $O(|E|+|V|)$ 时间解决它。其次，假设边无负值，如何求解带权最短路径问题，期望在使用合理数据结构实现时的运行时间为 $O(|E| \cdot \log_2 |V|)$。如果图有负边，介绍一个时间界为 $O(|E| \cdot |V|)$ 的简单解法。

5.5.1　无权最短路径

显然无权图可以视为权值都为 1 的带权图的特殊情形，如可将图 5.36(a)视为一个权值均为 1 的无权图 G。使用某个顶点 s 作为输入参数，要找出从 s 到所有其他顶点的最短路径。假设选择 s 为 v_3，则 s 到 v_3 的最短路径为 0，下一步可以通过 v_3 找到路径长度为 1 的顶点 v_1 和 v_6，再通过 v_1 和 v_6 找出路径长度为 2 的顶点 v_2 和 v_4，最后通过 v_2, v_4 找出其余顶点的路径长度均为 3。显然，这个方法就是 BFS，处理过程类似于树的层次遍历，其时间复杂度为 $O(|E|+|V|)$。下面简要说明算法的实现。

对于每个顶点，关注顶点是否被处理（未处理为 F，处理过为 T，初始为 F），s 到此顶点的路径长 dv（s 初始为 0，其他为 INFINITY）。在任意时刻，只存在两种类型的未知顶点，一些顶点的 dv = currDist，另一些 dv = currDist + 1。一种抽象是保留两个盒子，1 号盒子装有 dv = currDist 的那些未知顶点，而 2 号盒子装有 dv = currDist + 1 的那些顶点。找出一个合适顶点的测试可以用查找 1 号盒内的任意顶点 v 代替。在更新 v 的临界顶点 w 后，将 w 放入 2 号盒中。

可以使用一个队列进一步简化上述模型。迭代开始时,队列只含有距离为 currDist 的顶点。当添加距离为 currDist+1 的那些邻接顶点时,由于它们自队尾入队,因此保证它们直到所有距离为 currDist 的顶点都被处理之后才处理。下面给出无权最短路径问题的伪代码。

```
void unweighted( Vertex s )
{   Queue<Vertex> q = new Queue<Vertex>( );           //一个队列
    for each Vertex v                                 //每个顶点初始距离为 INFINITY
        v.dist = INFINITY;
    s.dist = 0;                                       //s 初始距离为 0
    q.enqueue( s );
    while( !q.isEmpty( ) )
    {   Vertex v = q.dequeue( );
        for each Vertex w adjacent to v               //遍历 v 的邻接顶点
            if( w.dist == INFINITY )                  //如果 dist 是 INFINITY 说明没有处理过
            {   w.dist = v.dist + 1;
                w.path = v;
                q.enqueue( w );
            }
    }
}
```

算法 5.23

5.5.2 Dijkstra 算法

所谓 Dijkstra 算法是由迪杰斯特拉(Dijkstra)提出的一个按路径长度递增的次序产生最短路径的算法。

1. Dijkstra 算法的思想

设 G=(V,E) 是一个带权有向图(无向可以转化为双向有向),设置两个顶点的集合 S 和 T=V−S,集合 S 中存放已找到最短路径的顶点,集合 T 存放当前还未找到最短路径的顶点。初始状态时,集合 S 中只包含源点 v_0,然后不断从集合 T 中选取到顶点 v_0 路径长度最短的顶点 u 加入到集合 S 中,集合 S 每加入一个新的顶点 u,都要修改顶点 v_0 到集合 T 中剩余顶点的最短路径长度值,集合 T 中各顶点新的最短路径长度值为原来的最短路径长度值与顶点 u 的最短路径长度值加上 u 到该顶点的路径长度值中的较小值。不断重复此过程,直到集合 T 的顶点全部加入到 S 中为止。

Dijkstra 算法的正确性可以用反证法加以证明。假设下一条最短路径的终点为 x,那么,该路径必然或者是弧(v_0,x),或者是中间只经过集合 S 中的顶点而到达顶点 x 的路径。因为假若此路径上除 x 之外有一个或一个以上的顶点不在集合 S 中,那么必然存在另外的终点不在 S 中而路径长度比此路径还短的路径,这与我们按路径长度递增的顺序产生最短路径的前提相矛盾,所以此假设不成立。

2. Dijkstra 算法的具体步骤

(1) 初始时,S 只包含源点,即 S={v},v 的距离 dist[v]为 0。T 包含除 v 外的其他顶点，T 中顶点 u 距离 dist[u]为边上的权值(有边<v,u>)或为∞(没有边<v,u>)。

(2) 从 T 中选取一个距离 v(dist[k])最小的顶点 k，把 k 加入 S 中(该选定的距离就是 v 到 k 的最短路径长度)。

(3) 以 k 为新考虑的中间点，修改 T 中各顶点的距离；若从源点 v 到顶点 u($u \in T$)的距离(经过顶点 k)比原来距离(不经过顶点 k)短，则修改顶点 u 的距离值，修改后的距离值为顶点 k 的距离加上边上的权(即如果 dist[k]+w[k,u] < dist[u]，那么把 dist[u]更新成更短的距离 dist[k]+w[k,u])。

(4) 重复步骤(2)和(3)直到所有顶点都包含在 S 中(要循环 $n-1$ 次)。

由此求得从 v 到图上其余各顶点的最短路径是依路径长度递增的序列。

3. Dijkstra 算法的实现

Dijkstra 算法最简单的实现方法就是，在每次循环中，再用一个循环找距离最短的点，然后用任意的方法更新与其相邻的边，时间复杂度显然为 $O(n^2)$。

对于空间复杂度：如果只要求出距离，只要 n 的附加空间保存距离就可以了(距离小于当前距离的是已访问的节点，对于距离相等的情况可以比较编号或是特殊处理一下)。如果要求出路径则需要另外 V 的空间保存前一个节点，总共需要 $2n$ 的空间。

首先，引进一个辅助向量 D，它的每个分量 D[i]表示当前所找到的从始点 v 到每个终点 v_i 的最短路径的长度。其次，假设用带权的邻接矩阵 edges 来表示带权有向图，edges[i][j]表示弧<v_i,v_j>上的权值。若<v_i,v_j>不存在，则置 edges[i][j]为∞。

算法 5.24 为用 C 语言描述的 Dijkstra 算法。

```
void Dijkstra (Mgraph G,int v0,PathMatrix * p,ShortPathTable * D)
{ /*用 Dijkstra 算法求有向网 G 的 v₀顶点到其余各顶点 v 的最短路径 P[v]及其路径长度 D[v]*/
  /*若 P[v][w]为 TRUE,则 w 是从 v₀到 v 当前求得最短路径上的顶点*/
  /*final[v] 为 TRUE 当且仅当 v∈S,,即已经求得从 v₀到 v 的最短路径*/
  /*常量 INFINITY 为边上权值可能的最大值*/
    for (v = 0;v<G.vexnum;++v)
    {  fianl[v] = FALSE; D[v] = G.edges[v0][v];
       for (w = 0; w<G.vexnum; ++w) P[v][w] = FALSE;    /*设空路径*/
       if (D[v]< INFINITY) {P[v][v0] = TRUE; P[v][v] = TRUE;}
    }
    D[v0] = 0; final[v0] = TRUE;             /*初始化,v₀顶点属于 S 集*/
  /*开始主循环,每次求得 v₀到某个 v 顶点的最短路径,并加 v 到 S 集*/
    for(i = 1; i<G.vexnum; ++i)              /*其余 G.vexnum-1 个顶点*/
    {  min = INFINITY;                        /*min 为当前所知离 v₀顶点的最近距离*/
       for (w = 0;w<G.vexnum;++w)
         if (!final[w])                       /*w 顶点在 V-S 中*/
            if (D[w]< min) {v = w; min = D[w];}
       final[v] = TRUE                        /*离 v₀顶点最近的 v 加入 S 集合*/
       for(w = 0;w>G.vexnum;++w)              /*更新当前最短路径*/
         if (!final[w]&&(min + G.edges[v][w]< D[w]))    /*修改 D[w]和 P[w],w∈V-S*/
         {   D[w] = min + G.edges[v][w];
             P[w] = P[v]; P[w][v] = TRUE; /*P[w] = P[v] + P[w]*/
```

/*Dijkstra*/

算法 5.24

4. Dijkstra 算法过程演示

例如,图 5.37(a)所示一个有向网图 G_9 的带权邻接矩阵如图 5.37(b)所示。

(a) 有向图 G_9 (b) G_9 的邻接矩阵

图 5.37 一个有向网图 G_9 及其邻接矩阵

若对 G_9 施行 Dijkstra 算法,则所得从 v_0 到其余各顶点的最短路径,以及运算过程中 D 向量的变化状况,如表 5-3 所示。

表 5-3 用 Dijkstra 算法构造单源点最短路径过程中各参数的变化示意

终点	从 v_0 到各终点的 D 值和最短路径的求解过程				
	$i=1$	$i=2$	$i=3$	$i=4$	$i=5$
V_1	∞	∞	∞	∞	∞
V_2	10 (V_0,V_2)				
V_3	∞	60 (V_0,V_2,V_3)	50 (V_0,V_4,V_3)		
V_4	30 (V_0,V_4)	30 (V_0,V_4)			
V_5	100 (V_0,V_5)	100 (V_0,V_5)	90 (V_0,V_4,V_5)	60 (V_0,V_4,V_3,V_5)	
V_j	V_2	V_4	V_3	V_5	
S	$\{V_0,V_2\}$	$\{V_0,V_2,V_4\}$	$\{V_0,V_2,V_3,V_4\}$	$\{V_0,V_2,V_3,V_4,V_5\}$	

下面分析一下这个算法的运行时间。第一个 for 循环的时间复杂度是 $O(n)$,第二个 for 循环共进行 $n-1$ 次,每次执行的时间是 $O(n)$。所以总的时间复杂度是 $O(n^2)$。如果用带权的邻接表作为有向图的存储结构,则虽然修改 D 的时间可以减少,但由于在 D 向量中选择最小分量的时间不变,所以总的时间复杂度仍为 $O(n^2)$。

如果只希望找到从源点到某一个特定的终点的最短路径,从上面求最短路径的原理来看,这个问题和求源点到其他所有顶点的最短路径一样复杂,其时间复杂度也是 $O(n^2)$。

5. Dijkstra 算法实战练习

例 5-5 直到奶牛回家(Til the Cows Come Home)。问题:一共有 N 个结点和 T 条边

组成的无向图,现在求源点 N 到结点 1(Home)的最短路径。($2 \leqslant N \leqslant 1000, 1 \leqslant T \leqslant 2000$)。

输入第一行是两个整数 T 和 N,第二行至第 $T+1$ 行,每行三个用空格分开的整数,分别表示顶点对和权值,即(V_i, V_j, W)。输出回家($N \sim 1$)的最短距离。[POJ 2387]

Sample Input

5 5
1 2 20
2 3 30
3 4 20
4 5 20
1 5 100

Sample Output

90

解题思路如下。

本题属于简单的模板题。但用 Dijkstra 算法找最短路要注意此题为无向图,所以需要考虑可能会存在重复的边,用邻接矩阵表示时有 a[i][j] = a[j][i]。

```
#include <iostream>
using namespace std;
#define inf 1<<29
#define MAXV 1005
int map[MAXV][MAXV];
int n,m;

void dijkstra(){
    int i,j,min,v;
    int d[MAXV];
    bool vis[MAXV];
    for(i=1;i<=n;i++){
        vis[i]=0;
        d[i]=map[1][i];
    }
    for(i=1;i<=n;i++){
        min=inf;
        for(j=1;j<=n;j++)
            if(!vis[j] && d[j]<min){
                v=j;
                min=d[j];
            }
        vis[v]=1;
        for(j=1;j<=n;j++)
            if(!vis[j] && d[j]>map[v][j]+d[v])
                d[j]=map[v][j]+d[v];
    }
    printf("%d\n",d[n]);
}

int main(){
    int i,j,a,b,c;
    while(~scanf("%d%d",&m,&n)){
        for(i=1;i<=n;i++)
```

```
        for(j=1;j<=n;j++)
            if(i==j)
                map[i][i]=0;
            else map[i][j]=map[j][i]=inf;

    for(i=1;i<=m;i++){
        scanf("%d%d%d",&a,&b,&c);
        if(map[a][b]>c) map[a][b]=map[b][a]=c;
    }
    dijkstra();
    }
    return 0;
}
```

算法 5.25

Dijkstra 算法的核心是以起始点为中心向外层层扩展，直到扩展到终点为止。对于单源最短路径问题，一般有两种经典解法：

（1）对于有权值为负的图，采用 Bellman-Ford 算法；

（2）对于权值全为正的图，常采用 Dijkstra 算法。

Bellman-Ford 算法将在下一节介绍。

5.5.3 具有负边值的图

如果图具有负值，那么 Dijkstra 算法是行不通的。问题在于一旦一个顶点 u 被声明是已知的，就可能从某个另外的未知顶点 v 有一条回到 u 的负的路径。

一个诱人的解决方案是将一个常数 Δ 加到每条边上，从而除去负值边，再计算新图的最短路径，然后把结果用到原来的图上。这种方案不可能直接实现，因为那些须有许多条边的路径变得比那些具有很少边的路径权重更重了。另外一个思路是把带权和无权的算法结合起来将会解决这个问题，但是要付出运行时间激烈增长的代价。下面主要介绍一个常用的能解决该问题的 Bellman-Ford 算法。

Bellman-Ford 算法是由美国数学家理查德·贝尔曼(Richard Bellman, 动态规划的提出者)和小莱斯特·福特(Lester Ford)发明的。

1．Bellman-Ford 算法思想

Bellman-Ford 算法能在更普遍的情况下(存在负权边)解决单源点最短路径问题。对于给定的带权(有向或无向)图 G = (V,E)，其源点为 s，加权函数 w 是边集 E 的映射。对图 G 运行 Bellman-Ford 算法的结果是一个布尔值，表明图中是否存在着一个从源点 s 可达的负权回路。若不存在这样的回路，算法将给出从源点 s 到图 G 的任意顶点 v 的最短路径 Distant [v]，否则无解。

2．Bellman-Ford 算法流程

（1）初始化：将除源点外的所有顶点的最短距离估计值，源点 s，数组 Distant[i]记录从源点 s 到顶点 i 的路径长度，初始化数组 Distant[n]为∞，Distant[s]为 0。

（2）迭代求解：反复对边集 E 中的每条边进行松弛操作，使得顶点集 V 中的每个顶点 v 的最短距离估计值逐步逼近其最短距离（运行 $|v|-1$ 次），即对于每一条边 $e(u,v)$，如果 Distant[u]+w(u,v) < Distant[v]，则另 Distant[v] = Distant[u]+w(u,v)。w(u,v)为边 $e(u,v)$ 的权值。

若上述操作没有对 Distant 进行更新，说明最短路径已经查找完毕，或者部分点不可达，跳出循环；否则执行下次循环。

（3）检验负权回路：判断边集 E 中的每一条边的两个端点是否收敛，即对于每一条边 $e(u,v)$，如果存在 Distant[u] + w(u,v) < Distant[v]的边，且权值之和小于 0，则图中存在负环路，该图无法求出单源最短路径。如果存在不收敛的顶点，则算法返回 false，表明问题无解；否则算法返回 true，并且从源点可达的顶点 v 的最短距离保存在 Distant[v]中。

算法描述如下：

```
Bellman - Ford(G,w,s): boolean           //图 G,边集 函数 w,s 为源点
    for each vertex v ∈ V(G) do          //初始化,1 阶段
        d[v] ← +∞
    d[s] ←0;                              //1 阶段结束
    for i = 1 to |v| - 1 do               //2 阶段开始,双重循环
        for each edge(u,v) ∈ E(G) do     //边集数组要用到,穷举每条边
            If d[v]> d[u] + w(u,v) then  //松弛判断
                d[v] = d[u] + w(u,v)     //松弛操作,2 阶段结束
    for each edge(u,v) ∈ E(G) do
        If d[v]> d[u] + w(u,v) then
            return false
    return true
```

Bellman-Ford 算法寻找单源最短路径的时间复杂度为 $O(V \cdot E)$。

3. Bellman-Ford 算法描述性证明

首先指出，图的任意一条最短路径既不能包含负权回路，也不会包含正权回路，因此它最多包含 $|v|-1$ 条边。

其次，从源点 s 可达的所有顶点如果存在最短路径，则这些最短路径构成一个以 s 为根的最短路径树。Bellman-Ford 算法的迭代松弛操作，实际上就是按顶点距离 s 的层次，逐层生成这棵最短路径树的过程。

在对每条边进行 1 遍松弛的时候，生成了从 s 出发，层次至多为 1 的那些树枝。也就是说，找到了与 s 至多有 1 条边相联的那些顶点的最短路径；对每条边进行第 2 遍松弛的时候，生成了第 2 层次的树枝，就是说找到了经过 2 条边相连的那些顶点的最短路径……因为最短路径最多只包含 $|v|-1$ 条边，所以，只需要循环 $|v|-1$ 次。

每实施一次松弛操作，最短路径树上就会有一层顶点达到其最短距离，此后这层顶点的最短距离值就会一直保持不变，不再受后续松弛操作的影响。

如果没有负权回路，由于最短路径树的高度最多只能是 $|v|-1$，所以最多经过 $|v|-1$ 遍松弛操作后，所有从 s 可达的顶点必将求出最短距离。如果 d[v]仍保持+∞，则表明从 s 到 v 不可达。如果有负权回路，第 $|v|-1$ 遍松弛操作仍会成功，但负权回路上的顶点不会收敛。

4. Bellman-Ford 算法过程演示

Bellman-Ford 算法是最简单的算法，就是从开始结点开始循环每一条边，对它进行松弛操作，最后得到的路径就是最短路径。过程如图 5.38。

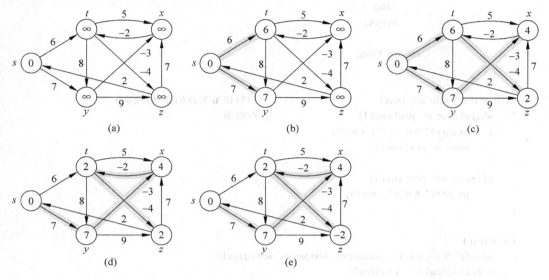

图 5.38 Bellman-Ford 算法的执行过程

图 5.38 中，源点是顶点 s。d 值被标记在顶点内，阴影覆盖的边指示了前驱值；(a)示出了对边进行第一趟操作前的情况。(b)~(e)示出了每一趟连续对边操作后的情况。(e)中 d 的值是最终结果。Bellman-Ford 算法在本例中返回的是 True。

5. Bellman-Ford 算法参考代码

```cpp
#include<iostream>
#include<cstdio>
using namespace std;
#define MAX 0x3f3f3f3f
#define N 1010
int nodenum, edgenum, original;      //点,边,起点
typedef struct Edge                   //边
{
    int u, v;
    int cost;
}Edge;
Edge edge[N];
int dis[N], pre[N];
bool Bellman_Ford()
{   for(int i = 1; i <= nodenum; ++i)           //初始化
        dis[i] = (i == original ? 0 : MAX);
    for(int i = 1; i <= nodenum - 1; ++i)
        for(int j = 1; j <= edgenum; ++j)
            if(dis[edge[j].v] > dis[edge[j].u] + edge[j].cost)  //松弛(顺序一定不能反)
            {   dis[edge[j].v] = dis[edge[j].u] + edge[j].cost;
```

```
                pre[edge[j].v] = edge[j].u;
            }
            bool flag = 1;                      //判断是否含有负权回路
            for(int i = 1; i <= edgenum; ++i)
                if(dis[edge[i].v] > dis[edge[i].u] + edge[i].cost)
                {   flag = 0;
                    break;
                }
            return flag;
        }

        void print_path(int root)               //打印最短路的路径(反向)
        {   while(root != pre[root])            //前驱
            {   printf("%d-->", root);
                root = pre[root];
            }
            if(root == pre[root])
                printf("%d\n", root);
        }

        int main()
        {   scanf("%d%d%d", &nodenum, &edgenum, &original);
            pre[original] = original;
            for(int i = 1; i <= edgenum; ++i)
            {   scanf("%d%d%d", &edge[i].u, &edge[i].v, &edge[i].cost);
            }
            if(Bellman_Ford())
                for(int i = 1; i <= nodenum; ++i)   //每个点最短路
                {   printf("%d\n", dis[i]);
                    printf("Path:");
                    print_path(i);
                }
            else
                printf("have negative circle\n");
            return 0;
        }
```

算法 5.26

课后建议读者利用 Bellman-Ford 算法重解例 5-5。

5.5.4 所有点对的最短路径

Dijkstra 算法是求单源最短路径的,那如果求图中所有点对的最短路径的话则有以下两种解法。

(1) 以图中的每个顶点作为源点,分别调用 Dijkstra 算法,时间复杂度为 $O(n^3)$;

(2) Floyd 算法更简洁,但算法时间复杂度仍为 $O(n^3)$。本节主要介绍 Floyd 提出的一个算法。

Floyd 算法是另一种经典的最短路径算法,不同的是 Dijkstra 算法仅计算了从一个起点出发的最短路径,而 Floyd 算法可以计算全部结点到其他结点的最短路径。Floyd 算法的基本思想也是松弛。这是一个动态规划的经典例子,在求解各个点到其他点的最短路径的过程中往往会有很多的重叠问题,通过一个表 D[ ][ ]将这些问题保存下来,节省了重复的计算。

1. Floyd 算法基本思想

Floyd 算法仍从图的带权邻接矩阵 cost 出发,假设求从顶点 v_i 到 v_j 的最短路径。如果从 v_i 到 v_j 有弧,则从 v_i 到 v_j 存在一条长度为 edges[i][j]的路径,该路径不一定是最短路径,尚需进行 n 次试探。首先考虑路径(v_i, v_0, v_j)是否存在(即判别弧(v_i, v_0)和(v_0, v_j)是否存在)。如果存在,则比较(v_i, v_j)和(v_i, v_0, v_j)的路径长度取长度较短者为从 v_i 到 v_j 的中间顶点的序号不大于 0 的最短路径。假如在路径上再增加一个顶点 v_1,也就是说,如果(v_i, …, v_1)和(v_1, …, v_j)分别是当前找到的中间顶点的序号不大于 1 的最短路径,那么(v_i, …, v_1, …, v_j)就有可能是从 v_i 到 v_j 的中间顶点序号不大于 1 的最短路径。将它和已经得到的从 v_i 到 v_j 中间顶点序号不大于 0 的最短路径相比较,从中选出中间顶点序号不大于 1 的最短路径,再增加一个顶点 v_2,继续进行试探。依次类推。在一般情况下,若(v_i, …, v_k)和(v_k, …, v_j)分别是从 v_i 到 v_k 和从 v_k 到 v_j 的中间顶点的序号不大于 k 的最短路径,则将(v_i, …, v_k, …, v_j)和已经得到的从 v_i 到 v_j 且中间顶点序号不大于 $k-1$ 的最短路径相比较,其长度较短者便是从 v_i 到 v_j 的中间顶点的序号不大于 k 的最短路径。这样,在经过 n 次比较后,最后求得的必是从 v_i 到 v_j 的最短路径。按此方法,可以同时求得各对顶点间的最短路径。

2. Floyd 算法的基本步骤

现定义一个 n 阶方阵序列:$D^{(-1)}, D^{(0)}, D^{(1)}, \cdots, D^{(k)}, D^{(n-1)}$。

初始化:$D^{(-1)} = \text{Cost}$,$D^{(-1)}[i][j] = \text{edges}[i][j]$,表示初始的从 i 到 j 的中间不经过其他中间点的最短路径。

迭代:设 $D^{(k-1)}$ 已求出,如何得到 $D^{(k)}$ $(0 \leqslant k \leqslant n-1)$ 是该算法的关键,也是该算法中动态规划的主要思想,由 Floyd 算法基本思想可得:

$D^{(k)}[i][j] = \text{Min}\{D^{(k-1)}[i][j], D^{(k-1)}[i][k] + D^{(k-1)}[k][j]\}$ $0 \leqslant k \leqslant n-1$

从上述计算公式可见,$D^{(1)}[i][j]$ 是从 v_i 到 v_j 的中间顶点的序号不大于 1 的最短路径的长度;$D^{(k)}[i][j]$ 是从 v_i 到 v_j 的中间顶点的个数不大于 k 的最短路径的长度;$D^{(n-1)}[i][j]$ 就是从 v_i 到 v_j 的最短路径的长度。

3. Floyd 算法实现

由上述动态规划方程可知,可以用三个 for 循环来实现 Floyd 算法,需要注意的是 for 循环的嵌套顺序:

```
for(int k = 0; k < n; k++)
    for(int i = 0; i < n; i++)
        for(int j = 0; j < n; j++)
```

如果嵌套的顺序是习惯上的 i, j, k,而不是现在的 k, i, j,则所得的结果就会出现问题。为了保存最短路径所行经的路径,这里要用到另一个矩阵 P,它的定义是:p[i][j]的值如果为 p，就表示 i 到 j 的最短行经为 $i \to \cdots \to p \to j$，即 p 是 i 到 j 的最短行径中 j 之前的最后一个顶点。P 矩阵的初值为 p[i][j]=i。因此，采用逆序的方法即可输出实际的行径。

当 d[i][j]> d[i][k]+ d[k][j]时，就把 p[k][j]存入 p[i][j]。

由此得到求任意两顶点间的最短路径的算法 5.27。

```
void Floyd (Mgraph G, PathMatrix *P[],DistancMatrix *D)
{ /*用 Floyd 算法求有向网 G 中各对顶点 v 和 w 之间的最短路径 P[v][w]及其带权长度 D[v][w].*/
    /*若 P[v][w][u]为 TRUE,则 u 是从 v 到 w 当前求得的最短路径上的顶点.*/
    for(v = 0;v<G.vexnum;++v)                    /*各对顶点之间初始已知路径及距离*/
      for(w = 0;w<G.vexnum;++w)
        { D[v][w] = G.arcs[v][w];
          for(u = 0;u<G.vexnum;++u) P[v][w][u]=FALSE;
          if (D[v][w]< INFINITY)                  /*从 v 到 w 有直接路径*/
            { P[v][w][v] = TRUE;
            }
        }
    for(u = 0; u<G.vexnum; ++u)
      for(v = 0; v<G.vexnum; ++v)
        for(w = 0;w<G.vexnum; ++w)
          if (D[v][u] + D[u][w]< D[v][w])         /*从 v 经 u 到 w 的一条路径更短*/
            {D[v][w] = D[v][u] + D[u][w];
              for(i = 0;i<G.vexnum;++i)
                P[v][w][i] = P[v][u][i]||P[u][w][i];
            }
}                                                 /*Floyd*/
```

算法 5.27

4. Floyd 算法过程演示

图 5.39 给出了一个简单的有向网及其邻接矩阵。图 5.40 给出了用 Floyd 算法求该有向网中每对顶点之间的最短路径过程中，数组 D 和数组 P 的变化情况。

(a) 有向网 G_9　　　　　　　　(b) G_9 的邻接矩阵

图 5.39　一个有向网图 G_9 及其邻接矩阵

图 5.40　Floyd 算法执行时数组 D 和 P 取值的变化示意

5. Floyd算法实战练习

例 5-6 股票经纪小道消息（Stockbroker Grapevine）：股票经纪人要在一群人中散布一个传言，传言只能在认识的人中传递，题目将给出人与人的关系（是否认识），以及传言在某两个认识的人中传递所需的时间，要求程序给出以哪个人为起点，可以在耗时最短的情况下，让所有人收到消息。

输入首行是股票经纪人数 n，接下来每一行表示某个经纪人的联系信息（联系数，联系人，传递耗时），没有特殊的标点符号或间距规则。股票经纪人数按 1～100 编号，传递信息耗时 1～10 分钟，联系数介于 0～$n-1$ 之间，n 为 0 时输入结束。输出股票经纪人，最快的传输时间（保留整数）。

如果图中某个点是不可达的，则输出"disjoint"，如果 A、B 间可互传信息，则 A 到 B 的传输时间不一定等于 B 到 A 传输时间。[POJ 1125]

解题思路如下。

题目是要求从某一结点开始，能让消耗的总时间最短。实际上这是一个在有向图中求最短路径问题，先求出每个人向其他人发信息所用的最短时间（当然不是每个人都能向所有人发信息的），然后在所有能向每个人发信息的人中比较他们所用最大时间，找出所用最大时间最少的那一个即为所求。

Sample Input
```
2 2 4 3 5
2 1 2 3 6
2 1 2 2 2
5
3 4 4 2 8 5 3
1 5 8
4 1 6 4 10 2 7 5 2
3
0
2 2 5 1 5
0
```

Sample Output
```
3 2
3 10
```

参考代码如下：

```cpp
#include<iostream>
#include<string>
#include<cstring>
#include<algorithm>
#include<cstdio>
using namespace std;
const int maxn=1000;
const int inf=10000000;
int map[maxn][maxn];
void floyd(int n){
    for(int k=1;k<=n;++k)
```

```c
        for(int i = 1;i <= n;++i)
            for(int j = 1;j <= n;++j)
                map[i][j] = min(map[i][j],map[i][k] + map[k][j]);
}
int main(){
    int n;
    while(~scanf("%d",&n),n){
        for(int i = 1;i <= n;++i){
            for(int j = 1;j <= n;++j)
                if(i == j) map[i][j] = 0;
                else map[i][j] = inf;          //初始化
            int m; scanf("%d",&m);
            while(m--){
                int x,c; scanf("%d%d",&x,&c);
                if(c < map[i][x]) map[i][x] = c;
            }
        }
        floyd(n);
        int ans = inf,mj = -1;
        for(int i = 1;i <= n;++i){
            int maxt = 0;
            for(int j = 1;j <= n;++j)
                maxt = max(maxt,map[i][j]);
            if(maxt < ans)ans = maxt,mj = i;
        }
        if(mj == -1)puts("disjoint");
        else printf("%d %d\n",mj,ans);
    }
    return 0;
}
```

算法 5.28

比较 Dijkstra 和 Floyd 算法，不难得出以下的结论：对于稀疏图，采用 n 次 Dijkstra 比较出色，对于稠密图，可以使用 Floyd 算法，此外，Floyd 算法还可以处理带负边的图。

5.6 最小支撑树

由生成树的定义可知，无向连通图的生成树不是唯一的。连通图的一次遍历所经过的边的集合及图中所有顶点的集合就构成了该图的一棵生成树，对连通图的不同遍历，就可能得到不同的生成树。图 5.41 (a)、(b)和(c)所示的均为图 5.17 所示的无向连通图 G_5 的生成树。

可以证明，对于有 n 个顶点的无向连通图，无论其生成树的形态如何，所有生成树中都有且仅有 $n-1$ 条边。如果无向连通图是一个网，那么，它的所有生成树中必有一棵边的权值总和最小的生成树，我们称这棵生成树为最小生成树。

最小生成树的概念可以应用到许多实际问题中。例如以尽可能低的总造价建造城市间的通信网络，把 10 个城市联系在一起。在这十个城市中，任意两个城市之间都可以建造通

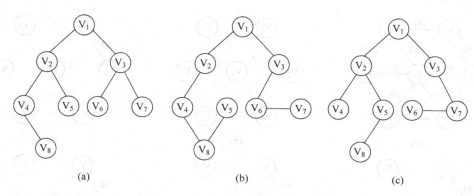

图 5.41 无向连通图 G_5 的三棵生成树

信线路,通信线路的造价依据城市间的距离不同而有不同的造价,可以构造一个通信线路造价网络,在网络中,每个顶点表示城市,顶点之间的边表示城市之间可构造通信线路,每条边的权值表示该条通信线路的造价,要想使总的造价最低,实际上就是寻找该网络的最小生成树。

下面介绍两种常用的构造最小生成树的方法。

5.6.1 Prim 算法

假设 $G =(V,E)$ 为一网图,其中 V 为网图中所有顶点的集合,E 为网图中所有带权边的集合。设置两个新的集合 U 和 T,其中集合 U 用于存放 G 的最小生成树中的顶点,集合 T 存放 G 的最小生成树中的边。令集合 U 的初值为 U ={u_1}(假设构造最小生成树时,从顶点 u_1 出发),集合 T 的初值为 T ={}。Prim 算法的思想是:从所有 $u \in U, v \in V-U$ 的边中,选取具有最小权值的边(u,v),将顶点 v 加入集合 U 中,将边(u,v)加入集合 T 中,如此不断重复,直到 U = V 时,最小生成树构造完毕,这时集合 T 中包含了最小生成树的所有边。

Prim 算法可用下述过程描述,其中用 w_{uv} 表示顶点 u 与顶点 v 边上的权值。

(1) U ={u},T ={};

(2) while (U ≠ V)do

  (u,v)= min{w_{uv}; $u \in U, v \in V - U$ }

  T = T +{(u,v)}

  U = U +{v};

(3) 结束。

如图 5.42(a)所示的一个网图,按照 Prim 方法,从顶点 V_1 出发,该网的最小生成树的产生过程如图 5.42 (b)、(c)、(d)、(e)、(f)和(g)所示。

为实现 Prim 算法,需设置两个辅助一维数组 lowcost 和 closevertex,其中 lowcost 用来保存集合 V-U 中各顶点与集合 U 中各顶点构成的边中具有最小权值的边的权值;数组 closevertex 用来保存依附于该边的在集合 U 中的顶点。假设初始状态时,U ={u_1}(u_1 为出发的顶点),这时有 lowcost[0]=0,它表示顶点 u_1 已加入集合 U 中,数组 lowcost 的其他各分量的值是顶点 u_1 到其余各顶点所构成的直接边的权值。然后不断选取权值最小的边 (u_i, u_k)($u_i \in U, u_k \in V-U$),每选取一条边,就将 lowcost(k)置为 0,表示顶点 u_k 已加入集合

图 5.42 Prim 算法构造最小生成树的过程示意

U 中。由于顶点 u_k 从集合 V-U 进入集合 U 后,这两个集合的内容发生了变化,就需依据具体情况更新数组 lowcost 和 closevertex 中部分分量的内容。最后 closevertex 中即为所建立的最小生成树。

当无向网采用二维数组存储的邻接矩阵存储时,Prim 算法的 C 语言实现如下。

```
void Prim( int gm[ ][MAXNODE], int n, int closevertex[ ])
{ /*用 Prim 方法建立有 n 个顶点的邻接矩阵存储结构的网图 gm 的最小生成树*/
/*从序号为 0 的顶点出发;建立的最小生成树存于数组 closevertex 中*/
    int lowcost[100], mincost;
    int i, j, k;
    for (i = 1; i < n; i++)             /*初始化*/
    {   lowcost[i] = gm[0][i];
        closevertex[i] = 0;
    }
    lowcost[0] = 0;                     /*从序号为 0 的顶点出发生成最小生成树*/
    closevertex[0] = 0;
    for (i = 1; i < n; i++)             /*寻找当前最小权值的边的顶点*/
    {   mincost = MAXCOST;              /*MAXCOST 为一个极大的常量值*/
        j = 1; k = 1;
        while (j < n)
```

```
                { if (lowcost[j]< mincost && lowcost[j]!= 0)
                    { mincost = lowcost[j];
                      k = j;
                    }
                    j++;
                }
                printf("顶点的序号 = %d 边的权值 = %d\n",k,mincost);
                lowcost[k] = 0;
                for (j = 1;j < n;j++)           /*修改其他顶点的边的权值和最小生成树顶点序号*/
                    if (gm[k][j]< lowcost[j])
                    { lowcost[j] = gm[k][j];
                      closevertex[j] = k;
                    }
            }
        }
```

算法 5.29

表 5-4 给出了在用上述算法构造网图 5.42（a）的最小生成树的过程中，数组 closevertex、lowcost 及集合 U、V-U 的变化情况，读者可进一步加深对 Prim 算法的了解。

在 Prim 算法中，第一个 for 循环的执行次数为 $n-1$，第二个 for 循环中又包括了一个 while 循环和一个 for 循环，执行次数为 $2(n-1)^2$，所以 Prim 算法的时间复杂度为 $O(n^2)$。

表 5-4 用 Prim 算法构造最小生成树过程中各参数的变化示意

顶点	(1) Low Cost	(1) Close Vex	(2) Low Cost	(2) Close Vex	(3) Low Cost	(3) Close Vex	(4) Low Cost	(4) Close Vex	(5) Low Cost	(5) Close Vex	(6) Low Cost	(6) Close Vex	(7) Low Cost	(7) Close Vex
V_1	0	1	0	1	0	1	0	1	0	1	0	1	0	1
V_2	50	1	0	1	0	1	0	1	0	1	0	1	0	1
V_3	60	1	60	1	60	1	52	4	52	4	45	7	0	7
V_4	∞	1	65	2	50	5	0	5	0	5	0	5	0	5
V_5	∞	1	40	2	0	2	0	2	0	2	0	2	0	2
V_6	∞	1	∞	1	70	5	30	4	0	4	0	4	0	4
V_7	∞	1	∞	1	∞	1	42	4	42	4	0	4	0	4
U	$\{v_1\}$		$\{v_1,v_2\}$		$\{v_1,v_2,v_5\}$		$\{v_1,v_2,v_5,v_4\}$		$\{v_1,v_2,v_5,v_4,v_6\}$		$\{v_1,v_2,v_5,v_4,v_6,v_7\}$		$\{v_1,v_2,v_5,v_4,v_6,v_7,v_3\}$	
T	$\{\}$		$\{(v_1,v_2)\}$		$\{(v_1,v_2),(v_2,v_5)\}$		$\{(v_1,v_2),(v_2,v_5),(v_4,v_5)\}$		$\{(v_1,v_2),(v_2,v_5),(v_4,v_5),(v_4,v_6)\}$		$\{(v_1,v_2),(v_2,v_5),(v_4,v_5),(v_4,v_6),(v_4,v_7)\}$		$\{(v_1,v_2),(v_2,v_5),(v_4,v_5),(v_4,v_6),(v_4,v_7),(v_3,v_7)\}$	

5.6.2 Kruskal 算法

Kruskal 算法是一种按照网中边的权值递增的顺序构造最小生成树的方法。其基本思想是：设无向连通网为 G =(V,E)，令 G 的最小生成树为 T，其初态为 T =(V,{})，即开始时，最小生成树 T 由图 G 中的 n 个顶点构成，顶点之间没有一条边，这样 T 中各顶点各自构成一个连通分量。然后，按照边的权值由小到大的顺序，考察 G 的边集 E 中的各条边。若被考察的边的两个顶点属于 T 的两个不同的连通分量，则将此边作为最小生成树的边加入到 T 中，同时把两个连通分量连接为一个连通分量；若被考察边的两个顶点属于同一个连通分量，则舍去此边，以免造成回路，如此下去，当 T 中的连通分量个数为 1 时，此连通分量便为 G 的一棵最小生成树。

对于图 5.42(a)所示的网，按照 Kruskal 方法构造最小生成树的过程如图 5.43 所示。在构造过程中，按照网中边的权值由小到大的顺序，不断选取当前未被选取的边集中权值最小的边。依据生成树的概念，n 个结点的生成树，有 $n-1$ 条边，故重复上述过程，直到选取了 $n-1$ 条边为止，就构成了一棵最小生成树。

图 5.43 Kruskal 算法构造最小生成树的过程示意

下面介绍 Kruskal 算法的实现。

设置一个结构数组 Edges 存储网中所有的边，边的结构类型包括构成的顶点信息和边权值，定义如下。

```
#define MAXEDGE  <图中的最大边数>
typedef struct {
    elemtype v1;
    elemtype v2;
    int cost;
} EdgeType;
EdgeType edges[MAXEDGE];
```

在结构数组 edges 中，每个分量 edges[i]代表网中的一条边，其中 edges[i]. v_1 和 edges[i]. v_2 表示该边的两个顶点，edges[i]. cost 表示这条边的权值。为了方便选取当前权值最小的边，事先把数组 edges 中的各元素按照其 cost 域值由小到大的顺序排列。在对连通分量合并时,采用集合的合并方法。对于有 n 个顶点的网,设置一个数组 father[n],其初值为 father[i]=-1($i=0,1,\cdots,n-1$),表示各个顶点在不同的连通分量上,然后,依次取出 edges 数组中的每条边的两个顶点,查找它们所属的连通分量,假设 vf1 和 vf2 为两顶点所在的树的根结点在 father 数组中的序号,若 vf1 不等于 vf2,表明这条边的两个顶点不属于同一分量,则将这条边作为最小生成树的边输出,并合并它们所属的两个连通分量。

下面用 C 语言实现 Kruskal 算法,其中函数 Find 的作用是寻找图中顶点所在树的根结点在数组 father 中的序号。需说明的是,在程序中将顶点的数据类型定义成整型,而在实际应用中,可依据实际需要来设定。

```c
typedef int elemtype;
typedef struct {
    elemtype v1;
    elemtype v2;
    int cost;
}EdgeType;
void Kruskal(EdgeType edges[ ],int n)
/*用 Kruskal 方法构造有 n 个顶点的图 edges 的最小生成树*/
{   int father[MAXEDGE];
    int i,j,vf1,vf2;
    for (i=0;i<n;i++) father[i]=-1;
    i=0;j=0;
    while(i<MAXEDGE && j<n-1)
    {   vf1=Find(father,edges[i].v1);
        vf2=Find(father,edges[i].v2);
        if (vf1!=vf2)
        {   father[vf2]=vf1;
            j++;
            printf(" %3d %3d\n",edges[i].v1,edges[i].v2);
        }
        i++;
    }
}

    int Find(int father[ ],int v)
/*寻找顶点 v 所在树的根结点*/
{ int t;
  t=v;
  while(father[t]>=0)
    t=father[t];
  return(t);
}
```

算法 5.30

在 Kruskal 算法中,第二个 while 循环是影响时间效率的主要操作,其循环次数最多为 MAXEDGE,其内部调用的 Find 函数的内部循环次数最多为 n,所以 Kruskal 算法的时间复杂度为 $O(n*\text{MAXEDGE})$。

5.6.3 最小生成树算法应用

例5-7 农业网（Agri-Net）：给出 N 个顶点及 N 个顶点间的距离，然后求一棵最小生成树。先输入顶点数 N，然后一个 $N\times N$ 的数组，用来描述各个顶点之间的距离。

输入包含若干种情况，每种情况，第一行是农场数 N ($3\leqslant N\leqslant 100$)，接着是 $N\times N$ 的邻接距离矩阵，逻辑上说有 N 行以空格分开的 N 个整数，物理上说，每行 80 个字符，所以一些行会接入其他的行。要求对每个用例以整数形式输出连接整个农场需要的光纤最小长度。[POJ 1258]

Sample Input
```
4
0 4 9 21
4 0 8 17
9 8 0 16
21 17 16 0
```

Sample Output
```
28
```

参考代码如下：

```cpp
#include <iostream>
using namespace std;

const int INFINITY = 9999999;
const int MAXVEX = 102;
int edge[MAXVEX][MAXVEX], lowcost[MAXVEX];
int vexNum;

int myPrim(int start);
int main()
{
    while(scanf(" %d",&vexNum)!= EOF)
    {
        for(int i = 1; i <= vexNum; i++)
            for(int j = 1; j <= vexNum; j++)
                scanf(" %d", &edge[i][j]);
        printf(" %d\n",myprim(1));
    }
    return 0;
}

int myPrim(int start)
{
    int nextVex, minEdge, sumPath = 0;
    for(int i = 1; i <= vexNum; i++)
        lowcost[i] = edge[start][i];
    for(int i = 1; i < vexNum; i++){
        minEdge = INFINITY;
```

```
            nextVex = 1;
            for(int j = 2; j <= vexNum; j++){
                if((lowcost[j] > 0) && (lowcost[j] < minEdge)){
                    minEdge = lowcost[j];
                    nextVex = j;
                }
            }
            sumPath += minEdge;
            lowcost[nextVex] = 0;
            for(int j = 1; j <= vexNum; j++){
                if((edge[nextVex][j] < lowcost[j]) && (lowcost[j] > 0)){
                    lowcost[j] = edge[nextVex][j];
                }
            }
        }
        return sumPath;
    }
```

算法 5.31

5.7 网络流问题

设给定边容量为 $C_{v,w}$ 的有向图 $G = (V, E)$。这些容量可以代表通过一个管道的水的容量或在两个交叉路口之间马路上的交通流量。有两个顶点，一个是 s，称为源点（Source），另一个是 t，称为汇点（Sink）。对于任意一条边 (v, w)，最多有"流"$C_{v,w}$ 个单位可以通过。在既不是源点 s 又不是汇点 t 的任一顶点 v，总的进入的流必须等于总的发出的流。最大流问题就是确定从 s 到 t 可以通过的最大流量。例如，对于图 5.44(a)，最大流是 5，如图 5.44(b)所示。

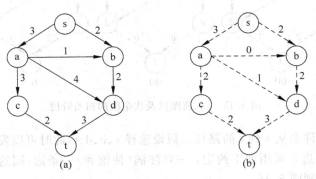

图 5.44 一个图和它的最大流

正如问题叙述中所要求的，没有边负载超过它的容量的流。源点 s 将 5 个单位的流分给 a 和 b，顶点 a 有 3 个单位的流进入，它将这 3 个流分转给 c 和 d。顶点 d 从 a 和 b 得到 3 个单位的流，并把它们结合起来发送到 t。一个顶点在不违反边的容量以及保持流守恒（进入必须流出）的前提下，可以按任何方式结合和发送流。

5.7.1 网络流的最大流问题

本节开始讨论解决最大流问题的 Ford-Fulkerson 方法,该方法也称作"扩充路径方法",该方法是大量算法的基础,有多种实现方法(如 Edmonds-Karp 算法、Dinic 算法等)。Ford-Fulkerson 算法是一种迭代算法,首先对图中所有顶点对的流清零,此时的网络流大小也为 0。在每次迭代中,通过寻找一条"增广路径"(Augument Path)来增加流的值。增广路径可以看作是源点 s 到汇点 t 的一条路径,并且沿着这条路径可以增加更多的流。迭代直至无法再找到增广路径为止,此时必然从源点到汇点的所有路径中都至少有一条满边。

1. 一个简单的最大流问题

从图 G 开始并构造一个流图 f,f 表示在算法的任意阶段已经达到的流。开始时 f 的所有边都没有流,希望当算法终止时 f 包含最大流。再构造一个图 G_f,称为残余图(Residual Graph),它表示对于每条边还能再添加上多少流。对于每一条边,可以从容量中减去当前的流而计算出残余的流。G_f 的边叫做残余边(Residual Edge)。

所谓增广通路(Augmenting Path)是指图 G_f 中从 s 到 t 的一条路径,而且在每个阶段,都需要找到这条路径。这条路径上的最小值边就是可以添加到路径每一边上的流量,这可以通过调整 f 和重新计算 G_f 来实现。当发现在 G_f 中没有从 s 到 t 的路径时算法终止。这个算法是不确定的,因为从 s 到 t 的路径是任意选择的。显然,有些选择会比另外一些选择好,后面再处理这个问题。针对例子运行这个算法。下面的图分别是 G、f 和 G_f。要记着这个算法有一个小欠缺。初始的配置如图 5.45 所示。

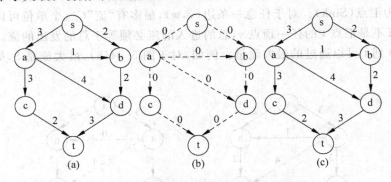

图 5.45 图、流图以及残余图的初始阶段

在残余图中有许多从 s 到 t 的路径。假设选择 s、b、d、t,此时可以发送 2 个单位的流通过这条路径的每一边。采用如下约定:一旦注满(使饱和)一条边,则这条边就要从残余图中除去。这样就得到图 5.46。

若选择路径 s、a、c、t,该路径也容许 2 个单位的流通量。进行必要的调整后,我们得到图 5.47 中的图。

唯一剩下可选择的路径是 s,a,d,t,这条路径能够容纳一个单位的流通过。结果得到如图 5.48 所示的图。

由于 t 从 s 出发是不可达到的,因此算法到此终止。结果正好 5 个单位的流是最大值。

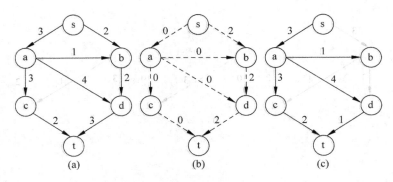

图 5.46 沿 s,b,d,t 加入 2 个单位的流后的 G、f、G_f

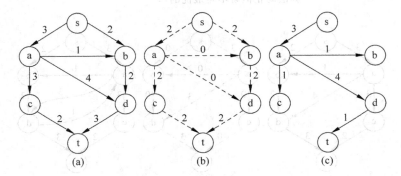

图 5.47 沿 s,a,c,t 加入 2 个单位的流后的 G、f、G_f

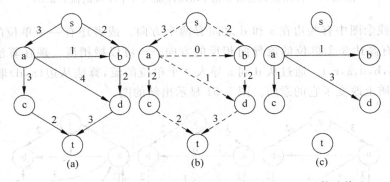

图 5.48 沿 s,a,d,t 加入 1 个单位的流后的 G、f、G_f——算法终止

为了看清问题的所在,设从初始图开始我们选择路径 s,a,d,t 这条路径容纳 3 个单位的流,从表面上看这是个好选择。然而选择的结果却使得在残余图中不再有从 s 到 t 的任何路径,因此,该算法不能找到最优解。这是贪婪算法行不通的一个例子。图 5.49 指出为什么算法会失败。

为了使得算法有效,就需要让算法改变它的意向。为此,对于流图中具有流 $f_{v,w}$ 的每一边 (v,w) 将在残余图中添加一条容量为 $f_{v,w}$ 的边 (w,v)。事实上,可以通过以相反的方向发回一个流而使算法改变它的意向。通过例子最能看清楚这个问题。从原始的图开始并选择增长通路 s,a,d,t 得到图 5.50 中的图。

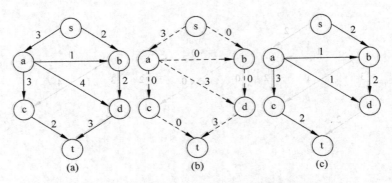

图 5.49 如果初始动作是沿 s,a,d,t 加入 3 个单位的流得到 G、f、G_f
——算法终止但解不是最优的

图 5.50 使用正确的算法沿 s,a,d,t 加入 3 个单位的流后的图

注意,在残余图中有些边在 a 和 d 之间有两个方向。或者还有一个单位的流可以从 a 导向 d,或者有高达 3 个单位的流导向相反的方向——可以撤销流。现在算法找到流为 2 的增长通路 s,b,d,a,c,t。通过从 d 到 a 导入 2 个单位的流,算法从边(a,d)取走 2 个单位的流,因此本质上改变了它的意向。图 5.51 显示出新的图。

图 5.51 使用正确算法沿 s,b,d,a,c,t 加入 2 个单位的流后的图

在这个图中没有增广通路,因此,算法终止。奇怪的是,可以证明,如果边的容量都是有理数,那么该算法总以最大流终止。证明多少有些困难,也超出了本书的范围。虽然例子正好是无环的,但这并不是算法有效工作所必需的。此处使用无环图只是为了简明。

2. Ford-Fulkerson 算法的正确性证明

利用最大流最小割定理可以证明 Ford-Fulkerson 算法的正确性。

最大流最小割定理：一个网中所有流中的最大值等于所有割中的最小容量。并且可以证明以下三个条件等价：

(1) f 是流网络 G 的一个最大流；
(2) 残留网 G_f 不包含增广路径；
(3) G 的某个割 (S, T)，满足 $f(S, T) = c(S, T)$。

证明如下。

(1)（反证法）假设 f 是 G 的最大流，但是 G_f 中包含增广路径 p。显然此时沿着增广路径可以继续增大网络的流，则 f 不是 G 的最大流，与条件矛盾；

(2) 假设 G_f 中不包含增广路径，即 G_f 中不包含从 s 到 t 的路径。定义：
$S = \{v \in V : G_f$ 中包含 s 到 v 的路径$\}$

令 $T = V - S$，由于 G_f 中不存在从 s 到 t 的路径，则 $t \notin S$，所以得到 G 的一个割 (S, T)。对每对顶点 $u \in S, v \in T$，必须满足 $f(u, v) = c(u, v)$，否则边 (u, v) 就会存在于 G_f 的边集合中，那么 v 就应当属于 S（而事实上是 $v \in T$）。所以，$f(S, T) = c(S, T)$；。

(3) 网络的任何流的值都不大于任何一个割的容量，如果 G 的某个割 (S, T)，满足 $f(S, T) = c(S, T)$，则说明割 (S, T) 的流达到了网络流的上确界，它必然是最大流。

Ford – Fulkerson 算法的迭代终止条件是残留网中不包含增广路径，根据上面的等价条件，此时得到的流就是网络的最大流。

3. Ford-Fulkerson 算法的实现

依据上面的讨论，下面给出 Ford-Fulkerson 算法的伪代码。

```
Ford – Fulkerson(G, s, t)
for each edge (u, v)∈E[G]            //初始化每条边的流量为 0
{   f[u, v] = 0;
    f[v, u] = 0;
}
//G_f ← G                            //初始化剩余网络 G_f 为原网络 G, 这里不需要代码
while there exists a path p from s to t in the network G_f   //网络中还存在增广路径，仍然进行迭代
{ search a path p from network G_f   //Edmonds-Karp 算法采用广度优先，Dinic 算法
                                     //采用深度优先
    c_f(p) = Min{ c_f(u, v) | (u, v) is in p}   //确定增广路径上的流增量 Δf(p) = c_f(p)
        for each edge (u, v) in p
        {   f[u, v] = f[u, v] + c_f(p)   //增加剩余网络中增广路径上每条边的流量
            f[v, u] =  - f[u, v]         //显然该路径上反方向上的容量为负
            c_f[u, v] = c[u, v] - f[u, v]   //计算剩余网络 G_f 中的每条边的容量
            c_f[v, u] = c[v, u] - f[v, u]
        }
}
```

算法 5.32

Edmonds-Karp 算法与 Ford-Fulkerson 算法的区别在于在算法 5.32 的第 7 行，Karp 算法采用广度优先算法(BFS)寻找一条从 s 到 t 最短增广路径 p 代替 Ford 的随机寻找一条从 s 到 t 增广路径 p；Dinic 算法则在层次概念的基础上采用深度优先搜索(DFS)寻找增广路。

4. Edmonds-Karp 算法参考模板

为便于大家尽快掌握网络流算法，下面给出一个 Edmonds-Karp 算法的模板。

设有 n 个顶点、m 条有向边的网图 G，源点为 1，汇点为 n。每条有向边上的容量和流量分别用 c[I,j] 和 f[I,j] 表示，则 Edmonds-Karp 参考代码如下：

```cpp
#include<iostream>
#include<queue>
using namespace std;
const int maxn = 205;
const int inf = 0x7fffffff;
int r[maxn][maxn];              //残留网络,初始化为原图
bool visit[maxn];
int pre[maxn];
int m,n;
bool bfs(int s,int t)           //寻找一条从s到t的增广路,若找到返回true
{   int p;
    queue<int> q;
    memset(pre,-1,sizeof(pre));
    memset(visit,false,sizeof(visit));
    pre[s] = s;
    visit[s] = true;
    q.push(s);
    while(!q.empty())
    {   p = q.front();
        q.pop();
        for(int i = 1;i <= n;i++)
        {   if(r[p][i]> 0&&!visit[i])
            {
                pre[i] = p;
                visit[i] = true;
                if(i == t) return true;
                q.push(i);
            }
        }
    }
    return false;
}
int EdmondsKarp(int s,int t)
{   int flow = 0,d,i;
    while(bfs(s,t))
    {   d = inf;
        for(i = t;i!= s;i = pre[i])
            d = d<r[pre[i]][i]? d:r[pre[i]][i];
```

```
        for(i = t;i!= s;i = pre[i])
        {   r[pre[i]][i] -= d;
            r[i][pre[i]] += d;
        }
        flow += d;
    }
    return flow;
}

int main()
{   while(scanf("%d%d",&m,&n)!= EOF)
    {   int u,v,w;
        memset(r,0,sizeof(r));
        for(int i = 0;i < m;i++)
        {   scanf("%d%d%d",&u,&v,&w);
            r[u][v] += w;
        }
        printf("%d\n",EdmondsKarp(1,n));
    }
    return 0;
}
```

算法 5.33

5.7.2 网络流应用

例 5-8 草地排水(Drainage Ditches)：有一个排水系统，有 N 条排水沟，M 个水渠交叉点，每一条排水道都有单位时间水量上限。农夫的池塘在交叉点 1，小溪在交叉点 m。问单位时间内最多有多少水可以从池塘排到小溪。

有多组测试数据，每组的首行是用空格分隔的两个整数 N ($0 \leqslant N \leqslant 200$) 和 M ($2 \leqslant M \leqslant 200$)，$N$ 为排水沟数，M 是交叉点数，后续 N 行包括三个整数 Si、Ei 和 Ci，水流由 Si 流向 Ei($1 \leqslant$ Si, Ei $\leqslant M$)，Ci ($0 \leqslant$ Ci $\leqslant 10\,000\,000$) 表示水流最大速率。每组测试数据输出一个排水最大速率整数。[POJ 1273]

Sample Input	Sample Output
1 2 40	50
1 4 20	
2 4 20	
2 3 30	
5 4	
3 4 10	

参考代码如下：

```
#define VMAX 201
#include<iostream>
using namespace std;
int c[VMAX][VMAX];                    //容量
int n, m;                             //分别表示图的边数和顶点数
```

```
            int Edmonds_Karp( int s, int t )              //输入源点和汇点
            {   int p, q, queue[VMAX], u, v, pre[VMAX], flow = 0, aug;
                while(true)
                {   memset(pre, -1, sizeof(pre));         //记录双亲节点
                    for( queue[p = q = 0] = s; p <= q; p++)  //广度优先搜索
                    {   u = queue[p];
                        for( v = 0; v < m&&pre[t] < 0; v++)
                            if( c[u][v] > 0 && pre[v] < 0 )
                                pre[v] = u, queue[++q] = v;
                            if( pre[t] >= 0 ) break;
                    }
                    if( pre[t] < 0 )    break;             //不存在增广路
                    aug = 0x7fffffff;                      //记录最小残留容量
                    for( u = pre[v = t]; v != s; v = u, u = pre[u] )
                        if(c[u][v] < aug)    aug = c[u][v];
                    for( u = pre[v = t]; v != s; v = u, u = pre[u] )
                        c[u][v] -= aug, c[v][u] += aug;
                    flow += aug;
                }
                return flow;
            }

            int main()
            {   int i,a,b;
                int p[201][201];
                while(scanf("%d %d",&n,&m)!=EOF&&(n||m))
                {   memset(c,0,sizeof(c));
                    for(i=0;i<n;i++)
                    {   scanf("%d %d",&a,&b);
                        Sacnf("%d",&p[a-1][b-1]);
                        c[a-1][b-1] += p[a-1][b-1];        //两点间可能有多条路径,把权值相加
                    }
                    Printf("%d\n",Edmonds_Karp(0,m-1));    //从源点为0,汇点为顶点数-1(m-1);
                }
                return 0;
            }
```

算法 5.34

例 5-9 GSM 手机(GSM phone): [POJ 3549]

Description

Mr. X wants to travel from a point $A(X_a, Y_a)$ to a point $B(X_b, Y_b)$, $A \neq B$. He has a GSM mobile phone and wants to stay available during whole the trip. A local GSM operator has installed K sets of GSM equipment in points $P_i(X_i, Y_i)$, $1 \leq i \leq K$. Each set of the equipment provides circular zone Z_i. Point P_i is the center of the zone Z_i and R_i is its radius. Mobile phones can operate inside such a zone and on its border. Zones can intersect, but no zone completely includes another one.

Your task is to find the length of the shortest way from A to B which is completely covered by GSM zones. You may assume that such a way always exists. Precision of calculations has to be 0.000 01.

Input

The first line contains four floating point numbers X_a Y_a X_b Y_b, separated by one or more spaces. The next line contains single integer number K ($K \leqslant 200$). Each of the rest K lines of the file contains three floating point numbers X_i, Y_i, R_i separated by one or more spaces. $R_i > 0$.

Output The output has to contain a single floating point number.

Sample Input
0 0 8 0
2
0 4 5
8 4 5

Sample Output
8.24621

参考代码如下：

```
#include <stdio.h>
#include <string.h>
#include <stdlib.h>
#include <deque>
#include <algorithm>
using namespace std;
int cap[1000][1000];
int flow[1000][1000];
int a[1000];
int f;
int p[1000];
const int inf = 0x7fffffff;
void Edmonds_karp(int N, int M)
{   deque<int> q;
    int t, u, v, x;
    memset(flow, 0, sizeof(flow));
    memset(p, 0, sizeof(p));
    f = 0;
    for(; ;)
    {   memset(a, 0, sizeof(a));
        a[1] = inf;
        q.push_back(1);
        while(!q.empty())
        {   u = q.front();
            q.pop_front();
            for(v = 1; v <= M; v++)
                if(!a[v] && cap[u][v] > flow[u][v])
                {   p[v] = u;
                    q.push_back(v);
                    a[v] = min(a[u], cap[u][v] - flow[u][v]);
                }
        }
```

```
            if (a[M] == 0 )
                break;
            for ( u = M; u != 1; u = p[u])
            {   flow[u][p[u]] -= a[M];
                flow[p[u]][u] += a[M];
            }
            f += a[M];
        }
    }

    int main( )
    {   int N, M, i, j, a, b, c;
        while (scanf("%d%d", &N, &M ) != EOF ) {
            memset(cap, 0, sizeof(cap));
            f = 0;
            for (i = 0; i < N; i++) {
                scanf("%d%d%d", &a, &b, &c);
                cap[a][b] += c;
            }
            Edmonds_karp(1, M);
            printf("%d\n",f);
        }
        return 0;
    }
```

算法 5.35

习题

(1) 已知如图 5.52 所示的有向图,请给出该图的:
① 每个顶点的入/出度;
② 邻接矩阵;
③ 邻接表;
④ 逆邻接表;
⑤ 强连通分量。

(2) 找出图 5.53 的一个拓扑排序。

(3) 如果用一个栈代替拓扑排序中的队列,是否会得到不同的排序?为什么一种会给出"更好"的答案?

图 5.52

图 5.53

(4) 编写一个程序实现对一个图的拓扑排序。

(5) 使用标准的二重循环，一个邻接矩阵仅初始化就需要 $O(|V|^2)$。试提出一种方法将一个图存储在一个邻接矩阵中(使得测试一条边是否存在花费 $O(1)$)，但避免二次的运行时间。

(6) 请用克鲁斯卡尔和普里姆两种算法分别为图 5.54、图 5.55 构造最小生成树。

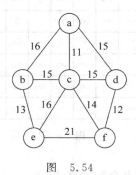

图 5.54   图 5.55

(7) 编写一个程序实现 Kruskal 算法。

(8) 编写一个程序实现 Prim 算法。

(9) 如果存在一些权值为负的边，那么 Prim 算法或 Kruskal 算法还能行得通吗？

(10) 证明 V 个顶点的图可以有 V^{V-2} 棵最小生成树。

(11) 如果一个图的所有边权都在 1 和 $|E|$ 之间，那么能有多快算出最小生成树。

(12) 给出一个算法求解最大生成树，这比求解最小生成树更难吗？

(13) 设一个图的所有边的权都在 1 和 $|E|$ 之间的整数，Dijkstra 算法可以多快实现？

(14) 写出一个算法求解单源最短路径问题。

(15) ① 解释如何修改 Dijkstra 算法以得到从 v 到 w 的不同的最小路径的个数计数。

② 解释如何修改 Dijkstra 算法使得如果存在多于一条从 v 到 w 的最小路径，那么具有最少边数的路径将被选中。

(16) 请用图示说明图 5.56 从顶点 a 到其余各顶点之间的最短路径。

图 5.56

(17) 找出图 5.53 中的网络最大流。

(18) 设 $G=(V,E)$ 是一棵树，s 是它的根，并且添加一个顶点 t 以及所有树叶到 t 的无穷容量的边。给出一个线性时间算法以找出从 s 到 t 的最大流。

(19) 给出一个算法找出允许最大流通过的增长通路。

(20) 写出一个求类似图 5.53 的有向图的网络最大流算法。

(21) 已知 AOE 网有 9 个结点：$V_1, V_2, V_3, V_4, V_5, V_6, V_7, V_8, V_9$ 其邻接矩阵如图 5.57 所示。

① 请画出该 AOE 图。

② 计算完成整个计划需要的时间。

③ 求出该 AOE 网的关键路径。

(22) 写出一个用邻接矩阵存储图表示的关键路径算法。

(23) 写出将一个无向图邻接矩阵转换成邻接表的算法。

(24) 写出将一个无向图邻接表转换成邻接矩阵的算法。

(25) 试以邻接矩阵为存储结构,分别写出连通图的深度优先和广度优先搜索算法。

(26) 写出建立一个有向图的逆邻接表的算法。

(27) G 为一 n 个顶点的有向图,其存储结构分别为:

① 邻接矩阵;

② 邻接表。

∞	6	4	5	∞	∞	∞	∞
∞	∞	∞	∞	1	∞	∞	∞
∞	∞	∞	∞	1	∞	∞	∞
∞	∞	∞	∞	2	∞	∞	∞
∞	∞	∞	∞	∞	9	7	∞
∞	∞	∞	∞	∞	∞	4	∞
∞	∞	∞	∞	∞	∞	∞	2
∞	∞	∞	∞	∞	∞	∞	4
∞	∞	∞	∞	∞	∞	∞	∞

图 5.57

请写出相应存储结构上的计算有向图 G 出度为 0 的顶点个数的算法。

(28) 一个二分图 $G = (V, E)$ 是把 V 划分成两个子集 V_1 和 V_2 并且其边的两个顶点都不在同一个子集中的图。

图 5.58 一个二分图

① 给出一个线性算法以确定一个图是否是二分图。

② 二分问题是找出 E 的最大子集 E' 使得没有顶点含在多于一条的边中。图 5.58 中所示的是 4 条边的一个匹配(由虚线表示)。存在一个 5 条边的匹配,它是最大的匹配。

指出二分匹配问题如何能够用于解决下列问题: 现有一组教师,一组课程,以及每位教师有资格教授的课程表。如果没有教师需要教授多于一门课程,而且只有一位教师可以教授一门给定的课程,那么可以提供开设的课程的最多门数是多少?

③ 证明网络流问题可以用来解决二分匹配问题。

④ 对问题②的解法的时间复杂度如何?

(29) ① 使用 Prim 和 Kruskal 两种算法求图 5.59 中图的最小生成树。

② 这棵最小生成树是唯一的吗?为什么?

(30) 求出图 5.60 中图的所有割点。指出深度优先生成树和每个顶点的 Num 和 Low 的值。并证明寻找割点的算法的正确性。

图 5.59

(31) 给出一个算法以决定在一个有向图的深度优先生成森林中的一条边(v,w)是否是树,背向边,交叉边或前向边。

(32) 找出图 5.61 的图中的强连通分支。

图 5.60　　　　　　　　　图 5.61

(33) 编写一个程序以找出一个有向图的强连通分支。

ACM/ICPC 实战练习

(1) POJ 3083,ZOJ 2787,Children of the Candy Corn
(2) POJ 2251,ZOJ 1940,Dungeon Master
(3) POJ 1426,ZOJ 1530,Find The Multiple
(4) POJ 3087,ZOJ 2774,Shuffle'm Up
(5) POJ 1860,ZOJ 1544,Currency Exchange
(6) POJ 2253,ZOJ 1942,Frogger
(7) POJ 1125,ZOJ 1082,Stockbroker Grapevine
(8) POJ 2240,ZOJ 1092,Arbitrage
(9) POJ 1789,ZOJ 2158,Truck History
(10) POJ 2485,ZOJ 2048,Highways
(11) POJ 1094,ZOJ 1060,Sorting It All Out
(12) POJ 1459,ZOJ 1734,Power Network
(13) POJ 3436,ACM Computer Factory
(14) POJ 3041,ZOJ 1438,Asteroids
(15) POJ 3020,Antenna Placement
(16) POJ 1470,ZOJ 1141,Closest Common Ancestors

第6章 内部排序

6.1 概述

排序(Sorting)是计算机程序设计中的一种重要操作,其功能是将一个数据元素集合或序列重新排列成一个按数据元素某个项值有序的序列。作为排序依据的数据项称为"排序码",即数据元素的关键码。为了便于查找,通常希望计算机中的数据表是按关键码有序的。例如有序表的折半查找,查找效率较高。还有二叉排序树、B-树和 B^+ 树的构造过程就是一个排序过程。

为了便于讨论,在此首先要对排序下一个确切的定义:

假设含有 n 个记录的序列为 $\{R_1, R_2, \cdots, R_n\}$,其相应的关键字序列为 $\{K_1, K_2, \cdots, K_n\}$,需确定 $1, 2, \cdots, n$ 的一种排列 $p_1, p_2, p_3, \cdots, p_n$,使其相应的关键字满足如下的非递减(或非递增)关系:$K_{P1} \leqslant K_{P2} \leqslant \cdots \leqslant K_{Pn}$,使原记录序列成为一个按关键字有序的序列 $\{R_{P1}, R_{P2}, \cdots, R_{Pn}\}$,这样一种操作称为排序。

上述排序定义中的 K_i 可以是记录 $R_i (i=1, 2, \cdots, n)$ 的主关键字,也可以是记录 R_i 的次关键字,甚至是若干数据项的组合。若排序码是主关键码,则对于任意待排序序列,经排序后得到的结果是唯一的;若排序码是次关键码,排序结果可能不唯一,这是因为具有相同关键码的数据元素,这些元素在排序结果中,它们之间的相对位置关系与排序前不能保持一致。

若对任意的数据元素序列,使用某个排序方法,对它按关键码进行排序:若相同关键码元素间的位置关系,排序前与排序后保持一致,称此排序方法是**稳定的**;而不能保持一致的排序方法则称为**不稳定的**。

排序可分为内部排序和外部排序。内部排序是指待排序列完全存放在内存中所进行的排序过程,适合不太大的元素序列;外部排序是指待排序记录的数量很大,以致内存一次不能容纳全部记录,排序过程中还需对外存进行访问的排序过程。

6.2 基于顺序比较的简单排序算法

6.2.1 插入排序(Insertion Sort)

1. 直接插入排序(Directly Insertion Sort)

设有 n 个记录,存放在数组 r 中,重新安排记录在数组中的存放顺序,使得按关键码有

序。即

$$r[1].key \leqslant r[2].key \leqslant \cdots \leqslant r[n].key$$

先来看看向有序表中插入一个记录的方法：

设 $1 < j \leqslant n, r[1].key \leqslant r[2].key \leqslant \cdots \leqslant r[j-1].key$，将 $r[j]$ 插入，重新安排存放顺序，使得 $r[1].key \leqslant r[2].key \leqslant \cdots \leqslant r[j].key$，得到新的有序表，记录数增 1。过程如下。

(1) $r[0] = r[j]$;　　　　　　　　　//$r[j]$ 送 $r[0]$ 中，使 $r[j]$ 为待插入记录空位
　　$i = j - 1$;　　　　　　　　　　//从第 i 个记录向前测试插入位置，用 $r[0]$ 为
　　　　　　　　　　　　　　　　　　//辅助单元，可免去测试 $i < 1$

(2) 若 $r[0].key \geqslant r[i].key$，转(4)。　　//插入位置确定

(3) 若 $r[0].key < r[i].key$ 时，
　　$r[i+1] = r[i]$; $i = i - 1$; 转(2)。　　//调整待插入位置

(4) $r[i+1] = r[0]$; 结束。　　　　　//存放待插入记录

下面通过具体实例来看向有序表中插入一个记录的过程。

	r[1]	r[2]	r[3]	r[4]	r[5]	存储单元
	2	10	18	25	9	将 r[5] 插入 4 个记录的有序表中, j = 5
r[0]=r[j]; i=j-1;	2	10	18	25	□	初始化,设置待插入位置 r[i+1]
i=4, r[0]<r[i], r[i+1]=r[i]; i--;	2	10	18	□	25	调整待插入位置
i=3, r[0]<r[i], r[i+1]=r[i]; i--;	2	10	□	18	25	调整待插入位置
i=2, r[0]<r[i], r[i+1]=r[i]; i--;	2	□	10	18	25	调整待插入位置
i=1, r[0]≥r[i], r[i+1]=r[0];	2	9	10	18	25	插入位置确定,向空位填入插入记录
						向有序表中插入一个记录过程结束

直接插入排序方法：仅有一个记录的表总是有序的，因此，对 n 个记录的表，可从第二个记录开始直到第 n 个记录，逐个向有序表中插入，从而得到 n 个记录按关键码有序的表。

```
void InsertSort(S_TBL &p)
{   for(i = 2; i <= p->length; i++)
      if(p->elem[i].key < p->elem[i-1].key)    /* 小于时,需将 elem[i] 插入有序表 */
      {   p->elem[0].key = p->elem[i].key;     /* 为统一算法设置监测 */
          for(j = i-1; p->elem[0].key < p->elem[j].key; j--)
             p->elem[j+1].key = p->elem[j].key;/* 记录后移 */
          p->elem[j+1].key = p->elem[0].key;   /* 插入到正确位置 */
      }
}
```

算法 6.1

向有序表中逐个插入记录的操作，进行了 $n-1$ 趟，每趟操作分为比较关键码和移动记录，而比较的次数和移动记录的次数取决于待排序列按关键码的初始排列。

最好情况：即待排序列已按关键码有序，每趟操作只需一次比较、二次移动。总比较次数为 $n-1$ 次,总移动次数为 $2(n-1)$ 次。

最坏情况：即第 j 趟操作,插入记录需要同前面的 j 个记录进行 j 次关键码比较,移动记录的次数为 $j+2$ 次。总比较次数为 $\sum_{j=1}^{n-1} j = n(n-1)/2$,总移动次数为

$$\sum_{j=1}^{n-1}(j+2) = n(n-1)/2 + 2n$$

平均情况：即第 j 趟操作，插入记录大约同前面的 $j/2$ 个记录进行关键码比较，移动记录的次数为 $j/2+2$ 次。总比较次数为 $\sum_{j=1}^{n-1}\frac{j}{2} = n(n-1)/4 \approx n^2/4$，总移动次数为

$$\sum_{j=1}^{n-1}\left(\frac{j}{2}+2\right) = n(n-1)/4 + 2n \approx n^2/4$$

由此可知，直接插入排序的时间复杂度为 $O(n^2)$，并且是一个稳定的排序方法。

2. 折半插入排序（Binary Insertion Sort）

直接插入排序的基本操作是向有序表中插入一个记录，插入位置通过对有序表中记录按关键码逐个比较得到。平均情况下总比较次数约为 $n^2/4$。既然是在有序表中确定插入位置，可以不断二分有序表来确定插入位置，即一次比较，通过待插入记录与有序表居中的记录按关键码比较，将有序表一分为二，下次比较在其中一个有序子表中进行，将子表又一分为二。这样继续下去，直到要比较的子表中只有一个记录时，比较一次便确定了插入位置。二分判定有序表插入位置方法如下：

(1) low = 1; high = j – 1; r[0] = r[j]; //有序表长度为 j – 1，第 j 个记录为待插入记录
　　　　　　　　　　　　　　　　　　　//设置有序表区间，待插入记录送辅助单元

(2) 若 low > high，得到插入位置，转(5)

(3) low≤high，m = (low + high)/2; //取表的中点，并将表一分为二，确定待插入
　　　　　　　　　　　　　　　　　　 //区间

(4) 若 r[0].key < r[m].key, high = m – 1; //插入位置在低半区
　　否则，low = m + 1;　　　　　　　　 //插入位置在高半区
　　转(2)

(5) high + 1 即为待插入位置，从 j – 1 到 high + 1 的记录，逐个后移，r[high + 1] = r[0]; 放置待插入记录。

```
void InsertSort(S_TBL * s)
{  /* 对顺序表 s 做折半插入排序 */
    for(i = 2; i <= s->length; i++)
    {   s->elem[0] = s->elem[i];              /* 保存待插入元素 */
        low = i; high = i - 1;                /* 设置初始区间 */
        while(low <= high)                    /* 该循环语句完成确定插入位置 */
        {   mid = (low + high)/2;
            if(s->elem[0].key > s->elem[mid].key)
                low = mid + 1;                /* 插入位置在高半区中 */
            else high = mid - 1;              /* 插入位置在低半区中 */
        }/* while */
        for(j = i - 1; j >= high + 1; j--)    /* high + 1 为插入位置 */
            s->elem[j+1] = s->elem[j];        /* 后移元素，留出插入空位 */
        s->elem[high+1] = s->elem[0];         /* 将元素插入 */
    }                                         /* for */
}                                             /* InsertSort */
```

算法 6.2

确定插入位置所进行的折半查找,关键码的比较次数至多为 $\lceil \log_2(n+1) \rceil$ 次,移动记录的次数和直接插入排序相同,故时间复杂度仍为 $O(n^2)$,而且它是一个稳定的排序方法。

3. 表插入排序(Table Insertion Sort)

直接插入排序、折半插入排序均要大量移动记录,时间开销大。若要不移动记录完成排序,需要改变存储结构,进行表插入排序。所谓表插入排序,就是通过链接指针,按关键码的大小,实现从小到大的链接过程,为此需增设一个指针项。操作方法与直接插入排序类似,所不同的是直接插入排序要移动记录,而表插入排序要修改链接指针。以下用静态链表来说明它们之间的不同之处。

```
#define    SIZE      200
typedef    struct{
           ElemType  elem;                //元素类型
           int       next;                //指针项
           }NodeType;                     //表结点类型
typedef    struct{
           NodeType  r[SIZE];             //静态链表
           int       length;              //表长度
           }L_TBL;                        //静态链表类型
```

假设数据元素已存储在链表中,且 0 号单元作为头结点,不移动记录而只是改变链指针域,将记录按关键码建为一个有序链表。首先,设置空的循环链表,即头结点指针域置 0,并在头结点数据域中存放比所有记录关键码都大的整数。接下来,逐个结点向链表中插入即可。表插入排序示例如图 6.1 所示。

		0	1	2	3	4	5	6	7	8	
初始状态		MAXINT	49	38	65	97	76	13	27	49	key 域
		0	—	—	—	—	—	—	—	—	next 域
$i=1$		MAXINT	49	38	65	97	76	13	27	49	
		1	0	—	—	—	—	—	—	—	
$i=2$		MAXINT	49	38	65	97	76	13	27	49	
		2	0	1	—	—	—	—	—	—	
$i=3$		MAXINT	49	38	65	97	76	13	27	49	
		2	3	1	0	—	—	—	—	—	
$i=4$		MAXINT	49	38	65	97	76	13	27	49	
		2	3	1	4	0	—	—	—	—	
$i=5$		MAXINT	49	38	65	97	76	13	27	49	
		2	3	1	5	0	4	—	—	—	

图 6.1 表插入排序示例

$i=6$	MAXINT	49	38	65	97	76	13	27	49
	6	3	1	5	0	4	2	—	

$i=7$	MAXINT	49	38	65	97	76	13	27	49
	6	3	1	5	0	4	7	2	—

$i=8$	MAXINT	49	38	65	97	76	13	27	49
	6	8	1	5	0	4	7	2	3

图 6.1 （续）

表插入排序得到一个有序的链表,查找则只能进行顺序查找,而不能进行随机查找,如折半查找。为此,还需要对记录进行重排。

重排记录方法：按链表顺序扫描各结点,将第 i 个结点中的数据元素调整到数组的第 i 个分量数据域。因为第 i 个结点可能是数组的第 j 个分量,数据元素调整仅需将两个数组分量中的数据元素交换即可,但为了能对所有数据元素进行正常调整,指针域也需处理。

(1) j = l -> r[0]. next; i = 1;　　　　　　//指向第一个记录位置,从第一个记录
　　　　　　　　　　　　　　　　　　　　　　//开始调整

(2) 若 i = l -> length 时,调整结束; 否则,

① 若 i = j, j = l -> r[j]. next; i ++; 转(2)　//数据元素应在这分量中,不用调整,
　　　　　　　　　　　　　　　　　　　　　　//处理下一个结点

② 若 j > i, l -> r[i]. elem ↔ l -> r[j]. elem;　//交换数据元素
　　p = l -> r[j]. next;　　　　　　　　　　//保存下一个结点地址
　　l -> r[j]. next = l ->[i]. next; l ->[i]. next = j;　//保持后续链表不被中断
　　j = p; i ++; 转(2)　　　　　　　　　　//指向下一个处理的结点

③ 若 j < i, while(j < i) j = l -> r[j]. next;　//j 分量中原记录已移走,沿 j 的
　　　　　　　　　　　　　　　　　　　　　　//指针域找寻原记录的位置转到①

对表插入排序结果进行重排的示例如图 6.2 所示。

	0	1	2	3	4	5	6	7	8	
初始状态	MAXINT	49	38	65	97	76	13	27	49	key 域
	6	8	1	5	0	4	7	2	3	next 域

$i=1$	MAXINT	**13**	38	65	97	76	**49**	27	49
$j=6$	6	(6)	1	5	0	4	8	2	3

$i=2$	MAXINT	13	**27**	65	97	76	49	**38**	49
$j=7$	6	(6)	**(7)**	5	0	4	8	1	3

$i=3$	MAXINT	13	27	**38**	97	76	49	**65**	49
$j=(2),7$	6	(6)	(7)	**(7)**	0	4	8	5	3

图 6.2 重排静态链表数组中记录的过程

$i=4$ $j=(1),6$	MAXINT	13	27	38	**49**	76	**97**	65	49
	6	(6)	(7)	(7)	**(6)**	4	0	5	3

$i=5$ $j=8$	MAXINT	13	27	38	49	**49**	97	65	**76**
	6	(6)	(7)	(7)	(6)	**(8)**	0	5	**4**

$i=6$ $j=(3),7$	MAXINT	13	27	38	49	49	**65**	97	76
	6	(6)	(7)	(7)	(6)	(8)	**(7)**	0	4

$i=7$ $j=(5),8$	MAXINT	13	27	38	49	49	65	**76**	**97**
	6	(6)	(7)	(7)	(6)	(8)	(7)	**(8)**	0

图 6.2 （续）

表插入排序的基本操作是将一个记录插入到已排序好的有序链表中，设有序链表长度为 i，则需要比较至多 $i+1$ 次，修改指针两次。因此，总比较次数与直接插入排序相同，修改指针总次数为 $2n$ 次。所以，时间复杂度仍为 $O(n^2)$。

6.2.2 冒泡排序（Bubble Sort）

先来看看待排序列一趟冒泡的过程：设 $1<j\leqslant n$，$r[1],r[2],\cdots,r[j]$ 为待排序列，通过两两比较、交换，重新安排存放顺序，使得 $r[j]$ 中存放序列中关键码最大的记录。一趟冒泡方法如下：

(1) $i=1$;   //设置从第一个记录开始进行两两比较
(2) 若 $i\geqslant j$，一趟冒泡结束
(3) 比较 $r[i].key$ 与 $r[i+1].key$，若 $r[i].key\leqslant r[i+1].key$，不交换，转(5)
(4) 当 $r[i].key>r[i+1].key$ 时，$r[0]=r[i]$；$r[i]=r[i+1]$；$r[i+1]=r[0]$；
                                        //将 $r[i]$ 与 $r[i+1]$ 交换
(5) $i=i+1$；调整对下两个记录进行两两比较，转(2)

冒泡排序方法：对 n 个记录的表，第一趟冒泡得到一个关键码最大的记录 $r[n]$，第二趟对 $n-1$ 个记录的表进行冒泡排序，再得到一个关键码最大的记录 $r[n-1]$，如此重复，直到得到 n 个记录按关键码有序的表。

(1) $j=n$;   //从有 n 个记录的表开始
(2) 若 $j<2$，排序结束
(3) $i=1$；   //一趟冒泡，设置从第一个记录开始进行两两比较，
(4) 若 $i\geqslant j$，一趟冒泡结束，$j=j-1$；冒泡表的记录数 -1，转(2)
(5) 比较 $r[i].key$ 与 $r[i+1].key$，若 $r[i].key\leqslant r[i+1].key$，不交换，转(7)
(6) 当 $r[i].key>r[i+1].key$ 时，$r[i]\leftrightarrow r[i+1]$；   //将 $r[i]$ 与 $r[i+1]$ 交换
(7) $i=i+1$；调整对下两个记录进行两两比较，转(4)

冒泡排序总共要进行 $n-1$ 趟冒泡，对 j 个记录的表进行一趟冒泡需要 $j-1$ 次关键码

比较。总比较次数为 $\sum_{j=2}^{n}(j-1)=n(n-1)/2$。最好情况下，待排序列已有序，不需移动；最坏情况下，每次比较要进行三次移动，总移动次数为 $\sum_{j=2}^{n}3(j-1)=3n(n-1)/2$，所以，时间复杂度为 $O(n^2)$。

6.2.3 直接选择排序（Directly Selection Sort）

操作方法：第一趟，在 n 个记录中找出关键码最小的记录与第一个记录交换；第二趟，在从第二个记录开始的 $n-1$ 个记录中再选出关键码最小的记录与第二个记录交换；如此，第 i 趟，则在从第 i 个记录开始的 $n-i+1$ 个记录中选出关键码最小的记录与第 i 个记录交换，直到整个序列按关键码有序。

```
void SelectSort(S_TBL * s)
{   for(i = 1; i < s->length; i++)     /*作 length-1 趟选取*/
    {   for(j = i+1,t = i; j <= s->length; j++)    /*在从 i 开始的 length-n+1 个记录中
                                                      选取关键码最小的记录*/
        {   if(s->elem[t].key > s->elem[j].key)
                t = j;                /*t 中存放关键码最小记录的下标*/
        }
        s->elem[t]<-->s->elem[i];     /*关键码最小的记录与第 i 个记录交换*/
    }
}
```

算法 6.3

从程序中可看出，简单选择排序移动记录的次数较少，但关键码的比较次数依然是 $n(n+1)/2$，所以时间复杂度仍为 $O(n^2)$。

6.2.4 简单排序算法的时间代价对比

前面所述的几种简单排序算法，从算法的平均时间复杂度、最坏时间复杂度以及最好时间复杂度三方面出发加以比较，比较结果如表 6-1 所示。

表 6-1 简单排序算法比较

排序方法	平均时间复杂度	最坏时间复杂度	最好时间复杂度
插入排序	$O(n^2)$	$O(n^2)$	$O(n)$
冒泡排序	$O(n^2)$	$O(n^2)$	$O(n)$
直接选择排序	$O(n^2)$	$O(n^2)$	$O(n^2)$

综合分析和比较各种简单排序算法，可以得出结论：在平均情况和最坏情况下，插入排序、冒泡排序、直接选择排序的时间复杂度都为 $O(n^2)$，其中以直接插入排序方法最为常用，特别是对已经按照关键码排序的基本有序序列；在最好情况下，插入排序和冒泡排序比直接选择排序要快。

6.3 缩小增量排序方法——Shell 排序（Shell Sort）

希尔排序又称缩小增量排序，是 1959 年由 D. L. Shell 提出来的，较前述几种插入排序方法有较大的改进。直接插入排序算法简单，在 n 值较小时，效率比较高；在 n 值很大时，若序列按关键码基本有序，效率依然较高，其时间效率可提高到 $O(n)$。希尔排序即是从这两点出发，给出插入排序的改进方法。

希尔排序方法如下：

(1) 选择一个步长序列 $t_1, t_2, \cdots, t_k$，其中 $t_i > t_{i+1}, t_k = 1$。

(2) 按步长序列个数 k，对序列进行 k 趟排序。

(3) 每趟排序，根据对应的步长 t_i，将待排序列分割成若干长度为 m 的子序列，分别对各子表进行直接插入排序。仅当步长因子为 1 时，整个序列作为一个表来处理，表长度即为整个序列的长度。

设待排序列为 39,80,76,41,13,29,50,78,30,11,100,7,41,86。步长因子分别取 5、3、1，则排序过程如下：

子序列分别为{39,29,100},{80,50,7},{76,78,41},{41,30,86},{13,11}。
第一趟排序结果：

$p=3$ 29 7 41 30 11 39 50 76 41 13 100 80 78 86

子序列分别为{29,30,50,13,78},{7,11,76,100,86},{41,39,41,80}。
第二趟排序结果：

$p=1$ 13 7 39 29 11 41 30 76 41 50 86 80 78 100

此时，序列基本"有序"，对其进行直接插入排序，得到最终结果：

    7 11 13 29 30 39 41 41 50 76 78 80 86 100

```
void ShellInsert(S_TBL &p, int dk)
{                              /*一趟增量为 dk 的插入排序,dk 为步长因子*/
    for(i = dk + 1; i <= p->length; i++)
        if(p->elem[i].key < p->elem[i-dk].key)
                               /*小于时,需将 elem[i]插入有序表*/
        {   p->elem[0] = p->elem[i];   /*为统一算法设置监测*/
            for(j = i-dk; j>0&&p->elem[0].key < p->elem[j].key; j = j-dk)
```

```
                p->elem[j+dk] = p->elem[j];    /*记录后移*/
            p->elem[j+dk] = p->elem[0];        /*插入到正确位置*/
        }
    }
    void ShellSort(S_TBL * p, int dlta[], int t)
    {                                          /*按增量序列 dlta[0,1…,t-1]对顺序表*p作希尔排序*/
        for(k = 0; k < t; t++)
            ShellSort(p,dlta[k]);              /*一趟增量为 dlta[k]的插入排序*/
    }
```

算法 6.4

希尔排序时效分析很难,关键码的比较次数与记录移动次数依赖于步长因子序列的选取,特定情况下可以准确估算出关键码的比较次数和记录的移动次数。目前还没有人给出选取最好的步长因子序列的方法。步长因子序列可以有各种取法,有取奇数的,也有取质数的,但需要注意:步长因子中除 1 外没有公因子,且最后一个步长因子必须为 1。但一般认为 $O(N^{3/2})$ 的界适用于广泛的增量序列。

希尔排序的性能在实践中是完全可以接受的,即使对于数以万计的 N 仍是如此,编程的简单特点使得它成为对适度的大量输入数据经常选用的算法。希尔排序方法是一个不稳定的排序方法。

6.4 基于分治策略的排序

6.4.1 快速排序(Quick Sort)

快速排序是通过比较关键码、交换记录,以某个记录为界(该记录称为支点),将待排序列分成两部分。其中,一部分所有记录的关键码大于等于支点记录的关键码,另一部分所有记录的关键码小于支点记录的关键码。我们将待排序列按关键码以支点记录分成两部分的过程,称为一次划分。对各部分不断划分,直到整个序列按关键码有序。

一次划分方法如下。

设 $1 \leqslant p < q \leqslant n, r[p], r[p+1], \cdots, r[q]$ 为待排序列。

(1) low = p; high = q;   //设置两个搜索指针,low 是向后搜索指针,high 是向前
                                //搜索指针

    r[0] = r[low];   //取第一个记录为支点记录,low 位置暂设为支点空位

(2) 若 low = high,支点空位确定,即为 low。

    r[low] = r[0];   //填入支点记录,一次划分结束

否则,low < high,搜索需要交换的记录,并交换之。

(3) 若 low < high 且 r[high].key≥r[0].key

                        //从 high 所指位置向前搜索,至多到 low +1 位置

    high = high − 1;转③   //寻找 r[high].key < r[0].key

    r[low] = r[high];   //找到 r[high].key < r[0].key,设置 high 为新支点位置,

(4) 若 low < high 且 r[low].key < r[0].key   //从 low 所指位置向后搜索，至多到
                                              //high-1 位置
    low = low + 1；转④   //寻找 r[low].key≥r[0].key
    r[high] = r[low];   //找到 r[low].key≥r[0].key，设置 low 为新支点位置，
                               //大于等于支点记录关键码的记录后移。
    转②   //继续寻找支点空位

```
int Partition(S_TBL * tbl,int low,int high)   /* 一趟快排序 */
{   /* 交换顺序表 tbl 中子表 tbl->[low…high]的记录,使支点记录到位,并返回其所在位置 */
    /* 此时,在它之前(后)的记录均不大(小)于它 */
    tbl->r[0] = tbl->r[low];            /* 以子表的第一个记录作为支点记录 */
    pivotkey = tbl->r[low].key;         /* 取支点记录关键码 */
    while(low < high)                   /* 从表的两端交替地向中间扫描 */
    {   while(low < high&&tbl->r[high].key >= pivotkey) high--;
        tbl->r[low] = tbl->r[high];     /* 将比支点记录小的交换到低端 */
        while(low < high&&tbl-g>r[low].key <= pivotkey) low++;
        tbl->r[high] = tbl->r[low];     /* 将比支点记录大的交换到高端 */
    }
    tbl->r[low] = tbl->r[0];            /* 支点记录到位 */
    return low;                         /* 返回支点记录所在位置 */
}
```

算法 6.5

一趟快排序过程示例如下：

r[1] r[2] r[3] r[4] r[5] r[6] r[7] r[8] r[9] r[10]   存储单元
49   14   38   74   96   65   8   49   55   27   记录中关键码

low = 1；high = 10；设置两个搜索指针，r[0] = r[low]；   支点记录送辅助单元。

□   14   38   74   96   65   8   49   55   27
↑   ↑
low   high

第一次搜索交换：

从 high 向前搜索小于 r[0].key 的记录，得到结果。

27   14   38   74   96   65   8   49   55   □
↑   ↑
low   high

从 low 向后搜索大于 r[0].key 的记录，得到结果。

27   14   38   □   96   65   8   49   55   74
                  ↑   ↑
                 low   high

第二次搜索交换：

从 high 向前搜索小于 r[0].key 的记录，得到结果。

27 14 38 8 96 65 □ 49 55 74
　　　　　　　　　　↑　　　　↑
　　　　　　　　　low　　　high

从 low 向后搜索大于 r[0].key 的记录,得到结果。

27 14 38 8 □ 65 96 49 55 74
　　　　　　　　↑　　　　↑
　　　　　　　low　　　high

第三次搜索交换:
从 high 向前搜索小于 r[0].key 的记录,得到结果。

27 14 38 8 □ 65 96 49 55 74
　　　　　　　　↑　↑
　　　　　　　low high

从 low 向后搜索大于 r[0].key 的记录,得到结果。

27 14 38 8 □ 65 96 49 55 74
　　　　　　　　↑
　　　　　　low high

low = high,划分结束,填入支点记录。

27 14 38 8 49 65 96 49 55 74

一次划分结束后,支点记录关键码将原记录划分为左边键值小于该点键值、右边键值大于等于该点键值。然后递归地对左右两部分重新进行划分,最后可得排序的结果。上述快速排序的递归过程可用如图 6.3 所示的二叉树形象地给出。

图 6.3　演示示例中待排序列对应递归调用过程的二叉树

```
void QSort(S_TBL * tbl,int low,int high)    /*递归形式的快排序*/
{                                            /*对顺序表 tbl 中的子序列 tbl->[low…high]作快排序*/
    if(low < high)
    {   pivotloc = partition(tbl,low,high); /*将表一分为二*/
        QSort(tbl,low,pivotloc - 1);        /*对低子表递归排序*/
        QSort(tbl,pivotloc + 1,high);       /*对高子表递归排序*/
    }
}
```

算法 6.6　快速排序算法

快速排序是递归的,每层递归调用时的指针和参数均要用栈来存放,递归调用层次数与上述二叉树的深度一致。因而,存储开销在理想情况下为 $O(\log_2 n)$,即树的高度;在最坏情况下,即二叉树是一个单链时为 $O(n)$。

在 n 个记录的待排序列中,一次划分需要约 n 次关键码比较,时间复杂度为 $O(n)$,设 $T(n)$ 为对 n 个记录的待排序列进行快速排序所需时间。

理想情况下,每次划分正好分成两个等长的子序列,则(c 是一个常数):

$$T(n) \leq cn + 2T(n/2)$$
$$\leq cn + 2(cn/2 + 2T(n/4)) = 2cn + 4T(n/4)$$

$$\leqslant 2cn + 4(cn/4 + T(n/8)) = 3cn + 8T(n/8)$$
……
$$\leqslant cn\log_2 n + nT(1) = O(n\log_2 n)$$

最坏情况下，即每次划分只得到一个子序列，时间复杂度为 $O(n^2)$。

快速排序是通常被认为在同数量级的排序方法中平均性能最好的，其时间复杂度为 $(O(n\log_2 n))$。但若初始序列按关键码有序或基本有序时，快速排序反而会蜕化为冒泡排序。为此，通常以"三者取中法"来选取支点记录，即将排序区间的两个端点与中点三个记录关键码中居中的关键码调整为支点记录。快速排序是一个不稳定的排序方法。

考虑到快速排序是一个递归的过程，而递归的时空开销往往比较大，为此，在实际应用中，快速排序经常与简单的插入排序结合起来使用。即当问题规模比较大时，采用递归求解，而当问题规模达到 $n \leqslant 20$ 后，就采用插入排序。实践证明，这样的综合是非常有效的。

6.4.2 归并排序(Merge Sort)

归并排序是一种借助"归并"来进行排序的方法。所谓归并，是指将两个或两个以上的有序数列合并成一个有序数列的过程。二路归并排序是最简单的一种归并排序方法，下面着重介绍二路归并排序的基本方法。

二路归并排序的基本操作是将两个有序表合并为一个有序表。

设 $r[u \cdots t]$ 由两个有序子表 $r[u \cdots v-1]$ 和 $r[v \cdots t]$ 组成，两个子表长度分别为 $v-u$、$t-v+1$。合并方法为：

(1) i = u; j = v; k = u;   //置两个子表的起始下标及辅助数组的起始下标
(2) 若 i > v 或 j > t, 转(4)   //其中一个子表已合并完，比较选取结束
(3) //选取 r[i] 和 r[j] 关键码较小的存入辅助数组 rf
  ① 如果 r[i].key < r[j].key, rf[k] = r[i]; i++; k++; 转(2)
  ② 否则, rf[k] = r[j]; j++; k++; 转(2)
(4) 将尚未处理完的子表中的元素存入 rf。
  ① 如果 i < v, 将 r[i⋯v-1] 存入 rf[k⋯t]   //前一子表非空
  ② 如果 j ≤ t, 将 r[j⋯v] 存入 rf[k⋯t]   //后一子表非空
(5) 合并结束。

下面看一个简单的归并排序示例：

初始关键字：75 87 68 92 88 61 77 96 80 72
第一趟归并：75 87 68 92 61 88 77 96 72 80
第二趟归并：68 75 87 92 61 77 88 96 72 80
第三趟归并：61 68 75 77 87 88 92 96 72 80
第四趟归并：61 68 72 75 77 80 87 88 92 96

算法描述如下：

```
Void Merge(ElemType *r, ElemType *rf, int u, int v, int t)
{   for(i = u, j = v, k = u; i < v && j <= t; k++)
    {   if(r[i].key < r[j].key)
        {   rf[k] = r[i]; i++; }
```

```
            else
            {   rf[k] = r[j]; j++; }
        }
        if(i<v) rf[k…t] = r[i…v-1];
        if(j<=t) rf[k…t] = r[j…t];
}
```

算法 6.7

1. 两路归并的迭代算法

一个元素的表总是有序的。所以对 n 个元素的待排序列，每个元素可看成一个有序子表。对子表两两合并生成 $\lceil n/2 \rceil$ 个子表，所得子表除最后一个子表长度可能为 1 外，其余子表长度均为 2。再进行两两合并，直到生成 n 个元素按关键码有序的表。

```
void MergeSort(S_TBL *p,ElemType *rf)
{                              /* 对 *p 表归并排序，*rf 为与 *p 表等长的辅助数组 */
    ElemType *q1,*q2;
    q1 = rf; q2 = p->elem;
    for(len = 1; len<p->length; len = 2*len)   /* 从 q2 归并到 q1 */
    {   for(i=1; i+2*len-1<=p->length; i=i+2*len)
            Merge(q2,q1,i,i+len,i+2*len-1); /* 对等长的两个子表合并 */
        if(i+len-1<p->length)
            Merge(q2,q1,i,i+len,p->length);  /* 对不等长的两个子表合并 */
        else   if(i<=p->length)
            while(i<=p->length)       /* 若还剩下一个子表，则直接传入 */
                q1[i] = q2[i];
        q1<-->q2;                   /* 交换，以保证下一趟归并时，仍从 q2 归并到 q1 */
        if(q1!=p->elem)             /* 若最终结果不在 *p 表中，则传入之 */
            for(i=1; i<=p->length; i++)
                p->elem[i] = q1[i];
    }
}
```

算法 6.8

2. 两路归并的递归算法

```
void MSort(ElemType *p,ElemType *p1,int s,int t)
{   /* 将 p[s…t]归并排序为 p1[s…t] */
    if(s==t) p1[s] = p[s]
    else
    {   m = (s+t)/2;            /* 平分 *p 表 */
        MSort(p,p2,s,m);        /* 递归地将 p[s…m]归并为有序的 p2[s…m] */
        MSort(p,p2,m+1,t);      /* 递归地将 p[m+1…t]归并为有序的 p2[m+1…t] */
        Merge(p2,p1,s,m+1,t);   /* 将 p2[s…m]和 p2[m+1…t]归并到 p1[s…t] */
    }
}

void MergeSort(S_TBL *p)
{   /* 对顺序表 *p 作归并排序 */
```

```
        MSort(p->elem,p->elem,1,p->length);
}
```
算法 6.9

归并排序需要一个与表等长的辅助元素数组空间,所以空间复杂度为 $O(n)$。

对 n 个元素的表,将这 n 个元素看作叶结点,若将两两归并生成的子表看作它们的父结点,则归并过程对应由叶向根生成一棵二叉树的过程。所以归并趟数约等于二叉树的高度 -1,即 $\log_2 n$,每趟归并需移动记录 n 次,故时间复杂度为 $O(n\log_2 n)$。

6.5 树形排序方法

在 4.6 节中曾经对二叉搜索树(二叉排序树)做了详细的介绍,同时还介绍了 AVL 树、伸展树及 B-树等,这些结构都是基于二叉排序的树形结构,且均可用于树形排序。本节将介绍另外两种不同的排序思想——堆排序和树形选择排序。

6.5.1 堆排序(Heap Sort)

堆也称优先队列,是操作系统中用的非常多的一种数据结构。优先队列允许至少下列两种操作的数据结构:Insert(插入)以及 DeleteMin(删除最小元,它的工作是找出、返回和删除优先队列中的最小元素)。Insert 操作等价于 Enqueue,而 DeleteMin 等价于 Dequeue 操作。在外部排序和贪心算法的实现中,堆也有非常重要的应用。

设有 n 个元素的序列 $k_1, k_2, \cdots, k_n$,当且仅当满足下述关系之一时,称之为**堆**(或二叉堆)。

$$\begin{cases} k_i \leq k_{2i} \\ k_i \leq k_{2i+1} \end{cases} \quad \text{或} \quad \begin{cases} k_i \geq k_{2i} \\ k_i \geq k_{2i+1} \end{cases} \quad \left(i = 1, 2, \cdots, \left\lfloor \frac{n}{2} \right\rfloor\right)$$

若将此序列对应的一维数组按一棵完全二叉树形式存储一个堆,则所有非叶子结点的值均不大于(或不小于)其子女结点的值,根结点的值是最小(或最大)的,这就是二叉堆的**堆序性**。根是最小值的堆称为**最小值堆**,反之称为**最大值堆**,如图 6.4 所示为最大值堆和最小值堆所对应的两棵二叉树。

依据上述定义将 n 个元素建成堆,输出堆顶的最小(或最大)值元素。然后,再对剩下的 $n-1$ 个元素重建堆,则可得到 n 个元素中的次小(或次大)值元素。如此反复执行,便可得到一个有序的序列,这个过程称之为**堆排序**。

图 6.4 两个堆示例

实现堆排序需解决两个问题:
(1) 如何将 n 个元素的无序序列建成一个堆(初建堆);
(2) 输出堆顶元素后,怎样调整剩余 $n-1$ 个元素,使其重新成为一个新的堆(重建堆)。

1. 基本的堆操作

无论从概念上还是从实际考虑上,执行堆的 Insert 和 DeleteMin 操作都还是比较容易的,只需要始终保持堆的堆序性即可。

(1) Insert(插入)

在堆中插入元素时,总是先把待插入的元素放在完全二叉树的后一个可用位置上(找空位),然后从该插入点的根开始沿着其到根结点的路径逆序检查其堆序性,直到根结点为止,不符合堆序性要求的则通过与父结点交换位置的方式来调整。

(2) DeleteMin(删除最小元)

最小值堆中的最小元总是在树根位置,因此,删除最小元后也会破坏其堆序性,调整的方法是用最后一个元素与根换位,并从树根开始向下检查堆序性,直到叶子结点为止。

从插入和删除操作中不难发现,初建堆和重建堆是堆排序中的两个主要问题,下面以最小值堆为例来讨论上述两个问题,对于最大值堆以此类推即可。

2. 重建堆方法

设有 m 个元素的堆,输出堆顶元素后剩下 $m-1$ 个元素。将堆底元素送入堆顶,堆被破坏,其原因是根结点不满足堆的性质。将根结点与左、右子女中较小的元素进行交换。若与左子女交换,则左子树堆被破坏,且仅左子树的根结点不满足堆的性质;若与右子女交换,则右子树堆被破坏,且仅右子树的根结点不满足堆的性质。继续对不满足堆性质的子树进行上述交换操作,直到叶子结点为止。重复过程结束,则堆被重建。称这个自根结点到叶子结点的调整过程为筛选或下筛(Percolate Down)。如图 6.5 所示为下筛过程的一个示例。

(a) 输出堆顶12,将　　(b) 堆被破坏,根结　　(c) 右子树不满足堆,　　(d) 堆已重建完成
　　堆底91送入堆顶　　　　点与右子女交换　　　　其根与左子女交换

图 6.5　自堆顶到叶子的调整过程

3. 初建堆方法

对一个初始无序序列建堆的过程,就是一个反复进行筛选的过程。一棵具有 n 个结点的完全二叉树,则最后一个非终端结点是第 $\lfloor n/2 \rfloor$ 元素,所以筛选只需从第 $\lfloor n/2 \rfloor$ 个元素开始,先检查第 $\lfloor n/2 \rfloor$ 元素为根的子树是否符合堆序列。如果不符合,则该子树的根与其子女交换,使该子树成为堆;如果已符合堆序,则检查第 $\lfloor n/2 \rfloor-1$ 个元素为根的子树;重复上述

过程,直至树根也符合堆序要求为止。检查子树是否为堆的过程与重建堆的检查过程是一样的,由于这个过程是由底向上检查的,所以也称该筛选过程为上筛(Percolate Up)。如图 6.6 所示为上筛过程的一个示例。

图 6.6 初建堆示例

4. 堆排序过程

对有 n 个元素的序列进行堆排序,其过程如下:
(1) 先将其建成堆,即初建堆,k = n;
(2) 根结点与第 k 个结点交换;再调整前 k - 1 个结点成为堆;
(3) k --;
(4) 重复(2)、(3),直到 k = 1 为止;
(5) 逆序输出堆排序的最终结果。

```
void HeapAdjust(S_TBL * h, int s, int m)
{      /* r[s…m]中的记录关键码除 r[s]外均满足堆的定义,本函数将对第 s 个结点为根的子树筛
          选,使其成为大顶堆 */
    rc = h->r[s];
    for(j = 2 * s; j <= m; j = j * 2)      /* 沿关键码较大的子女结点向下筛选 */
    {   if(j < m&&h->r[j].key < h->r[j+1].key)
            j = j + 1;                      /* j 为关键码较大的元素下标 */
        if(rc.key < h->r[j].key) break;   /* rc 应插入在位置 s 上 */
        h->r[s] = h->r[j]; s = j;          /* 使 s 结点满足堆定义 */
    }
    h->r[s] = rc;                           /* 插入 */
}

void HeapSort(S_TBL * h)
{   for(i = h->length/2; i > 0; i--)       /* 将 r[1..length]建成堆 */
        HeapAdjust(h, i, h->length);
```

```
       for(i = h->length; i>1; i--)
       {   h->r[1]<-->h->r[i];           /*堆顶与堆底元素交换*/
           HeapAdjust(h,1,i-1);          /*将 r[1..i-1]重新调整为堆*/
       }
   }
```

算法 6.10

堆排序算法在记录数 n 较小的情况下并不值得提倡，但对 n 较大时还是很有效的。因为堆排序的运行时间主要耗费在初建堆和重建堆的反复筛选上。设树高为 k，则关键字比较次数至多为 $2(k-1)$ 次，交换记录至多为 k 次。n 个元素的二叉堆，深度为 $k = \lfloor \log_2 n \rfloor + 1$，总共进行的关键字比较次数不超过 $4n$，重建堆次数为 $n-1$ 次，所以，总共进行的比较次数不超过：

$$2(\lfloor \log_2(n-1) \rfloor + \lfloor \log_2(n-2) \rfloor + \cdots + \lfloor \log_2 2 \rfloor) < 2n\log_2 n$$

因此堆排序最坏情况下，时间复杂度也为 $O(n\log_2 n)$。这是堆排序相比快速排序最大的优点。此外，堆排序所需的辅助空间仅为一个记录大小。

6.5.2 树形选择排序（Tree Select Sort）

树形选择排序是基于树形结构的另一种排序方法，也称选择树，选择树又可分为赢者树和败者树。本节只通过锦标赛的例子来介绍赢者树。

将 n 个参赛的选手看成完全二叉树的叶结点，则该完全二叉树有 $2n-2$ 或 $2n-1$ 个结点。首先，两两进行比赛（在树中是兄弟的进行比赛，否则轮空，直接进入下一轮），胜出的兄弟间再两两进行比较，直到产生第一名；接下来，将作为第一名的结点看成最差的，并从该结点开始，沿该结点到根路径上，依次进行各分枝结点孩子间的比较，胜出的就是第二名。因为和他比赛的均是刚刚输给第一名的选手。如此，继续进行下去，直到所有选手的名次排定。

图 6.7 给出了 16 个选手的锦标赛安排树（$n = 2^4$）。

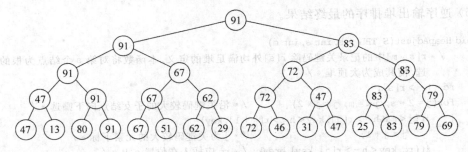

图 6.7 锦标赛问题的赢者树

图 6.7 中，从叶结点开始的兄弟间两两比赛，胜者上升到双亲结点；胜者兄弟间再两两比赛，直到根结点，产生第一名 91。比较次数为 $2^3 + 2^2 + 2^1 + 2^0 = 2^4 - 1 = n - 1$ 次。

图 6.8 中，将第一名的结点置为最差的，与其兄弟比赛，胜者上升到双亲结点，胜者兄弟间再比赛，直到根结点，产生第二名 83。比较次数为 4，即 $\log_2 n$ 次。其后各结点的名次均是这样产生的，所以，对于 n 个参赛选手来说，即对 n 个记录进行树形选择排序，总的关键码

比较次数至多为 $(n-1)\log_2 n + n - 1$，故时间复杂度为 $O(n\log_2 n)$。该方法占用空间较多，除需输出排序结果的 n 个单元外，尚需 $n-1$ 个辅助单元。

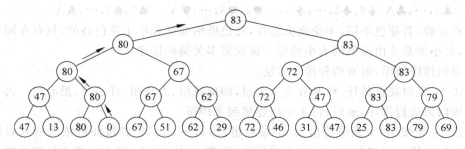

图 6.8 树形选择排序——赢者树

树形选择排序在外排序中有重要应用（详见第 7 章），本节只简单介绍其排序思想。

6.6 分配排序和基数排序

6.6.1 桶式排序（Bucket Sort）

虽然一般排序算法在最坏情况下的时间复杂度是 $O(n\log_2 n)$，但某些特殊情况下以线性时间进行排序仍是可行的。

最简单的例子就是桶式排序。输入数据 $A_1, A_2, \cdots, A_n$ 必须由小于 M 的正整数组成。这时的算法很简单：使用一个大小为 M、名称为 Count 的数组，初始化为 0。因此，Count 有 M 个单元（或称桶），桶初始化为空。当读 A_i 时，Count[A_i] 加 1。当读完所有数据后，扫描数组 Count，可以获得排序后的表。

桶排序的思想就是把区间 $[0, 1]$ 划分成 n 个相同大小的子区间（或称桶），然后将 n 个输入数分布到各个桶中去。因为输入数均匀分布在 $[0, 1]$ 上，所以一般不会出现很多数落在一个桶中的情况。先对各个桶中的数进行排序，然后按次序把各桶中的元素列出来，即可得到结果。

在桶排序算法的代码中，假设输入是含 n 个元素的数组 A，且每个元素满足 $0 \leqslant A[i] < 1$。另外还需要一个辅助数组 $B[0..n-1]$ 来存放链表实现的桶，并假设可以用某种机制来维护这些表。

6.6.2 基数排序（Radix Sort）

基数排序是和前面所述各类排序方法完全不同的一种排序方法。基数排序是一种借助于多关键码排序的思想，将单关键码按基数分成"多关键码"进行排序的方法。

1. 多关键码排序

扑克牌中的 52 张牌，可按花色和面值分成两个字段，其大小关系如下。

花色：梅花♣<方块♦<红心♥<黑心♠

面值：2＜3＜4＜5＜6＜7＜8＜9＜10＜J＜Q＜K＜A

若对扑克牌按花色、面值进行升序排序，得到如下序列：

♣2,♣3,…,♣A,♦2,♦3,…,♦A,♥2,♥3,…,♥A,♠2,♠3,…,♠A

即两张牌，若花色不同，不论面值怎样，花色低的那张牌小于花色高的，只有在同花色的情况下，大小关系才由面值的大小确定。这就是多关键码排序。

为得到排序结果，可有两种排序方法。

方法 1：先对花色排序，将其分为 4 个组，即梅花组、方块组、红心组、黑心组。再对每个组分别按面值进行排序，最后，将 4 个组连接起来即可。

方法 2：先按 13 个面值给出 13 个编号组 (2,3,…,A)，将牌按面值依次放入对应的编号组，分成 13 堆。再按花色给出 4 个编号组 (梅花、方块、红心、黑心)，将 2 号组中牌取出分别放入对应花色组，再将 3 号组中的牌取出分别放入对应花色组……这样，4 个花色组中均按面值有序，然后，将 4 个花色组依次连接起来即可。

设 n 个元素的待排序列包含 d 个关键码 $\{k^1,k^2,…,k^d\}$，则称序列对关键码 $\{k^1,k^2,…,k^d\}$。有序是指对于序列中任意两个记录 $r[i]$ 和 $r[j]$ $(1 \leqslant i \leqslant j \leqslant n)$ 都满足下列有序关系：

$$(k_i^1,k_i^2,…,k_i^d)<(k_j^1,k_j^2,…,k_j^d)$$

其中 k^1 称为最主位关键码，k^d 称为最次位关键码。

多关键码排序通常有以下两种方法。

(1) **最高位优先**(Most Significant Digit first, MSD)法：先按 k^1 排序分组，同一组中的记录，关键码 k^1 相等，再对各组按 k^2 排序分组，之后，对后面的关键码继续这样的排序分组，直到按最次位关键码 k^d 排序分组后；再将各组连接起来，便得到一个有序序列。扑克牌按花色、面值排序中介绍的方法 1 即是 MSD 法。

(2) **最低位优先**(Least Significant Digit first, LSD)：先从 k^d 开始排序，再对 k^{d-1} 进行排序，依次重复，直到对 k^1 排序后便得到一个有序序列。扑克牌按面值、花色排序中介绍的方法 2 即是 LSD 法。

请试一下扑克牌的两种排序方法，并分析其效率是否一样。

2. 链式基数排序

将关键码拆分为若干项，每项作为一个关键码，则对单关键码的排序可按多关键码排序方法进行。例如，关键码为 4 位的整数，可以每位对应一项，拆分成 4 项；又如，关键码由 5 个字符组成的字符串，可以每个字符作为一个关键码。由于这样拆分后，每个关键码都在相同的范围内(数字是 0～9，字符是 'a'～'z')，称这样的关键码可能出现的符号个数为"基"，记作 Radix。上述取数字为关键码的"基"为 10；取字符为关键码的"基"为 26。基于这一特性，用 LSD 法排序较为方便。

基数排序：从最低位关键码起，按关键码的不同值将序列中的记录"分配"到 Radix 个队列中，然后再"收集"之，如此重复 d 次即可。链式基数排序是用 Radix 个链队列作为分配队列，关键码相同的记录存入同一个链队列中，收集则是将各链队列按关键码大小顺序链接起来。

以静态链表存储待排记录，头结点指向第一个记录。链式基数排序过程如图 6.9 所示。

图 6.9 链式基数排序过程

```
#define    MAX_KEY_NUM    8              /*关键码项数最大值*/
#define    RADIX     10                  /*关键码基数,此时为十进制整数的基数*/
#define    MAX_SPACE   1000              /*分配的最大可利用存储空间*/
typedef    struct{
    KeyType      keys[MAX_KEY_NUM];      /*关键码字段*/
    InfoType     otheritems;             /*其他字段*/
    int     next;                        /*指针字段*/
    }NodeType;                           /*表结点类型*/
typedef    struct{
    NodeType   r[MAX_SPACE];             /*静态链表,r[0]为头结点*/
    int   keynum;                        /*关键码个数*/
    int   length;                        /*当前表中记录数*/
    }L_TBL;                              /*链表类型*/
typedef    int   ArrayPtr[radix];        /*数组指针,分别指向各队列*/

void Distribute(NodeType *s,int i,ArrayPtr *f,ArrayPtr *e)
{              /*静态链表 ltbl 的 r 域中记录已按(kye[0],keys[1],…,keys[i-1])有序)*/
   /*本算法按第 i 个关键码 keys[i]建立 Radix 个子表,使同一子表中的记录的 keys[i]相同*/
   /*f[0…Radix-1]和 e[0…Radix-1]分别指向各子表的第一个和最后一个记录*/
   for(j=0; j<Radix; j++) f[j]=0;        /*各子表初始化为空表*/
   for(p=r[0].next; p; p=r[p].next)
   {   j=ord(r[p].keys[i]);              /*ord 将记录中第 i 个关键码映射到[0…Radix-1]*/
       if(!f[j]) f[j]=p;
       else r[e[j]].next=p;
       e[j]=p;                           /*将 p 所指的结点插入到第 j 个子表中*/
   }
}

void Collect(NodeType *r,int i,ArrayPtr f,ArrayPtr e)
{   /*本算法按 keys[i]自小到大地将 f[0…Radix-1]所指各子表依次链接成一个链表,*e[0…
       Rdix-1]为各子表尾指针*/
    for(j=0; !f[j]; j=succ(j));          /*找第一个非空子表,succ 为求后继函数*/
    r[0].next=f[j]; t=e[j];              /*r[0].next 指向第一个非空子表中第一个结点*/
    while(j<RADIX)
    {   for(j=succ(j); j<RADIX-1&&!f[j]; j=succ(j));   /*找下一个非空子表*/
        if(f[j]) {r[t].next=f[j]; t=e[j]; }  /*链接两个非空子表*/
    }
    r[t].next=0;                         /*t 指向最后一个非空子表中的最后一个结点*/
}
void RadixSort(L_TBL *ltbl)
{              /*对 ltbl 作基数排序,使其成为按关键码升序的静态链表,ltbl->r[0]为头结点*/
    for(i=0; i<ltbl->length; i++) ltbl->r[i].next=i+1;
    ltbl->r[ltbl->length].next=0;        /*将 ltbl 改为静态链表*/
    for(i=0; i<ltbl->keynum; i++)        /*按最低位优先依次对各关键码进行分配和收集*/
    {   Distribute(ltbl->r,i,f,e);       /*第 i 趟分配*/
        Collect(ltbl->r,i,f,e);          /*第 i 趟收集*/
    }
}
```

算法 6.11

设待排序列为 n 个记录,d 个关键码,关键码的取值范围为 Radix,则进行链式基数排序的时间复杂度为 $O(d(n+\text{Radix}))$。其中,一趟分配的时间复杂度为 $O(n)$,一趟收集的时间复杂度为 $O(\text{Radix})$,共进行 d 趟分配和收集。基数排序需要 $2\times\text{Radix}$ 个指向队列的辅助空间,以及用于静态链表的 n 个指针。

6.7 内部排序问题讨论与分析

6.7.1 常用排序算法性能简要分析

前面几节已经对几种常用的排序算法做了简单的介绍,由于这些方法各有利弊,难以确定哪个好哪个坏。表 6-2 从时间复杂度、空间存储方面对各个排序算法做了总结。

表 6-2 常用排序算法时空性能比较

排序方法	平均时间	最坏情况	辅助存储空间
简单排序	$O(n^2)$	$O(n^2)$	$O(1)$
希尔排序	$O(n^{3/2})$	$O(n^{3/2})$	$O(1)$
快速排序	$O(n\log n)$	$O(n^2)$	$O(\log n)$
堆排序	$O(n\log n)$	$O(n\log n)$	$O(1)$
归并排序	$O(n\log n)$	$O(n\log n)$	$O(n)$
基数排序	$O(d(n+rd))$	$O(d(n+rd))$	$O(rd)$

虽然不能绝对地说哪个算法好,但经过简单比较和综合分析,还是可以得出以下结论。

(1) 就平均时间复杂度来说,快速排序、堆排序和归并排序从理论上来说,是所有排序方法中最好的,但在最坏情况下,快速排序的时间复杂度为 $O(n^2)$,不如堆排序和归并排序的时间复杂度 $O(n\log n)$ 小。在 n 较大的情况下,归并排序的时间性能优于堆排序,但它需要的辅助存储开销最多。

(2) 表 6-2 中的简单排序包括除希尔排序之外的所有插入排序,冒泡排序和简单的选择排序,其中直接的插入排序最简单,当记录中的序列基本有序或问题规模较小时,它是最佳的排序方法,因此,常将它和其他的排序方法如快速排序、归并排序等结合起来使用。

(3) 从排序方法的稳定性来说,一般而言,基于相邻关键字比较的排序方法是稳定的,否则就不能保证稳定性。稳定排序方法有归并排序、基数排序、插入排序、选择排序等;不稳定排序方法有快速排序、堆排序、希尔排序等。

其实,每种算法都有各自的特点,没有绝对的最优。在解决具体问题时,应根据实际情况来选择排序算法,也可以将不同的几个算法结合起来运用。

6.7.2 排序问题的下限

各种排序算法都有各自的平均时间复杂度,那么,一个排序算法到底有多快呢?即分析一个问题的时间代价(cost of a problem),而不是某个具体算法的时间代价。一个问题的下限是解决这个问题所有方法中最优的时间代价,包括那些尚未设计出来的算法;而一个问题的上限就是在已知算法中时间代价最大的那个。如果一个问题的上限和下限相同,从渐进的角度分析，则不存在更有效的算法了。

为了更好地解决这个问题，引入判定树（或决策树）的概念来证明下限的抽象概念。采用的方法是对每次的键（在树的内部画一个椭圆）进行比较，则最后的树叶（用方格表示）显示排序后数字的顺序。如图 6.10 所示的判定树表示三个关键字分别为 k_1, k_2, k_3 的记录进行直接插入排序的过程，每个非终端结点表示两个关键字的一次比较，左右子树表示比较的结果，三个关键字的排序最后应该是有 6 种可能的结果。比较树是一棵二叉树，每个结点表示元素之间一种可能的排序，它与已经进行的比较一致，比较的结果是树的边。

图 6.10 描述排序过程的判定树

基于比较的排序都可以用判定树来表示。不同的排序策略所得到的判定树也各不相同。判定树的高度是关键字进行比较的最大次数，即为该算法在最坏环境下的性能；叶结点的最小深度就是最佳情况下的最小比较次数。叶子结点的平均深度就是算法的平均比较次数。从根结点到叶子结点，会有不同的路径，每个路径表示不同的排序结果。由此可知，包含 n 个元素的数列有 $n!$ 种排序的方法，也就是说，比较树中的树叶数必然为 $n!$，这也隐含地说明这棵树的高度是 $\lceil \log_2(n!) \rceil$，即基于比较的排序算法在最差情况下需要 $\log_2(n!)$ 次比较。

又因为一棵高度为 h 的二叉树（指二叉树的最高树叶高度为 h）的叶结点数目最多为 2^h 个（这时正好是满二叉树，即每个非叶结点都有两个子结点），因此 $n! \leqslant 2^h$，得到 $h \geqslant \log_2(n!)$，根据 Stirling 公式有 $n! > (n/e)^n$，于是 $h > n\log_2 n - n\log_2 e$，即 $h = \Omega(n\log_2 n)$。所以基于比较的排序问题的时间复杂度为 $O(n\log_2 n)$。

6.8 排序应用举例

例 6-1 ACM 竞赛排行榜（ACM Rank Table）：[POJ 2379]

Description

ACM contests, like the one you are participating in, are hosted by the special software. That software, among other functions, preforms a job of accepting and evaluating teams' solutions (runs), and displaying results in a rank table. The scoring rules are as follows:

(1) Each run is either accepted or rejected.

(2) The problem is considered solved by the team, if one of the runs submitted for it

is accepted.

(3) The time consumed for a solved problem is the time elapsed from the beginning of the contest to the submission of the first accepted run for this problem (in minutes) plus 20 minutes for every other run for this problem before the accepted one. For an unsolved problem consumed time is not computed.

(4) The total time is the sum of the time consumed for each problem solved.

(5) Teams are ranked according to the number of solved problems. Teams that solve the same number of problems are ranked by the least total time.

(6) While the time shown is in minutes, the actual time is measured to the precision of 1 second, and the seconds are taken into account when ranking teams.

(7) Teams with equal rank according to the above rules must be sorted by increasing team number.

Your task is, given the list of N runs with submission time and result of each run, compute the rank table for C teams.

Input

Input contains integer numbers C, N, followed by N quartets of integers c_i, p_i, t_i, r_i, where ci—team number, pi—problem number, ti—submission time in seconds, ri—1, if the run was accepted, 0 otherwise.

$1 \leqslant C, N \leqslant 1000$, $1 \leqslant c_i \leqslant C$, $1 \leqslant p_i \leqslant 20$, $1 \leqslant t_i \leqslant 36000$.

Output

Output must contain C integers—team numbers sorted by rank.

Sample Input	Sample Output
3 3	2 1 3
1 2 3000 0	
1 2 3100 1	
2 1 4200 1	

解题思路如下。

题目很容易理解,就是对做题情况进行排序,但是数据很病态,导致很多的代码都过不去,这里提醒几点。

(1) 输入数据可能不是按照时间提交的。

(2) 输入数据可能有提交 AC 后再次提交的,程序要能识别并加以忽略。

(3) 没做对的题目其时间不加在总时间里面!

(4) 还有就是要注意量纲要一致,题目中时间单位有分和秒。

所以,只要把输入数据按照时间排一下序,然后再进行计算,这样就大大减小了出错的可能了,参考代码如下。

```
#include <stdio.h>
#include <string.h>
#include <stdlib.h>
struct T
```

```
        {   int team, pnum, time;
            int pwrong[21];
        }t[1005];
        struct D
        {   int c, p, ti, r;
        }d[1005];
        int C, N;
        int cmp( const void * a, const void * b )
        {   struct T * t1 = ( struct T * )a, * t2 = ( struct T * )b;
            if( t1-> pnum!= t2-> pnum )
                return t2-> pnum - t1-> pnum;
            else    if( t1-> time!= t2-> time )
                        return t1-> time - t2-> time;
                    else
                        return t1-> team - t2-> team;
        }

        int cmp2( const void * a, const void * b )
        {   struct D * d1 = ( struct D * )a, * d2 = ( struct D * )b;
            return d1-> ti - d2-> ti;
        }

        int main( )
        {   while( scanf( "%d %d", &C, &N )!= EOF )
            {   memset( t, 0, sizeof( t[0] ) * C );
                for( int i= 1; i<= C; ++i )
                    t[i]. team = i;
                for( int i= 0; i< N; ++i )
                    scanf( "%d %d %d %d", &d[i]. c, &d[i]. p, &d[i]. ti, &d[i]. r );
                qsort( d, N, sizeof( d[0] ), cmp2 );
                for( int i= 0; i< N; ++i )
                {   int c = d[i]. c, p= d[i]. p, ti= d[i]. ti, r= d[i]. r;
                    if( r== 1 )
                    {   if( t[c]. pwrong[p]!= -1 )
                        {   t[c]. time += ( ti + t[c]. pwrong[p] * 20 * 60 );
                            t[c]. pnum++;
                        }
                        t[c]. pwrong[p] = -1;
                    }
                    else
                        if( t[c]. pwrong[p]!= -1 )
                            t[c]. pwrong[p]++;
                }
                qsort( t+ 1, C, sizeof( t[0] ), cmp );
                for( int i= 1; i<= C; ++i )
                    printf( i== 1? "%d": " %d", t[i]. team );
                puts( "" );
            }
            return 0;
        }
```

算法 6.12

例 6-2 猴子的骄傲(Monkeys' Pride)：[POJ 1828]

Description

Background: There are a lot of monkeys in a mountain. Everyone wants to be the monkey king. They keep arguing with each other about that for many years. It is your task to help them solve this problem.

Problem: Monkeys live in different places of the mountain. Let a point (x, y) in the X-Y plane denote the location where a monkey lives. There are no two monkeys living at the same point. If a monkey lives at the point (x_0, y_0), he can be the king only if there is no monkey living at such point (x, y) that $x \geqslant x_0$ and $y \geqslant y_0$. For example, there are three monkeys in the mountain: $(2,1),(1,2),(3,3)$. Only the monkey that lives at the point $(3,3)$ can be the king. In most cases, there are a lot of possible kings. Your task is to find out all of them.

Input

The input consists of several test cases. In the first line of each test case, there are one positive integers N ($1 \leqslant N \leqslant 50000$), indicating the number of monkeys in the mountain. Then there are N pairs of integers in the following N lines indicating the locations of N monkeys, one pair per line. Two integers are separated by one blank. In a point (x, y), the values of x and y both lie in the range of signed 32-bit integer. The test case starting with one zero is the final test case and has no output.

Output

For each test case, print your answer, the total number of the monkeys that can be possible the king, in one line without any redundant spaces.

Sample Input	3	0 0	Sample Output
3	0 1	1 0	1
2 1	1 0	0 1	2
1 2	0 0	1 1	1
3 3	4	0	

解题思路如下。

(1) 按 x 坐标从小到大排序，x 坐标相等按 y 坐标从小到大排序。

(2) x 相等的点中，只有 y 坐标最大的点才有可能是猴王。

(3) 扫描排好序的数组，最后一个点肯定是猴王，记录该点的 y 值为 mMax，忽略接下来 x 坐标与猴王相等的点。

(4) 遇到新的 x 坐标点时，只有该点的 y 值大于 mMax 才是猴王。当 y 值大于 mMax 时，将 mMax 设为 y，king 数目加 1。不论是不是猴王，都忽略接下来 x 坐标相同的点。

(5) 重复步骤(4)直到扫描结束。

(6) 输出结果。

参考代码如下。

```
#include <iostream>
#include <cstdio>
```

```cpp
#include <algorithm>
using namespace std;
typedef struct Point              //定义结构体,标识猴子位置,便于 sort 排序
{   int x,y;
};
bool cmp(const Point &a, const Point &b)   //先比第一位大小,小的在前,相同则比较第二
                                           //位,小的在前
{
    if (a.x == b.x)
        return a.y < b.y;
    else
        return a.x < b.x;
}
int main()
{   Point p[50001];
    int num;                                //num 代表猴子个数
    while (scanf(" % d", &num),num)         //num = 0 时退出
    {   for (int i = 0; i < num; i ++)
            scanf(" % d % d", &p[i].x, &p[i].y);   \\输入猴子位置坐标
        sort(p, p + num, cmp);                     \\调用库函数排序,也可以用 qsort
        int ans = 1;
        int mMax = p[num - 1].y;            //排序后得到最后位置的猴子必然为 King
        for (int i = num - 2; i >= 0; i -- )  //寻找是否还有复合要求的 King
            if (mMax < p[i].y)
            {   mMax = p[i].y;
                ans ++;
            }
        printf(" % d\n",ans);               //输出最后的结果
    }
    return 0;
}
```

算法 6.13

该算法的时间主要取决于 Sort,故算法时间复杂度应该是 $O(n\log_2 n)$。

习题

(1) 使用插入排序将序列 3,1,4,1,5,9,2,6,5 排序。

(2) 如果所有的关键字都相等,那么插入排序的运行时间是多少?

(3) 写出使用增量{1,3,7}对输入数据 9,8,7,6,5,4,3,2,1 运行希尔排序的结果。

(4) 指出堆排序如何处理输入数据 142,543,123,65,453,879,572,434,111,242,811,102。

(5) 用归并排序将 3,1,4,1,5,9,2,6,5 排序。

(6) 不使用递归如何实现归并排序。

(7) 编写一个程序实现选择排序。

(8) 将哨兵放在 R[n]中,被排序的记录放在 R[0..n-1]中,重写直接插入排序算法。

(9) 以单链表作为存储结构实现直接插入排序算法。

(10) 设计一算法,使得在尽可能少的时间内重排数组,将所有取负值的关键字放在所有取非负值的关键字之前。请分析算法的时间复杂度。

(11) 写一个双向冒泡排序的算法,即在排序过程中交替改变扫描方向。

(12) 下面是一个自上往下扫描的冒泡排序的伪代码算法,它采用 lastExchange 来记录每趟扫描中进行交换的最后一个元素的位置,并以它作为下一趟排序循环终止的控制值。请仿照它写一个自下往上扫描的冒泡排序算法。

```
void BubbleSort(int A[],int n)
  //不妨设 A[0..n-1]是整型向量
  int lastExchange,j,i = n-1;
  while (i>0)
    lastExchange = 0;
    for(j = 0;j < i;j++)                //从上往下扫描 A[0..i]
      if(A[j+1]< A[j]){
          交换 A[j]和 A[j+1];
          lastExchange = j;
      }
    i = lastExchange;                   //将 i 置为最后交换的位置
  }                                     //endwhile
}                                       //BubbleSort
```

(13) 改写快速排序算法,要求采用三者取中的方式选择划分的基准记录;若当前被排序的区间长度小于等于 3 时,无须划分而是直接采用直接插入方式对其排序。

(14) 对给定的 $j(1 \leqslant j \leqslant n)$,要求在无序的记录区 $R[1..n]$ 中找到按关键字自小到大排在第 j 个位置上的记录(即在无序集合中找到第 j 个最小元),试利用快速排序的划分思想编写算法实现上述的查找操作。

(15) 以单链表为存储结构,写一个直接选择排序算法。

(16) 写一个 heapInsert(R,key)算法,将关键字插入到堆 R 中去,并保证插入 R 后仍是堆。提示:应为堆 R 增加一个长度属性描述(即改写本章定义的 SeqList 类型描述,使其含有长度域);将 key 先插入 R 中已有元素的尾部(即原堆的长度加 1 的位置,插入后堆的长度加 1),然后从下往上调整,使插入的关键字满足性质。请分析算法的时间。

(17) 写一个建堆算法:从空堆开始,依次读入元素调用题(16)中的堆插入算法将其插入堆中。

(18) 写一个堆删除算法:HeapDelete(R,i),将 R[i]从堆中删去,并分析算法时间,提示:先将 R[i]和堆中最后一个元素交换,并将堆长度减 1,然后从位置 i 开始向下调整,使其满足堆性质。

(19) 已知两个单链表中的元素递增有序,试写一算法将这两个有序表归并成一个递增有序的单链表。算法应利用原有的链表结点空间。

(20) 设向量 A[0..n-1]中存有 n 个互不相同的整数,且每个元素的值均在 $0 \sim n-1$ 之间。试写一时间为 $O(n)$ 的算法将向量 A 排序,结果可输出到另一个向量 B[0..n-1]中。

(21) 写一组英文单词按字典序排列的基数排序算法。设单词均由大写字母构成,最长的单词有 d 个字母。提示:所有长度不足 d 个字母的单词都在尾处补足空格,排序时设置 27 个箱子,分别与空格,A,B,…,Z 对应。

ACM/ICPC 实战练习

(1) POJ 1423，ZOJ 1526　Big Number
(2) POJ 1694，ZOJ 1427　An Old Stone Game
(3) POJ 1723，SOLDIERS
(4) POJ 1727，Advanced Causal Measurements（ACM）
(5) POJ 1763，ZOJ 2445　Shortcut
(6) POJ 1788，ZOJ 2157　Building a New Depot
(7) POJ 1838，Banana
(8) POJ 1840，Eqs
(9) POJ 2201，ZOJ 2452　Cartesian Tree
(10) POJ 2376，Cleaning Shifts
(11) POJ 2377，Bad Cowtractors
(12) POJ 2380，Sales Report
(13) POJ 1318，ZOJ 1181　Word Amalgamation
(14) POJ 1877，Flooded!
(15) POJ 1928，ZOJ 2235　The Peanuts
(16) POJ 1971，ZOJ 2496　Parallelogram Counting
(17) POJ 1974，ZOJ 2499　The Happy Worm
(18) POJ 1990，MooFest
(19) POJ 2001，ZOJ 2346　Shortest Prefixes
(20) POJ 2002，ZOJ 2347　Squares
(21) POJ 2092，ZOJ 2250　Grandpa is Famous

第 7 章 文件管理和外排序

文件是在外部存储器上用于记录大量数据的主要形式。当内存中容纳不下某个文件的全部数据时，就需要分多次进行内存和外存的数据交换才能完成对文件数据的处理，而访问磁盘等外部存储器的速度要比访问内存慢得多。本章讨论内、外存储器对算法和数据结构的影响，重点分析外排序方法。

7.1 外存储器

计算机存储器一般分为主存储器（Primary Memory 或 Main Memory，即内存储器）和外存储器（Secondary Storage 或 Peripheral Storage，即辅助存储器）。主存储器是随机访问存储器（Random Access Memory，RAM）、高速缓存（Cache）和视频存储器（Video Memory）。RAM 的一个特点是易失性（Volatile），即所有的信息会因为电源的关闭而丢失。

外存储器是指硬盘、软盘和磁带这样的存储设备。相比于内存，外存有两个优点：永久性（Persistent），所有信息不会因为电源的关闭而消失；便携性，能够方便地在不同计算机之间传送信息；但同时也具有访问时间长的缺点。为此，尽量减少磁盘访问的次数是文件数据组织和算法设计的基本原则。

7.1.1 磁盘

磁盘经常称作直接访问（Direct Access）存储设备，换句话说，访问磁盘中任何一个记录所花费的时间几乎是相同的。磁盘是一个扁平的圆盘，盘面上有许多称为磁道（Track）的圆圈，信息就记录在磁道上，各个磁道之间有磁道间隙。磁盘可以是单片的，也可以是多个盘片（Platter）的盘组，这些盘片被固定在主轴（Spindle）上，并随着转轴沿一个方向高速旋转。一个盘组中最顶上和最底下的盘面一般不用，其他盘面用于记录数据，称为记录面。

可以把磁盘分为固定头盘和活动头盘。固定头盘的每一道上都有独立的磁头，它是固定不动的，专负责读/写某一磁道上的信息。活动头盘的磁头是可移动的，盘组也是可变的，如图 7.1 所示。一个盘面上只有一个磁头，它可以从该面的一个磁道移到另一个磁道。磁头装在移动臂上，不同面上的磁头是同时移动的，并处于同一圆柱面上。各个面上半径相同的磁道组成一个圆柱面（Cylinder）。圆柱面的个数就是盘片面上的磁道数。活动头盘每个可用表面都分配一个读/写磁头（Read/Write Head）或 I/O 磁头（I/O Head），数据就是通过磁头读出或写入的，这个原理类似于电唱机的活动臂从唱片中读取声音一样，但不同的是

图 7.1 活动头磁盘示意图

磁头是不直接接触盘片表面的,因为接触盘面会损伤磁盘。通常,每个盘面上会有 200～400 个磁道。每个磁道又可以分为多个扇区(Sector),每个扇区之间有扇区间隙(Intersector Gap),扇区间隙内是不存储数据的;每个扇区两端各有一个扇区界限标志,存放标识扇区的编号地址等信息;扇区标志位之间才是存放实际数据的区域。每个扇区包含相同的数据量。由于外层磁道比内层磁道要长一些,所以它们每英寸包含的位数比内层磁道要少。在磁盘上要标明一个具体信息必须用一个三维地址:柱面号,盘面号,扇区(块)号。

其中,柱面号确定读/写头的径向运动,而扇区号确定信息在盘片圆圈上的位置。

为了访问一块信息,首先要找到柱面,移动臂使磁头移动到所需柱面上(寻道);然后等待要访问信息转到磁头下;最后,读/写所需信息。

因此,磁盘上读/写一块信息所需时间由 3 部分组成。

$$T_{I/o} = t_{seek} + t_{la} + t_{wm}$$

其中:t_{seek} 为寻道时间(Seek Time),即读/写头定位时间;

t_{la} 为等待时间(Latency Time),即等待信息块的初始位置转到磁头下的时间;

t_{wm} 为传输时间(Transmission Time),即实际读/写信息的时间。

从上面的分析可知,存取时间主要是寻道时间和旋转延迟时间。减少移动臂的移动次数和距离,减少前后两次读写信息之间的等待时间是提高读/写性能的主要途径。

在读取一个扇区的数据后,计算机必须花时间去处理它,同时磁盘继续在旋转。所以下一个要读写的信息块在同一个柱面可以减少寻道时间,而信息块的间隔存放比连续存放更有利于减少等待时间。这种第二个逻辑扇区与第一个逻辑扇区间隔一段距离,而不是相邻的方法安排数据称为交错(Interleaving),逻辑上相邻扇区的物理距离称为交错因子(Interleaving Factor)。

在 MS-DOS 系统中,多个扇区通常集结成组,形成一个簇(Cluster)。簇是文件的最小分配单位,因此所有文件都是一个或多个簇的大小。簇的大小由操作系统决定。文件管理器记录每个文件由哪些簇组成。在 MS-DOS 系统中,文件分配表(File Allocation Table)记录文件和扇区的归属关系。UNIX 系统不使用簇,文件分配的最小单位和读出/写入的最小单位是一个扇区,称为块(Block)。显然,为减少寻道时间,簇的长度应该大一点好,而为了减少存储空间的浪费,避免形成内部碎片(Internal Fragmentation),簇的长度小一点更好。

7.1.2 磁盘访问时间估算

寻道时间主要考虑两个参数:第一个参数是磁道转换时间(Track-to-Track Time),即磁头从一个磁道移到相邻磁道的最短时间;第二个参数是一次随机访问的平均寻道时间(Average Access Time)。

旋转延迟时间是依赖于磁盘转速的。常见的磁盘驱动器转速是7200rpm,即每8.3ms转一圈。当随机读取一个扇区时,预计磁盘需要旋转半圈才能使目标扇区到达I/O磁头下面,即需要 8.3ms/2 = 4.15ms。

例7-1 假设一个磁盘总容量为 16.8GB,分布在 10 个盘面上。每个盘面上有 13 085 个磁道,每个磁道中又包含 256 个扇区,每个扇区 512 个字节,每个簇 8 个扇区。扇区的交错因子是 3。磁盘旋转速度是 5400rpm,磁道转换时间是 2.2ms,随机访问的平均寻道时间是 9.5ms。

如果读取一个 1MB 的文件,该文件有 2048 个记录,每个记录有 512 个字节。估算文件处理的时间。

(1) 假设所有记录都在 8 个连续的磁道上;

(2) 假定文件簇随机地散布在磁盘上。

解:

每个簇 8 个扇区 = 512bytes×8 = 4KB,即每个簇 4KB;

每个磁道中又包含 256 个扇区 = 256 扇区÷8(扇区/簇) = 32 簇,即每个磁道 32 簇;

一个磁盘 16.8GB,10 个盘面,即每个盘面 16.8GB÷10 = 1.68GB;

每转一圈的时间为 (60×1000)ms÷5400 圈 = 11.1ms/圈 = 11.1ms/道。

(1) 数据连续存放

总存取时间 = 平均寻道时间 + 第一道读取时间 + (总磁道数−1)
　　　　　× (第二次寻道时间 + 读取整道时间)
　　　　 = 平均寻道时间 + (0.5 圈延迟 + 交错因子)
　　　　　× 每圈所花的时间 + (总磁道数−1)
　　　　　× [磁道转换时间 + (0.5 圈延迟 + 交错因子) × 每圈所花的时间]
　　　　 = 9.5ms + (0.5 + 3) × 11.1ms/圈 + (8 − 1)
　　　　　× [2.2ms + (0.5 + 3) × 11.1ms/圈]
　　　　 = 9.5ms + 38.9ms + 7×41.1ms
　　　　 = 336.1ms

(2) 数据随机存放

总簇数: 8 个磁道×32(簇/磁道) = 256 簇

总存取时间 = 簇数×{[平均寻道时间] + [旋转延迟] + [读一簇时间]}
　　　　　 = 簇数×{[平均寻道时间] + [0.5 圈延迟(每圈所化时间)]
　　　　　　 + [交错因子×(每簇扇区数÷每道扇区数)×每圈时间]}
　　　　　 = 256×(9.5 + 0.5×11.1 + 3×8÷256×11.1)
　　　　　 ≈ 4119.04ms

分解来看三个数据：
t_{wm}=[3（交错因子）×8（扇区/簇）÷256（扇区/道）×11.1ms/圈]≈1.04ms
t_{la}=[0.5（半圈旋转延迟）×11.1ms/圈]=5.55ms
t_{seek}=9.5ms
读一簇数据的时间为：$T_{I/o} = t_{seek} + t_{la} + t_{wm}$ = 9.5 + 5.55 + 1.04 = 16.09
读一个字节的时间为：$T_{I/o} = t_{seek} + t_{la} + t_{wm}$ = 9.5 + 5.55 + 0 = 15.05 （忽略读/写时间）

通过上述例子的分析，不难看出，读出一簇信息与读一字节信息时间相差不大，连续存放数据比随机存放数据效率要高，所以一个文件的数据信息还是应该尽量放在连续的磁道中比较好。

外部存储介质一般有磁带和磁盘，但由于磁带不再普遍用于联机处理，故本教材不再对磁带做进一步的讨论。

7.2 外存文件的组织

文件（file）是由大量性质相同的记录（即数据元素）的集合组成。文件可按记录类型分为操作系统的文件和数据库文件两大类。操作系统文件仅是一维连续的字符序列，无结构、无解释。数据库中的文件是带有结构的记录的集合。文件还可按记录特性分为定长和不定长文件。文件中每个记录长度相同则为定长文件，否则为不定长文件。记录与记录之间存在一种线性关系。因而，文件是一种线性结构。

存储在磁盘中可以随机访问的文件被当做是一段连续的字节，而且可以把这些字节结合起来构成记录，这样的文件被称为逻辑文件（Logical File）。但实际的情况是磁盘中的物理文件（Physical File）往往不是一段连续的字节，而是成块地分布在整个磁盘中。当应用程序请求从逻辑文件中读写数据时，文件管理器（File Manager）会把逻辑位置映射为磁盘中的具体物理地址。

文件在外存上的组织方式称为文件的物理结构。文件有各种各样的组织方式，最基本的4种分别是：顺序组织、索引组织、哈希组织和链接组织。

文件的操作主要有检索、修改、插入、删除和排序。

7.2.1 文件组织

1. 顺序文件（Sequential File）

顺序文件的特点是文件中所有的逻辑记录都存放在外存的一个连续存储区域中。文件中的记录按存入文件的时间先后顺序存放。当记录的物理存放顺序与它们的关键码大小顺序一致时，物理顺序和逻辑顺序是一致的。顺序文件适合顺序存取、批量修改。

表7-1给出了一个学生文件，它是一个典型的顺序文件。

顺序文件的特点如下。

(1) 若存取文件中第 i 个记录，必须先搜索在它之前的 $i-1$ 个记录。
(2) 插入新的记录时只能追加在文件的末尾。
(3) 若要更新文件中的某个记录，则必须将整个文件进行复制。

表 7-1 学生文件

物理地址	学号	姓名	性别	籍贯	成绩
1	15	张东	男	浙江	95
2	21	李丽	女	湖南	77
3	8	赵平	男	江苏	81
4	3	周伟	男	云南	79
5	34	陈波	女	广州	86

顺序文件的基本优点是：顺序存取记录时速度较快。所以，批处理文件、系统文件用得最多。采用磁带存放顺序文件时，总可以保持快速存取的优点。若以磁盘作存储介质时，顺序文件的记录也按物理邻接次序排列，因而顺序的磁盘文件能像磁带文件一样进行严格的顺序处理。

顺序文件的主要缺点是：建立文件前需要能预先确定文件长度，以便分配存储空间；修改、插入和增加文件记录有困难；对直接存储器作连续分配，会造成少量空闲块的浪费。

2. 索引文件（Indexed File）

索引文件由数据区和索引表两部分组成。数据区用来存放文件的所有记录，索引表则指出逻辑记录和物理记录之间的对应关系。索引表中的元素称为索引项。不管数据区中的各记录是否按照关键字大小排序，索引表中的索引项总是按照关键字大小排序。若文件本身也是按关键字顺序排列，则称为索引顺序文件；否则，称为索引非顺序文件。在索引顺序文件中，可对一组记录建立一个索引项，这种索引表称为稀疏索引。在索引非顺序文件中，必须为每个记录建立一个索引项，这样建立的索引表称为稠密索引。

以表 7-1 作为数据区，可建立如表 7-2 所示的索引表（索引项为学号）。当索引表十分庞大的时候，还需要建立索引的索引，形成多级索引，这样索引本身已经不再是表结构，而是一种树的结构。

表 7-2 索引表

关键字	物理地址
3	4
8	3
15	1
21	2
34	5

通常将索引非顺序文件简称为索引文件，索引非顺序文件主文件无序，顺序存取将会频繁地引起磁头移动，因此，适合于随机存取，不适合于顺序存取；索引顺序文件的主文件是有序的，适合于随机存取、顺序存取。索引顺序文件的索引是稀疏索引。索引占用空间较少，是最常用的一种文件组织，最常用的索引顺序文件有 ISAM 文件和 VSAM 文件等。

3. 哈希文件（Hash File）

哈希文件是利用哈希函数法组织的文件，它类似于哈希表，即根据文件记录的关键字的特点设计一种哈希函数和处理冲突的方法从而将记录散列到外存储器上。由于哈希文件中通过计算来确定一个记录在存储设备上的存储位置，因而逻辑顺序的记录在物理地址上不是相邻的，因此哈希文件不宜使用磁带存储，只适宜使用磁盘存储；并且哈希文件这种结构只适用于定长记录文件和按记录键随机查找的访问方式。

哈希文件的组织方法与哈希表的组织方法相比有一点不同。对于哈希文件来说，磁盘上的文件记录通常是成组存放的,若干个记录组成一个称为桶的存储单位。假若一个桶能存放 m 个记录,即 m 个哈希函数值相同的记录可以存放在同一个桶中,而当第 $m+1$ 个哈希函数值相同的记录出现时才发生冲突。

哈希文件中处理冲突的方法也可采用哈希表中处理冲突的各种方法,但链地址法是哈希文件处理冲突的首选方法。链地址法解决冲突的方法是:当某个桶中的哈希函数值相同的记录超过 m 个(可以形象地称作"溢出")时,动态地生成一个桶以存放那些溢出的哈希函数值相同的记录。通常把存放前 m 个哈希函数值相同的记录的桶称为基桶,把存放溢出记录的桶称为溢出桶。基桶和溢出桶的结构相同,均为 m 个记录的数组加一个桶地址指针。当某个基桶未溢出时,基桶中的指针为空;当基桶溢出时,动态生成一个溢出桶存放溢出记录,基桶中的指针置为指向该溢出桶;若溢出桶中的哈希函数值相同的记录再溢出时,再动态生成第二个溢出桶存放溢出记录,第一个溢出桶中的指针置为指向第二个溢出桶。这样就构成了一个链接溢出桶。

在哈希文件中查找某一记录时,首先根据待查记录的关键字值求得哈希地址(即基桶地址),将基桶的记录读入内存进行顺序查找,若找到某记录的关键字等于待查记录的关键字,则查找成功;若基桶内无待查记录且基桶内指针为空,则文件中没有待查记录,查找失败;若基桶内无待查记录且基桶内指针不为空,则将溢出桶中的记录读入内存进行顺序查找,若在某个溢出桶中查找到待查记录,则查找成功;若所有溢出桶链内均未查找到待查记录,则查找失败。

哈希文件的主要优点是,记录随机存放,不需要进行排序;按关键字存取速度快。其主要缺点是不能进行顺序存取。

7.2.2 文件上的操作

要想读取外部存储介质上的数据,必须先按照文件名找到相应的文件,然后再从文件中读取数据。要想将数据存放到外部存储介质中,首先要在外部介质上建立一个文件,然后再向文件写入数据。常见的文件操作通常包括以下几种。

(1) **检索**:检索是为了在文件中找到满足一定条件的记录。它可以按关键码值进行检索,也可以按其他属性值进行检索。按属性值检索又分为单属性检索和多属性检索等。检索是文件上最基本的操作之一,许多其他的操作都是以此为基础。

(2) **修改**:修改是指对记录中的某些数据值进行更新。若对关键码值进行修改,这样相当于删除加插入两个操作,所以修改通常包括插入、删除和更新。

(3) **排序**:对指定的数据项,按其值的大小把文件中的记录排成有序序列,最常用的是按关键码值进行排序。在进行成批处理时往往要求文件是有序的,故在处理前需要对文件进行排序。

7.2.3 C 语言中的文件流操作

按数据结构的组织形式,文件分为文本文件和二进制文件,这两种文件的读写方式有一定的区别,用的时候也是需要特别注意。

文件操作步骤:

(1) 打开文件;
(2) 读或写文件;
(3) 关闭文件。

1. 文件的打开与关闭

C 中可以用 FILE 来定义文件变量或文件指针变量,分别用于保存文件信息或指向不同的文件信息区。定义形式:

FILE * fp;

文件打开函数:

FILE * fp = fopen(char * fileName, char * type);

fileName:文件路径名。
type:打开文件方式。常用的打开文件方式如表 7-3 所示。

表 7-3 常用打开文件方式

类型	含 义	文件不存在	文 件 存 在
r	以只读方式打开文本文件	返回错误信息	打开文件
w	以只写方式打开文本文件	建立新文件	打开文件,原文件清空
a	以追加方式打开文本文件	建立新文件	从文件尾追加数据
r+	以读/写方式打开文本文件	返回错误信息	打开文件
w+	以读/写方式打开新文本文件	建立新文件	打开文件,原文件清空
a+	以读/写方式打开文本文件	建立新文件	打开文件,读/写文件数据
rb	以只读方式打开二进制文件	返回错误信息	打开文件
wb	以只写方式打开二进制文件	建立新文件	打开文件,原文件清空
ab	以追加方式打开二进制文件	建立新文件	从文件尾追加数据
rb+	以读/写方式打开二进制文件	返回错误信息	打开文件
wb+	以读/写方式打开新二进制文件	建立新文件	打开文件,原文件清空
ab+	以读/写方式打开二进制文件	建立新文件	打开文件,读/写文件数据

当文件打开时,文件指针一般是指向文件字节流的开始处,所以在选择以"a+"方式打开文件时一定要注意,若第一次对文件流进行读操作,第二次进行写操作前,必须将文件指针定位到文件尾,否则写入的数据会覆盖以前的数据;若第一次对文件流进行写操作,第二次进行读操作前,也必须将文件指针定位到要读取的开始位置。即若要改变上一次对文件的操作,则需要对文件指针重新定位。

文件关闭函数:

fclose(fp);

2. 文件的顺序读写

(1) 字符读写函数

从文件中读一个字符:char ch = fgetc(fp);

向文件中写一个字符：fputc(ch, fp);
(2) 字符串读写函数
从文件中读取字符串：fgets(str, n, fp);
向文件中写入字符串：fputs(str, fp);
(3) 格式化读写函数
格式化读取字符串：fscanf(FILE * fp, char * str, &s1, &s2,…);
格式化写入字符串：fprintf(FILE * fp, char * str, s1, s2, …);

3．文件的随机读写

对文件中的指定位置的信息进行读写操作，需要对文件进行定位。
(1) 文件定位函数

int fseek(FILE * fp, long m, int n);这个函数是说明把指针移动到距 n 为 m 个字节处，其中 $m>0$ 表示向文件尾移动，$m<0$ 表示向文件头移动。
(2) 位置函数

long int ftell(FILE * fp);这个函数是取得指针所指向位置距离文件头的偏移量。
(3) 重定位函数

void rewind(FILE * fp);这个函数是将文件指针重新指向文件的开始处。
(4) 随机读取函数

int fread(void * buf, int size, int count, FILE * fp);

(5) 随机写入函数

int fwrite(void * buf, int size, int count, FILE * fp);

4．文件操作错误检测

(1) 判断文件流是否错误：

int ferror(FILE * fp);

(2) 判断是否到达文件尾：

int feof(FILE * fp);

7.3 缓冲区和缓冲池

减少磁盘访问次数的一种方法是在内存中保留尽可能多的块，这样可以增加待访问的块已经在内存中的机会，从而减少对磁盘的重复访问。一旦读取了一个扇区，就把它的信息存储在主存中，这称为缓冲(Buffering)或缓存(Caching)信息。如果随机访问一个大文件中的信息，那么两个连续磁盘请求同一个扇区的可能性非常小。实际上，大多数磁盘请求都接近于前一次请求的位置(至少在逻辑文件中是这样)。这说明下一次请求"命中缓存"的可能性比随机情况下的机会更高。

扇区级缓存一般由操作系统提供，而且直接建立于磁盘驱动器的控制器硬件中。大多数操作系统至少维护两个缓冲区,一个用于输入,另一个用于输出。一旦收到一个I/O请求,多数磁盘控制器能够独立于CPU进行操作。由于在一个I/O操作期间CPU一般可以执行几百万条指令,从而可以最大限度地利用这种微并行机制。该技术称为双缓冲(Double Buffering)。在支持双缓冲的计算机中,它至少需要使用两个输入缓冲区和两个输出缓冲区。

有时候,操作系统或是应用程序可能要存储多个缓冲区的信息,那么存储在一个缓冲区中的信息就称为一页(Page),缓冲区的集合称为缓冲池(Buffer Pool)。

如果缓冲池中还有尚未使用的缓冲区空间,那么就可以根据需要从磁盘中读取新的信息。但是,如果缓冲池中所有的缓冲区空间都被填满,则需要进行一些决策,以确定牺牲缓冲池中的某些信息来为新请求信息提供空间。

(1) 第一种方法是"先进先出"(First In First Out, FIFO)。FIFO把缓冲区排成一个队列,队列头是最先被使用的缓冲区,队尾是最近被使用的缓冲区。处理过程基本上是以稳定的速度顺序地沿着文件向前移动。但这也存在一个问题,很多程序极有可能重复使用某些重要的缓冲数据,数据的重要性与它第一次被访问的时间没有什么关系,通常是最后访问的时间以及访问的频率更为重要。也正因为如此,系统一般不常采用FIFO方法。

(2) 第二种方法是"最不频繁使用"(LFU)方法。LFU记录缓冲池中每个缓冲区的访问次数。当有新的缓冲区请求时,往往访问次数最少的缓冲区被认为是"最不重要的",因此,新缓冲区就会替代这个缓冲区。尽管LFU看起来合理,但是同样存在很多缺陷:首先,需要为每个缓冲区存储和更新访问次数。其次,过去曾被引用多次,但现在用到的次数不多。由于该缓冲区建立了庞大的计数,从而无法被替代掉。

(3) 第三种方法是"最近最少使用"(LRU)方法。LRU在一个链表中保存缓冲区。当访问一个缓冲区信息时,就把该缓冲区放到链表的最前面。当读取新的信息时,就使用链表最后面的缓冲区(最近最少使用的缓冲区),替换掉原来的旧信息。在操作系统中,LRU是最广泛使用的替换策略。

很多操作系统都支持虚拟存储(Virtual Memory),它通过缓冲池从磁盘中读入页来实现,磁盘中存储虚拟内存的全部内容;页则根据存储器访问的需要读入内存。先将一部分数据载入到内存缓冲池中,另一部分留在磁盘中。当内存空间不够使用的时候,系统会自动选择部分内存空间,把该部分的内容交换到磁盘上,从而释放更多的内存空间来载入新的数据。虽然,使用虚拟存储技术的程序在速度上不如存储在物理内存中的程序,但它能减少程序员的工作,它可以不修改程序就能使用超出物理内存限制的更大的内存。

7.4 外排序(External Sort)

如果有一组太大而无法放到主存储器中的记录需要排序,则记录必须驻留在外部存储器中,我们称这样的排序方法为外排序。外排序唯一有效的排序方式是从磁盘中读出一些记录,进行一些重排,然后再把记录写回到磁盘中,不断重复这个过程直至完成对整个文件的排序。由于外排序也涉及读/写磁盘的操作,它的算法主要目标就是尽量减少磁盘访问次数。

在程序员看来,需要排序的文件是有一定顺序的固定大小的块。假设每个块都包含同样数目的固定大小的数据记录,一个记录有可能只有几个字节,也有可能有几百个字节。再假定记录不会跨越边界。按照这种模型,一种排序算法把一块数据读入主存储器的缓冲区中,对其完成一些处理,再将其写回磁盘。从数量级上可以看出,从磁盘中读写一个块所花的时间是主存储器访问所花时间的 100 万倍。因此可以认为,包含在一个块中的记录在内存中进行排序的时间,比读出或者写入这个块所需要的时间更少。

对于一些大型纪录,可以把记录的关键码存储在一个索引文件(Index File)中,只对关键码排序(Key Sort)。排序的关键码往往是 ID 标识号,只需要几个字节。在索引文件中,关键码和指针是一起存放的,这个指针标识了原始数据在文件中的位置。这比原来记录小很多,因此需要的 I/O 操作也更少。

一旦排序了索引文件,就可以对原来文件中的记录进行重新排列。但这样做的代价是需要花费大量的时间,所以一般并不这样做。只有在需要以排序的方式查看或处理全体记录时,这样做才有价值,而且数据库系统一般允许对多个关键码进行搜索。也就是说,记录既可以按照姓名排序,也可以按照工资排序,整个记录可能没有一个"单一的"排序顺序。

一般来说,磁盘排序的过程有两步:
(1) 文件分成若干尽可能长的初始顺串;
(2) 逐步归并顺串,最后形成一个已排序的文件。

7.4.1 二路外排序

外部排序基本上由两个相互独立的阶段组成。首先,按可用内存大小,将外存上含 n 个记录的文件分成若干长度为 k 的子文件或段(Segment),依次读入内存并利用有效的内部排序方法对它们进行排序,并将排序后得到的有序子文件重新写入外存。通常称这些有序子文件为归并段或顺串(Run);然后,对这些归并段进行逐趟归并,使归并段(有序子文件)逐渐由小到大,直至得到整个有序文件为止。

显然,第一阶段的工作已经讨论过。以下主要讨论第二阶段即归并的过程。先从一个例子来看外排序中的归并是如何进行的。

图 7.2 2-路归并示意图

假设有一个含 10 000 个记录的文件,首先通过 10 次内部排序得到 10 个初始归并段 $R_1 \sim R_{10}$,其中每一段都含 1000 个记录。然后对它们作如图 7.2 所示的两两归并,直至得到一个有序文件为止。

从图 7.2 可见,由 10 个初始归并段到一个有序文件,共进行了 4 趟归并,每一趟从 m 个归并段得到 $\lceil m/2 \rceil$ 个归并段。这种方法称为 2-路平衡归并。

将两个有序段归并成一个有序段的过程,在外部排序中实现两两归并,不仅要调用 Merge 函数,而且要进行外存的读/写,这是由于我们不可能将两个有序段及归并结果同时放在内存中的缘故。对外存上信息的读/写是以"物理块"为单位。假设在上例中每个物理块可以容纳 200 个记录,则每一趟归并需进行 50 次"读"和 50 次"写",四趟归并加上内部排序时所需进行的读/写,使得在外排序中总共需进行 500 次的读/写。

外部排序所需总时间=内部排序(产生初始归并段)所需时间 $m * t_{is}$
+外存信息读写的时间 $d * t_{io}$
+内部归并排序所需时间 $s * ut_{mg}$

其中：t_{is} 是为得到一个初始归并段进行的内部排序所需时间的均值；t_{io} 是进行一次外存读/写时间的均值；ut_{mg} 是对 u 个记录进行内部归并所需时间；m 为经过内部排序之后得到的初始归并段的个数；s 为归并的趟数；d 为总的读/写次数。由此，上例 10 000 个记录利用 2-路归并进行排序所需总的时间为：

$$10 * t_{is} + 500 * t_{io} + 4 * 10\ 000 t_{mg}$$

其中 t_{io} 取决于所用的外存设备，显然，t_{io} 较 t_{mg} 要大得多。因此，提高排序效率应主要着眼于减少外存信息读写的次数 d。

下面来分析 d 和"归并过程"的关系。若对上例中所得的 10 个初始归并段进行 5-平衡归并(即每一趟将 5 个或 5 个以下的有序子文件归并成一个有序子文件)，则从图 7.3 可见，仅需进行二趟归并，外部排序时总的读/写次数便减少至 $2 \times 100 + 100 = 300$，比 2-路归并减少了 200 次的读/写。

可见，对同一文件而言，进行外部排序时所需读/写外存的次数和归并的趟数 s 成正比。而在一般情况下，对 m 个初始归并段进行 k-路平衡归并时，归并的趟数：

$$s = \lfloor \log_k m \rfloor \tag{7-1}$$

一般而言，顺串个数有 m 个，假如按照二路归并算法的思想，所生成的合并树就有 $\lceil \log_2 m \rceil + 1$ 层，需要对所有数据进行 $\lceil \log_2 m \rceil$ 遍扫描。采用多路归并就可以减少扫描的遍数。多路归并的方法是在每个输入顺串中检查第一个值，并且把最小的值放到输出中，从输入中移去这个值，并且重复这个过程。以图 7.4 为例，首先比较 5、6、12，将最小值 5 从第一个顺串中移去，并放到输出中，接着比较 10、6、12，最小值为 6，同样从第二个顺串中移去放入输出中。当输出前 5 个值之后，每个块中的当前值是带有下划线的那个数字。

图 7.3 5-路归并示意图

图 7.4 多路归并的实例

7.4.2 多路平衡归并的实现

由(7-1)式可见，增加 k 可以减少 s，从而减少外存读/写的次数。但是，从下面的讨论中又可发现，单纯增加 k 将导致增加内部归并的时间 ut_{mg}。那么，如何解决这个矛盾呢？

先看 2-路归并。令 u 个记录分布在两个归并段上，按 Merge 函数进行归并。每得到归并后的含 u 个记录的归并段需进行 $u - 1$ 次比较。

再看 k-路归并。令 u 个记录分布在 k 个归并段上，显然，归并后的第一个记录应是 k 个归并段中关键码最小的记录，即应从每个归并段的第一个记录的相互比较中选出最小者，这需要进行 $k - 1$ 次比较。同理，每得到归并后的有序段中的一个记录，都要进行 $k - 1$ 次比较。显然,为得到含 u 个记录的归并段需进行 $(u-1)(k-1)$ 次比较。由此,对 n 个记录的文件进行外部排序时,在内部归并过程中进行的总的比较次数为 $s(k-1)(n-1)$。假设所得初始归并段为 m 个,则可得内部归并过程中进行比较的总的次数为:

$$\lceil \log_k m \rceil (k-1)(n-1)t_{mg} = \left\lceil \frac{\log_2 m}{\log_2 k} \right\rceil (k-1)(n-1)t_{mg} \tag{7-2}$$

由于 $(k-1)/\log_2 k$ 随 k 的增加而增长,则内部归并时间亦随 k 的增加而增长。这将抵消由于增大 k 而减少外存信息读写时间所得的效益,显然,这样做的代价是比较大的。若在进行 k-路归并时利用选择树来实现,则可使在 k 个记录中选出关键码最小的记录时仅需进行 $\lfloor \log_2 k \rfloor$ 次比较,从而使总的归并时间变为 $\lfloor \log_2 m \rfloor (n-1)t_{mg}$,显然,这个式子和 k 无关,它不再随 k 的增长而增长。

选择树是一棵完全二叉树,分为赢者树(Tree of Winner)和败者树(Tree of Loser)。

1. 赢者树

如图 7.5 所示是一个 5 路归并的赢者树。叶子结点用 $b_0 \sim b_4$ 表示,在图中用方框表示;分支结点用数组 Ls[1…4] 表示,每个分支结点代表其子女结点中的赢者(数值较小的那个),即叶子结点编号(下标),在图中用圆圈表示,圆圈中的数值是叶子结点编号,并非是数值。树中每个非叶子结点相当于代表一场比赛中的获胜者,而根结点代表全胜者,也正是因为每个内部结点都记录了对应比赛的赢家,所以才称之为赢者树。其过程类似锦标赛树。

图 7.5 实现 5-路归并的赢者树

当最小关键码输出后,在相应归并段中补入下一个记录的关键码,并重构选择树,即沿着叶子到根结点的路径重新进行比赛。比赛只在孪生结点间进行,获胜者放入双亲结点中。图 7.5 中,(a)给出了初始归并的状态,(b)则表示输出最小关键码并重构后的选择树状态。

2. 败者树

"败者树"也是树形选择排序的一种变型。相对地,可称图 6.7 和图 6.8 中二叉树为"赢者树",因为每个非终端结点均表示其左、右子女结点中的"胜者"。反之,若在双亲结点中记下刚进行完的这场比赛中的败者,而让胜者去参加更高一层的比赛,便可得到一棵"败者树"。

图 7.6(a)为一棵实现 5-路归并的败者树 $Ls[0\cdots4]$,图中方形结点表示叶子结点(也可看成是外结点),分别为 5 个归并段中当前参加归并的待选记录的关键码;败者树中根结点 $Ls[1]$ 的双亲结点 $Ls[0]$ 为"冠军",在此指示各归并段中的最小关键码记录为第三段中的记录;结点 $Ls[3]$ 指示 b_1 和 b_2 两个叶子结点中的败者即是 b_2,而胜者 b_1 和 b_3(b_3 是叶子结点 b_3、b_4 和 b_0 经过两场比赛后选出的获胜者)进行比较,结点 $Ls[1]$ 则指示它们中的败者为 b_1。在选得最小关键码的记录之后,只要修改叶子结点 b_3 中的值,使其为同一归并段中的下一个记录的关键码,然后从该结点向上和双亲结点所指的关键码进行比较,败者留在该双亲,胜者继续向上直至树根的双亲。如图 7.6(b)所示。当第 3 个归并段中第 2 个记录参加归并时,选得最小关键码记录为第一个归并段中的记录。为了防止在归并过程中某个归并段变为空,可以在每个归并段中附加一个关键码为最大的记录。当选出的"冠军"记录的关键码为最大值时,表明此次归并已完成。由于实现 k-路归并的败者树的深度为 $\lceil \log_2 k \rceil + 1$,则在 k 个记录中选择最小关键码仅需进行 $\lceil \log_2 k \rceil$ 次比较。败者树的初始化也容易实现,只要先令所有的非终端结点指向一个含最小关键码的叶子结点,然后从各叶子结点出发调整非终端结点为新的败者即可。

图 7.6 实现 5-路归并的败者树

下面程序中简单地描述了利用败者树进行 k-路归并的过程,为了突出如何利用败者树进行归并,避开了外存信息存取的细节,可以认为归并段已存在。

```
typedef int LoserTree[k];        /*败者树是完全二叉树且不含叶子,可采用顺序存储结构*/
typedef struct
{   KeyType key;
}ExNode,External[k];             /*外结点,只存放待归并记录的关键码*/
void K_Merge(LoserTree * ls,External * b)    /*k-路归并处理程序*/
{   /*利用败者树 ls 将编号 0~k-1 的 k 个输入归并段中的记录归并到输出归并段*/
    /*b[0]到 b[k-1]为败者树上的 k 个叶子结点,分别存放 k 个输入归并段中当前记录的关键码*/
```

```
for(i=0;i<k;i++) input(b[i].key);   /*分别从k个输入归并段读入该段当前第一个记录的*/
                                    /*关键码到外结点*/
CreateLoserTree(ls);                /*建败者树ls,选得最小关键码为b[0].key*/
while(b[ls[0]].key!=MAXKEY)
{   q=ls[0];                        /*q指示当前最小关键码所在归并段*/
    output(q);                      /*将编号为q的归并段中当前(关键码为b[q].key的记录写至
                                    输出归并段)*/
    input(b[q].key);                /*从编号为q的输入归并段中读入下一个记录的关键码*/
    Adjust(ls,q);                   /*调整败者树,选择新的最小关键码*/
}
output(ls[0]);                      /*将含最大关键码MAXKEY的记录写至输出归并段
                                    K_Merge*/
```

算法 7.1 k-路归并过程

```
void Adjust(LoserTree * ls,int s)   /*选得最小关键码记录后,从叶到根调整败者树,选下一个
                                    最小关键码*/
                                    /*沿从叶子结点b[s]到根结点ls[0]的路径调整败者树*/
{   t=(s+k)/2;                      /*ls[t]是b[s]的双亲结点*/
    while(t>0)
    {   if(b[s].key>b[ls[t]].key) s<-->ls[t];   /**s指示新的胜者*/
        t=t/2;
    }
    ls[0]=s;
}
```

算法 7.2 调整败者树过程

```
void CreateLoserTree(LoserTree * ls)    /*建立败者树*/
{   /*已知b[0]到b[k-1]为完全二叉树ls的叶子结点存有k个关键码,沿从叶子到根的k条路径
    将ls调整为败者树*/
    b[k].key=MINKEY;                    /*设MINKEY为关键码可能的最小值*/
    for(i=0;i<k;i++) ls[i]=k;           /*设置ls中"败者"的初值*/
    for(i=k-1;k>0;i--) Adjust(ls,i);    /*依次从b[k-1],b[k-2],…,b[0]出发调整败者*/
}
```

算法 7.3 初建败者树过程

3. 多路归并的效率问题

采用多路归并的方法能减少数据的扫描遍数,这在一定程度上减少了输入、输出量。采用该方法能加快内存的处理时间,但对外排序影响不大。通过上述例子可以证明,内部处理时间与归并路数 k 无关但有一定联系。当 k 增大时,需要较多的缓冲区。假设可供使用的内存空间是固定的,那么 k 的递增势必会使每个缓冲区的长度缩减,这也就意味着内外存交换的页面长度就会缩短。这样做的结果是每遍扫描就需要读/写更多的数据块,增加访问外存的时间和次数。由此可见,k 值过大时,尽管扫描遍数减少了,但输入、输出的时间却有可能增加。因此,k 值的选择十分重要,k 的最优值与可用做缓冲区的内存空间大小有关,也与磁盘的特性参数有关。

7.5 置换-选择排序

置换-选择排序(Replacement-Selection Sorting)算法实际上是堆排序的一个微小变种。虽然堆排序算法比快速排序算法更慢,但是在这种情况下是没有关系的,因为 I/O 时间对外部排序算法的总运行时间起着决定性作用,往往不考虑内部排序的时间复杂度。

置换-选择排序的特点是:在整个排序(得到初始归并段)的过程中,选择最小(或最大)关键值和输入、输出交叉或并行进行。它的主要思路是:用败者树从已经传递到内存中的记录中找到关键值最小(或最大)的记录,然后将此记录写入外存,再将外存中一个没有排序过的记录传递到内存(因为之前那个记录写入外存后已经给它空出内存),然后再用败者树的一次调整过程找到最小关键值记录(这个调整过程中需要注意:比已经写入本初始归并段的记录关键值小的记录不能参加筛选,它要等到本初始段结束,下一个初始段中才可以进行筛选),再将此最小关键值记录调出,再调入新的记录,依次进行直到所有记录已经排序过。内存中的记录就是所用败者树的叶子结点。

假设初始待排序文件为 FI,初始归并段文件为输出文件 FO,内存工作区为 WA,FO 与 WA 的初始状态为空,并假设内存工作区 WA 的容量可容纳 w 个记录,则置换-选择排序的操作的过程如下。

(1) 从 FI 输入 w 个记录到工作区 WA。
(2) 从 WA 中选出其中关键字最小的记录,记为 MINIMAX 记录。
(3) 将 MINIMAX 记录输出到 FO 中去。
(4) 若 FI 不为空,则从 FI 输入下一个记录到 WA 中。
(5) 从 WA 中所有关键字比 MINIMAX 记录关键字大的记录中选出最小关键字记录,作为新的 MINIMAX 记录。
(6) 重复(3)~(5),直至 WA 中选不出新的 MINIMAX 记录为止,由此得到一个初始归并段,输出一个归并段的结束标记到 FO 中去。
(7) 重复(2)~(6),直至 WA 为空。由此得到全部归并段。

例如:初始文件含 24 个记录,关键字分别为:51,49,39,46,38,29,14,61,15,30,1,48,52,3,63,27,4,13,89,24,46,58,33,76。

假设内存工作区可容纳 6 个记录,用置换-选择排序,则可求得如下 3 个初始归并段:
RUN1:29,38,39,46,49,51,61
RUN2:1,3,14,15,27,30,48,52,63,89
RUN3:4,13,24,33,46,58,76

在 WA 中选择 MINIMAX 记录的过程利用"败者树"来实现。就置换-选择排序中败者树的实现细节这里加以说明。

(1) 内存空间中的记录作为败者树的外部结点,而败者树中根结点的双亲结点指示工作区中关键字最小的记录。
(2) 为了便于选择 MINIMAX 记录,为每个记录附设一个所在归并段的序号,在进行关键字的比较时,先比较段号,段号小的为胜者;段号相同的则关键字小的为胜者。
(3) 败者树的建立可以从设工作区中所有记录的段号为 0 开始,然后从 FI 逐个输入 w

个记录到工作区时,自下而上调整败者树,由于这些记录的段号为1,则它们对于0段的记录来说均为败者,从而逐个填充到败者树的各结点中去,如图7.7所示。

FO	WA	FI
		51,49,39,46,38,29,14,61,15,30,1,48,52,3,63,27,4, 13,89,24,46,58,33,76
	51,49,39,46,38,29	14, 61, 15, 30, 1, 48, 52, 3, 63, 27, 4, 13, 89, 24, 46, 58, 33, 76
29	51,49,39,46,38,14	61, 15, 30, 1, 48, 52, 3, 63, 27, 4, 13, 89, 24, 46, 58, 33, 76
29,38	51,49,39,46,61,14	15, 30, 1, 48, 52, 3, 63, 27, 4, 13, 89, 24, 46, 58, 33, 76
29,38,39	51,49,15,46,61,14	30, 1, 48, 52, 3, 63, 27, 4, 13, 89, 24, 46, 58, 33, 76
29,38,39,46	51,49,15,30,61,14	1, 48, 52, 3, 63, 27, 4, 13, 89, 24, 46, 58, 33, 76
29,38,39,46,49	51,1,15,30,61,14	48, 52, 3, 63, 27, 4, 13, 89, 24, 46, 58, 33, 76
29,38,39,46,49,51	48,1,15,30,61,14	52, 3, 63, 27, 4, 13, 89, 24, 46, 58, 33, 76
29, 38, 39, 46, 49, 51,61	48,1,15,30,52,14	3, 63, 27, 4, 13, 89, 24, 46, 58, 33, 76
...	...	...

图7.7 置换-选择排序过程示例

下面是几个置换-选择排序中用到的函数(伪代码)。

```
typedef struct
{   RcdType rec;                      //记录
    KetType key;                      //从记录中抽取的关键字
    int rnum;                         //所属归并段的段号
}RcNode,WorkArea[w];                  //内存工作区,容量为w
typedef int LoserTree[w];
//在败者树 ls 和内存工作区 wa 上用置换-选择排序求初始归并段,fi 为输入文件指针,fo 为输出
//文件指针,两个文件均已打开
void Replace_Selection(LoserTree &ls,WorkArea &wa,FILE * fi,FILE * fo)
{   Construct_loser(ls,wa);           //初建败者树
    rc = rmax = 1;                    //rc 指示当前生成的初始归并段的段号,rmax 指示 wa 中
                                      //关键字所属初始归并
                                      //段的最大段号,在此过程中,rmax 比 rc 最多大1
    while(rc <= rmax)                 //rc = rmax+1 标志着输入文件的置换-选择排序已经完成
    {   get_run(ls,wa);               //求得一个初始归并段
        fwrite(&RUNEND_SYMBOL,sizeof(struct RcdType),1,fo);
                                      //将段结束标记写入输出文件
        rc = wa[ls[0]].rnum;
    }
}
```

算法7.4 置换-选择排序过程

```
void get_run(LoserTree &ls,WorkArea &wa)    //求得一个初始归并段,fi 为输入文件指针,
{   while(wa[ls[0]].rnum == rc)             //fo 为输出文件指针
```

```
        { q = ls[0];                              //选得的 MINIMAX 记录属当前段时,q 指示 MINIMAX
                                                  //记录在 wa 中的记录
            minimax = wa[q].key;
            fwrite(&wa[q].rec,sizeof(RcdType),1,fo);
            if(feof(fi))                          //若输入文件结束,虚设记录(属 rmax + 1 段)
            {   wa[q].rnum = rmax + 1;
                wa[q].key = MAXKEY;
            }
            else
            {   fread(&wa[q].rec,sizeof(RcdType),1,fi);
                wa[q].key = wa[q].rec.key;        //提取关键字
                if(wa[q].key < minimax)           //新读入的记录属于下一段
                {   rmax = rc + 1;
                    wa[q].rnum = rmax;
                }
                else                              //新读入的记录属于当前段
                    wa[q].rnum = rc;
            }
            Select_MiniMax(ls,wa,q);              //选择新的 MINIMAX 记录
        }
}
```

算法 7.5 生成初始归并段过程

```
//从 wa[q]起到败者树的根比较选择 MINIMAX 记录,并有 q 指示它所在的归并段
void Select_MiniMax(LoserTree &ls,WorkArea wa, int q)
{   for(t = (w + q)/2, p = ls[t];t > 0;t = t/2,p = ls[t])
    if(wa[p].rnum < wa[q].rnum||wa[p].rnum == wa[q].rnum&&wa[p].key < wa[q].key)
    {   int temp = ls[t];
        ls[t] = q;
        q = temp;                                 //q 指示新的胜利者
    }
    ls[0] = q;
}
```

算法 7.6 败者树调整过程

```
//输入 w 个记录到内存工作区 wa,建得败者树 ls,选出关键字最小的记录并由 s 指示其在 wa 中的位置
void Construct_Loser(LoserTree &ls,WorkArea &wa)
{   for(i = 0;i < w;++i)
    wa[i].rnum = wa[i].key = ls[i] = 0;           //工作区初始化
    for(i = w - 1;i >= 0; -- i)
    {   fread(&wa[i].rec,sizeof(RcdType),1,fi);   //输入一个记录
        wa[i].key = wa[i].rec.key;                //提取关键字
        wa[i].rnum = 1;                           //其段号为 1
        Select_MiniMax(ls,wa,i);                  //调整败者
    }
}
```

算法 7.7 败者树初建过程

利用败者树对前面例子进行置换-选择排序时的局部状况图如图 7.8 所示,其中图 7.8(a)~(g)显示了败者树建立过程中的状态变化状况。在图 7.8(g)中,输出 29 并输入 14,由于

$14 < 29$,所以,段号置为 2;在图 7.8(i)中,输出 38 并输入 61,61 > 38,所以记录的段号不变仍为 1。

图 7.8 置换-选择过程中的败者树

图 7.8(k)段号全为 2,表示上一归并段结束,接下来应该是新的归并段的开始。

置换-选择排序所得的初始归并段的长度不等。且可证明,当输入文件中记录的关键字为随机数时,所得的初始归并段的平均长度为内存工作区大小 w 的两倍。这个证明是 E. F. Moore 在 1961 年从置换-选择排序和扫雪机的类比中得出的。若不计输入输出的时间,则对 n 个记录的文件而言,生成所有初始归并段所需时间为 $O(n\log_2 w)$。

7.6 最佳归并树

本节讨论由置换-选择生成所得的初始归并段,其各段长度不等对平衡归并有何影响。

假如由置换-选择得到 9 个初始归并段,其长度分别为:9,30,12,18,3,17,2,6,24。作 3-路平衡归并(如图 7.9 所示),假设每个记录占一个物理块,则两趟归并所需对外存进行的读/写次数为:$(9+30+12+18+3+17+2+6+24)\times 2\times 2 = 484$。

若将初始归并段的长度看成是归并树中叶子结点的权,则此三叉树的带权路径长度的两倍恰为 484。显然归并方案不同,所得归并树也不同,树的带权路径长度(或外存读/写次数)亦不同。第 4 章曾经讨论过 n 个叶子结点的带权路径长度最短的二叉树——Huffman 树,同理,存在 n 个叶子结点的带权路径长度最短的 3 叉、4 叉、…、k 叉树,亦称为 Huffman 树。因此,若对长度不等的 m 个初始归并段,构造一棵 Huffman 归并树,便可使在进行外部归并时所需对外存进行的读/写次数达最少。如图 7.10 所示的归并过程,仅需对外存进行 $(11+32+59+121)\times 2 = 446$ 次读/写,这棵归并树为所有归并策略中所需读/写次数最小的最佳归并树。

图 7.9　3-路平衡归并的归并树

图 7.10　3-路平衡归并最佳归并树

通常,将存在有 m 个叶子结点的带权路径长度最短的 k 叉树,称为 Huffman 树。

对长度不等的 m 个初始段,以其长度为权,构造一棵 Huffman 树作为归并树,便可使得在进行外部归并时所需对外存进行的读/写次数达到最小。

假如只有 8 个归并段,上例中去掉长度为 30 的归并段。在设计归并方案时,缺额的归并段留在最后,即除了最后一次做 2-路归并外,其他各次归并仍是 3-路归并,容易看出此归并方案的外存读写次数为 386。显然,这不是最佳方案。正确的做法是,当初始归并段的数目不足时,需附加长度为 0 的"虚段",按照 Huffman 树构成原则,权为 0 的叶子应离树根最远,因此,这个只有 8 个初始归并段的归并树应如图 7.11 所示,所需对外存进行的读/写次数为 374。

那么,如何判定附加虚段的数目?当 3 叉树中只有度为 3 和度为 0 的结点时,必有

$n_3 = (n_0 - 1)/2$,其中 n_3 是度为 3 的结点数,n_0 是度为 0 的结点数。由于 n_3 必为整数,则 $(n_0 - 1)$ MOD $2 = 0$。这就是说,对 3-路归并而言,只有当初始归并段的个数是偶数时,才需附加 1 个虚段。

一般情况下,对 k-路归并而言,若 $(m-1)$ MOD $(k-1) = 0$,则不需要附加虚段,导出的 Huffman 树结点的度数刚好为 0 或 k;否则,可附加 $k - (m-1)$ MOD $(k-1) - 1$ 个虚段,即第一次归并为 $(m-1)$ MOD $(k-1) + 1$ 路归并。

图 7.11 8 个归并段的最佳归并树

若按最佳归并树的归并方案进行磁盘归并排序,需在内存建立一张载有归并段的长度和其在磁盘上的物理位置的索引表。

习题

(1) 比较顺序文件和索引文件的优缺点。

(2) 散列文件为什么用桶?桶的容量如何确定?

(3) 综述文件的几种方式,它们各有什么特点?

(4) 试设计 B^+ 树的搜索、插入和删除操作的算法。

(5) 设计对文件进行操作的算法时,主要应考虑哪些因素?

(6) 败方树中的"败方"指的是什么?若利用败方树求 k 个关键字值中的最大者,在某次比较中得到 $a > b$,那么,谁是败方?

(7) 设有关键字值:20,40,30,50,24,26,42,60,请构造一棵赢者树和一棵败者树。

(8) 已知文件经预处理后,得到 8 个长度分别为 47,9,39,18,4,12,23,7 的初始归并段。试为 3-路归并设计一个读/写次数最少的归并方案。

(9) 设某文件经内排序后得到 100 个初始归并段(初始顺串),若使用多路归并排序算法,并要求三趟归并完成排序,问归并路数最少为多少?

(10) 证明:置换-选择排序法产生的初始归并段的长度至少为 m。(m 是所用缓冲区的长度)。

(11) 证明从磁盘中随机选择的两个磁道的平均距离是磁盘中磁道总数的三分之一。

(12) 假定一个磁盘驱动器配置如下:存储总容量 1033MB,分成 16 个盘面。每个盘面有 2100 个磁道,每个磁道有 63 个扇区,每个扇区 512 字节,每个簇包括 8 个扇区。其交错因子是 3,磁盘以 7200rpm 旋转。每个读写臂的平均启动时间是 0.3ms,移动臂的平均移动时间是每个磁道 0.08ms。现在假定磁盘中有一个 128KB 的文件。在一般情况下,读取文件中的所有数据要花多少时间?假定文件中的第一个磁道随机放在磁盘上,整个文件放在相邻的磁道中,文件完全填满它占据的磁道。每次 I/O 磁头移动到一个新的磁道,必须完成一次搜索。给出你的计算过程。

(13) 有一个数据库应用程序。假定它花费 100ms 从磁盘中读取一个块,花费 20ms 在一个块中搜索 1 个记录。磁盘空间可以用于 5 个块的缓冲池。要得到记录的请求指定哪个块中包含这个记录。如果一个块被访问,在接下来的 10 个请求中,每个请求访问这个块的可能性是 10%。对于下面对系统的每一种改进,会有什么样的性能改变?

① 换一个速度是原来两倍的 CPU。
② 换一个速度是原来两倍的磁盘驱动器。
③ 增加足够的存储器,使缓冲池的大小是原来的两倍。

(14) 假定使用缓冲池管理虚拟内存。缓冲池中包含 5 个缓冲区,每个缓冲区存储一块数据。主存访问根据块 ID 进行。假定有下列存储器访问:

```
5   2   5   12  3   6   5   9   3   2   4   1   5   9
8   15  3   7   2   5   9   10  4   6   8   5
```

对于下面的每一种缓冲池替代策略,说明序列最后缓冲池中的内容。假定缓冲池初始为空。

① 先进先出。
② 最不经常使用(只保留当前缓冲区中块的计数)。
③ 最不经常使用(保留所有块的使用)。
④ 最近最少使用。

(15) 假设一个记录是 32 个字节,一块是 1024 个字节(因此每块有 32 个记录),工作内存是 1M(还有用于 I/O 缓冲区、程序变量等等的额外空间)。对于可以使用置换选择后接一次多路归并的最大的文件,期望的大小是多少?说明你得到的结果。

(16) 假设工作内存大小是 256KB,分成多个块,每个块 8192 个字节(对于 I/O 缓冲区、程序变量等等还有额外的空间可用)。对于可以使用置换选择后接两次多路归并的最大的文件,期望的大小是多少?说明你得到的结果。

第8章 检索与散列表

检索又称查找,是指在某种数据结构中找出满足给定条件的结点,若找到这样的结点,表示检索成功,否则检索失败。例如在英汉字典中查找某个英文单词的中文解释;在新华字典中查找某个汉字的读音、含义;在对数表、平方根表中查找某个数的对数、平方根;邮递员送信件要按收件人的地址确定位置等等。可以说查找是为了得到某个信息而常常进行的工作。

计算机、计算机网络使信息查询更快捷、方便、准确。要从计算机、计算机网络中查找特定的信息,就需要在计算机中存储包含该特定信息的表。如要从计算机中查找英文单词的中文解释,就需要存储类似英汉字典这样的信息表,以及对该表进行的查找操作。本章将讨论的问题即"信息的存储和查找"。

查找是许多程序中最消耗时间的一部分。因而,一个好的查找方法会大大提高运行速度。另外,由于计算机的特性,像对数、平方根等是通过函数求解,无需存储相应的信息表。

8.1 检索的基本概念

以如表 8-1 所示的学校招生录取登记表为例,来讨论计算机中表的概念。

表 8-1 学校招生录取登记表

学号	姓名	性别	出生日期			来源	总分	录取专业
			年	月	日			
20010983	赵剑平	男	1982	11	05	石家庄一中	593	计算机
20010984	蒋伟峰	男	1982	09	12	保定三中	601	计算机
20010985	郭娜	女	1983	01	25	易县中学	598	计算机

1. 数据项(也称项或字段)

项是具有独立含义的标识单位,是数据不可分割的最小单位。如表中"学号"、"姓名"、"年"等。项有名和值之分,项名是一个项的标识,用变量定义,而项值是它的一个可能的取值,表中"20010983"是项"学号"的一个取值。项具有一定的类型,依项的取值类型而定。

2. 组合项

由若干项、组合项构成,表中"出生日期"就是组合项,它由"年"、"月"、"日"三项组成。

3. 数据元素（记录）

数据元素是由若干项、组合项构成的数据单位，是在某一问题中作为整体进行考虑和处理的基本单位。数据元素有型和值之分，表中项名的集合，即表头部分就是数据元素的类型；而一个学生对应的一行数据就是一个数据元素的值，表中全体学生即为数据元素的集合。

4. 关键码

关键码是数据元素（记录）中某个项或组合项的值，用它可以标识一个数据元素（记录）。能唯一确定一个数据元素（记录）的关键码，称为主关键码；而不能唯一确定一个数据元素（记录）的关键码，称为次关键码。表中"学号"即可看成主关键码，"姓名"则应视为次关键码，因可能有同名同姓的学生。

5. 查找表

查找表是由具有同一类型（属性）的数据元素（记录）组成的集合。分为静态查找表和动态查找表两类。

静态查找表：仅对查找表进行查找操作，而不能改变的表；

动态查找表：对查找表除进行查找操作外，可能还要进行向表中插入数据元素，或删除表中数据元素的表。

6. 查找

按给定的某个值 k，在查找表中查找关键码为给定值 k 的数据元素（记录）。

关键码是主关键码时，由于主关键码唯一，所以查找结果也是唯一的，一旦找到，查找成功，结束查找过程，并给出找到的数据元素（记录）的信息，或指示该数据元素（记录）的位置。要是整个表检测完，还没有找到，则查找失败，此时，查找结果应给出一个"空"记录或"空"指针。

关键码是次关键码时，需要查遍表中所有数据元素（记录），或在可以肯定查找失败时，才能结束查找过程。

7. 数据元素类型说明

在手工绘制表格时，总是根据有多少数据项，每个数据项应留多大宽度来确定表的结构，即表头的定义。然后，再根据需要的行数，画出表来。在计算机中存储的表与手工绘制的类似，需要定义表的结构，并根据表的大小为表分配存储单元。以表 8-1 为例，用 C 语言的结构类型描述如下。

```
/*出生日期类型定义*/
typedef struct {
        char year[5];            /*年:用字符型表示,宽度为 4 个字符*/
        char month[3];           /*月:字符型,宽度为 2*/
        char date[3];            /*日:字符型,宽度为 2*/
        }BirthDate;
```

```
/*数据元素类型定义*/
typedef struct {
        char number[7];        /*学号:字符型,宽度为6*/
        char name[9];          /*姓名:字符型,宽度为8*/
        char sex[3];           /*性别:字符型,宽度为2*/
        BirthDate birthdate;   /*出生日期:构造类型,由该类型的宽度确定*/
        Char comefrom[21];     /*来源:字符型,宽度为20*/
        Int results;           /*成绩:整型,宽度由"程序设计C语言工具软件"决定*/
        } ElemType;
```

以上定义的数据元素类型,相当于手工绘制的表头。要存储学生的信息,还需要分配一定的存储单元,即给出表长度。可以用数组分配,即顺序存储结构;也可以用链式存储结构实现动态分配。

本章以后讨论中,涉及的关键码类型和数据元素类型统一说明如下。

```
/*顺序分配1000个存储单元用来存放最多1000个学生的信息*/
ElemType data[1000];
typedef struct {
           KeyType key;        /*关键码字段,可以是整型、字符串型、构造类型等*/
           … …                /*其他字段*/
       } ElemType;
```

8.2 基于线性表的检索

基于线性表的查找是一种静态查找表,其数据元素可以是基于数组的顺序存储或以线性链表存储的线性表。

8.2.1 顺序检索

顺序检索又称线性检索,是最基本的检索方法之一,该算法思想是:针对线性表里的所有记录,从表的一端开始,向另一端逐个进行关键码和给定值的比较,若某个记录关键码和给定值相等,则检索成功,并给出数据元素在表中的位置;反之,检索失败,给出失败信息。表中各数据元素之间不必拥有逻辑关系,即它们在表中可以任意排列。

顺序检索的线性表定义如下。

```
Typedef struct
{   KeyType key;              //存放关键字,KeyType 为关键字类型
    ElemType data;            //其他数据,ElemType 为其他数据的类型
}LineList;
```

这里,KeyType 和 ElemType 分别为关键字数据类型和其他数据的数据类型,且均可以是任何相应的数据类型,不失一般性,这里假设 KeyType 为 int 型,则顺序检索算法如下。

```
Int Search_Seq(LineList R[ ], int n, KeyType k)
{    Int i = 0;
     While(i < n && R[i].key!= k) i++;
```

```
    If(i >= n)
        Return(-1);
    Else
        Return(i);
}
```

分析查找算法的效率，通常用平均查找长度 ASL 来衡量。

在查找成功时，平均查找长度 ASL 是指为确定数据元素在表中的位置所进行的关键码比较次数的期望值。对一个含 n 个数据元素的表，查找成功时：

$$ASL = \sum_{i=1}^{n} p_i \cdot C_i \quad \text{且} \quad \sum_{i=1}^{n} p_i = 1$$

其中 P_i 为表中第 i 个数据元素的查找概率，C_i 为表中第 i 个数据元素的关键码与给定值按算法定位时的比较次数。

对于含有 n 个元素的线性表，元素的查找在等概率的前提下，检索成功的概率 $p_i = 1/n$。另外，第一个元素即序号为 0 的元素检索成功需比较 1 次，第二个元素即序号为 1 的元素检索成功需比较两次……以此类推，第 n 个元素即序号为 $n-1$ 的元素检索成功需要比较 n 次。因此，检索成功时的平均检索长度为：

$$ASL = \sum_{i=1}^{n} p_i \cdot C_i = \sum_{i=1}^{n} \frac{1}{n} \times i = \frac{1}{n}(1 + 2 + \cdots + n) = \frac{n+1}{2} = O(n)$$

因此，顺序检索效率低，平均检索长度为 $O(n)$。当 n 较大时不宜采用顺序检索。

查找不成功时，关键码的比较次数总是 $n+1$ 次。算法中的基本工作就是关键码的比较，因此，查找长度的量级就是查找算法的时间复杂度，其值为 $O(n)$。

许多情况下，查找表中数据元素的查找概率是不相等的。为了提高查找效率，查找表需依据查找概率越高，比较次数越少；查找概率越低，比较次数就较多的原则来存储数据元素。

顺序检索的优点就是算法简单，且对表的结构无任何要求，无论是用向量还是用链表来存放结点，也无论结点之间是否按关键字有序，它都同样适用。顺序查找的缺点是当 n 很大时，平均查找长度较大，效率低；另外，对于线性链表，只能进行顺序查找。

8.2.2 有序表的二分检索

有序表是指线性表中的所有数据元素按关键码值升序或降序排列。

二分检索也称为折半查找，是一种针对有序表的检索。二分检索的算法思想是：在有序表中，取中间元素作为比较对象，若给定值与中间元素的关键码相等，则查找成功；若给定值小于中间元素的关键码，则在中间元素的左半区继续查找；若给定值大于中间元素的关键码，则在中间元素的右半区继续查找。不断重复上述查找过程，直到查找成功，或所查找的区域无数据元素，查找失败。

折半查找算法步骤如下：

(1) low = 1; high = length;   //设置初始区间
(2) 当 low > high 时，返回查找失败信息   //表空，查找失败
(3) low≤high, mid = (low + high)/2;   //取中点

① 若 k < R[mid].key,high = mid − 1；转(2)   //查找在左半区进行
② 若 k < R[mid].key,low = mid + 1；转(2)   //查找在右半区进行
③ 若 k = R[mid].key,返回数据元素在表中位置   //查找成功

从折半查找过程看，以表的中点为比较对象，并以中点将表分割为两个子表，对定位到的子表继续这种操作，直至找到要找的元素或查找失败。

下面通过一个实例来介绍一下折半查找的过程。

例 8-1　设有序表按关键码排列如下：

7,14,18,21,23,29,31,35,38,42,46,49,52

在表中查找关键码为 14 和 22 的数据元素。

1. 查找关键码为 14 的过程

2. 查找关键码为 22 的过程

(2) 表空测试，为空；查找失败，返回查找失败信息为 0

二分检索的算法如下（在含有 n 个元素的线性表 R 中二分查找关键字为 k 的元素，若找到，返回其序号 i；若找不到，返回 -1）：

```
Int Binsearch(LineList R[ ], int n, KeyType k)
{   Int i, low = 0, high = n - 1, mid;
    Int find = 0;
    While(low <= high && !find)
    {   mid = (low + high)/2;
```

```
            If(k < R[mid].key)
                high = mid - 1;
            Else if(k > R[mid].key)
                low = mid + 1;
            Else
            {   i = mid;
                find = 1;
            }
        }
        If(find == 0)
            return(-1);
        Else
          return(i);
    }
```

算法 8.1

二分检索过程构成一个判定树,把当前检索区间的中间位置上的记录作为根,左子表和右子表中的记录分别作为根的左子树和右子树(如图 8.1 所示)。由此可见,成功的二分检索过程恰好是走了一条从判定树的根到被查记录的路径,经历比较的关键字次数恰为该记录在树中的层数。若查找失败,则其比较过程是经历了一条从判定树根到某个外部结点的路径,所需的关键字比较次数是该路径上内部结点的总数。

图 8.1 例 8-1 描述折半查找过程的判定树

对于 n 个结点的判定树,树高为 h,则有 $2^{h-1}-1 < n \leqslant 2^h-1$,即 $h-1 < \log_2(n+1) \leqslant h$,所以 $h = \lceil \log_2(n+1) \rceil$。因此,折半查找在查找成功时,所进行的关键码比较次数至多为 $\lceil \log_2(n+1) \rceil$。

假设检索每个元素的概率相等:$p_i = 1/n$,C_i 是检索 $R[i]$ 需比较的次数。借助于二叉判定树很容易求得二分检索的平均检索长度:

$$\text{ASL} = \sum_{i=1}^{n} p_i \cdot C_i = \frac{1}{n}\sum_{i=1}^{n} i \times 2^{i-1} = \frac{n+1}{n}\log_2(n+1) - 1 \approx \log_2 n$$

虽然二分检索的速度比顺序检索的速度快,但是它需要将表按关键字排序。而排序本身是一种很费时间的运算。即使采用高效率的排序方法也要花费 $O(n \log n)$ 的时间。

二分检索只适用顺序存储结构。为保持表的有序性,在顺序结构里插入和删除都必须移动大量的结点。因此,二分检索特别适用于那种一经建立就很少改动、而又经常需要查找的线性表。对那些查找少而又经常需要改动的线性表,则需要采用链表作为存储结构,进行顺序检索。链表上无法实现二分检索。

8.2.3 有序表的插值查找和斐波那契查找

1. 插值查找

插值查找通过下列公式：

$$\text{mid} = \text{low} + \frac{k - R[\text{low}].\text{key}}{R[\text{high}].\text{key} - R[\text{low}].\text{key}}(\text{high} - \text{low})$$

求取中点，其中 low 和 high 分别为表的两个端点下标，k 为给定值。

(1) 若 $k <$ R[mid].key，则 high = mid − 1，继续左半区查找；
(2) 若 $k >$ R[mid].key，则 low = mid + 1，继续右半区查找；
(3) 若 $k =$ R[mid].key，查找成功。

插值查找是平均性能最好的查找方法，但只适合于关键码均匀分布的表，其时间复杂度依然是 $O(\log_2 n)$。

2. 斐波那契查找

斐波那契查找通过斐波那契数列对有序表进行分割，查找区间的两个端点和中点都与斐波那契数有关。斐波那契数列定义如下：

$$F(n) = \begin{cases} n & n = 1 \text{ 或 } n = 0 \\ F(n-1) + F(n-2) & n \geqslant 2 \end{cases}$$

设 n 个数据元素的有序表，且 n 正好是某个斐波那契数 − 1，即 $n = F(k) − 1$ 时，则可用此查找方法。

斐波那契查找分割的思想为：对于表长为 $F(i) − 1$ 的有序表，以相对 low 偏移量 $F(i−1)−1$ 取中点，即 mid = low + $F(i−1)−1$，对表进行分割，则左子表表长为 $F(i−1)−1$，右子表表长为 $F(i)−1−[F(i−1)−1]−1 = F(i−2)−1$。可见，两个子表表长也都是某个斐波那契数 − 1，因而，可以对子表继续分割。

算法流程如下。

```
(1) low = 1; high = F(k) − 1;                //设置初始区间
    F = F(k) − 1; f = F(k−1) − 1;            //F 为表长，f 为取中点的相对偏移量
(2) 当 low > high 时，返回查找失败信息        //表空，查找失败
(3) low ≤ high, mid = low + f;               //取中点
  ① 若 k < R[mid].key，则
       p = f; f = F − f − 1;                 //计算取中点的相对偏移量
       F = p;                                //调整表长 F
       high = mid − 1; 转(2)                 //查找在左半区进行
  ② 若 k > R[mid].key，则
       F = F − f − 1;                        //调整表长 F
       f = f − F − 1;                        //计算取中点的相对偏移量
       low = mid + 1; 转(2)                  //查找在右半区进行
  ③ 若 k = R[mid].key，返回数据元素在表中位置   //查找成功
```

当 n 很大时,该查找方法称为黄金分割法,其平均性能比折半查找好,但其时间复杂度仍为 $O(\log_2 n)$,而且,在最坏的情况下比折半查找差,优点是计算中点仅作加、减运算。

8.2.4 分块检索

分块检索又称为索引检索,是对顺序查找的一种改进,性能介于顺序检索和二分检索之间。分块检索要求将查找表分成若干个子表,并对子表建立索引表,查找表的每一个子表由索引表中的索引项确定。索引项包括两个字段:关键码字段(存放对应子表中的最大关键码值);指针字段(存放指向对应子表的指针),并且要求索引项按关键码字段有序。分块检索过程分两步进行,先用给定值 k 在索引表中检测索引项,以确定所要进行的查找在查找表中的查找分块(由于索引项按关键码字段有序,可用顺序查找或折半查找),然后,再对该分块进行顺序查找。

假设关键码集合为:$88,43,14,31,78,8,62,49,35,71,22,83,18,52$

按关键码值 $31,62,88$ 分为三块建立的查找表及其索引表如图 8.2 所示。

图 8.2 分块查找示例

索引表的类型定义如下。

```
Typedef struct
{   KeyType key;
     Int low, high;
}IDXType;
```

分块检索的运算如下(在线性表 R 和含 m 个元素的索引表中分块检索关键字为 k 的元素,若找到,返回其序号 i;若找不到,返回 -1):

```
Int BlkSearch(LineList R[ ], IDXType idx[ ], int m, KeyType k)
{    Int low = 0, high = m - 1, mid, i, j, find = 0;
     While(low <= high && !find)                    //二分检索索引表
     {   mid = (low + high)/2;
         if(k < idx[mid].key)
             high = mid - 1;
         else if(k > idx[key].key)
             low = mid + 1;
         else
         {   high = mid - 1;
             find = 1;
         }
     }
```

```
If(low < m)
{   i = idx[low].low;
    j = idx[low].high;
}
While(i < j && R[i].key != k)           //顺序检索块表
    i++;
if(i >= j)
    return(-1);
else
    return(i);
}
```

算法 8.2

算法分析：分块检索的主要代价是增加一个辅助索引数组的存储空间和将初始线性表分块排序的运算。另外当大量的插入删除运算使块中结点数分布很不均匀时，检索速度将会下降。分块检索实际上进行两次检索,则整个算法的平均检索长度是两次检索的平均检索长度之和。

假设有 n 个元素，分成 b 块，每块有 s 个元素，即 $b=n/s$。又假定表中每个元素的检索概率相等，则每个索引项的检索概率为 $1/b$，块内每个元素的检索概率为 $1/s$。若用顺序检索法确定待检索元素所在的块，则有：

$$L_B = \frac{1}{b}\sum_{j=1}^{b} j = \frac{b+1}{2}, \quad L_w = \frac{1}{s}\sum_{i=1}^{s} i = \frac{s+1}{2}$$

$$ASL_{bs} = L_b + L_w = \frac{b+s}{2} + 1$$

将 $b=n/s$ 代入，得：

$$ASL_{bs} = \frac{1}{2}\left(\frac{n}{s}\right) + 1$$

若用二分检索法确定待查元素所在的块，则有：

$$L_b = \log_2(b+1) - 1$$

$$ASL_{bs} = \log_2(b+1) - 1 + \frac{S+1}{2} \approx \log_2\left(\frac{n}{s}+1\right) + \frac{S}{2}$$

可见，平均查找长度不仅和表的总长度 n 有关，而且和所分的子表个数 b 有关。在表长 n 确定的情况下，b 取 $\sqrt{n}$ 时，$ASL = \sqrt{n}+1$ 达到最小值。

分块检索的优点是：在线性表中插入或删除一个结点时，只要找到该结点所属的块，然后在块内进行插入和删除运算。由于块内结点的存放是任意的，所以插入或删除比较容易，不需要移动大量的结点。插入可以在块尾进行；如果待删除的记录不是块中最后一个记录时，可以将本块内最后一个记录移入被删除记录的位置。

8.3 集合的检索

8.3.1 集合的数学特性

数学上的集合(Set)是由若干确定的、相异的对象构成。这些对象称为元素，元素可以是原子(属初等型,不可再分解),也可以是一个集合。而且集合的元素个数可以是有限的也可以无限的,但是一个集合中不包含两个完全相同的元素。表示一个集合构成的方法通常是将成员放在一对花括号中,元素之间用逗号隔开,例如{2,3}就表示由元素 2 和 3 两个整数构成的集合。{2,3}与{3,2}代表的是同一个集合,因为集合中元素的次序是无关紧要的。

此外,集合也可以采用以下的方式来表示:
$\{x \mid x$ 应满足的条件$\}$
其中,"x 应满足的条件"是一个谓词,严格地定义了属于该集合中的元素。例如:
$\{x \mid x > 0$ 且 $x < 10$ 的整数$\}$ 表示集合$\{1,2,3,4,5,6,7,8,9\}$。

元素个数为零的集合为"空集",一般用$\varnothing$来表示。

最基本的关系是成员关系,若 x 是集合 A 的元素,则称"x 属于 A",记作 $x \in A$。

设有两个集合 A 和 B,如果集合 A 的每个元素也都是集合 B 的元素,称集合 A 包含于集合 B,记作 $A \subseteq B$(或 $B \supseteq A$),也称 A 是 B 的子集,或称 B 是 A 的超集(Superset)。例如,若 $A = \{1,2,3,a,b\}$,$B = \{1,b\}$,则 B 是 A 的子集。但由于 A 中的元素 2、3、a 不是集合 B 中的元素,因此集合 A 不是集合 B 的子集。每个集合都是其本身的子集合,空集是任何集合的子集。

如果 A、B 两个集合互相包含,则称这两个集合相等,记作 A = B。如果满足 $A \subseteq B$(或 $B \supseteq A$)且 $A \neq B$,则集合 A 是集合 B 的一个真子集(或真超集)。

集合最基本的运算是并、交、差。由所有属于 A 或属于 B 的元素所组成的集合,叫做 A 和 B 的并集,记作 $A \cup B$。由集合 A 和集合 B 的所有共同元素所组成的集合,称为 A 和 B 的交集,记作 $A \cap B$。由所有属于 A 但不属于 B 的元素的全体所组成的集合,称为 A 和 B 的差集,记作 $A - B$。

若集合 $A = \{3,5,9,a,c\}$,集合 $B = \{1,4,a,b\}$,则有:
$A \cup B = \{1,3,4,5,9,a,b,c\}$,$A \cap B = \{a\}$,$A - B = \{3,5,9,c\}$。

一个集合 A 的所有子集的全体也是一个集合,这个集合称为 A 的幂集,记作 P(A)。
设 $A = \{1,2,3\}$,则 $P(A) = \{\varnothing, \{1\}, \{2\}, \{3\}, \{1,2\}, \{1,3\}, \{2,3\}, \{1,2,3\}\}$。

8.3.2 计算机中的集合

计算机所支持的集合的基类型(Base Type)一般是有限的顺序类型。被定义的集合类型称为与基类型相联系的集合类型。集合类型的值集是其基类型值集的幂集。集合类型的每个值是其基类型值集的一个子集。

与集合有关的运算定义如表 8-2 所示。

要判断某一元素是否在数组中,即集合中的"∈"运算,是在一组记录中检索关键码的一种特殊情况。本书所讨论的所有检索方法都可以完成这个任务。

在关键码值范围有限的情况下,可以采用一种简单的技术,这就是存储一个位数组(Bit Array),为每一个可能的元素分配一个位的位置。如果元素确实包含在实际集合中,就把它对应的位设置为 1;如果元素不包含在集合中,就把它对应的位设置为 0。Pascal 语言能够直接支持集合类型,其集合类型就是用一个位数组来实现的。

表 8-2 与集合有关的运算

运算类型	运算名称	数学运算符号	计算机运算符号
算术运算	并	∪	+、|、OR
	交	∩	*、&、AND
	差	−	−
	相等	=	==
	不等	≠	!=
逻辑运算	包含于	⊆	<=
	包含	⊇	>=
	严格包含于	⊂	<
	严格包含	⊃	>
	属于	∈	IN

例如对于字符型集合为（小写字母['a'…'z']），而集合型变量 chest =['a', 'c', 'h', 'i', 'j', 'm', 'n', 't', 'v', 'w', 'y']，那么对应于变量 chest 的位数组如图 8.3 所示。

a	b	c	d	e	f	g	h	i	j	k	l	m	n	o	p	q	r	s	t	u	v	w	x	y	z
1	0	1	0	0	0	0	1	1	1	0	0	1	1	0	0	0	0	0	1	0	1	1	0	1	0
a		c					h	i	j			m	n						t		v	w		y	

图 8.3 对应于变量 chset 的位数组

这种表示方法很省空间，而且对于"属于"、"并"、"交"和"差"（"IN"、"+"、"*"和"−"）操作十分方便。集合比数组的操作更加便捷。例如，对于数组的插入和删除，都有大量的数据移动；而集合类型的"并"、"交"和"差"运算只需要在修改相应的位标记。要确定某个元素是否在集合中，只需要直接检查对应的位标志即可。这种表示方法称为位向量(Bit Vector)或者位图(Bitmap)。

如果集合大小在计算机的一个字长范围内，而且高级语言支持按位操作，就可以通过逻辑的位操作来完成集合的并、交、差运算。例如，在 C++语言中，集合 A 和 B 的并运算就是"A | B"（按位或），集合的交运算就是"A & B"（按位与），集合 A 与 B 的差运算可以使用表达式"A & ~B"（~ 是非运算的符号）实现。例如，如果要计算数字 0 到数字 15 之间的奇素数集合，只需要计算表达式：

0011010100010100 & 0101010101010101

得到结果是"0001010100010100"，表示 0~15 之间的奇素数集合为{3,5,7,11,13}。

在信息检索(Document Retrieval)中有一种"签名文件"(Signature File)技术，就是根据位向量来计算待检索的文档集合。签名文件是一个二维数组 M，其每一列代表一个关键词，每一行代表一个文档（反过来也可以）。数组中的元素 M[i,j]存储一个位标志，标志为 1 表示第 i 个文档中存在关键词 j（为 0 则表示不存在）。例如，用户想检索出包含某三个关键词的文档，可以把这三个关键词所表示的三个列取出来，对三个位向量进行"并"操作，把那些标志为 1 的位所对应文档号返回给用户即可。

8.4 键树

第 4 章已经介绍过二叉搜索树、平衡二叉搜索树（AVL 树）、B-树及 B$^+$树等的查找过程。基于二叉检索树的检索是常见的检索方法，也是动态检索的主要方法。前面介绍的各种检索方法中，元素均由主关键字唯一表示，关键字值总是作为一个整体存于结点中。相应的搜索操作都是建立在关键字值之间比较的基础上，因而称为比较关键字的搜索。

8.4.1 基本概念

如果一个关键字可以表示成字符的序号，即字符串，那么可以用键树（Keyword Tree）来表示这样的字符串的集合。键树是一棵多叉树，树中每个结点并不代表一个关键字或元素，而只代表字符串中的一个字符。键树又称为数字查找树（Digital Search Tree）或 Trie 树（trie 为 retrieve 中间 4 个字符），其结构受一部大型字典的"书边标目"的启发。字典中标出首字母是 A,B,C,…,Z 的单词所在页，再对各部分标出第二字母为 A,B,C,…,Z 的单词所在的页等等。键树被约定为是一棵有序树，即同一层中兄弟结点之间依所含符号自左至右有序，并约定结束符'$'小于任何其他符号。

例如，它可以表示数字串中的一个数位，或单词中的一个字母等等。根结点不代表任何字符，根以下第一层的结点对应于字符串的第一个字符，第二层的结点对应于字符串的第二个字符……每个字符串可用一个特殊的字符（如"$"等）作为字符串的结束符，用一个叶结点来表示该特殊字符。把从根到叶的路径上，所有结点（除根以外）对应的字符连接起来，就得到一个字符串。因此，每个叶子结点对应一个关键字。叶子结点还可以包含一个指针，指向该关键字所对应的元素。整个字符串集合中的字符串的数目等于叶子结点的数目。如果一个集合中的关键字都具有这样的字符串特性，那么，该关键字集合就可采用这样一棵键树来表示。事实上，还可以赋予"字符串"更广泛的含义，它可以是任何类型的对象组成的串。假设有如下 16 个关键字的集合：

{CAI，CAO，LI，LAN，CHA，CHANG，WEN，CHAO，YUN，YANG，LONG，WANG，ZHAO，LIU，WU，CHEN}

依次对上述集合中的元素依据首字符、第二字符、第三字符……进行分割，则可得其键树表示如图 8.4 所示。

8.4.2 键树的存储表示

键树的存储通常有两种方式。

1. 双链树表示

如果以树的孩子兄弟表示，则每个结点包含以下 3 个域。

(1) symbol 域：存储关键字的一个字符。

(2) son 域：存储指向第一棵子树的根的指针，叶子结点的 son 域指向该关键字记录的指针。

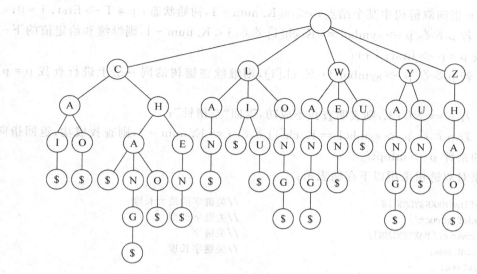

图 8.4 键树示例

(3) brother 域：存储指向右兄弟的指针。

这时的键树又称为双链树。

双链树的存储表示如下：

```
typedef struct DULNode
{   char symbol;                              //结点字符域
    struct DULNode * son, * brother;          //son 指向子树根结点,brother 指向右兄弟结点.
}DULNode, * DLTree;
```

2. 多重链表表示

如果以树的多重链表表示键树，则树的每个结点中应包含 d 个（d 为关键字符的基，如：字符集由英文大写字母构成时，则 $d = 26 + 1 = 27$）指针域，此时的键树又称为 Trie 树。如果从键树中某个结点到叶子结点的路径上每个结点都只有一个孩子，则可以将该路径上的所有结点压缩为一个"叶子结点"，且在该叶子结点中存储关键字及指向记录的指针等信息。

8.4.3 键树相关算法实现

1. 采用双链树表示的键树

假设：T 为指向双链树根结点的指针，K. ch[0..K. num − 1] 为待查关键字，其中 K. ch[0]~K. ch[num − 2] 表示待查关键字中 num − 1 个字符，K. ch[num − 1] 为结束字符 "\$"，从双链树的根指针出发，顺 first 指针找到第一棵子树的根结点，将 K. ch[0] 和此结点的 symbol 域比较，若相等，则顺 first 域再比较下一个字符，否则沿 next 域顺序查找。若直到"空"仍比较不等，则查找不成功。

查找过程中的基本操作为进行 K. ch[i] 与 p -> symbol 比较，基本步骤如下：

(1) p 指向双链树中某个结点,$0 \leqslant i \leqslant K.num-1$,初始状态：$p = T \to first$；$i = 0$；

(2) 若 p && p -> symbol == K.ch[i] && i < K.num - 1,则继续和给定值的下一位进行比较 $p = p \to first$; i++；

(3) 若 p && p -> symbol != K.ch[i],则继续在键树的同一层上进行查找 $p = p \to next$;

(4) 若 p == NULL,则表明查找不成功,返回"空指针"；

(5) 若 p && p -> symbol == K.ch[i] && i == K.num - 1,则查找成功,返回指向相应记录的指针 p -> infoptr。

如果对双链树采用以下存储表示：

```
#define MAXKEYLEN 16                    //关键字的最大长度
typedef struct                          //关键字类型
{   char ch[MAXKEYLEN];                 //关键字
    int num;                            //关键字长度
}KeysType;
typedef enum {LEAF,BRANCH} NodeKind;    //结点种类:{叶子,分支}
typedef struct DLTNode                  //双链树类型
{   char symbol;
    struct DLTNode * next;              //指向兄弟结点的指针
    NodeKind kind;
    union
    {   Record * infoptr;               //叶子结点的记录指针
        DLTNode * first;                //分支结点的孩子链指针
    };
}DLTNode, * DLTree;
```

则在双链树中查找记录的操作可由算法 8.3 实现。

```
Record * SearchDLTree(DLTree T,KeysType K)   //在非空双链键树 T 中查找关键字等于 K 的记录
{   p = T -> first; i = 0;                   //初始化
    //若存在,则返回指向该记录的指针,否则返回空指针
    while(p&&i < K.num)
    {   while(p&&p -> symbol < K.ch[i])      //查找关键字的第 i 位
            p = p -> next;
        if (p&&p -> symbol == K.ch[i])       //继续查找下一位
        {   p = p -> first;
            ++i;
        }
        else
            P = NULL;                        //查找不成功,强制跳出循环
    }                                        //查找结束
    if(p&&p -> kind == LEAF)
        return p -> infoptr;                 //查找成功
    else
        return NULL;                         //查找不成功
}//SearchDLTree
```

算法 8.3

2. 采用多重链表表示的键树

假设 T 为指向 Trie 树根结点的指针，K.ch[0..K.num-1] 为待查关键字（给定值）。则查找过程中的基本操作为搜索和对应字母相应的指针，其步骤如下：

(1) 若 p 不空，且 p 所指为分支结点，则 p = p -> bh.Ptr[ord(K.Ch[i])]（其中：$0 \leq i \leq K.num - 1$）；初始状态：p = T；i = 0；

(2) 若(p && p -> kind == BRANCH && i < K.num)则继续搜索下一层的结点 p = p ->bh.ptr[ord(K.ch[i])]；i++；其中，ord 为求字符在字母表中序号的函数；

(3) 若(p && p -> kind == LEAF && p -> lf.K == K)则查找成功，返回指向相应记录的指针 p -> lf.infoptr；

(4) 反之，即(! p || p -> kind == LEAF && p -> lf.K != K)则表明查找不成功，返回"空指针"。

可见，查找成功时，其过程为走了一条从根到叶子结点的路径。若采用如下 Trie 结构：

```
typedef struct TrieNode                              //Trie 键树类型
{   NodeKind kind;
    union
    {   struct {KeysType K; Record * infoptr; }lf;   //叶子结点
        struct {TrieNode * ptr[27]; int num; }bh;    //分支结点
    };                                               //union
}TrieNode, * TrieTree;
```

则键树查找操作可如算法 8.4 所示。

```
Record * SearchTrie(TrieTree T,KeysType K)                //在键树 T 中查找关键字等于 K 的记录
{    for(p = T,i = 0;p&&p->kind == BRANCH&&i < K.num;p = p->bh.ptr[ord(K.ch[i])],++i);
     //对 K 的每个字符逐个查找，* p 为分支结点,ord()求字符在字母表中序号
     If (p&&p->kind == LEAF&&p->lf.K == K) return p->lf.infoptr;   //查找成功
         else return NULL;                                         //查找不成功
}//SearchTrie
```

在 Trie 树上进行插入和删除，只是需要相应地增加和删除一些分支结点，当分支结点中 num 域的值减为 1 时，便可删除。

双链树和 Trie 树是键树的两种不同表示方法，它们有各自的特点。从其不同的存储结构特性可见，若键树中结点的度较大，则采用 Trie 树结构较双链树更为合适。

综上对树表的讨论可见，它们的查找过程都是从根结点出发，走了一条从根到叶子（或非终端结点）的路径，其查找时间依赖于树的深度。由于树表主要用作文件索引，因此结点的存取还涉及外部存储设备的特性，故在此没有对它们做平均查找长度的分析。

8.5 散列方法及其检索

前面所介绍的检索方法中，顺序检索和分块检索是依据"=="或者"！="的判定进行关键字的检索，而二分检索是依据">"、"="、"<"这三种判断进行检索的。这样的检索基本上都是基于关键码比较的检索，其平均检索长度都与 n 有关。检索是直接面向用户的操作，当

问题规模 n 很大时，上述检索的时间效率可能使用户无法忍受。

本节将介绍一种更为理想的检索方法——散列法。所谓散列（Hash，也称"哈希"）就是通过把关键码值映射到表中的一个位置来访问记录的过程。大多数散列方法根据地址计算需要的顺序把记录放到表中，这样就不用根据值或者频率的顺序放置记录了。

按散列存储方式构造的存储结构称为散列表（Hash Table），用 HT 表示。散列表中的一个位置称为槽（Slot）。散列技术的核心是散列函数（Hash Function）。

对于任意给定的动态查找表 DL，如果选定了某个"理想的"散列函数 h 及相应的散列表 HT，则对 DL 中的每个数据元素 X，函数值 $h(X.key)$ 就是 X 在散列表 HT 中的存储位置。插入（或建表）时数据元素 X 将被安置在该位置上，并且检索 X 时也到该位置上去查找。由散列函数决定的存储位置称为散列地址。

因此，散列表的存储空间是一个一维数组 HT[M]，散列地址是数组的下标。设计散列方法的目标就是设计某个散列函数 h，$0 \leqslant h(k) < M$；对于关键码值 K，得到 HT[i]=K。

散列方法一般只适用于集合，而不适用于多个记录有同样关键码值的应用程序。散列方法一般也不适用于范围检索。就是说，想找到关键码值在一个特定范围的所有记录不可能很容易。也不可能找到最大或者最小关键码值的记录，或者按照关键码值的顺序访问记录。

例如，在数据库中存储着一些人名，其对应的线性表关键码值集合为：

N = {Abernathy, Sara, Epperdingle, Roscoe, Moore, Woolf, David, Holmes, Johnson}

可设散列表为：char HT[26][8]；散列函数 $h(key)$ 的取值为关键码 key 中的第一个字母在字母表{A,B,C,…,Z}中的序号，即：$H_1(key) = key[0] - 'A'$。

则关键码对应的散列表如图 8.5 所示。

散列地址	关键码	散列地址	关键码
0	Abernathy (Abraham)	13	
1		14	
2		15	
3	David	16	
4	Epperdingl (Elizabeth)	17	Roscoe
5		18	Sara
6		19	
7	Holmes	20	
8		21	
9	Johnson	22	Woolf(Warren)
10		23	
11		24	
12	Moore	25	

图 8.5 $H_1(key)$ 关键码对应的散列表

若在上例的集合 N 中增加 3 个关键码构成一个新的集合 S_1 = S + {Abraham, Elizabeth, Warren }，此时虽然仍可取上例中的一维数组来存放 S_1 对应散列表，但是要修改散列函数,因为对于不同的两个关键码,由原来的散列函数得到的散列地址可能相同。可以这样定义新的散列函数:散列函数的值为 key 中首尾字母表中序号的平均值,即:

$$H_2(\text{key}) = (\text{key}[0] + \text{key}[\text{last}] - 2('A'))/2$$

此例中关键码的散列表如图 8.6 所示。

散列地址	关键码	散列地址	关键码
0		13	Holmes
1		14	Woolf
2		15	
3	David	16	
4		17	Warren
5	Elizabeth	18	
6	Abraham	19	
7	Epperdingl	20	
8	Moore	21	
9	Sara	22	
10	Roscoe	23	
11	Johnson	24	
12	Abernathy	25	

图 8.6 $H_2(\text{key})$ 关键码对应的散列表

由上面的讨论可以看出:一般情况下,散列表的空间必须比结点的集合大,此时虽然浪费了一定的空间,但换取的是检索效率。设散列表的空间大小为 M,填入表中的结点数为 N,则称 $\alpha = N/M$ 为散列表的负载因子(Load Factor,又称"装填因子")。建立散列表时,若键码与散列地址是一对一的关系,则在检索时只需根据散列函数对给定值进行某种运算,即可得到待查结点的存储位置。但是,散列函数可能对于不相等的关键码计算出相同的散列地址,称该现象为冲突(Collision),发生冲突的两个关键码称为该散列函数的同义词。因此,在实际应用中,必须考虑如何去解决产生的冲突。

因此,采用散列技术时需要首先考虑如下两个问题。
(1) 构造好的哈希函数。
① 函数应尽可能简单,以便提高转换速度。
② 函数对关键码计算出的散列地址应大致均匀分布,以减少地址冲突造成空间浪费。
(2) 制定解决冲突的方案。

8.5.1 散列函数

散列函数又称 Hash 函数(也称杂凑函数或杂凑算法),就是把任意长的输入消息串变化成固定长的输出串的一种函数。这个输出串称为该消息的杂凑值。该函数一般用于产生消息摘要,密钥加密等。

下面讨论几种常用的散列函数。假设处理的是值为整数的关键码,否则总可以建立一种关键码与正整数之间的一一对应关系,从而把该关键码的检索转化为对与其对应的正整数的检索;同时,进一步假定散列函数的值落在 $0 \sim M-1$ 之间。散列函数的选取原则是:运算尽可能简单;函数的值域必须在散列表的范围内;结点分布尽可能均匀,也就是尽可能让不同的关键码具有不同的散列函数值。需要考虑各种因素,如关键码长度、散列表大小、关键码分布情况、记录的检索频率等等。

1. 除留余数法

除留余数法就是用关键码 x 除以 p(往往取散列表长度),并取余数作为散列地址。除留余数法几乎是最简单的散列方法,散列函数为:$h(x) = x \bmod p$。

这一方法的关键在于 p 的选取。例如,把 p 设置为偶数,则所得的散列函数总是将奇数关键码映射成奇数地址,偶数关键码映射成偶数地址。如果所有可能的关键码是等概率的,那没有问题。但是,如果偶数关键码比奇数关键码出现的概率大,那么函数 $h(x) = x \bmod p$ 就不能均匀分布这些关键码的散列值了。

类似地,常有人把 p 设置为 2 的幂。这时 $h(x) = x \bmod 2^k$ 仅仅是 x(用二进制表示)最右边的 k 个位(bit)。若把 p 设置为 10 的幂,这时 $h(x) = x \bmod 10^k$ 仅仅是 x(用十进制表示)最右边的 k 个十进制位(digital)。虽然这两个散列函数易于计算,但它们不依赖于 x 的全部二进制位,并不符合要求。

因此,通常选择一个质数作为 p 值,那么 $x \bmod p$ 就依赖于 x 的所有位,而不仅仅是最右边的 k 个低位了(k 是某个比较小的常数),这就增大了均匀分布的可能性。

除留余数法的实现相对比较简单,它的优点在于 p 不必是一个编译时常数,它的值可以在程序运行时确定。但不论何种情况,该方法的运行时间显然是一个常数。

除留余数法的潜在缺点是连续的关键码映射成连续的散列值,这虽然能避免连续的关键码发生冲突,但需要占据连续的数组单元,在某些实现方法中这可能导致检索性能的降低。

2. 乘余取整法

使用此方法时,先让关键码 key 乘上一个常数 $A(0 < A < 1)$,提取乘积的小数部分。然后,再用整数 n 乘以这个值,对结果向下取整,把它作为散列的地址。散列函数为:

$$\text{hash(key)} = \lfloor n \times (A \times \text{key} \% 1) \rfloor$$

其中,"$A \times \text{key} \% 1$" 表示取 $A \times \text{key}$ 小数部分,即:

$$A \times \text{key} \% 1 = A \times \text{key} - \lfloor A \times \text{key} \rfloor$$

此方法的优点是对 n 的选择无关紧要,若地址空间为 p 位,就取 $n = 2^p$。所求出的散列地址正好是计算出来的 $A \times \text{key} \% 1 = A \times \text{key} - \lfloor A \times \text{key} \rfloor$ 值的小数点最左 p 位值。

Knuth 对常数 A 做了仔细的研究,他认为 A 可以取任何值,最佳的选择与待散列的数据特征有关,一般情况下取黄金分割 $A = (\sqrt{5} - 1)/2$。

3. 平方取中法

由于整数相除的运行速度通常比相乘要慢,所以有意识地避免使用除留余数法运算可以提高散列算法的运行时间。平方取中法的具体实现方法是:先通过求关键码的平方值,扩大相近数的差别,然后根据表长度取中间的几位数(往往取二进制位)作为散列函数值。因为一个乘积的中间几位数与乘数的每一数位都相关,所以由此产生的散列地址较为均匀。

例如:为 BASIC 源程序中的标识符建立一个哈希表。假设 BASIC 语言中允许的标识符为一个字母,或一个字母和一个数字。在计算机内可用两位八进制数表示字母和数字,如图 8.7 所示。取标识符在计算机中的八进制数为它的关键字。假设表长为 $512 = 2^9$,则可取关键字平方后的中间 9 位二进制数为哈希地址。例如,图 8.8 列出了一些标识符及它们的哈希地址。

记录	关键字	(关键字)^2	哈希地址($2^{17} \sim 2^9$)
A	0100	0 <u>010000</u>	010
I	1100	0 <u>210000</u>	210
J	1200	1 <u>440000</u>	440
I0	1160	1 <u>370400</u>	370
P1	2061	4 <u>310541</u>	310
P2	2062	4 <u>314704</u>	314
Q1	2161	4 <u>734741</u>	734
Q2	2162	4 <u>741304</u>	741
Q3	2163	4 <u>745651</u>	745

A	B	C	…	Z	0	1	2	…	9
01	02	03	…	32	60	61	62	…	71

图 8.7 字符的八进制对照表

图 8.8 标识符及其哈希地址

4. 数字分析法

设有 n 个 d 位数,每一位可能有 r 种不同的符号。这 r 种不同的符号在各位上出现的频率不一定相同,可能在某些位上分布均匀些,每种符号出现的几率均等;在某些位上分布不均匀,只有某几种符号经常出现。可根据散列表的大小,选取其中各种符号分布均匀的若干位作为散列地址。

计算各位数字中符号分布的均匀度 λ_k 的公式:

$$\lambda_k = \sum_{i=1}^{r} (\alpha_i^k - n/r)^2$$

其中,α_i^k 表示第 i 个符号在第 k 位上出现的次数,n/r 表示各种符号在 n 个数中均匀出现的期望值。

计算出的 λ_k 值越小,表明在该位(第 k 位)各种符号分布得越均匀。数字分析法仅适用于事先明确知道表中所有关键码每一位数值的分布情况,它完全依赖于关键码集合。如果换一个关键码集合,选择哪几位数据要重新决定。

例如,有图 8.9 所示的一组关键码,对其各位编号如下。

① 位,仅 9 出现 8 次,$\lambda_1 = (8-8/10)^2 \times 1 + (0-8/10)^2 \times 9 = 57.6$;

② 位,仅 9 出现 8 次,$\lambda_2 = (8-8/10)^2 \times 1 + (0-8/10)^2 \times 9 = 57.6$;

③ 位,$\lambda_3 = (2-8/10)^2 \times 2 + (4-8/10)^2 \times 1 + (0-8/10)^2 \times 7 = 17.6$;

④ 位,0 和 5 各出现两次,1、2、6、8 各出现 1 次;

⑤ 位,0 和 4 各出现两次,2、3、5、6 各出现 1 次;

⑥ 位,7 和 8 各出现两次,0、1、5、9 各出现 1 次;

```
9 9 2 1 4 8
9 9 1 2 6 9
9 9 0 5 4 7
9 9 1 6 3 6
9 9 1 5 5 8
9 9 2 0 4 7
9 9 0 0 0 1
① ② ③ ④ ⑤ ⑥
```

图 8.9 已知的一组关键码

$$\lambda_4 = \lambda_5 = \lambda_6 = (2-8/10)^2 \times 2 + (1-8/10)^2 \times 4 + (0-8/10)^2 \times 4 = 4.5$$

若散列表地址范围有 3 位十进制数字,取关键码的④⑤⑥位作为记录的散列地址。也可以把第①②③和第⑤位相加,舍去进位,变成一位数,与④、⑥位合起来作为散列地址。还可以用其他方法。

5. 基数转换法

将关键码值看成另一种进制的数再转换成原来进制的数,然后选其中几位作为散列地址。例如,对于十进制关键码值 210 485,先把它看成是十三进制的数,并转换为十进制数:

$$210\ 485_{13} = 2 \times 13^5 + 1 \times 13^4 + 0 \times 13^3 + 4 \times 13^2 + 8 \times 13 + 5 = 771\ 932_{10}$$

然后,从中选取几位作为散列地址。假设散列表长度是 10 000,则可取低 4 位 1932 作为散列地址。

通常要求两个基数互质,且新基数比原基数大。

6. 折叠法

有时关键码所含的位数很多,采用平方取中法计算太复杂,则可将关键码分割成位数相同的几部分(最后一部分的位数可以不同),然后取这几部分的叠加和(舍去进位)作为散列地址,这方法称为折叠法。

例如:每一种西文图书都有一个国际标准图书编号(ISBN),它是一个 10 位的十进制数字,若要以它作关键字建立一个哈希表,当馆藏书种类不到 10 000 时,可采用折叠法构造一个四位数的哈希函数。在折叠法中数位叠加可以有移位叠加和间界叠加两种方法。移位叠加是将分割后的每一部分的最低位对齐,然后相加;间界叠加是从一端向另一端沿分割界来回折叠,然后对齐相加。如国际标准图书编号 0—442—20586—4 的哈希地址分别如图 8.10(a)和(b)所示。

```
      5864              5864
      4220              0224
   +)   04           +)   04
   -------           -------
     10088              6092
   H(key)=0088       H(key)=6092
    (a) 移位叠加       (b) 间界叠加
```

图 8.10 由折叠法求得哈希地址

7. ELFhash 字符串散列函数

ELFhash 函数在 UNIX 系统 V4 版本中的"可执行链接格式"(Executable and Linking Format,ELF)中会用到,ELF 文件格式用于存储可执行文件与目标文件。ELFhash 函数是对字符串的散列,它对于长字符串和短字符串都很有效。字符串中每个字符都有同样的作用,它巧妙地对字符的 ASCII 编码值进行计算,ELFhash 函数能够比较均匀地把字符串分布在散列表中。

8. 直接定址法

$$Hash(key) = a \times key + b \quad (a \text{、} b \text{ 为常数})$$

即取关键码的某个线性函数值为哈希地址,这类函数是一一对应函数,不会产生冲突,但要求地址集合与关键码集合大小相同,因此,对于较大的关键码集合不适用。

关键码集合为{100,300,500,700,800,900},选取哈希函数为 Hash(key) = key/100,则存放如图 8.11 所示。

图 8.11 直接定址法存储

8.5.2 开散列方法(分离链接法)

尽管 Hash 函数的目标是要减少冲突,但冲突是不可避免的,因此必须研究解决冲突的策略和办法。

冲突解决方法可以分为两类:开散列方法(Open Hashing)和闭散列方法(Closed Hashing)。开散列方法也称分离链接法或拉链法(Separate Chaining),闭散列方法也称开地址法(Open Addressing)。两种方法的主要区别在于开散列方法把发生冲突的关键码存储在散列表的主表中,而闭散列方法把发生冲突的关键码存储在表中另一个槽内。

开散列方法是将关键字为同义词(即具有相同的函数值的关键字)的记录存储在同一线性链表中。假设某哈希函数产生的哈希地址在区间$[0, m-1]$上,则设立一个指针型向量

$$\text{Chain ChainHash}[m];$$

其每个分量的初始状态都是空指针。凡哈希地址为 i 的记录都插入到头指针为 ChainHash[i] 的链表中。在链表中的插入位置可以在表头或表尾;也可以在中间,以保持同义词在同一线性链表中按关键字有序。

例如,已知一组关键字为(47,7,29,11,16,92,22,8,3,50,37,89,10),则按哈希函数:

$$H(\text{key}) = \text{key MOD } 11$$

分离地址法处理冲突构造所得的哈希表如图 8.12 所示。向链表中插入元素均在表头进行,当然也可视需要使同一链表中关键字自小到大有序。

为执行 find,先使用散列函数来确定究竟考察哪个表,然后以通常的方式遍历该散列表并返回所找到的被查找项所在位置。为执行 Insert,首先需要遍历一个相应的表,检查所要插入的元素是否已经处在适当的位置。如果没有,则说明这个元素是一个新的元素,那么它或者被插入到表的前端,或者被插入到表的末尾。

在一般情况下,处理冲突方法相同的散列表,其平均查找长度依赖于散列表的装填因子。

散列表的装填因子定义为:

$$\alpha = \frac{\text{表中填入的记录数}}{\text{散列表的长度}}$$

α 标志散列表的装满程度。直观地看,α 越小,发生冲突的可能性就越小;反之,α 越大,表中已填入的记录越多,再填记录时,发生冲突的可能性就越大,则查找时,给定值需与之进行比较的关键字

图 8.12 拉链法处理冲突时的哈希表

的个数就越多。分离链接散列法的一般法则是使得表的大小尽量与预料的元素个数差不多（即让 $\alpha \approx 1$）。

8.5.3 开放定址法

分离链接散列法的缺点是需要指针，由于给新单元分配地址需要时间，因此导致了算法的速度多少有些减慢，开放定址法是一种不用链表解决冲突的方法。在开放定址算法中，如果有冲突发生，那么就要尝试选择另外的单元，直到找出空的单元为止。因为所有的数据都要置入表内，所以开放定址散列法所需要的表要比分离链接散列大。一般来说，对开放定址算法来说，装填因子应该低于 0.5。这里介绍三种通常的冲突解决方法。

1. 线性探测法

将散列表看成是一个环形表，若在基地址 d（即 $h(K)=d$）发生冲突，则依次探查下一地址单元：$d+1, d+2, \cdots, M-1, 0, 1, \cdots, d-1$，直到找到一个空闲地址或查找到关键码为 key 的结点为止。当然，若沿着该探测序列检查一遍之后，又回到了地址 d，则无论是做插入操作还是做检索操作，都意味着失败。

在线性探测法中，函数 F 是 i 的线性函数，典型的情形是：$F(K,i)=i$。

例 8-2 已知一组关键码为 $\{26,36,41,38,44,15,68,12,06,51,25\}$，散列表长度 $M=15$，用线性探测法解决冲突构造这组关键码的散列表。

因为 $n=11$，利用除余法构造散列函数，选取小于 M 的最大质数 $P=13$，则散列函数为：$h(\text{key})=\text{key}\%13$。按顺序插入各个结点：

(1) $h(26)=26\%13=0$；
(2) $h(36)=36\%13=10$；
(3) $h(41)=41\%13=2$。

以此类推，$h(38)=12$；$h(44)=5$；$h(15)=2$；$h(68)=3$；$h(12)=12$；$h(06)=6$；$h(51)=14$；$h(25)=12$。

插入 15 时，其散列地址为 2，由于 2 已被关键码为 41 的元素占用，故需进行探测。按顺序探测法，位置 3 仍为开放的空闲地址，故可将 15 插入到 3 单元。类似地，68 和 12 可以分别放入到 4 和 13 单元。该组关键码的散列如图 8.13 所示。

0	1	2	3	4	5	6	7	8	9	10	11	12	13	14
26	25	41	15	68	44	6				36		38	12	51

图 8.13 线性探测示例

散列地址不同的结点争夺同一后继散列地址的现象称为"聚集"（Clustering），或称为"堆积"，也称为"基本聚集"（Primary Clustering）。其产生的原因在于散列函数选择不当或负载因子过大。

在理想的情况下，表中的每个空槽都应该有相同的机会接收下一个要插入的记录。在这个例子中，下一条记录放置第 11 个槽中的概率是 2/15，而放到第 7 个槽中的概率是 11/15，概率就不再相等了。小的聚集可能汇成大的聚集，导致很长的探测序列。

为缓解基本聚集,需改进线性探测。将先前每次逃过1个槽改成每次跳过常数c个槽。也就是说,探测序列中的第i个槽将是$(h(K)+ic) \bmod M$,探测函数是$F(K,i)=ic$。通过这种方式,基位置相邻的记录就不会进入同一个探测序列了。

能够探测散列表中所有槽的函数才算是一个好的探测函数,但是某些线性探测函数达不到这个要求。例如,如果$c=2$,而且表中槽的数目为偶数,对于任何基位置在偶数槽的关键码,它的探测序列将只走遍所有的偶数槽;同样,对于基位置在奇数槽的关键码,它的探测序列将走遍所有奇数槽。如果基地址为偶数的记录比基地址为奇数的记录多,那么偶数地址发生冲突的可能性更高,性能更差。

为了使探测序列走遍表中所有的槽,必须使常数c与M互质。对于一个长度$M=10$的散列表,如果c取1、3、7或9,那么任何关键码的探测序列都会走遍所有的槽。当$M=11$时,c取1到10之间的任意值,对任何关键码值都会产生一个走遍所有槽的探测序列。

事实上,改进的线性探测还是不能很好地解决聚集问题。例如,$c=2$,要插入关键码k_1和k_2,$h(k_1)=3$,$h(k_2)=5$。k_1的探测序列是3,5,7,9,…,k_2的探测序列就是5,7,9,…。k_1和k_2的探测序列还是纠缠在一起,从而导致了聚集。

显然线性探测法不是最理想的解决冲突的方法,因此需要找到一个探测函数,使得两个不同关键码的基地址或者中间的探测序列即使偶然会合,但最终的探测序列仍然能够岔开。

2. 平方探测法

平方探测法又称二次探测法,是消除线性探测中一次聚集问题的冲突解决方法。其基本思想是:生成的后继散列地址不是连续的,而是跳跃式的,以便为后续数据元素留下空间从而减少聚集。平方探测法的探测序列依次为:$1^2, -1^2, 2^2, -2^2, \cdots$,也就是说,发生冲突时,将同义词来回散列在第一个地址的两端。求下一个开放地址的公式为:

$$d_{2i-1} = (d+i^2) \% M$$
$$d_{2i} = (d-i^2) \% M$$

用于简单线性探测的探测函数是:

$$F(K, 2i-1) = i^2$$
$$F(K, 2i) = -i^2$$

对于一个长度$M=13$的散列表,假定对于关键码k_1和k_2,$h(k_1)=3$,$h(k_2)=2$。k_1的探测序列是3、4、2、7,k_2的探测序列是2、3、1、6。这样,尽管k_2会在第2步探测k_1的基地址,这两个关键码的探测序列此后就立即分开了。

平方探测法的缺点是不易探测到整个闭散列表的所有位置,也就是说,上述后继散列地址可能难以包括闭散列表的所有存储位置。

3. 双散列法

平方探测法能消除基本聚集——基地址不同的关键码,其探查序列的某些段重叠在一起的问题。然而,如果两个关键码散列到同一个基地址,那么采用平方探测法仍然会得到同样的探测序列,依旧会产生聚集。这是因为平方探测产生的探测序列只是基地址的函数,而不是原来关键码值的函数。这个问题称为二级聚集(Secondary Clustering)。

为了避免二级聚集,需要使得探测序列是原来关键码值的函数,而不是基位置的函数。

双散列探测法利用第二个散列函数作为常数,每次跳过常数项,做线性探测。

双散列探测法使用两个散列函数 h_1 和 h_2,其中 h_1 和前面的 h 一样,以关键码为自变量,产生 $0 \sim M-1$ 之间的一个数作为散列地址,h_2 也以关键码为自变量产生一个 $1 \sim M-1$ 之间的、与 M 互质的数作为对散列地址的补偿。若在地址 $h_1(key) = d$ 发生冲突,则再计算 $h_2(key)$,得到的探测序列为:

$$(d+h_2(key))\%M, (d+2h_2(key))\%M, (d+3h_2(key))\%M, \cdots$$

由此可得双散列函数探测法求下一个开放地址的公式为:

$$d_i = (d + ih_2(key))\%M$$

探测函数是:

$$F(K,i) = i \cdot h_2(K)$$

h_1 以关键码的值为自变量,产生一个 $0 \sim M-1$ 之间的数作为基地址;h_2 也以关键码为自变量,产生一个 $1 \sim M-1$ 之间的并与 M 互质的数作为基地址的补偿。

为了避免造成同义词地址的循环计算,导致存储区并未放满时就产生溢出,尽管定义 $h_2(key)$ 的方法比较多,但无论采用什么方法,都必须使 $h_2(key)$ 与 M 互质,才能使发生冲突的同义词地址均匀分布在整个表中。

一种方法是设置 $M = 2^m$,让 h_2 返回一个 1 到 $2^m - 1$ 之间的奇数值。若 M 是素数,$h_1(K) = K \bmod M$,则可以定义 $h_2(K) = K \bmod (M-2) + 1$,或者 $h_2(K) = [K/m] \bmod (M-2) + 1$。若 M 是任意数,$h_1(K) = K \bmod p$(p 是小于 M 的最大质数),可以定义 $h_2(K) = K \bmod q + 1$(q 是小于 p 的最大质数)。一种方法是选择 M 为一质数,h_2 返回值在 $1 \leqslant h_2(K) \leqslant M-1$ 之间。值得注意的是,尽管前一个方案并不能保障 $h_2(K)$ 与 M 互质,但还是常被采用。

用双散列函数探测法得到的探测序列是跳跃式散列在整个存储区域里的,而不是像线性探测法那样探测一个顺序的地址序列。双散列方法的优点是不易产生"聚集",缺点是计算量稍微大一些。

4. 建立一个公共溢出区

建立一个公共溢出区也是一种冲突处理的方法。设哈希函数产生的哈希地址集为 $[0, m-1]$,则分配如下两个表:

(1) 基本表 HashTable$[0..m-1]$:每个单元只能存放一个数据元素。

(2) 溢出表 OverTable$[0..v]$:只要关键码对应的哈希地址在基本表上产生冲突,则所有这样的元素一律存入该表中。

查找时,对给定值 k 通过哈希函数计算出哈希地址 i,先与基本表的 HashTable$[i]$ 单元比较,若相等,则查找成功;否则,再到溢出表中进行查找。

8.5.4 散列方法的效率分析

散列方法的性能一般可以根据完成一次操作(即插入、删除和检索操作)所需的记录访问次数来衡量。由于散列表的插入和删除操作都是基于检索进行的,在删除一条记录之前必须先找到该记录,因此删除一条记录之前需要的访问数等于成功检索到它所需要的访问数。当插入一条记录时,必须找到探测序列的尾部(对于不考虑删除的情况,是尾部的空槽；对于考虑删除的情况，也要找到尾部，才能确定是否有重复记录），这就相当于对这条记录进行一次不成功的检索。因此，散列表的效率实质上还是平均检索长度，而且对于成功的检索与不成功的检索需要区别对待。

当散列表比较空的时候，所插入的记录比较容易插入到其空闲的基地址。如果散列表中的记录比较多，插入记录时，很可能需要靠冲突解决策略来寻找探测序列中合适的另一槽。而且，检索记录时，很多时候需要沿着探测序列逐个查找。随着散列表记录的不断增加，越来越多的记录有可能被放到离其基地址更远的地方。

根据这些讨论，可以看到散列方法预期的代价与装填因子 $\alpha = N/M$ 有关。其中，M 是散列表存储空间大小，N 是表中当前的记录数目。

假定探测序列是散列表中槽的随机排列，下面的分析说明插入（或者一次不成功的检索）的预期代价是 α 的函数。在这些冲突处理策略中，最接近随机分布的冲突策略是双散列探测法。本节假设的是最简单的情况，因此所估计出来的代价实际上是双散列探测法平均情况的下限估计。

基地址被占用的可能性是 α，基地址和探测序列中下一个槽都被占用的可能性是 $\frac{N(N-1)}{M(M-1)}$。发生第 i 次冲突的可能性是 $\frac{N(N-1)\cdots(N-i+1)}{M(M-1)\cdots(M-i+1)}$。

如果 N 和 M 都很大，那么可以近似地表达为 $(N/M)^i$。探测次数的期望值是 1 加上每个第 i 次 $(i \geq 1)$ 冲突的概率之和，即：

$$1 + \sum_{i=1}^{\infty} (N/M)^i = 1/(1-\alpha)$$

一次成功检索（或者一次删除）的代价与原来插入的代价相同。由于随着散列表中记录的不断增加，α 值也不断增大，可以根据从 0 到 α 的当前值的积分推导出插入操作的平均代价（实质上是对所有插入代价的一个平均值）：$\frac{1}{\alpha}\int_0^\alpha \frac{1}{1-x}dx = \frac{1}{\alpha}\ln\frac{1}{1-\alpha}$。

表 8-3 给出了几种常用冲突解决策略平均检索长度的比较。

表 8-3　几种冲突解决策略平均检索长度的比较

编号	冲突解决策略	平均检索长度	
		成功检索（删除）	不成功检索（插入）
1	分离链接法	$1 + \frac{\alpha}{2}$	$\alpha + e^{-\alpha}$
2	双散列法	$\frac{1}{\alpha}\ln\frac{1}{1-\alpha}$	$\frac{1}{1-\alpha}$
3	线性探测法	$\frac{1}{2}\left(1 + \frac{1}{1-\alpha}\right)$	$\frac{1}{2}\left(1 + \frac{1}{(1-\alpha)^2}\right)$

当装填因子 $\alpha < 0.5$，即散列表将近半满时，大部分的情况下检索长度小于 2。实际经验也表明 0.5 是一个阈值，负载因子超过 0.5，散列表的性能就会急剧下降。因此需要根据最大负载情况下表中可能有多少条记录来选择散列表的长度。

如果大量散列表动态性比较强，也就是有大量的插入删除操作，那么散列表的性能可能会下降。在这种情况下，可以保持每一条记录的访问计数。当负载因子超过阈值（假设为

0.5)时重新散列整个表,或者周期性地重散列。把记录按访问频率从高到低的顺序插入散列表中,保证上一个周期中被频繁访问的记录更有机会接近基位置。

总之,散列法的重要特征是平均检索长度不依赖于散列表中的结点个数。散列法的平均检索长度不随表目数量的增加而增加,而是随装填因子的增大而增加。如果安排得当,平均检索长度可以小于1.5。正是由于这个特性,散列法是一种很受欢迎的高效检索方法。例如,搜索引擎中关键词字典、域名服务器 DNS 中域名与 IP 地址的对应、操作系统中命令路径下的所有执行程序名、编译系统中的符号表等,都采用了散列技术以提高查找速度。

8.6 散列表及检索的应用

例 8-3 正方形(Squares)。[POJ 2002]

A square is a 4-sided polygon whose sides have equal length and adjacent sides form 90-degree angles. It is also a polygon such that rotating about its centre by 90 degrees gives the same polygon. It is not the only polygon with the latter property, however, as a regular octagon also has this property.

So we all know what a square looks like, but can we find all possible squares that can be formed from a set of stars in a night sky? To make the problem easier, we will assume that the night sky is a 2-dimensional plane, and each star is specified by its x and y coordinates.

Input

The input consists of a number of test cases. Each test case starts with the integer n ($1 \leqslant n \leqslant 1000$) indicating the number of points to follow. Each of the next n lines specify the x and y coordinates(two integers) of each point. You may assume that the points are distinct and the magnitudes of the coordinates are less than 20 000. The input is terminated when $n = 0$.

Output

For each test case, print on a line the number of squares one can form from the given stars.

Sample Input

```
4
1 0
0 1
1 1
0 0
9
0 0
1 0
```

```
2 0
0 2
1 2
2 2
0 1
1 1
2 1
4
-2 5
```

```
3 7
0 0
5 2
0

Sample Output
1
6
1
```

题意是要找出所有的正方形,算法过程如下:

(1) 将顶点按 x 坐标递增排序,若 x 相同,按 y 坐标递增排序,然后枚举所有边,对每一条由点 p_1 和 p_2(根据排序 $p_1 < p_2$)组成的边按照如下方式可唯一确定一个正方形。

① 将边绕 p_1 逆时针旋转 90 度得到点 p_3;

② 将边绕 p_2 顺时针旋转 90 度得到点 p_4。

则 p_1, p_2, p_3, p_4 组成一个正方形,设 $p_1 = (x_1, y_1), p_2 = (x_2, y_2)$,根据向量的旋转公式可以求出 p_3, p_4 的坐标为:$p_3 = (y_1 - y_2 + x_1, x_2 - x_1 + y_1)$,$p_4 = (y_1 - y_2 + x_2, x_2 - x_1 + y_2)$。

(2) 然后搜索点 p_3 和 p_4 是否存在,若存在则找到一个正方形,计数加 1,可以发现总是存在两条边确定的正方形是一样的,也就是说每个正方形会被发现 2 次,所以要将最后的计数结果除以 2。

算法实现的关键是如何搜索某个点是否存在,由于所有点都排序过,所以可以用二分查找来搜索,但速度比较慢,至少 1000ms,hash 的速度更快些,可以达到几百毫秒,还有 hash 表如果用开放地址线性探测法解决冲突的话,很容易超时,而用链地址法解决冲突效果要好很多。下面是 hash 方法的代码实现。

```
#include <stdio.h>
#include <string.h>
#include <stdlib.h>
#define N 1000                      /*顶点个数*/
#define M 2999                      /*hash 表的大小,取素数冲突较少*/
struct Point
{   int x;
    int y;
};
struct Point point[N];              /*使用链地址法解决冲突,表头不存数据*/
struct hash_entry
{   int x;
    int y;
    struct hash_entry * next;
};
struct hash_entry hash_table[M + 1];
int conflict;

void insert(int x, int y)
{   unsigned int p;
    struct hash_entry * new_entry;
    p = (x * x + y * y) % M;        /*hash 函数*/
    new_entry = (struct hash_entry *)malloc(sizeof(struct hash_entry));   //创建一个新的 entry
    new_entry->x = x;
    new_entry->y = y;
    /*把新 entry 插在最前面,则先插进来的 entry 在链表的后面,最后一个 entry 的 next 指针为空*/
    new_entry->next = hash_table[p].next;
    hash_table[p].next = new_entry;
}
```

```c
int find(int x, int y)
{   unsigned int p;
    struct hash_entry * entry;
    p = (x * x + y * y) % M;                    /* hash 函数 */
    for(entry = hash_table[p].next;entry!= 0&&(entry->x!= x||entry->y!= y); entry = entry->next, conflict++);
    if (entry) return 1;
    return 0;
}

int main()
{   int n, x, y, i, j, count;
    while (scanf(" %d", &n), n)
    {   memset(hash_table, 0, sizeof(hash_table));
        count = 0;
        for (i = 0; i < n; i++)
        {   scanf(" %d %d", &x, &y);    //插入排序,按 x 从小到大,y 从小到大,且 x 优先排列的方式
            for (j = i-1; j >= 0; j--)
            {   if (point[j].x > x || (point[j].x == x && point[j].y > y))
                    point[j+1] = point[j];
                else
                    break;
            }
            point[j+1].x = x;
            point[j+1].y = y;
            insert(x, y);
        }
        /* 枚举所有边,对每条边的两个顶点可以确定一个唯一的正方形,并求出另外两个顶点的坐标 */
        for (i = 0; i < n; i++)
        {   for (j = (i+1); j < n; j++)                 //计算第三个点的坐标,搜索其是否存在
            {   x = point[i].y - point[j].y + point[i].x;
                y = point[j].x - point[i].x + point[i].y;
                if (!find(x, y)) continue;
                x = point[i].y - point[j].y + point[j].x;   //计算第 4 个点的坐标,搜索其是否存在
                y = point[j].x - point[i].x + point[j].y;
                if (find(x, y)) count++;
            }
        }
        printf(" %d\n", count/2);
    }
    return 0;
}
```

例 8-4 雪花(Snowflake)。[POJ 3349]

You may have heard that no two snowflakes are alike. Your task is to write a program to determine whether this is really true. Your program will read information about a collection of snowflakes, and search for a pair that may be identical. Each snowflake has six arms. For each snowflake, your program will be provided with a measurement of the length of each of the six arms. Any pair of snowflakes which have the same lengths of corresponding arms should be flagged by your program as possibly identical.

Input

The first line of input will contain a single integer n, $0 < n \leqslant 100\ 000$, the number of snowflakes to follow. This will be followed by n lines, each describing a snowflake. Each snowflake will be described by a line containing six integers(each integer is at least 0 and less than 10 000 000), the lengths of the arms of the snow ake. The lengths of the arms will be given in order around the snowflake(either clockwise or counterclockwise), but they may begin with any of the six arms. For example, the same snowflake could be described as 1 2 3 4 5 6 or 4 3 2 1 6 5.

Output

If all of the snowflakes are distinct, your program should print the message:

No two snowflakes are alike.

If there is a pair of possibly identical snow akes, your program should print the message:

Twin snowflakes found.

Sample Input

2
1 2 3 4 5 6
4 3 2 1 6 5

Sample Output

Twin snowflakes found.

解题思路如下：

题目要求判断有没有两朵相同的雪花。最简单的想法就是枚举每两片雪花，判断它们是否相同，时间复杂度为 $O(n^2)$，显然效果不理想。理想的方法是用 hash 法，即每读进一片雪花，将雪花 hash，判断 hash 表里是否有相同的 hash 值，有相同的 hash 值，从链表中一一取出并判断是否同构，是同构则称找到相同的，若所有雪花读完也没有发现相同的，则为找不到。

参考代码如下：

```
#include <stdio.h>
#include <stdlib.h>
#include <vector>
#include <iostream>
using namespace std;
const int MAX_SIZE = 100005;              //最大的雪花数
const int MOD_VAL = 90001;                //hash 函数,取余的数
int snow[MAX_SIZE][6];                    //存储雪花信息
vector<int> hash[MOD_VAL];                //hash 表,表中存储的是 snow 数组的下标
/* 判断雪花 a 与雪花 b 是否相同,输入：两个雪花在 snow 数组中的下标,输出：true or false */
bool isSame(int a, int b)
{   for(int i = 0;i < 6;i++)              /* 顺时针方向、逆时针方向 分别检查 */
    {   if( (snow[a][0] == snow[b][i] && snow[a][1] == snow[b][(i+1)%6] &&
            snow[a][2] == snow[b][(i+2)%6] && snow[a][3] == snow[b][(i+3)%6] &&
```

```
                snow[a][4] == snow[b][(i+4)%6] && snow[a][5] == snow[b][(i+5)%6]) ||
               (snow[a][0] == snow[b][i] && snow[a][1] == snow[b][(i+5)%6] &&
                snow[a][2] == snow[b][(i+4)%6] && snow[a][3] == snow[b][(i+3)%6] &&
                snow[a][4] == snow[b][(i+2)%6] && snow[a][5] == snow[b][(i+1)%6]) )
                return true;
        }
        return false;
    }
    int main()
    {   int n, i, j, sum, key;
        scanf("%d", &n);                    /*处理输入*/
        for( i = 0; i < n; i++)
            for( j = 0; j < 6; j++)
                scanf("%d", &snow[i][j]);
        for(i = 0; i < n; i++)              /*分别处理这n个雪花,判断有没两个雪花是相同的*/
        {   sum = 0;
            for( j = 0; j < 6; j++)         /*求出雪花6个花瓣的和*/
                sum += snow[i][j];
            key = sum % MOD_VAL;            //求出key
            /*判断在hash表中hash[key]存储的雪花是否与雪花i相同*/
            for(vector<int>::size_type j = 0; j < hash[key].size(); j++)
            {   if(isSame(hash[key][j], i)) /*若相同,则直接输出,并结束程序*/
                {   printf("%s\n", "Twin snowflakes found.");
                    exit(0);
                }
            }
            hash[key].push_back(i);         /*若key相同的雪花没有一个与雪花i相同*/
        }
        printf("%s\n", "No two snowflakes are alike.");   /*若都不相同*/
        return 0;
    }
```

例 8-5 宝贝鱼(Babelfish)。[POJ 2503]

You have just moved from Waterloo to a big city. The people here speak an incomprehensible dialect of a foreign language. Fortunately, you have a dictionary to help you understand them.

Input

Input consists of up to 100 000 dictionary entries, followed by a blank line, followed by a message of up to 100 000 words. Each dictionary entry is a line containing an English word, followed by a space and a foreign language word. No foreign word appears more than once in the dictionary. The message is a sequence of words in the foreign language, one word on each line. Each word in the input is a sequence of at most 10 lowercase letters.

Output

Output is the message translated to English, one word per line. Foreign words not in the dictionary should be translated as "eh".

Sample Input
dog ogday
cat atcay
pig igpay
froot ootfray
loops oopslay
atcay
ittenkay
oopslay

Sample Output
cat
eh
loops

Hint
Huge input and output, scanf and printf are recommended.

解题思路如下：

用快排加二分查找解决庞大的查找任务。可借助 bsearch、qsort、gets 和 puts 函数来实现，具体步骤如下。

（1）输入 n 对单词，英文和外文；
（2）用 qsort 对这些单词进行快速排序；
（3）输入外文单词；
（4）用 bsearch 对输入的外文单词查找它对应的英语单词。

参考代码如下：

```c
#include <stdio.h>
#include <stdlib.h>
#include <string.h>
typedef struct
{   char en[11];
    char fn[11];
}dict;
dict a[100001];
//定义了两个指针a,b,它们可以指向任意类型的值,但它们指向的值必须是常量
int q_cmp(const void * a,const void * b)
{   return strcmp(((dict *)a)->fn, ((dict *)b)->fn);    //比较a,b所指向的常量的大小
}

int b_cmp(const void* a, const void* b)
{   return strcmp((char *)a, ((dict *)b)->fn);
}

int main()
{   char str[24];
    int i, sign;
    dict *p;                    //定义指向字典的指针p
    i = 0;
    sign = 1;
```

```
        while(gets(str))                //gets 为输入函数
    {   if (str[0] == '\0')
        {   sign = 0;
            qsort(a, i, sizeof(dict), q_cmp);
            continue;
        }
        if (sign)
        {   sscanf(str, "%s %s", a[i].en, a[i].fn);
            i++;
        }
        else
        {   p = (dict *) bsearch(str, a, i, sizeof(dict), b_cmp);
            if (p)
                puts(p->en);    //puts 为输出函数
            else
                puts("eh");
        }
    }
    return 0;
}
```

习题

(1) 若对大小均为 n 的有序的顺序表和无序的顺序表分别进行顺序查找,试在下列三种情况下分别讨论两者在等概率时的平均查找长度是否相同。

① 查找不成功,即表中没有关键字等于给定值 K 的记录。

② 查找成功且表中只有一个关键字等于给定值 K 的记录。

③ 查找成功且表中有若干个关键字等于给定值 K 的记录,一次查找要求找出所有记录。

(2) 画出对长度为 10 的有序表进行折半查找的判定树,并求其等概率时查找成功的平均查找长度。

(3) 试推导含 12 个结点的平衡二叉树的最大深度,并画出一棵这样的树。

(4) 选取 hash 函数 $H(k)=(3k)\%11$,用线性探测再散列处理冲突。试在 0～10 的散列地址空间中,对关键字序列$\{22,41,53,46,30,13,01,67\}$构造哈希表,并求等概率情况下查找成功与不成功时的平均查找长度。

(5) 试为下列关键字建立一个装填因子不小于 0.75 的哈希表,并计算你所构造出的哈希表的平均查找长度。

$\{$ZHAO,QIAN,SUN,LI,ZHOU,WU,ZHEN,WANG,CHANG,CHAO,YANG,JIN$\}$。

(6) 试编写利用折半查找确定记录所在块的分块查找算法。

(7) 试写一个判定给定二叉树是否为二叉排序树的算法。设此二叉树以二叉链表作存储结构,且树中结点的关键字值均不同。

(8) 编写算法,求出指定结点在给定的二叉排序树中所在的层数。

(9) 编写算法,在给定的的二叉排序树上找出任意两个不同结点的最近公共祖先(若在两结点 A、B 中，A 是 B 的祖先，则认为 A 是 A、B 的最近公用祖先）。

（10）设有 n 个运动员要进行网球赛，用分治法设计一个满足以下要求的比赛日程表。

① 每个选手必须与其他 $n-1$ 个选手各赛一次；

② 每个选手每天只能赛一次；

③ 当 n 是偶数时，循环赛进行 $n-1$ 天，当 n 是奇数时，循环赛进行 n 天。

（11）骑士巡游问题：在一个 $n \times n (n \leqslant 8)$ 的国际象棋盘上的某一棋格上放置一马，然后采用象棋中"马走日字"的规则，要求这匹马能不重复地走完 n^2 个格子，用分治算法找出这匹马的周游路线。要求输入棋盘规模和马的第一个落子点（此点为任一点）。输出解的总数及每一个具体解。例：棋盘规模 5×5，入口 $(3,3)$，其中的一个解如图 8.14 所示。

（12）给定输入 $\{4371, 1323, 6173, 4199, 4344, 9679, 1989\}$ 和散列函数 $h(X) = X \% 10$，指出结果：

① 分离链接散列表；

② 使用线性探测的开放定址散列表；

③ 使用平方探测的开放定址散列表；

④ 第二散列函数为 $h_2(X) = 7 - (X \% 7)$ 的开放定址散列表。

23	10	15	4	25
16	5	24	9	14
11	22	1	18	3
6	17	20	13	8
21	12	7	2	19

图 8.14　骑士巡游的一个解

（13）编写一个程序，计算使用线性探测、平方探测以及双散列插入的长随机序列所需要的冲突次数。

（14）在分离链接散列表中进行大量的删除可能造成表非常稀疏，浪费空间。在这种情况下，可以再散列一个表，大小为原来的一半。设当存在相当于表的大小的两倍那么多的元素的时候，再散列到一个更大的表。在再散列到一个更小的表之前，该表应该有多稀疏？

（15）各种冲突处理方法的优缺点是什么？

（16）编写一个程序实现可扩散列。如果表小到足可转入内存，那么它的性能与分离链接和开放定址散列相比如何？

（17）简述为手机号码产生一个散列表的方法。

（18）假设全国电话号码均已采用 8 位数字，请编程设计实现一个键树，并完成检索、插入删除等基本功能。

ACM/ICPC 实战练习

（1）POJ 2828, Buy Tickets

（2）POJ 3576, Language Recognition

（3）POJ 3274, Gold Balanced Lineup

（4）POJ 2875, In Defence of a Garden

（5）POJ 1840, Eqs

（6）POJ 3640, Conformity

（7）POJ 1200, ZOJ1507, Crazy Search

（8）POJ 1077, ZOJ1217, Eight

（9）POJ 1118, Lining Up

(10) POJ 2513, Colored Sticks
(11) POJ 2151, Check the difficulty of problems
(12) ZOJ 2762, New Diamond
(13) ZOJ 3436, July Number
(14) ZOJ 3533, Gao the String I
(15) ZOJ 3261, Connections in Galaxy War

第9章 算法设计方法

迄今已经讨论了一些算法的有效实现,且这些算法大都是直接的或简单的。图论算法相对要复杂和深奥的多,有些甚至需要论证以证明它们确实是正确的。事实上,当一个算法给定时,实际的数据结构无需指定,因为解决问题的方法往往不止一个,为使运行时间尽可能地少,需要由编程人员来选择适当的数据结构。本章将把主要精力从算法实现转向算法设计,并重点讨论问题求解的各种类型的最优化方法,研究各最优化算法的一般处理方法及典型案例分析。

9.1 算法设计方法概论

为用计算机解决实际问题而设计的算法,即是计算机算法。算法(Algorithm)从严格意义上来说,需要满足下述几条性质:
(1) 输入:有零个或多个外部量作为算法的输入;
(2) 输出:算法会产生至少一个量作为输出;
(3) 确定性:组成算法的每条指令语句是清晰的,没有歧义性;
(4) 有限性:每条指令的执行次数、执行时间都是有限的。

9.1.1 常用的算法设计方法

从问题求解的基本思路来看,通常的算法设计思想有如下几种。

1. 枚举法(Enumeration Method)

枚举法的基本思想是:根据提出的问题,枚举出所有可能的情况,并用问题中给定的条件检验哪些是满足条件的,哪些是不满足条件的。枚举法通常用于解决"是否存在"或"有哪些可能"等问题。例如,我国古代的趣味数学题:"百钱买百鸡"、"鸡兔同笼"等,均可采用枚举法进行解决。使用枚举法时,要对问题进行详细的分析,将与问题有关的知识条理化、完备化、系统化,从中找出规律。

2. 归纳法(Induction Method)

归纳法的基本思想是:通过枚举少量的特殊情况,经过分析,最后找出一般的关系。归纳是一种抽象,即从特殊现象中找出一般规律。但由于在归纳法中不可能对所有的情况进行枚举,因此,该方法得到的结论只是一种猜测,还需要进行证明。

3. 递推法(Recursive Method)

递推法即是从已知的初始条件出发,逐次推出所要求的各个中间环节和最后结果。其中初始条件或问题本身已经给定,或是通过对问题的分析与化简而确定。递推的本质也是一种归纳,递推关系式通常是归纳的结果。例如,斐波那契数列,是采用递推的方法解决问题的。

4. 递归法(Recursion Method)

在解决一些复杂问题时,为了降低问题的复杂程序,通常是将问题逐层分解,最后归结为一些最简单的问题。这种将问题逐层分解的过程,并没有对问题进行求解,而只是当解决了最后的那些最简单的问题后,再沿着原来分解的逆过程逐步进行综合,这就是递归的方法。递归分为直接递归和间接递归两种方法。如果一个算法直接调用自己,称为直接递归调用;如果一个算法 A 调用另一个算法 B,而算法 B 又调用算法 A,则此种递归称为间接递归调用。

5. 回溯法(Backtracking Method)

有些实际的问题很难归纳出一组简单的递推公式或直观的求解步骤,也不能使用无限的枚举。对于这类问题,只能采用试探的方法,通过对问题的分析,找出解决问题的线索,然后沿着这个线索进行试探,如果试探成功,就得到问题的解,如果不成功,再逐步回退,换别的路线进行试探。这种方法,即称为回溯法。例如迷宫问题及人工智能中的机器人下棋等。

6. 迭代法(Iterative Method)

迭代法是用于求方程或方程组近似根的一种常用的算法设计方法。设方程为 $f(x)=0$,用某种数学方法导出等价的形式 $x=g(x)$,然后按以下步骤执行:

(1) 选一个方程的近似根,赋给变量 x_0;
(2) 将 x_0 的值保存于变量 x_1,然后计算 $g(x_1)$,并将结果存于变量 x_0;
(3) 当 x_0 与 x_1 的差的绝对值还大于指定的精度要求时,重复步骤(2)的计算。

若方程有根,并且用上述方法计算出来的近似根序列收敛,则按上述方法求得的 x_0 就认为是方程的根。上述算法用 C 程序的形式表示如下。

```
{   x0 = 初始近似根;
    do {
        x1 = x0;
        x0 = g(x1);              /* 按特定的方程计算新的近似根 */
    } while ( fabs(x0 - x1)> Epsilon);
    printf("方程的近似根是 % f\n",x0);
}
```

9.1.2 算法设计中的最优化问题

每个最优化问题(Optimization Problem)都包含一组限制条件(Constraint)和一个优化

函数(Optimization Function)，符合限制条件的问题求解方案可称为可行解(Feasible Solution)，能够使得优化函数取得最佳值的可行解称为"最优解"(Optimal Solution)。

1. 贪心法(Greedy Method)

算法思想：在贪婪算法中采用逐步构造最优解的方法。在每个阶段，都做出一个看上去最优的决策(在一定的准则下)。决策一旦做出，就不可再更改。做出贪婪决策的依据称为贪婪准则(Greedy Criterion)。大家已经熟悉的采用贪婪策略的典型算法有：最短路径、找零钱、货箱装船、拓扑排序、最小生成树、哈夫曼树等。

值得一提的是贪心法采用的是局部最优策略，而这种局部最优策略在许多应用场合下并不一定能保证全局最优。当然，也不是所有问题的求解都必须是全局最优的，有许多应用问题只要近似最优即可，对这些问题的求解贪心法还是非常实用的。

2. 分治法(Divide and Conquer Method)

算法思想：分治法与软件设计的模块化方法非常相似。为了求得一个大问题或者说一个复杂问题的解，可以采用如下做法：

(1) 把它分成两个或多个更小、更简单的问题；
(2) 分别解决每个小问题；
(3) 把各个小问题的解答组合起来，即可得出原问题的解。

小问题通常与原问题相似或有同解，可以递归地使用分治策略来解决。典型的例子有：找出伪币、金块问题、矩阵分块相乘、残缺棋盘、归并排序、快速排序、距离最近的点对等。

3. 动态规划(Dynamic Programming)

算法思想：和贪婪算法一样，在动态规划中，可将一个问题的解决方案视为一系列决策的结果。不同的是，在贪婪算法中，每采用一次贪婪准则做出一个不可撤回的决策，而在动态规划中，还要考察每个最优决策序列中是否包含一个最优子序列。动态规划方法采用最优原则(Principle of Optimality)来建立用于计算最优解的递归式。

所谓最优原则即不管前面的策略如何，此后的决策必须是基于当前状态(由上一次决策产生)的最优决策。由于对于有些问题的某些递归式来说并不一定能保证最优原则，因此在求解问题时有必要对它进行验证。若不能保持最优原则，则不可应用动态规划方法。

动态规划的数学表现是递归、排列组合，在递归过程中会出现重复计算问题，为了解决这个开销，使用二维表格保存已计算出的结果，以便复用。典型的例子有：最短路径、0-1背包问题、矩阵乘法链、元件折叠等。

4. 回溯法(Backtracking Method)

寻找问题的解的一种可靠的方法是首先列出所有候选解，然后依次检查每一个，在检查完所有或部分候选解后，即可找到所需要的解。理论上，当候选解数量有限并且通过检查所有或部分候选解能够得到所需解时，上述方法是可行的。

算法思想：回溯是一种系统地搜索问题解的方法。为了实现回溯，首先需要为问题定义一个解空间(Solution Space)，这个空间必须至少包含问题的一个解(可能是最优的)。在迷宫问题中,可以定义一个包含从入口到出口的所有路径的解空间;在具有 n 个对象的 0-1 背包问题中解空间的一个合理选择是 2^n 个长度为 n 的 0-1 向量的集合,这个集合表示了将 0 或 1 分配给 x 的所有可能方法。

回溯方法的步骤如下:

(1) 定义一个解空间,它包含问题的解;
(2) 用适合于搜索的方式组织该空间;
(3) 用深度优先法搜索该空间,利用限界函数避免移动到不可能产生解的子空间。

回溯算法有一个有趣的特性是在搜索执行的同时产生解空间。

5. 分支定界(Branch and Bound)

类似于回溯法,分支定界法在搜索解空间时,也经常使用树形结构来组织解空间。然而与回溯法不同的是,回溯算法使用深度优先方法搜索树结构,而分支定界一般用宽度优先或最小耗费方法来搜索这些树。

算法思想:分支定界是另一种系统地搜索解空间的方法,它与回溯法的主要区别在于对 E-结点的扩充方式。每个活结点有且仅有一次机会变成 E-结点。当一个结点变为 E-结点时,则生成从该结点移动一步即可到达的所有新结点。在生成的结点中,抛弃那些不可能导出(最优)可行解的结点,其余结点加入活结点表,然后从表中选择一个结点作为下一个 E-结点。从活结点表中取出所选择的结点并进行扩充,直到找到解或活动表为空,扩充过程才结束。

9.2 分治法

9.2.1 分治策略的思想

1. 概述

在计算机科学中,分治法是一种很重要的算法。字面上的解释是"分而治之",就是把一个复杂的问题分成两个或更多的相同或相似的子问题,再把子问题分成更小的子问题,直到最后的子问题可以简单地直接求解,原问题的解即子问题的解的合并。这个技巧是很多高效算法的基础,如排序算法(快速排序,归并排序)、傅立叶变换(快速傅立叶变换)等。

2. 分治法简介

任何一个可以用计算机求解的问题所需的计算时间都与其规模有关。问题的规模越小,越容易直接求解,解题所需的计算时间也越少。

例如,对于 n 个元素的排序问题,当 $n=1$ 时,不需任何计算。当 $n=2$ 时,只要作一次比较即可排好序。当 $n=3$ 时只要作三次比较即可,……。而当 n 较大时,问题就不那么容易处理了。要想直接解决一个规模较大的问题,有时是相当困难的。

分治法的设计思想是,将一个难以直接解决的大问题,分割成一些规模较小的相同问题,以便各个击破,分而治之。

分治策略是：对于一个规模为 n 的问题，若该问题可以容易地解决（例如规模 n 较小）则直接解决，否则将其分解为 k 个规模较小的子问题，这些子问题互相独立且与原问题形式相同，递归地解这些子问题，然后将各子问题的解合并得到原问题的解。这种算法设计策略叫做分治法。

如果原问题可分割成 k 个子问题，$1<k\leqslant n$，且这些子问题都可解并可利用这些子问题的解求出原问题的解，那么这种分治法就是可行的。由分治法产生的子问题往往是原问题的较小模式，这就为使用递归技术提供了方便。在这种情况下，反复应用分治手段，可以使子问题与原问题类型一致而其规模却不断缩小，最终使子问题缩小到很容易直接求出其解。这自然导致递归过程的产生。分治与递归像一对孪生兄弟，经常同时应用在算法设计之中，并由此产生许多高效算法。

分治法所能解决的问题一般具有以下几个特征：
(1) 该问题的规模缩小到一定的程度就可以容易地解决；
(2) 该问题可以分解为若干个规模较小的相同问题，即该问题具有最优子结构性质；
(3) 利用该问题分解出的子问题的解可以合并为该问题的解；
(4) 该问题所分解出的各个子问题是相互独立的，即子问题之间不包含公共的子问题。

上述的第一条特征是绝大多数问题都可以满足的，因为问题的计算复杂性一般是随着问题规模的增加而增加的；第二条特征是应用分治法的前提，它也是大多数问题可以满足的，此特征反映了递归思想的应用；第三条特征是关键，能否利用分治法完全取决于问题是否具有第三条特征，如果具备了第一条和第二条特征，而不具备第三条特征，则可以考虑用贪心法或动态规划法。第四条特征涉及分治法的效率，如果各子问题是不独立的，则分治法要做许多不必要的工作，重复地解公共的子问题，此时虽然可用分治法，但一般用动态规划法较好。

3. 分治法的基本步骤

分治法在每一层递归上都有以下三个步骤。
(1) 分解：将原问题分解为若干个规模较小，相互独立，与原问题形式相同的子问题。
(2) 解决：若子问题规模较小而容易被解决则直接解，否则递归地解各个子问题。
(3) 合并：将各个子问题的解合并为原问题的解。

分治法一般的算法设计模式如下。

```
divide-and-conquer(P)
{   if(|P|<=n0) adhoc(P);
    divide P into smaller subinstances P1,P2,…,Pk;
    for(i=1;i<=k;i++)
        yi=divide-and-conquer(Pi);       //递归解决 Pi
    return merge(y1,…,yk);               //合并子问题
}
```

其中 $|P|$ 表示问题 P 的规模。n_0 为一阈值，表示当问题 P 的规模不超过 n_0 时，问题已容易直接解出，不必再继续分解。adhoc(P)是该分治法中的基本子算法，用于直接解小规模的问题 P。当 P 的规模不超过 n_0 时直接用算法 adhoc(P)求解。算法 merge(y1,y2,…,yk)是该分治法中的合并子算法，用于将 P 的子问题 P1,P2,…,Pk 的解 y1,y2,…,yk 合并

为 P 的解。

根据分治法的分割原则,原问题应该分为多少个子问题较适宜?各个子问题的规模应该怎样才为适当?虽然这些问题很难给予一个肯定的回答,但人们从大量实践中发现,在用分治法设计算法时,最好使子问题的规模大致相同。换句话说,将一个问题分成大小相等的 k 个子问题的处理方法是行之有效的。许多问题可以取 $k=2$。这种使子问题规模大致相等的做法是出自一种平衡(balancing)子问题的思想,它几乎总是比子问题规模不等的做法要好。

4. 分治算法性能分析

从分治法的一般设计模式可以看出,用它设计出的算法一般是递归算法。因此,分治法的计算效率通常可以用递归方程来进行分析。一个分治法将规模为 n 的问题分成 m 个规模为 n/m 的子问题,其中 $k(k \leqslant m)$ 个子问题需要求解。为方便起见,设分解阈值 $n_0=1$,且 adhoc 解规模为 1 的问题耗费 1 个单位时间。另外再设将原问题分解为 k 个问题以及用 merge 将 k 个子问题的解合并为原问题的解需用 $f(n)$ 个单位时间。如果用 $T(n)$ 表示该分治法 divide-and-conquer(P) 解规模为 $|P|=n$ 的问题所需的计算时间,则有:

$$T(n) = \begin{cases} O(1) & n = n_0 \\ kT(n/m) + f(n) & n > n_0 \end{cases}$$

下面来讨论如何解这个与分治法有密切关系的递归方程。通常可以用展开递归式的方法来解这类递归方程,反复代入求解得:

$$N(n) = n^{\log_m k} + \sum_{j=0}^{\log_m n - 1} k^j f(n/m^j)$$

注意,递归方程及其解只给出 n 等于 m 的方幂时 $T(n)$ 的值。如果 $T(n)$ 足够平滑,可由 n 等于 m 的方幂时 $T(n)$ 的值来估计 $T(n)$ 的增长速度。通常,可以假定 $T(n)$ 是单调上升的。

另一个需要注意的问题是,在分析分治法的计算效率时,通常得到的是递归不等式:

$$T(n) \leqslant \begin{cases} O(1) & n = n_0 \\ kT(n/m) + f(n) & n > n_0 \end{cases}$$

当然,在讨论最坏情况下的计算时间复杂度时,用等号"="还是用小于等于号"$\leqslant$"是没有本质区别的。

9.2.2 高精度计算

高精度计算(也称大数计算)是指参与运算的数(加数、减数、因子等)范围大大超出了标准数据类型(整型、实型)能表示的范围的运算。例如,求两个 200 位的数的和就要用到高精度算法。

1. 高精度计算

高精度计算主要解决以下三个问题。

(1) 输入和存储

加数、减数、因子及运算结果等超出了整型、实型所能表示的范围,肯定不能直接用一个数的形式来表示。在高级语言中,一般能表示多个数的数据类型有两种:数组和字符串。

① 数组:每个数组元素存储1位(在优化时,这是一个重点),有多少位数就需要多少个数组元素。

用数组表示数的优点:每一位都是数值形式,可以直接加减;运算时非常方便。用数组表示数的缺点:数组不能直接输入;输入时每两位数之间必须有分隔符,不符合数值的输入习惯。

② 字符串:String 型字符串的最大长度一般都是 255 字节,而 ANSI String 型字符串长度理论上没有限制。

用字符串表示数的优点:能直接输入输出,输入时,每两位数之间不需要分隔符,符合数值的输入习惯。

用字符串表示数的缺点:字符串中的每一位是一个字符,不能直接进行运算,必须先将它转化为数值再进行运算,运算时非常不方便。

综合以上所述,可对上面两种数据结构取长补短,即用字符串读入数据,而用数组存储数据。

(2) 进位和借位

高精度数加法中,同一位的两个数相加再加上从低位来的进位,成为该位的和;这个和去掉向高位的进位就成为该位的值。

最后一位的进位:如果完成两个数的相加后,进位值不为 0,则应添加一位;如果两个加数位数不一样多,则按位数多的一个进行计算。

高精度数减法中,减法在差为负数时处理的细节更多一点。当被减数小于减数时,差为负数,差的绝对值是减数减去被减数;在程序实现上用一个变量来存储符号位,用另一个数组存差的绝对值;判断被减数是否大于减数,大则将符号位置为空,小则将符号位置为"-",同时交换减数与被减数。由于每一个数位不一定都得向前一位借位,所以退位得清零;退一位,就等于后一位加上 10。

高精度数乘、除法与高精度数加、减法类似,也存在进位和退位的处理问题,在此就不再赘述。

(3) 结果输出

按运算结果的实际位数输出,若是减法操作,则需在输出第一个非 0 数值位前先处理好符号位,即若计算结果为负数得先输出"-"。计算结果的输出是高精度计算优化的一个重点。

依据上述思想,加法、减法、乘法、除法的相关算法描述如下。

```
//高精度加法运算
for(i = 0;i < k;i++)                //k 值为两个数中位数多的那个数的长度
    {   c[i] = a[i] + b[i] + c[i];
        c[i + 1] = c[i]/10;
        c[i] = c[i] % 10;
    }
If (c[k]) k++;    //运算过程的位数从零开始,两个数相加最多往前进一位,此步就是判断是否最
                  //高位有进位,如果是两个负数相加,最后需要加上负号
//高精度减法运算
for(i = 0;i < k;i++)                            //a > b 时
```

```
        { if (a[i]<b[i])
            { a[i+1]--;
              a[i] += 10;
            }
          c[i] = a[i] - b[i];
        }                        //如果两数相减 a-b,a<b 的话,则实际是采用 b-a 的方式,最后加负号
(c[i] = b[i] - a[i];),

//高精度乘法运算
for (i = 0; i < an; i++)                 //an、bn 分别是 a,b 的长度
    for (j = 0; j < bn; j++)
        { c[i+j] = a[i] * b[j] + c[i+j];
          c[i+j+1] = c[i+j] / 10 + c[i+j+1];
          c[i+j] = c[i+j] % 10;
        }                        //模拟两个数相乘的具体过程,注意:此处需要嵌套循环
//高精度除法运算
temp = 0;
for(i = 0;i < a_length;i++)              //a_length 为被除数 a[]的长度
    { temp = temp * 10 + a[i];           //被除数放在整形数组 a[]中
      sum[i] = temp/b;                   //b 为除数
      temp = temp % b;
    }
```

2. 高精度计算优化

以上按位计算方法有明显的缺点。

(1) 浪费空间:一个整型变量(-32 768~32 767)只存放一位数字(0~9)。

(2) 浪费时间:一次加减乘除只处理一位数字,效率明显偏低。

针对以上问题,做如下优化。一个数组元素存放一个 4 位数(integer 的最大范围是 32 767,5 位的话可能导致出界),将标准数组改为紧缩数组。

算法也要进行如下调整。

(1) 进位和借位:加法的进位操作不再是逢十进位,而是逢万进位(% 10 000);减法的借位操作也不再是后位加 10,而是后位加 10 000,并用一个数组来存储两个减数的差。

(2) 乘法和除法:显然,大数乘法的核心是大数加法,如果按上述优化方法来处理两个普通整型数据的乘法操作,其结果也会发生超过普通整型数的表示范围。当然,还可以用长整数来实现两个 4 位数的相乘问题,只是进位有可能也是个 4 位数。大数除法的核心是大数减法,因为除法运算的实质是被除数能够减去除数的多少倍。

(3) 输出处理:最高位直接输出,其余各位,要判断是否足够 4 位,不足部分要补 0。此外,减法最终结果如果不为 0,则需要去掉前导 0,负号"-"在第一个非 0 数字之前输出,如果最终结果为 0,直接输出 0 即可。例如:1,23,2345 这样三段的数,输出时,应该是 100 232 345 而不是 1 232 345。

3. 高精度乘法

高精度乘法基本思想和加法一样,由上述优化思想可得大数乘法的基本流程如下。

(1) 读入被乘数 s_1,乘数 s_2;

(2) 把 s_1、s_2 分成 4 位一段,转成数值存在数组 a,b 中;记下 a,b 的长度 lena,lenb;
(3) i 赋为 b 中的最低位;
(4) 从 b 中取出第 i 位与 a 相乘,累加到另一数组 c 中(注意累加时错开的位数);
(5) $i = i - 1$;检测 i 值,小于 lenb 则转(6),否则转(4);
(6) 打印结果。

依据上述流程可得参考代码如下。

```c
#include <stdio.h>
#include <string.h>
int a[2505],b[2505],x[5010] = {0};          /* 开大几位,避免越界 */
int main(void)
{   int i,j,k;
    int lena,lenb;
    char temp[10010];
    int t;
    scanf("%s",temp);
    lena = strlen(temp);        /* 减少下面的循环中判断计算(最多可以减少 10 000 次计算) */
    if(lena % 4)
    {   t = 4 - lena % 4;
        for(i = t + lena - 1; i >= t; i-- ) temp[i] = temp[i-t];
        temp[t + lena] = '\0';
        lena += t;
        for(i = 0; i < t; i++) temp[i] = '0';
    }
    for(i = 0, j = 1; i < lena; i += 4, j++)
        a[j] = (temp[i] - '0') * 1000 + (temp[i+1] - '0') * 100 + (temp[i+2] - '0') * 10 + temp[i+3] - '0';
    lena = j;
    scanf("%s",temp);
    lenb = strlen(temp);        /* 减少下面的循环中判断计算(最多可以减少 10 000 次计算) */
    if(lenb % 4)
    {   t = 4 - lenb % 4;
        for(i = t + lenb - 1; i >= t; i-- ) temp[i] = temp[i-t];
        temp[t + lenb] = '\0';
        lenb += t;
        for(i = 0; i < t; i++) temp[i] = '0';
    }
    for(i = 0, j = 1; i < lenb; i += 4, j++)
        b[j] = (temp[i] - '0') * 1000 + (temp[i+1] - '0') * 100 + (temp[i+2] - '0') * 10 + temp[i+3] - '0';
    lenb = j;
    for(i = lena - 1; i > 0; i-- )
        for(j = lenb - 1; j > 0; j-- )
        {   t = i + j;                       /* 临时计算,最多减少 7500 次计算 */
            x[t] += a[i] * b[j];
            x[t-1] += x[t]/10000;            /* 使用万进制,计算速度加快 4 倍 */
            x[t] = x[t] % 10000;             /* 使用万进制,计算速度加快 4 倍 */
        }
    while(!x[i]) i++;
```

```
                printf("%d",x[i]);
                i++;
                for(;i<lena+lenb-1;i++)
                    if(x[i]>1000) printf("%d",x[i]);
                    else
                        if(x[i]>100) printf("0%d",x[i]);
                        else
                            if(x[i]>10) printf("00%d",x[i]);
                            else
                                printf("000%d",x[i]);
    return 0;
}
```

4. 基于分治策略的高精度乘法

假设 X,Y 都是 n 位的二进制整数。如果把每 2 个 1 位数的乘法或加法看成一步运算，那么需要 $O(n^2)$ 步才能算出乘积 XY。如果用分治法来设计乘法，首先把 n 位二进制整数 X,Y 都分成 2 段，每段的长度为 $n/2$，如下所示。

$X = \boxed{A|B}$ 其中 A,B 各占 $n/2$ 位；

$Y = \boxed{C|D}$ 其中 C,D 各占 $n/2$ 位。

那么，$X = A2^{n/2} + B, Y = C2^{n/2} + D$，

$$XY = (A2^{n/2} + B)(C2^{n/2} + D) = AC2^n + (AD + CB)2^{n/2} + BD \tag{9-1}$$

按此计算方法，则必须经过 4 次 $n/2$ 位整数的乘法，以及 3 次不超过 $2n$ 位的整数加法，此外还要进行 2 次移位。所有这些加法和移位共用 $O(n)$ 步运算。设 $T(n)$ 是 2 个 n 位整数相乘所需要的运算总数，则有

$$T(n) = \begin{cases} O(1) & n = 1 \\ 4T(n/2) + O(n) & n > 1 \end{cases}$$

由此可得，$T(n) = O(n^2)$。显然此计算方式并不理想，于是，将 XY 写成另外一种形式

$$XY = AC2^n + ((A-B)(D-C) + AC + BD)2^{n/2} + BD \tag{9-2}$$

这个式子看起来更加复杂，但实际上它仅需要做 3 次 $n/2$ 位整数的乘法，6 次加减法和 2 次移位，由此得到的运算总数如下

$$T(n) = \begin{cases} O(1) & n = 1 \\ 3T(n/2) + O(n) & n > 1 \end{cases}$$

求得其解为 $T(n) = O(n^{\log_2 3}) = O(n^{1.59})$，这是一个较大的进步。利用上述分析式，并考虑到 X 和 Y 的符号对结果的影响，可得出大整数相乘的完整算法 MULT 如下。

```
void MULT(X,Y,n)                    //X 和 Y 为 2 个小于 2n 的整数，返回结果为 X 和
                                    //Y 的乘积 XY
{   S = SIGN(X) * SIGN(Y);          //S 为 X 和 Y 的符号乘积
    X = ABS(X);
    Y = ABS(Y);                     //X 和 Y 分别取绝对值
    if (n=1)
        if ((X=1) and (Y=1)) return(S)
```

```
        else return(0);
    else
        { A = X 的左边 n/2 位;
          B = X 的右边 n/2 位;
          C = Y 的左边 n/2 位;
          D = Y 的右边 n/2 位;
          m1 = MULT(A,C,n/2);
          m2 = MULT(A-B,D-C,n/2);
          m3 = MULT(B,D,n/2);
          S = S * (m1 * 2n + (m1 + m2 + m3) * 2n/2 + m3);
          return(S);
        }
}
```

上述二进制大整数乘法同样可应用于十进制大整数的乘法以提高乘法的效率减少乘法次数。依据(9-2)式可得十进制大整数乘法的计算式(9-3)。

$$XY = AC10^n + ((A-B)(D-C) + AC + BD)10^{n/2} + BD \qquad (9-3)$$

下面的例子演示了算法的计算过程。

设 $X = 3141, Y = 5327$，用上述算法计算 XY 的计算过程如下，其中带"'"号的数值是在计算完成 $AC, BD,$ 和 $(A-B)(D-C)$ 之后才填入的。

(1) $X = 3141$ $A = 31$ $B = 41$ $A - B = -10$
     $Y = 5327$ $C = 53$ $D = 27$ $D - C = -26$
     $AC = (1643)'$
     $BD = (1107)'$
     $(A-B)(D-C) = (260)'$
     $XY = (1643)'10^4 + [(1643)' + (260)' + (1107)']10^2 + (1107)' = (16732107)'$

(2) $A = 31$ $A_1 = 3$ $B_1 = 1$ $A_1 - B_1 = 2$
     $C = 53$ $C_1 = 5$ $D_1 = 3$ $D_1 - C_1 = -2$
     $A_1C_1 = 15$ $B_1D_1 = 3$ $(A_1 - B_1)(D_1 - C_1) = -4$
     $AC = 1500 + (15 + 3 - 4)10 + 3 = 1643$

(3) $B = 41$ $A_2 = 4$ $B_2 = 1$ $A_2 - B_2 = 3$
     $D = 27$ $C_2 = 2$ $D_2 = 7$ $D_2 - C_2 = 5$
     $A_2C_2 = 8$ $B_2D_2 = 7$ $(A_2 - B_2)(D_2 - C_2) = 15$
     $BD = 800 + (8 + 7 + 15)10 + 7 = 1107$

(4) $|A - B| = 10$ $A_3 = 1$ $B_3 = 0$ $A_3 - B_3 = 1$
     $|D - C| = 26$ $C_3 = 2$ $D_3 = 6$ $D_3 - C_3 = 4$
     $A_3C_3 = 2$ $B_3D_3 = 0$ $(A_3 - B_3)(D_3 - C_3) = 4$
     $(A-B)(D-C) = 200 + (2 + 0 + 4)10 + 0 = 260$

对于任意两个十进制大整数 X,Y，参考(9-1)式推导过程可推得：

$$X = A10^n + B$$
$$Y = C10^m + D$$
$$XY = AC10^{n+m} + AD10^n + BC10^m + BD \qquad (9-4)$$

由前述分析及例子演示可知,大整数乘法代码挺复杂,如果按照(9-3)式来求解,就要包含大数的加、减、乘法,下面是依据(9-3)式的大数乘法参考代码。

```c
#include <stdio.h>
#include <stdlib.h>
#include <string.h>

const int MAXN = 10000 + 10;
const int MAXM = MAXN * 120;

int cur, c[MAXM];

inline void Print(int A, int len)
{
    int tmp = A + len - 1;
    while(!c[tmp] && tmp > A) -- tmp;
    while(tmp >= A) printf(" %d", c[tmp -- ]);
    putchar(10);
}

inline int Cmp(int A, int B, int len)
{
    for( -- len; len >= 0; -- len)
        if(c[A + len] != c[B + len])
            return c[A + len] >= c[B + len];
    return 1;
}

inline int Addit(int A, int B, int len)
{
    int ret = cur; cur += len;
    for(int i = 0; i < len; ++i)
        c[ret + i] = c[A + i] + c[B + i];
    for(int i = 0; i < len; ++i)
        if(c[ret + i] > 9)
        {
            ++c[ret + i + 1];
            c[ret + i] -= 10;
        }
    return ret;
}

inline int Minus(int A, int B, int len)
{
    int ret = cur; cur += len;
    for(int i = 0; i < len; ++i)
        c[ret + i] = c[A + i] - c[B + i];
    for(int i = 0; i < len; ++i)
        if(c[ret + i] < 0)
        {
            --c[ret + i + 1];
            c[ret + i] += 10;
        }
    return ret;
}

inline int Sum(int A, int B, int C, int shift, int flag)
{
    int ret = cur; cur += shift * 4;
```

```c
            flag = flag? 1: -1;
            for(int i = 0; i < shift * 2; ++i)
                c[ret + i] += c[B + i],
                c[ret + i + shift] += c[B + i],
                c[ret + i + shift] += c[A + i],
                c[ret + i + shift] += flag * c[C + i],
                c[ret + i + shift * 2] += c[A + i];
            for(int i = 0; i < shift * 4; ++i)
            {   if(c[ret + i] > 9)
                    c[ret + i + 1] += c[ret + i] / 10,
                    c[ret + i] %= 10;
                if(c[ret + i] < 0)
                    --c[ret + i + 1],
                    c[ret + i] += 10;
            }
            return ret;
        }
        int Multi(int A, int B, int len)
        {   if(len == 1)
            {   int ret = cur;
                c[cur++] = c[A] * c[B] % 10;
                c[cur++] = c[A] * c[B] / 10;
                return ret;
            }
            int mid = len >> 1;
            int m1 = Multi(A + mid, B + mid, mid),
                m2 = Multi(A, B, mid);
            int d1, d2, f1, f2, m3;
            if(Cmp(A + mid, A, mid))
                f1 = 0, d1 = Minus(A + mid, A, mid);
            else
                f1 = 1, d1 = Minus(A, A + mid, mid);
            if(Cmp(B + mid, B, mid))
                f2 = 0, d2 = Minus(B + mid, B, mid);
            else
                f2 = 1, d2 = Minus(B, B + mid, mid);
            m3 = Multi(d1, d2, mid);
            return Sum(m1, m2, m3, mid, f1 ^ f2);
        }

        int main()
        {   int la, lb;
            char a[MAXN], b[MAXN];
            gets(a), la = strlen(a);
            gets(b), lb = strlen(b);
            int n = 1; for(; n < la || n < lb; n <<= 1);
            for(int i = 0; i < la; ++i)
                c[la - i] = a[i] - '0';
            for(int i = 0; i < lb; ++i)
                c[lb - i + n] = b[i] - '0';
```

```
        cur = 2 * n + 1;
        int ans = Multi(1, n + 1, n);
        Print(ans, 2 * n);
        return 0;
}
```

9.2.3 矩阵相乘的 Strassen 算法

设 A, B 是 2 个 $n \times n$ 的矩阵，它们的乘积 $A \cdot B$ 同样是一个 $n \times n$ 矩阵。A 和 B 的乘积矩阵 C 中元素 $C[i][j]$ 定义为 $C[i][j] = \sum_{k=1}^{n} A[i][k] \cdot B[k][j]$。若依此定义来计算 A 和 B 的乘积矩阵 C，则每计算 C 的一个元素 $C[i][j]$ 需要做 n 次乘法和 $n-1$ 次加法运算，由此可以算出矩阵 C 的 n^2 个元素所需要的计算时间为 $O(n^3)$。

20 世纪 60 年代末，Strassen 采用了类似于在大数乘法中用过的分治技术，将计算 2 个 n 阶矩阵乘积所需要的时间改进到 $O(n^{\log_2 7}) = O(n^{2.81})$。

首先，将矩阵 A, B 和 C 每个矩阵分成 4 个大小相等的子矩阵，每个子矩阵都是 $(n/2) \times (n/2)$ 的方阵。这样，就可以将方程 $C = A \cdot B$ 重写成下面这种形式：

$$\begin{bmatrix} C_{11} & C_{12} \\ C_{21} & C_{22} \end{bmatrix} = \begin{bmatrix} A_{11} & A_{12} \\ A_{21} & A_{22} \end{bmatrix} \begin{bmatrix} B_{11} & B_{12} \\ B_{21} & B_{22} \end{bmatrix}$$

由此得到：

$$C_{11} = A_{11}B_{11} + A_{12}B_{21}$$
$$C_{12} = A_{11}B_{12} + A_{12}B_{22}$$
$$C_{21} = A_{21}B_{11} + A_{22}B_{21}$$
$$C_{22} = A_{21}B_{12} + A_{22}B_{22}$$

如果 $n = 2$，则 2 个 2 阶方程的乘积可以直接计算出来，共需要 8 次乘法和 4 次加法。当子矩阵大于 2 时，为求 2 个子矩阵的积，可以继续将子矩阵分块，直到子矩阵的阶降为 2。由此产生分治降阶的递归算法。综上所说，该分治法所耗费的时间 $T(n)$ 应满足：

$$T(n) = \begin{cases} O(1) & n = 2 \\ 8T(n/2) + O(n^2) & n > 2 \end{cases}$$

这个递归方程的解仍然是 $T(n) = O(n^3)$。为了减少乘法运算次数，降低耗费的时间成本，Strassen 提出了一种新的计算方法。这种方法中他只用了 7 次乘法运算，但增加了加减法的运算次数。这 7 次运算分别是：

$$M_1 = A_{11}(B_{12} - B_{22})$$
$$M_2 = (A_{11} + A_{12})B_{22}$$
$$M_3 = (A_{21} + A_{22})B_{11}$$
$$M_4 = A_{22}(B_{21} - B_{11})$$
$$M_5 = (A_{11} + A_{22})(B_{11} + B_{22})$$
$$M_6 = (A_{12} - A_{22})(B_{21} + B_{22})$$
$$M_7 = (A_{11} - A_{21})(B_{11} + B_{12})$$

再将这 7 次乘法做若干次加减法，就可以得到：

$$C_{11} = M_5 + M_4 - M_2 + M_6$$
$$C_{12} = M_1 + M_2$$
$$C_{21} = M_3 + M_4$$
$$C_{22} = M_5 + M_1 - M_3 - M_7$$

由此可知，该算法所需要的计算时间 $T(n)$ 满足以下的递归方程：

$$T(n) = \begin{cases} O(1) & n = 2 \\ 7T(n/2) + O(n^2) & n > 2 \end{cases}$$

求解得到 $T(n) = O(n^{\log_2 7}) \approx O(n^{2.81})$，当问题规模 n 较大时，Strassen 算法比普通的矩阵算法有较大的改进。具体代码实现在此留作课后练习了。

9.2.4 选择问题的分治算法

选择问题（Selection Problem）往往要求找出含 N 个元素的表 S 中的第 k 个最小元素。最特殊的情况发生在找中间元素，即 $k = \lceil N/2 \rceil$ 的时候。

基本的算法思想是递归。设 N 大于截止点（Cutoff Point），将截止点后的元素进行简单排序，v 是选出来的一个元素，称之为枢纽元（Pivot）。其余元素放在两个集合 S_1，S_2 中，其中 S_1 里包含那些不大于 v 的元素，S_2 里包含那些不小于 v 的元素。最后，如果 $k \leq |S_1|$，那么 S 中的第 k 个最小的元素可以通过递归计算 S_1 中第 $k-1$ 个最小元素而得到。如果 $k = |S_1| + 1$，则枢纽元就是第 k 个最小元素，否则，在 S 中的第 k 个最小元素是 S_2 中的第 $(k - |S_1| - 1)$ 个最小元素。这个算法与快速排序之间的最主要区别就在于，这里的求解只有一个子问题而不是两个子问题。

其中，基本的枢纽元选择算法如下。

(1) 把 N 个元素分成 $\lceil N/5 \rceil$ 组，每组 5 个元素，忽略（最多 4 个）剩余的元素。
(2) 找出每组的中项，得到 $\lceil N/5 \rceil$ 个中项的表 M。
(3) 求出 M 的中项，将其作为枢纽元 v 返回。

术语"五分化中项的中项"（Median-of-Median-of-Five Partitioning）给出了枢纽元选择法的快速选择算法。需要证明，对于整个选择算法，枢纽元能够在 $O(N)$ 时间内完成。下面给出一个简单快排实现算法。

```
//对数组元素 data[low high]进行分区操作，0 号单元不用
int partion(int data[], int low, int high)
{   data[0] = data[low];
    int pivotkey = data[low];
    while(low < high)
    {   while(low < high && data[high] >= pivotkey)
          -- high;
        data[low] = data[high];
        while(low < high && data[low] <= pivotkey)
          ++low;
        data[high] = data[low];
    }
    data[low] = data[0];
    return low;
```

```
/*查找data[pr]中第k大的数.平均情况下,它比快速排序应该要快,因为分区之后只用处理一个子
数组,而快速排序要处理两个独立的子数组.T(n) = T(n/2) + (n+1),T(n) = O(n) */
int lineselect(int data[], int p, int r, int k)
    {   if(p > r)                        //p不能大于r
            return -1;
        if(p == r)
            return data[p];
        int s = partion(data, p, r);     //p < r
        if (s == k)
            return data[s];
        else
            if(s > k)
            {   int r1 = lineselect(data, p, s - 1, k);
                return r1;
            }
            else                         //s < k
            {   int r1 = lineselect(data, s + 1, r, k);
                return r1;
            }
    }
```

9.2.5 分治法求最近点对问题

算法描述:已知集合 S 中有 n 个点,分治法的思想就是将 S 进行拆分,分为 2 部分求最近点对。算法每次选择一条垂线 L,将 S 拆分为左右两部分为 S_L 和 S_R,L 一般取点集 S 中所有点的中间点的 x 坐标来划分,这样可以保证 S_L 和 S_R 中的点数目各为 $n/2$,(否则以其他方式划分 S,有可能导致 S_L 和 S_R 中点数目一个为 1,一个为 $n-1$,不利于算法效率,要尽量保持树的平衡性)依次找出这两部分中的最小点对距离:δ_L 和 δ_R,记 S_L 和 S_R 中最小点对距离 $\delta = \min(\delta_L, \delta_R)$,如图 9.1 所示。

以 L 为中心,δ 为半径划分一个长带,最小点对还有可能存在于 S_L 和 S_R 的交界处,如图 9.2(a)中的虚线带,p 点和 q 点分别位于 S_L 和 S_R 的虚线范围内,在这个范围内,p 点和 q 点之间的距离才会小于 δ,最小点对计算才有意义。

图 9.1 分治法求最小点对问题示意图   图 9.2 虚线带内的点对示意图

对于 S_L 虚框范围内的 p 点,在 S_R 虚框中与 p 点距离小于 δ 的顶多只有 6 个点,就是图 9.2(b)中的 2 个正方形的 6 的顶点。这个可以反推证明,如果右边这 2 个正方形内有 7

个点与 p 点距离小于 δ，例如 q 点，则 q 点与下面正方形的四个顶点距离小于 δ，则和 δ 为 S_L 和 S_R 中的最小点对距离相矛盾。因此对于 S_L 虚框中的 p，不需求出 p 点和右边虚线框内所有点距离，只需计算 S_R 中与 p 点 y 坐标距离最近的 6 个点，就可以求出最近点对，节省了比较次数。否则在最坏情形下，在 S_R 虚框中有可能会有 $n/2$ 个点，对于 S_L 虚框中的 p，每次要比较 $n/2$ 次，浪费了算法的效率。

算法描述如下。

(1) 对点集 S 的点 x 坐标和 y 坐标进行升序排序，获得点集 S_x 和 S_y；

(2) 令 $\delta = \infty$，δ 为最小点位距离；

(3)
```
Divide_conquer(Sx,Sy,δ)                  //分治法
    if (Sx.count == 1) then δ = ∞ ;       //如果 Sx 中只有一个点，则 δ = ∞
        return δ;
    else
    if(Sx.count == 2 and d(Sx.[0],Sx.[1])<δ) //如果 Sx 中只有 2 个点，则 δ 为两点之间距离
        δ = d(Sx.[0],Sx.[1]);
        return δ;
    else                                  //如果 Sx 中多于 2 个点，则将 Sx,Sy 分治，以中心点画线，
                                          //将 Sx 分为左右两部分 SxL 和 SxR,Sy 分为 SyL 和 SyR
        j1 = 1; j2 = 1; k1 = 1; k2 = 1;
        mid = Sx.count/2;                 //mid 为 Sx 中的中间点点号
        L = Sx.[mid].x;                   //L 为 Sx 中的中间点 x 坐标
        for(i = 1, i < Sx.count, i++)
        {   if(i <= mid)                  //将 Sx 中间线以左的地方的点存入到 SxL,新数组保持原来的升序性质
                SxL[k1] = Sx[i]; k1++;
            else                          //将 Sx 中间线以右的地方的点存入到 SxR,新数组保持原来的升序性质
                SxR.count[k2] = Sx[i]; k2++;
            if(Sy[i].x < L)               //将 Sy 中间线以左的地方的点存入到 SyL,新数组保持原来的升序性质
                SyL[j1] = Sx[i]; j1++;
            else                          //将 Sy 中间线以右的地方的点存入到 SyR,新数组保持原来的升序性质
                SyR[j2] = Sx[i]; j2++;
        }
        δL = Divide_conquer(SxL,SyL,δ);   //获取 Sx 中的最小点位距离 δL
        δR = Divide_conquer(SxR,SyR,δ);   //获取 Sy 中的最小点位距离 δR
        δ = min (δL,δR);
        δ = merge(SyL,SyR,δ);             //获 Sx 中 Sy 交界处的最小点位距离，
                                          //并综合 δL 和 δR 求出点集的最小点位距离 δ

    return δ;
//函数 merge(SyL,SyR,δ)
merge(SyL,SyR,δ)
{   i1 = 1, i2 = 1;
    for(i = 1, i < SyL.count, i++)        //获取 SyL 中在左边虚框(距离小于 δ)内的点，
                                          //存入到 S'yL 中，新数组保持原来的升序性质
    {   if(SyL[i].x > L - δ)
            S'yL[i1] = SyL[i], i1++,
    }
    for(i = 1, i < SyR.count, i++)        //获取 SyR 中在右边虚框(距离小于 δ)内的点，
                                          //存入到 S'yR 中，新数组保持原来的升序性质
    {   if(SyR[i].x < L + δ)
            S'yR[i2] = SyR[i]; i2++,
```

```
            t = 1;
            for(i = 1, i < S'_{yL}.count, i++)
            { while(S'_{yR}[t].y < S'_{yL}[t].y and t < S_{yR}.count)
                //获取点集 S'_{yR} 内距离点 S'_{yL}[t]y 坐标最接近的点号
                { t++; }
                for( j = max(1,t-3), j <= min(t+3,S'_{yR}.count),j++)
                    //计算 S'_{yR} 中的点与 S'_{yL}[t]y 坐标相邻的六个点的距离
                { if(d(S'_{yL}[i],S'_{L}[j])<δ)        //如果前两点之间距离小于 δ
                    δ = d(S'_{yL}[i],S'_{yL}[j]);      //则最小点位距离 δ 为当前两点之间距离
                }
            return δ
        }
```

(4) 算法时间复杂度

首先对点集 S 的点 x 坐标和 y 坐标进行升序排序,需要循环 $2n\log n$ 次,时间复杂度为 $O(2n\log n)$,接下来在分治过程中,对于每个 S'_{yL} 中的点,都需要与 S'_{yR} 中的 6 个点进行比较 $O(n) = 2O(n/2) + (n/2)*6$ (一个点集划分为左右两个点集,时间复杂度为左右两个点集加上中间区域运算之和),其解为 $O(n) < O(3n\log n)$,因此总的时间复杂度为 $O(3n\log n)$,比蛮力法的 $O(n^2)$ 要高效。

9.2.6 分治法的应用

例 9-1 大整数除法。求 2 个大的正整数相除的商。输入:第 1 行是测试数据的组数,每组测试数据占 2 行,第 1 行是被除数,第 2 行是除数。每组测试数据之间有一个空行,每行数据不超过 100 个字符。输出:n 行,每组测试数据有一行输出是相应的整数商。[POJ 2737]

Sample Input

3

2405337312963373359009260457742057439230496493930355595797660791082739646
2987192585318701752584429931160870372907079248971095012509790550883793197894

10000000000000000000000000000000000000000
10000000000

5409656775097850895687056798068970934546546575676768678435435345
1

Sample Output

0

10000000000000000000000000000000

5409656775097850895687056798068970934546546575676768678435435345

解题思路如下。

大数问题的处理,通常都是以字符串的形式读入,再将字符转化为数字进行处理。因为除法运算的实质是被除数能够减去除数的多少倍。以 7546 / 23 为例。

开始时: 7546 - 23 的 100 倍可以减 3 次 等于 646,所以商增加 300;
646 - 23 的 10 倍 可以减 2 次 等于 186,所以商增加 20;
186 - 23 的 1 倍 可以减 8 次 等于 2,所以商增加 8。
所以商最终为 328,本题的关键是写一个减法算法。
参考代码如下。

```c
#include <stdio.h>
#include <stdlib.h>
#include <string.h>
#define MAXSIZE 101
//减法操作函数:return -1 时商为 0; return 0 时商为 1;
//当被除数比除数大时,两数相减,结果放在 a1 中,返回结果的长度;
int subtract (int a1[MAXSIZE], int a2[MAXSIZE], int len1, int len2)
{   if ( len1 < len2 )
        return -1;
    if ( len1 == len2) //经典算法:逆置后如何判断 2 个数的大小
    {   bool tag = false;
        for (int i = len1 - 1; i >= 0; i--)
        {   if ( a1[i] > a2[i] )            //被除数更大
                tag = true;
            else if ( a1[i] < a2[i] )       //被除数小
            {   if ( !tag )
                    return -1;
            }
        }
    }
    for (int i = 0; i < len1; i++)          //被除数更大时:做减法运算,并且得到 a1 新的长度
    {   a1[i] -= a2[i];
        if ( a1[i] < 0 )
        {   a1[i] += 10;
            a1[i+1] --;
        }
    }
    for (int i = len1 - 1; i >= 0; i--)
        if (a1[i])
            return i + 1;
    return 0;                               //巧妙之处:被除数和除数相等的时候,a1[]中为 0
}

int main ()
{   int n;
    char line1[MAXSIZE];                    //被除数
    char line2[MAXSIZE];                    //除数
    int a1[MAXSIZE];
    int a2[MAXSIZE];
    int result[MAXSIZE];
    int len1, len2;
```

```c
while ( scanf ( "%d", &n) != EOF )
{   for (int i = 0; i < n; i ++)            //一共有 n 组测试数据
    {   scanf ( "%s%s", line1, line2);
        len1 = strlen (line1);
        len2 = strlen (line2);
        memset ( a1, 0, sizeof(a1) );
        memset ( a2, 0, sizeof(a2) );
        memset ( result, 0, sizeof(result));
        int j = 0;                          //将字符转化为数字存储
        for (int i = len1 - 1; i >= 0; i--)
            a1[j++] = line1[i] - '0';
        int k = 0;
        for (int i = len2 - 1; i >= 0; i--)
            a2[k++] = line2[i] - '0';
        //调用函数进行减法操作运算,相减一次后得到新的 a1
        len1 = subtract (a1, a2, len1, len2);
        if ( len1 == -1 )
        {   printf( "%d\n", 0);
            continue;
        }
        if (len1 == 0)
        {   printf ("%d\n",1);
            continue;
        }
        result[0] ++; //减一次,商加 1, nTimes 确定补 0 的个数,使除数和被除数一样的长
        int nTimes = len1 - len2;
        if ( nTimes < 0 )
            goto Outputresult;
        //确定如何向除数 a2 中补 0,同时改变 a2
        for (int i = len1 - 1; i >= 0; i--)
        {   if ( i >= nTimes )
                a2[i] = a2[i - nTimes];
            else
                a2[i] = 0;
        }
        len2 = len1;
        //核心算法:确定每次补 0 后可以减多少次(难点)
        for (int j = 0; j <= nTimes; j++)
        {   int temp;
            while ( ( temp = subtract (a1, a2 + j, len1, len2 - j ) ) >= 0 )
            {   len1 = temp;
                result[nTimes - j]++;
            }
        }
Outputresult:
        //商值的处理
        for (int i = 0; i < MAXSIZE; i++)
        {   if (result[i] >= 10 )
            {   result[i + 1] += result[i] / 10;
                result[i] = result[i] % 10;
            }
```

```c
                }
                bool target = false;                    //输出处理
                for (int i = MAXSIZE - 1; i >= 0; i--)
                {   if (target)
                        printf("%d", result[i]);
                    else
                        if (result[i])
                        {   printf("%d", result[i]);
                            target = true;
                        }
                }
                printf("\n");
        }
        return 0;
}
```

例9-2 最小套圈设计。套圈游戏是游乐场中常见的游戏之一,其规则为:游戏者将手中的圆环套圈投向场中的玩具,被套中的玩具就作为中奖奖品奖给游戏者。

现给定一个套圈游戏场中的布局,固定每个玩具的位置,请你设计圆环套圈的半径尺寸,使得它每次最多只能套中一个玩具。但同时为了让游戏看起来更具有吸引力,这个套圈的半径又需要尽可能大。

把问题进一步简化,假设每个玩具都是平面上的一个没有面积的点,套圈是简单的圆。一个玩具被套住,是指这个点到圆心的距离严格小于圆半径。如果有两个玩具被放在同一个位置,那么输出的圆半径就是0。

参考代码如下:

```c
#include <stdio.h>
#include <stdlib.h>
#include <math.h>
#define MAX_POINTS 10000
#define INF 1e20

typedef struct
{   int x;
    int y;
} Point;

Float dist(Point a, Point b)
{   return sqrt((float)(a.x-b.x)*(a.x-b.x)+(a.y-b.y)*(a.y-b.y));
}

Float nearest(Point * points, int n)            //points should already be sorted by x
{   if(n==2) return dist(points[0], points[1]);
    if(n==1) return INF;
    int m = points[n/2].x;                       //get the x value of mid-point
    float left = nearest(points, n/2);
    float right = nearest(&points[n/2], n-n/2);
    float temp_nearest = left<right?left:right;
```

```
        //for each point that has m - temp_nearest <= x < m, search for the nearest
        //point in m <= x <= m + temp_nearest. We can prove that the number of points
        //located within the area is less than 6
        Float ret = temp_nearest;
        for(int i = n/2 - 1; i >= 0 && points[i].x > m - temp_nearest; i-- )
        {   for(int j = n/2; j < n && points[j].x < m + temp_nearest; j++)
            {   float t = dist(points[i], points[j]);
                    if(t < temp_nearest)
                        ret = t;
            }
        }
        return ret;
}
Int comp(const void * a, const void * b)
{   return ((Point * )a) ->x - ((Point * )b) ->x;
}

int main()
{   Point points[MAX_POINTS];
    int numPoints;
    scanf(" %d", &numPoints);
    for(int i = 0; i < numPoints; i++)
        scanf(" %d %d", &points[i].x, &points[i].y);
    qsort(points, numPoints, sizeof(Point), comp);
    printf("Nearest: %.3f\n", nearest(points, numPoints));
    return 0;
}
```

例 9-3 袭击(Raid)。题目本质上是求最小点对最近距离。[POJ 3714]

Description

After successive failures in the battles against the Union, the Empire retreated to its last stronghold. Depending on its powerful defense system, the Empire repelled the six waves of Union's attack. After several sleepless nights of thinking, Arthur, General of the Union, noticed that the only weakness of the defense system was its energy supply. The system was charged by N nuclear power stations and breaking down any of them would disable the system.

The general soon started a raid to the stations by N special agents who were paradroped into the stronghold. Unfortunately they failed to land at the expected positions due to the attack by the Empire Air Force. As an experienced general, Arthur soon realized that he needed to rearrange the plan. The first thing he wants to know now is that which agent is the nearest to any power station. Could you, the chief officer, help the general to calculate the minimum distance between an agent and a station?

Input

The first line is a integer T representing the number of test cases.

Each test case begins with an integer $N(1 \leqslant N \leqslant 100\,000)$.

The next N lines describe the positions of the stations. Each line consists of two integers $X(0 \leqslant X \leqslant 1\,000\,000\,000)$ and $Y(0 \leqslant Y \leqslant 1\,000\,000\,000)$ indicating the positions of the station.

The next following N lines describe the positions of the agents. Each line consists of two integers $X(0 \leqslant X \leqslant 1\,000\,000\,000)$ and $Y(0 \leqslant Y \leqslant 1\,000\,000\,000)$ indicating the positions of the agent.

Output

For each test case output the minimum distance with precision of three decimal placed in a separate line.

Sample Input

```
2            2 3          0 0
2            3 2          0 0
4            3 3          0 0
0 0          4            0 0
0 1          0 0          Sample Output
1 0          0 0          1.414
1 1          0 0          0.000
2 2          0 0
```

解题思路如下。

依据 9.2.5 节中的分析，该题采用的基本算法思想是：分治法 + 剪枝。把两个集合中的点放在一个数组中排序。

排序方法：x 坐标从左到右，y 坐标从下到上（y 左边也可以不排序）。

剪枝优化：$p[j].x - p[i].x >= mini$，则 $break$；

因为如果是这种情况，那么加上 y 坐标上的就一定会大于 mini，直接跳出这一点，遍历下一点即可。

分治法：先把问题分解成左右两个子问题递归求解，然后再合并即可。

对于此问题，先分成从左边到中间和从中间到右边这两个子问题求出一个可能的最小距离；然后再合并，从左边（左边到中间的那段）取出一个点 u，从右边取出一个点 v，找出最小的 dist(u,v) 与前面的子问题中求出的最小距离比较即可。参考代码如下：

```
#include<stdio.h>
#include<math.h>
#include<string.h>
#include<algorithm>
using namespace std;
const int maxn = 100000 + 10;
const double INF = 1000000000 * 2;

struct Point{
    double x,y;
    int flag;
}p[2 * maxn];
int index[2 * maxn];

bool cmp(Point a, Point b)
```

```c
    { return a.x < b.x;
    }

    double dist(Point a, Point b)
    {   if(a.flag != b.flag)
            return sqrt((a.x-b.x) * (a.x-b.x) + (a.y-b.y) * (a.y-b.y));
        else return INF;                            /*两点属于同一集合*/
    }

    double min_dist(int left, int right)            /*[left, right)左闭右开区间*/
    {   if(right - left == 1) return INF;           /*one point 只有一个点*/
        if(right - left == 2) return dist(p[right],p[right+1]);   /*two point 正好两个点*/
        int mid = left + (right-left)/2;   /*分治法第一步：划分成[left, mid)和[mid, right)*/
        double Min = min(min_dist(left, mid), min_dist(mid, right));
                                                    /*分治法第二步：递归求解*/
        int L = 0;                                  /*记录每次合并找的点数*/
        /*向左向右分别找时记得剪枝优化否则还是会TLE*/
        for(int i = mid-1; i >= left && p[mid-1].x - p[i].x < Min; i--)
        { /*分治法第三步：合并(1)——从分界点开始往左找到可能的点的最左边下标边界*/
            index[L++] = i;
        }
        int Mid_Index = L;                          /*记录往左找时，第一个点的下标*/
        for(int i = mid; i < right && p[i].x - p[mid-1].x < Min; i++)
        { /*分治法第三步：合右边并(2)——从分界点开始往右找到可能的点的最右边的下标边界*/
            index[L++] = i;
        }

        double distance = INF;
        for(int i = 0; i < Mid_Index; i++)          /*遍历往左找的点*/
        {/*分治法第三步：正式合并(3)——dist(从左边选择的点,从右边选择的点)*/
            for(int j = Mid_Index; j < L; j++) /*遍历往右找的点*/
            {   Min = min(Min, dist(p[index[i]], p[index[j]]));    /*更新最短距离*/
            }
        }
        return Min;
    }

    int main()
    {   int T;
        int n,N;
        scanf("%d", &T);
        while(T--)
        {   scanf("%d", &n);
            N = 2 * n;
            for(int i = 0; i < n; i++)
            {   scanf("%lf%lf", &p[i].x, &p[i].y);
                p[i].flag = 0;
            }
            for(int i = n; i < N; i++)
            {   scanf("%lf%lf", &p[i].x, &p[i].y);
                p[i].flag = 1;
```

```
        sort(p,p+N,cmp);
        double ans = min_dist(0, N);
        printf("%.3lf\n", ans);
    }
    return 0;
}
```

例 9-4　超快速排序(Ultra-QuickSort)。[POJ 2299]

Description

In this problem, you have to analyze a particular sorting algorithm. The algorithm processes a sequence of n distinct integers by swapping two adjacent sequence elements until the sequence is sorted in ascending order. For the input sequence

9 1 0 5 4,

Ultra-QuickSort produces the output

0 1 4 5 9.

Your task is to determine how many swap operations Ultra-QuickSort needs to perform in order to sort a given input sequence.

Input

The input contains several test cases. Every test case begins with a line that contains a single integer n < 500 000——the length of the input sequence. Each of the the following n lines contains a single integer $0 \leqslant a[i] \leqslant 999\,999\,999$, the i-th input sequence element. Input is terminated by a sequence of length n = 0. This sequence must not be processed.

Output

For every input sequence, your program prints a single line containing an integer number op, the minimum number of swap operations necessary to sort the given input sequence.

Sample Input		
5	5	3
9	4	0
1	3	**Sample Output**
0	1	6
5	2	0

解题思路如下。

题目大意：给出长度为 n 的序列，每次只能交换相邻的两个元素，问至少要交换几次才使得该序列为递增序列。一看就是冒泡，交换一次记录一次就可以了，但是 n 的范围达到 500 000，冒泡时间的复杂度 $O(n^2)$ 铁定超时(即使有7000ms,其实这是一个陷阱)。直接用快排又不符合题目的要求(相邻元素交换)，快排是建立在划分的基础上的，操作次数肯定比在所要求的规则下的交换次数要更少。那么该怎么处理？其实这题题目已经给出提示了：Ultra-QuickSort,特殊的快排,能和快排 Quicksort 相媲美的就是归并排序(Mergesort)了,其时间复杂度为 $O(n\log_2 n)$,但是用归并排序并不是为了求交换次数,而是为了求序列的逆序数(学过《线性代数》的同学应该很熟悉了),一个乱序序列的逆序数等于在只允许相邻两个元素交换的条件下,得到有序序列的交换次数。例如:

9 1 0 5 4

9 后面却有 4 个比 9 小的元素,因此 9 的逆序数为 4

1 后面只有 1 个比 1 小的元素 0,因此 1 的逆序数为 1

0 后面不存在比他小的元素,因此 0 的逆序数为 0

5 后面存在 1 个比他小的元素 4,因此 5 的逆序数为 1

4 是序列的最后元素,逆序数为 0

因此序列 9 1 0 5 4 的逆序数 $t = 4 + 1 + 0 + 1 + 0 = 6$,恰恰就是冒泡的交换次数。

注意保存逆序数的变量 t,必须要用 _int64 定义,int 和 long 都是无法保存的,且会导致 WA。以前的 long long 在现在的 VC 编译器已经无法编译了。_int64 类型的输出必须使用指定的 C 格式输出,printf("%I64d",t),cout 是无法输出 _int64 类型的,序列数组 s[] 用 int 就足够了。

参考代码如下。

```
#include<stdio.h>
#include<iostream>
using namespace std;
const int inf = 1000000000;      //10E
__int64 t;                       //s[]数列逆序数

void compute_t(int * s, int top, int mid, int end)
{    int len_L = mid - top + 1;
     int len_R = end - mid;
     int * left = new int[len_L + 2];
     int * right = new int[len_R + 2];
     int i,j;
     for(i = 1;i <= len_L;i++)
         left[i] = s[top + i - 1];
     left[len_L + 1] = inf;            //设置无穷上界,避免比较大小时越界
     for(j = 1;j <= len_R;j++)
         right[j] = s[mid + j];
     right[len_R + 1] = inf;           //设置无穷上界,避免比较大小时越界
     i = j = 1;
     for(int k = top;k <= end;)
         if(left[i] <= right[j])
             s[k++] = left[i++];
         else
         {   s[k++] = right[j++];
             t += len_L - i + 1;       //计算逆序数
         }
     delete left;
     delete right;
     return;
}
void mergesort(int * s, int top, int end)
```

```
        if(top < end)
        {   int mid = (top + end)/2;
            mergesort(s,top,mid);
            mergesort(s,mid + 1,end);
            compute_t(s,top,mid,end);
        }
        return;
    }
    int main(void)
    {   int n;                              //序列长度
        while(scanf(" %d", &n) && n)
        {   int *  s = new int[n + 1];
            for(int i = 1;i <= n;i++)
                scanf(" %d",&s[i]);
            t = 0;                          //initial
            mergesort(s,1,n);
            printf(" %I64d\n",t);
            delete s;
        }
        return 0;
    }
```

9.3 贪心法

找钱币问题。假设有 4 种硬币,它们的面值分别为 5 角、1 角、5 分和 1 分。现在要找给某顾客 6 角 3 分钱。显然,会拿出 1 个 5 角的硬币,1 个 1 角的硬币和 3 个 1 分的硬币交给顾客。这种找硬币方法所拿出的硬币个数是最少的。找硬币算法的思维过程为:首先选出一个面值不超过 6 角 3 分的最大硬币,即 5 角;然后从 6 角 3 分中减去 5 角,剩下 1 角 3 分;再选出一个面值不超过 1 角 3 分的最大硬币,即 1 个 1 角硬币;最后是 3 个 1 分硬币。这个找硬币的方法实际上就是贪心算法。

9.3.1 贪心算法的思想

贪心算法的基本思想是总是做出在当前看来是最优的选择,即找出整体当中每个小的局部的最优解,并且将所有的这些局部最优解合起来形成整体上的一个最优解。也就是说贪心算法并不从整体最优考虑,它所做出的选择只是在某种意义上的局部最优选择。能够使用贪心算法的问题必须满足下面两个性质:

(1) 整体的最优解可以通过局部的最优解来求出;

(2) 一个整体能够被分为多个局部,并且这些局部都能够求出最优解。

使用贪心算法的两个典型问题是活动安排问题和背包问题。在对问题求解时,不从整体上加以考虑,它所做出的仅仅是在某种意义上的局部最优解(是否是全局最优,需要证明)。因此,若要用贪心算法求解某问题的整体最优解,必须首先证明贪心思想在该问题的应用结果就是最优解。

对于一个具体问题,怎么知道能否用贪心算法来解决这个问题呢? 一般这类问题有两个比较重要的性质：贪心选择性质和最优子结构性质。所谓贪心选择性质是指所求问题的整体最优解可以通过一系列局部最优的选择，即贪心选择来达到。做出贪心选择后，原问题就化为规模更小的类似子问题，然后用数学归纳证明，最终可得到问题的整体最优解。另外一个重要性质是最优子结构，即当一个问题的最优解包含其子问题的最优解时，称此问题具有最优子结构性质。找硬币问题本身就具有最优子结构性质，它可以用动态规划算法来解，但用贪心算法更简单、更直接且解题效率更高。

贪心算法的基本步骤如下。

（1）从问题的某个初始解出发；

（2）采用循环语句，当可以向求解目标前进一步时，就根据局部最优策略，得到一个部分解，缩小问题的范围或规模；

（3）将所有部分解综合起来，得到问题的最终解。

虽然贪心算法不能对所有问题都得到整体最优解，但是对许多问题它能产生整体最优解，例如，图的单源最短路径问题，最小生成树问题等。在一些情况下，即使贪心算法不能得到整体最优解，其最终结果却是最优解的很好近似，即近似最优解在许多情况下已经能满足某些问题的求解要求了。

9.3.2 活动安排问题

活动安排问题是可以用贪心算法有效求解的一个很好的例子。该问题要求高效地安排一系列争用某一公共资源的活动。贪心算法提供了一个简单、漂亮的方法使得尽可能多的活动能兼容地使用公共资源。

假设有 n 个活动的集合为 $E=\{1,2,\cdots,n\}$，其中，每个活动都要求使用同一资源，然而在同一个时间内只能有一个活动使用该资源。每个活动 i 都有一个使用该资源的起始时间 s_i 和一个结束时间 f_i，且 $s_i < f_i$。一旦选择了活动 i，则它在半开时间区间 $[s_i, f_i)$ 内占用资源。如果区间 $[s_i, f_i)$ 与区间 $[s_j, f_j)$ 不相交，则称活动 i 和活动 j 是相容的。也就是说，当 $s_i \geq f_j$ 或 $s_j \geq f_i$ 时，活动 i 与活动 j 相容。活动安排问题就是要在所给的活动集合中选出最大的相容活动子集合。

在下面所给出的解活动安排问题的贪心算法 GreedySelector 中，各活动的起始时间和结束时间存储于数组 s 和 f 中且按结束时间的非减序：$f_1 \leq f_2 \leq \cdots \leq f_n$ 排列。如果所给出的活动未按此序排列，可以用 $O(n\log_2 n)$ 的时间将它重排。

```
#include "stdio.h"
void GreedySelector(int n, int s[], int f[],bool a[])
{   a[1] = true;               //表示能否进行安排活动
    int j = 1;
    for(int i = 2; i <= n; i++)
    {   if(s[i] >= f[j])         //如果si(i活动的开始时间) 大于 fj(j活动的结束时间)
        {   a[i] = true; j = i;}  //可以进行安排，且把 i 赋给 j(类似于j++)
        else
            a[i] = false;
    }
}
```

例 9-5 设待安排的 11 个活动的开始时间和结束时间按结束时间的非减序排列如表 9-1 所示。

表 9-1 11 个活动的安排表

i	1	2	3	4	5	6	7	8	9	10	11
s[i]	1	3	0	5	3	5	6	8	8	2	12
f[i]	4	5	6	7	8	9	10	11	12	13	14

算法的计算过程如图 9.3 所示,其中每行相应于算法的一次迭代。阴影长条表示的活动是已选入集合的活动,而空白长条表示的活动是当前正在检查相容性的活动。

图 9.3 活动安排算法执行过程

算法 GreedySelector 中用集合 a 来存储所选择的活动。当且仅当 $a[i]$ 的值为 true 时,活动 i 在集合 a 中。变量 j 用以记录最近一次加入到 a 中的活动。由于输入的活动是按其结束时间非减序排列的,f_j 总是当前集合 a 中所有活动的最大结束时间,即:贪心算法 GreedySelector 一开始选择活动 1,并将 j 初始化为 1。然后依次检查活动 i 是否与当前已选择的所有活动相容。若相容则将活动 i 加入到已选择活动的集合 a 中,否则不选择活动 i,而继续检查下一活动与集合 a 中活动的相容性。由于 f_j 总是当前集合 a 中所有活动的最大结束时间,故活动 i 与当前集合 a 中所有活动相容的充分且必要的条件是其开始时间 s 不早于最近加入集合 a 中的活动 j 的结束时间 f_j,$s_i \geq f_j$。若活动 i 与之相容,则 i 成为最近加入集合 a 中的活动,因而取代活动 j 的位置。由于输入的活动是以其完成时间的非减序排列的,所以算法 GreedySelector 每次总是选择具有最早完成时间的相容活动加入集合

a 中。直观上按这种方法选择相容活动就为未安排活动留下尽可能多的时间,也就是说,该算法的贪心选择的意义是使剩余的可安排时间段极大化,以便安排尽可能多的相容活动。算法 GreedySelector 的效率极高。当输入的活动已按结束时间的非减序排列,算法只需 $O(n)$ 的时间来安排 n 个活动,使最多的活动能相容地使用公共资源。

贪心算法并不总能求得问题的整体最优解,但对于活动安排问题,可以证明贪心算法能求得的整体最优解,下面将给出证明:设 $E=\{0,1,2,\cdots,n-1\}$ 为所给的活动集合。由于 E 中活动安排结束时间非减序。

排列,活动 0 具有最早完成时间。首先证明活动安排问题有一个最优解以贪心选择开始,即该最优解中包含活动 0。设 a 是所给的活动安排问题的一个最优解,且 a 中活动也按结束时间非减序排列,a 中的第一个活动是活动 k。如 $k=0$,则 a 就是一个以贪心选择开始的最优解。若 $k>0$,则我们设 $b=a-\{k\}\cup\{0\}$。由于 $f[0] \leqslant f[k]$,且 a 中活动是互为相容的,故 b 中的活动也是互为相容的。又由于 b 中的活动个数与 a 中活动个数相同,且 a 是最优的,故 b 也是最优的。也就是说 b 是一个以贪心选择活动 0 开始的最优活动安排。因此,证明了总存在一个以贪心选择开始的最优活动安排方案,也就是算法具有贪心选择性质。

虽然贪心算法并不是总能求得问题的整体最优解,但对于活动安排问题,它总能求得整体最优解,即它最终所确定的相容活动集合 A 的规模是最大的。这个结论我们可以用数学归纳法证明。

9.3.3 背包问题

背包问题:给定 n 种物品和一背包。物品 i 的重量是 w_i,其价值为 v_i,背包的容量为 C。问:应该如何选择装入背包的物品,使得装入背包中物品的总价值最大?

在选择装入背包的物品时,对每种物品 i 只有两种选择,即装入背包或不装入背包。不能将物品 i 装入背包多次,也不能只装入部分的物品 i。因此,该问题称为 0-1 背包问题。

此问题的形式化描述是,给定 $C>0$,$W_i>0$,$V_i>0$,$1 \leqslant i \leqslant n$,要求找出 n 元 0-1 向量 $(x_1, x_2, \cdots, x_n)$,$x_i \in \{0,1\}$,$1 \leqslant i \leqslant n$,使 $\sum_{i=1}^{n} w_i x_i \leqslant C$ 得,而且 $\sum_{i=1}^{n} v_i x_i$ 达到最大。因此 0-1 背包问题是一个特殊的整数规划问题。

$$\max \sum_{i=1}^{n} v_i x_i$$

$$\sum_{i=1}^{n} w_i x_i \leqslant C \quad x_i \in \{0,1\}, 1 \leqslant i \leqslant n$$

算法代码如下。

```
#include <stdio.h>
#include <stdlib.h>
#define MAXSIZE 100          //假设物体总数
#define M 20                 //背包的载荷能力

//算法核心,贪心算法
void GREEDY(float w[], float x[], int sortResult[], int n)
{   float cu = M;
```

```c
    int i = 0;
    int temp = 0;

    for (i = 0; i < n; i++)            //准备输出结果
        x[i] = 0;
    for (i = 0; i < n; i++)
    {   temp = sortResult[i];          //得到取物体的顺序
        if (w[temp] > cu)
            break;
        x[temp] = 1;                   //若合适则取出
        cu -= w[temp];                 //将容量相应的改变
    }

    if (i <= n)                        //使背包充满
        x[temp] = cu / w[temp];
    return;
}

void sort(float tempArray[], int sortResult[], int n)
{   int i = 0, j = 0;
    int index = 0, k = 0;
    for (i = 0; i < n; i++)            //对映射数组赋初值0
        sortResult[i] = 0;
    for (i = 0; i < n; i++)
    {   float temp = tempArray[i];
        index = i;
        //找到最大的效益并保存此时的下标
        for (j = 0; j < n; j++)
        {   if ((temp < tempArray[j]) && (sortResult[j] == 0))
            {   temp = tempArray[j];
                index = j;
            }
        }
        //对 w[i]作标记排序
        if (sortResult[index] == 0)
            sortResult[index] = ++k;
    }
    //修改效益最低的 sortResult[i]标记
    for (i = 0; i < n; i++)
    {   if (sortResult[i] == 0)
            sortResult[i] = ++k;
    }
    return;
}
//得到本算法的所有输入信息
void getData(float p[], float w[], int *n)
{   int i = 0;
    printf("please input the total count of object: ");
    scanf("%d", n);
    printf("Please input array of p :\n");
    for (i = 0; i < (*n); i++)
```

```
            scanf(" % f", &p[i]);
        printf("Now please input array of w :\n");
        for (i = 0; i < ( * n); i++)
            scanf(" % f", &w[i]);
        return;
    }

    void output(float x[ ], int n)
    {   int i;
        printf("\n\nafter arithmetic data: advise method\n");
        for (i = 0; i < n; i++)
            printf("x[ % d]\t", i);
        printf("\n");
        for (i = 0; i < n; i++)
            printf(" % 2.3f\t", x[i]);
        return;
    }

    int main()
    {   float p[MAXSIZE], w[MAXSIZE], x[MAXSIZE];
        int i = 0, n = 0;
        int sortResult[MAXSIZE];
        getData(p, w, &n);
        for (i = 0; i < n; i++)
            x[i] = p[i] / w[i];
        sort(x, sortResult, n);
        GREEDY(w, x, sortResult, n);
        output(x, n);
    }
```

9.3.4 多机调度问题的近似算法

设有 n 个独立的作业 $\{1,2,\cdots,n\}$，由 m 台相同的机器进行加工处理。作业 i 所需要的处理时间为 t_i。现做如下规定：每个作业均可在任何一台机器上加工处理，但未完工前不允许中断处理。作业不能拆分成更小的子作业。

多机调度问题要求给出一种作业调度方案，使所给的 n 个作业在尽可能短的时间内由 m 台机器加工处理完成。这是个 NP 完全问题，到目前为止还没有有效的解法。对于这一类问题，用贪心选择策略有时可以设计出比较好的近似算法。

采用最长处理时间作业优先的贪心选择策略，可以设计出解多机调度问题的较好的近似算法。按此策略，当 $n \leqslant m$ 时，只要把机器 i 的 $[0, t_i]$ 时间区分配给作业 i 就可以了；当 $n > m$ 时，可以将 N 个作业依其所需的处理时间从大到小排序。然后依次顺序将作业分配给空闲的处理机。

例 9-6 多机调度问题：某工厂有 n 个独立的作业，由 m 台相同的机器进行加工处理。作业 i 所需的加工时间为 t_i，任何作业在被处理时不能中断，也不能进行拆分处理。现厂长请你给他写一个程序，算出 n 个作业由 m 台机器加工处理的最短时间。

输入：第一行 $T(1 < T < 100)$ 表示有 T 组测试数据。每组测试数据的第一行分别是整数 $n, m (1 \leqslant n \leqslant 10\,000, 1 \leqslant m \leqslant 100)$，接下来的一行是 n 个整数 $t_i (1 \leqslant t_i \leqslant 100)$。

输出：所需的最短时间

Sample Input
2
2 2
1 5
6 3
2 5 13 15 16 20

Sample Output
5
28

解题思路如下。

采用最长处理时间作业优先的贪心策略设计出解多机调度问题的较好的近似算法。

（1）当 $n \leqslant m$ 时，只要将作业时间区间分配给作业即可，时间为最长时间的作业。

（2）当 $n > m$ 时，首先将 n 个作业从大到小排序。然后依此顺序分步将作业分配给空闲的处理机，每步分配给一个机器，而且需要考虑分配哪一个作业。根据这种思想可利用如下贪心原则：从剩下的作业中，选择需要处理时间最长。然后依次选择处理时间次长的作业，直到所有的作业全部处理完毕，或者机器不能再处理其他作业。

参考代码如下：

```
#include<stdio.h>
#include<algorithm>
#include<string.h>
using namespace std;
int speed[10010];
int mintime[101];
bool cmp( const int &x, const int &y )
{
    return x > y;
}
int main()
{   int t;
    scanf(" %d",&t);
    while(t--)
    {   int m, n;
        memset(speed, 0, sizeof(speed));
        memset(mintime, 0, sizeof(mintime));
        scanf ("%d %d",&n,&m);
        for (int i = 0; i < n; ++i)
            sacnf("%d",&speed[i]);
        sort(speed, speed + n, cmp);
        for (int i = 0; i < n; ++i)              //同时满足 n <= m 和 n > m
            *min_element(mintime, mintime + m) += speed[i];
            //当 mac >= task 时，复制 mac < task 时，最小元素累加
        printf ("%d\n", *max_element(mintime, mintime + m));  //最大的即为总时间
    }
    return 0;
}
```

9.3.5 任务调度问题

一个单位时间任务恰好需要一个单位时间完成。给定一个单位时间任务的有限集合 S。S 是一个时间表，用于描述 S 中单位时间任务的执行次序。例如，时间表中的第一个任

务从时间 0 开始执行到时间 1 为止，一直这样递推下去，第 n 个任务从时间 $n-1$ 开始执行直至时间 n 结束。

对截止时间和误时惩罚，我们做如下描述：

(1) n 个单位时间任务的集合 $S=\{1,2,\cdots,n\}$；

(2) 任务 i 的截止时间 d_i，$1 \leq i \leq n$，$1 \leq d_i \leq n$，即要求任务 i 在时间 d_i 之前完成；

(3) 任务 i 的误时惩罚 w_i，$1 \leq i \leq n$，即任务 i 未在时间 d_i 之前结束将招致 w_i 惩罚；若按时完成则不惩罚。

任务调度表问题就是要求确定 S 的一个时间表（最优时间表）使得总延误时的惩罚达到最小。

对于一个给定的 S 时间表，在截止时间之前完成的任务都称之为及时任务，在截止时间之后完成的任务称之为误时任务。S 的任一时间表可以调整成及时优先的形式，所有的及时任务都先于误时任务，且不影响原时间表中各个任务的及时和误时性质。本质上，若时间表中及时任务 x 跟在误时任务 y 的后面，两者交换位置并不影响二者的性质。通过若干次交换可以将原来的时间表调整成及时优先的形式。在时间表中，若有两个及时任务 i,j 分别在时间 $k,k+1$ 完成，且 $d_j<d_i$，则交换 i,j 在时间表中的位置。因为在交换前 j 是及时的，所以 $k+1 \leq d_j<d_i$。在交换位置后，$k+1<d_i$，即任务 i 仍是及时任务。任务 j 在时间表中位置前移，所以交换位置后任务 j 也是及时的。所以可以得出这样结论：这种交换形式不会影响到任务 i 和任务 j 的及时性质。

例 9-7 任务调度：给定任务序列 $J_1 J_2 \ldots J_n$，假定只有一台处理机为这批作业服务。每件任务 J_i 给定一个时限 d_i 和对应利润 P_i。只有在规定时限之内完成作业，才会得到利润 P_i。通过设计合适的算法选择和安排任务子集 J_i，使得 J 中的每个作业都能在各自的时限内完工，且使获得的利润 $\sum P_i$ 总和最大。

令 $d = \max\{d_i\}$ $1 \leq i \leq n$，$b = \min\{n,d\}$

任何最大利润的可完工子序列中的作业个数必不大于 b。

解题思路如下：

(1) 将任务按时限划分集合，时限按从大到小排列；

令 $d = \max\{d_i\}$ $1 \leq i \leq n$

(2) 在时限为 d 的作业中选择一个利润最大的作业加入 J；

(3) 在时限不小于 $d-1$ 的作业中选择一个利润最大的作业加入 J；

(4) 在时限不小于 $d-2$ 的作业中选择一个利润最大的作业加入 J；

(5) 如此进行下去，直到在时限不小于 1 的作业中选择利润最大的作业加入 J。

输入输出要求：依次输入任务序列 $J_1 J_2 \ldots J_n$ 各自对应时限 d_i 和对应利润 P_i，要求输出最佳作业执行序列，使得获得的利润总和 $\sum P_i$ 最大，并输出最大利润总和。

按表 9-2 输入任务序列的参数。

表 9-2 任务序列的参数

任务 J_i	J_1	J_2	J_3	J_4	J_5	J_6	J_7
时限 d_i	2	2	1	3	3	4	4
利润 P_i	20	15	20	5	1	10	20

参考代码如下:

```cpp
#include <cstdio>
#include <algorithm>
using namespace std ;
const int maxn = 100005;
int p[maxn],d[maxn];
int rank[maxn],f[maxn];
bool cmp (int a, int b)
{    return p[a]>p[b];
}
int find (int x)
{    return f[x] == x?x:f[x] = find(f[x]);
}
int main ()
{    int n,i,j;
    while (~scanf(" %d",&n))
    {    long long sum = 0;
        int maxd = n;                                              //maxd 初始化为 n
        for (i = 0 ; i<n ; ++i)
        {    scanf(" %d %d",p + i,d + i);
            rank[i] = i;
            maxd = d[i];
        }
        sort(rank,rank + n,cmp);
        for (i = 0 ; i<= maxd ; i++) f[i] = i;
        for (i = 0 ; i<n ; i++)
        {    int father = find(d[rank[i]]);
            if (father)
                f[father] = father - 1;
            sum += p[rank[i]];
            printf(" %d\t",father);
        }
        printf(" %lld\n",sum);
    }
    return 0;
}
```

9.3.6 贪心算法的应用

例 9-8　雷达安装(Radar Installation)。[POJ 1328]

Description:

Assume the coasting is an infinite straight line. Land is in one side of coasting, sea in the other. Each small island is a point locating in the sea side. And any radar installation, locating on the coasting, can only cover d distance, so an island in the sea can be covered by a radius installation, if the distance between them is at most d.

We use Cartesian coordinate system, defining the coasting is the x-axis. The sea side is above x-axis, and the land side below. Given the position of each island in the sea, and given the distance of the coverage of the radar installation, your task is to write a program to find the minimal number of radar installations to cover all the islands. Note that the position of an island is represented by its x-y coordinates.

Input

The input consists of several test cases. The first line of each case contains two integers $n(1 \leqslant n \leqslant 1000)$ and d, where n is the number of islands in the sea and d is the distance of coverage of the radar installation. This is followed by n lines each containing two integers representing the coordinate of the position of each island. Then a blank line follows to separate the cases.

The input is terminated by a line containing pair of zeros.

Output

For each test case output one line consisting of the test case number followed by the minimal number of radar installations needed. "−1" installation means no solution for that case.

Sample Input

3 2
1 2
−3 1
2 1

1 2
0 2

0 0

Sample Output

Case 1: 2
Case 2: 1

解题思路如下：

如图 9.4 所示，大意是 x 轴上方有 n 个目标点，坐标全为整数，为了扫描到它们，在 x 轴上安放雷达，每一个雷达扫描半径为 d，问至少安放多少雷达。

首先想到的是化归。找出每一点在 x 轴上的扫描边界，即在这个范围内必须有雷达才能扫描到。这样便将问题化归为：给 n 个闭区间，以每个岛屿为圆心，在 x 轴上求出雷达可能出现的区间，重叠的区间只用一个雷达。

贪心算法：先将问题的区间集合按右端点排序，从最左边的区间开始，如果该区间内雷达为空，则选区间最右边的端点放雷达，并删掉左端点在雷达前的区间，进入子问题。

参考代码如下：

图 9.4　雷达安装输入样例

```
#include <iostream>
#include <algorithm>
```

```cpp
#include <cmath>
#include <stdio.h>
using namespace std;
typedef double ll;
const int maxx = 1000;
struct PO
{   ll l,r;
};
PO point[maxx + 5];

bool cmp(PO a, PO b)
{   if(a.l == b.l) return a.r < b.r;
    return a.l < b.l;
}

int main()
{   int n, i, d, cnt, tt = 0, flag;
    ll a,b,ll,rr,temp1,temp2;
    while(scanf(" %d %d",&n,&d)!= EOF)
    {   if(n == 0 && d == 0) break;
        temp1 = (d * 1.0) * (d * 1.0);
        flag = 0;
        for(i = 0;i < n;i++)
        {   scanf (" %lf %lf",&a,&b);
            temp2 = b * b;
            if (d - b < 0)
                flag = 1;
            if (flag) continue;
            point[i].l = a - sqrt((temp1 - temp2) * 1.0);
            point[i].r = a + sqrt((temp1 - temp2) * 1.0);
        }
        if (flag){printf("Case %d: -1\n",++tt);continue;}
        sort(point,point + n, cmp);
        ll = point[0].l;
        rr = point[0].r;
        cnt = 1;
        for(i = 1;i < n;i++)
        {   if(rr < point[i].l)
            {   cnt++;
                rr = point[i].r;
                ll = point[i].l;
            }
            else
                if(rr >= point[i].l && rr <= point[i].r) ll = point[i].l;
                else
                {ll = point[i].l;rr = point[i].r;}
        }
        printf("Case %d: %d\n",++tt,cnt);
    }
    return 0;
}
```

例 9-9 带着猪旅游(Journey with Pigs)。[POJ 3544]

Description

Farmer John has a pig farm near town A. He wants to visit his friend living in town B. During this journey he will visit n small villages so he decided to earn some money. He tooks n pigs and plans to sell one pig in each village he visits.

Pork prices in villages are different, in the j-th village the people would buy a pork at p_j rubles per kilogram. The distance from town A to the j-th village along the road to town B is d_j kilometers.

Pigs have different weights. Transporting one kilogram of pork per one kilometer of the road needs t rubles for addition fuel.

Help John decide, which pig to sell in each town in order to earn as much money as possible.

Input

The first line of the input file contains integer numbers $n(1 \leqslant n \leqslant 1000)$ and $t(1 \leqslant t \leqslant 10^9)$. The second line contains n integer numbers $w_i(1 \leqslant w_i \leqslant 10^9)$ — the weights of the pigs. The third line contains n integer numbers $d_j(1 \leqslant d_j \leqslant 10^9)$ — the distances to the villages from the town A. The fourth line contains n integer numbers $p_j(1 \leqslant p_j \leqslant 10^9)$ — the prices of pork in the villages.

Output

Output n numbers, the j-th number is the number of pig to sell in the j-th village. The pigs are numbered from 1 in the order they are listed in the input file.

Sample Input

3 1
10 20 15
10 20 30
50 70 60

Sample Output

3 2 1

解题思路如下。

贪心,每座城市猪的单位价格 p 减去到这座城市的距离 d 乘以 t 为把猪送到这座城市的单位获益,重的猪就送往获益大的地方。

参考代码如下:

```
#include <iostream>
#include <fstream>
#include <algorithm>
using namespace std;
typedef long long int64;
struct Pig
{
    int64 value;
    int pos;
};
bool cmp(const Pig &p1, const Pig &p2)
{   return p1.value < p2.value;
```

```
    int64 n,t;
/*pigsW pigsVal 存储的数据代表这不同的含义*/
    Pig pigsW[1002];                    //每只 pig 的重量和标号
    Pig pigsVal[1002];                  //每只 pig 在位置 pos 处的收益
    int64 d[1002],price;
    int ans[1002];
    int main()
    {   int64 i;
        while(scanf("%i64d%i64d",&n,&t))
        {   for(i=1; i<=n; i++){
                scanf("%d",&pigsW[i].value);
                pigsW[i].pos = i;
            }
            for(i=1; i<=n; i++)
                scanf("%d",&d[i]);
            for(i=1; i<=n; i++){
                scanf("%d",&price);
                pigsVal[i].value = price - d[i]*t;   //每斤猪肉(针对所有猪而言)在位置 i 处的收益
                pigsVal[i].pos = i;
            }
            sort(pigsW+1, pigsW+1+n,cmp);            //先按照猪重量排序
            sort(pigsVal+1, pigsVal+1+n,cmp);        //再按照每个位置的收益排序
            for(i=1; i<=n; i++)                      //重量大的猪在收益高的位置
                ans[ pigsVal[i].pos ] = pigsW[i].pos; //保证每个位置被用一次,根据贪心策略,可
                                                     //以正确求解
            for(i=1; i<n; i++)
                printf("%d ",ans[i]);
            printf("%d\n",ans[i]);
        }
        return 0;
    }
```

例9-10 田忌赛马(Tian Ji——The Horse Racing)。[POJ 2287]

Description

Here is a famous story in Chinese history. That was about 2300 years ago. General Tian Ji was a high official in the country Qi. He likes to play horse racing with the king and others. Both of Tian and the king have three horses in different classes, namely, regular, plus, and super. The rule is to have three rounds in a match; each of the horses must be used in one round. The winner of a single round takes two hundred silver dollars from the loser. Being the most powerful man in the country, the king has so nice horses that in each class his horse is better than Tian's. As a result, each time the king takes six hundred silver dollars from Tian. Tian Ji was not happy about that, until he met Sun Bin, one of the most famous generals in Chinese history. Using a little trick due to Sun, Tian Ji brought home two hundred silver dollars and such a grace in the next match. It was a rather simple trick. Using his regular class horse race against the super class from the king, they will certainly lose that round. But then his plus beat the king's regular, and his super beat the king's plus. What a simple trick. And how do you think of Tian Ji, the high ranked official in China?

Were Tian Ji lives in nowadays, he will certainly laugh at himself. Even more, were he sitting in the ACM contest right now, he may discover that the horse racing problem can be simply viewed as finding the maximum matching in a bipartite graph. Draw Tian's horses on one side, and the king's horses on the other. Whenever one of Tian's horses can beat one from the king, we draw an edge between them, meaning we wish to establish this pair. Then, the problem of winning as many rounds as possible is just to find the maximum matching in this graph. If there are ties, the problem becomes more complicated, he needs to assign weights 0, 1, or −1 to all the possible edges, and find a maximum weighted perfect matching...

However, the horse racing problem is a very special case of bipartite matching. The graph is decided by the speed of the horses—a vertex of higher speed always beat a vertex of lower speed. In this case, the weighted bipartite matching algorithm is a too advanced tool to deal with the problem.

In this problem, you are asked to write a program to solve this special case of matching problem.

Input

The input consists of up to 50 test cases. Each case starts with a positive integer $n(n \leqslant 1000)$ on the first line, which is the number of horses on each side. The next n integers on the second line are the speeds of Tian's horses. Then the next n integers on the third line are the speeds of the king's horses. The input ends with a line that has a single '0' after the last test case.

Output

For each input case, output a line containing a single number, which is the maximum money Tian Ji will get, in silver dollars.

Sample Input
3
92 83 71
95 87 74
2
20 20
20 20
2
20 19
22 18
0

Sample Output
200
0
0

解题思路如下。

该题是贪心策略加简单的动态规划。如图9.5所示,由田忌赛马故事可知,田忌掌握有比赛的"主动权",他总是根据齐王所出的马来分配自己的马,所以这里不妨认为齐王的出马顺序是按马的速度从高到低出的。由这样的假设,可归纳出如下贪心策略。

(1) 如果田忌剩下的马中最强的马都赢不了齐王剩下的最强的马,那么应该用最差的一匹马去输给齐王最强的马。

(2) 如果田忌剩下的马中最强的马可以赢齐王剩下的最强的马,那就用这匹马去赢齐王剩下的最强的马。

（3）如果田忌剩下的马中最强的马和齐王剩下的最强的马打平的话，可以选择打平或者用最差的马输掉比赛。

其中第（3）步出现分支，需要进行动态规划。用 dp[i][j] 假设进行了 i 场比赛，从"头"取了 j 匹较强的马，从"尾"取了 $i-j$ 匹较弱的马，所能够得到的最大盈利。

图 9.5　田忌赛马示意图

那么 dp[i][j]= max{dp[i-1][j]+ profit[n-(i-j+1)][i], dp[i-1][j-1]+ profit[j][i]};
参考代码如下：

```
#include <stdio.h>
#include <string.h>
#include <stdlib.h>
#define M 1005
#define max(a, b) (a > b ? a : b)
int n;
int TianJi[M], King[M];
int dp[M][M];            //dp[i][j]表示齐王按从强到弱的顺序出马和田忌进行了i场比赛之后，
                         //从"头"取了j匹较强的马，从"尾"取了i-j匹较弱的马，所能够得到的最大盈利。
int cmp(const void *a, const void *b)
{   return *(int *)b - *(int *)a;
}
int profit(int x, int y)
{   if (TianJi[x] > King[y])
        return 200;
    else
        if (TianJi[x] < King[y])
            return -200;
        else
            return 0;
}
int main()
{   freopen("1.txt", "r", stdin);
    int i, j;
    while (scanf("%d", &n) && n != 0)
    {   memset(dp, 0, sizeof(dp));
        for (i = 1; i <= n; i++)
            scanf("%d", &TianJi[i]);
        for (i = 1; i <= n; i++)
            scanf("%d", &King[i]);      //田忌的马与齐王的马都是从大到小排列
        qsort(TianJi + 1, n, sizeof(TianJi[0]), cmp);
        qsort(King + 1, n, sizeof(King[0]), cmp);         //贪婪dp
```

```
        for (i = 1; i <= n; i++)
        {   dp[i][0] = dp[i - 1][0] + profit(n - i + 1, i);   //赢不了,用最差的马去输给
                                                              //齐王最强的马
            dp[i][i] = dp[i - 1][i - 1] + profit(i, i);       //能赢,用最强的马去赢齐王最强
                                                              //的马
            for (j = 1; j < i; j++)   //能平,选择打平或输掉,此时对前 i 场比赛进行状态转移
                dp[i][j] = max( ( dp[i - 1][j] + profit(n - (i - j) + 1, i) ), ( dp[i - 1][j - 1] + profit(j, i) ) );
        }
        int ans = -99999999;                //答案有可能为负数
        for (i = 0; i <= n; i++)
            if (ans < dp[n][i])
                ans = dp[n][i];
        printf("%d\n", ans);
    }
    return 0;
}
```

9.4 回溯与分支限界

9.4.1 回溯与分支限界简介

回溯与分支限界技术实际上都是基于穷举法,是对候选解进行系统检查和搜索,即按照一定规律,把问题所有可能的解组织成某种树结构,形成可能的解空间树或状态空间树。然后按照具体问题的约束条件,通过各种搜索策略,遍历可能的解空间树,从而得到满足问题条件的解或最优解。搜索过程中常常采用各种策略,通过计算某种判定函数(Criterion Function),判定出若干已不可能包含符合条件的解子树并剪枝,从而加速求解过程。

回溯与分支限界法解决实际问题,大致可分为以下 4 个环节。

(1) 确定问题的可能解空间,相当于找出进行穷举的搜索范围。

(2) 以一种便于搜索的方式组织所有的可能解,一般是生成可能解空间树。

(3) 以某种方式搜索可能的解空间树,有两种基本搜索方式。即:

① 深度优先搜索方式(回溯技术);

② 广度优先搜索(分支限界技术)。

(4) 在搜索过程中利用判定函数,也称为限界函数,通过"剪枝"来加速搜索过程。

适当利用判定函数的计算,判断某棵子树中已不可能产生有效解,使搜索过程跳过该子树,还可以赋予搜索算法某种"智能",优先搜索最可能包含最优解的子树,从而提高求解的速度。

1. 回溯法的设计原理

回溯(Backtracking)法的设计原理是按照深度优先搜索的方式,从根结点出发搜索状态空间树,它包括以下两个过程。

(1) 递归搜索:每搜索到达状态空间树的一个扩展结点,总是先判断以该结点为根的子树是否包含问题的解。如果肯定不包含,则跳过对该结点为根的子树的进一步搜索,该结

点成为一个死结点,同时应向上层回溯至最近的一个活动结点。再以该活动结点作为当前新的扩展结点。以这种方式递归地在解空间中搜索,直至找到问题的解,或者解空间中已无活动结点为止,即此问题无解。

(2) 分支剪枝:在回溯法中,为了避免生成那些不可能产生最佳解的问题状态,要不断地利用限界函数来处理那些实际上不可能产生所需解的活动结点,以减少问题的计算量,所以,回溯法应是具有限界函数的深度优先搜索法。

用回溯法解题时,常遇到两类典型的解空间树,子集树与排列树,在最坏的情况下,回溯法会导致一次复杂度为指数时间的计算。

2. 分支限界法设计原理

分支限界(Branch and Bound)法基本思想是以广度优先或以最小耗费(最大效益)优先的方式搜索问题的解空间树。

在分支限界法中,每一个活结点只有一次机会成为扩展结点。活结点一旦成为扩展结点,就一次性产生其所有孩子结点。在这些孩子结点中,导致不可行解或导致非最优解的孩子结点被舍弃,其余孩子结点被加入活结点表中。此后,从活结点表中取下一结点成为当前扩展结点,并重复上述结点扩展过程。这个过程一直持续到找到所需的解或活结点表空为止。常见的两种分支限界法如下。

(1) 队列式分支限界法:按照队列先进先出(FIFO)原则选取下一个结点为扩展结点。

(2) 优先队列式分支限界法:按照优先队列中规定的优先级选取优先级最高的结点成为当前扩展结点。

3. 分支限界法与回溯法的不同

(1) 求解目标不同:回溯法的求解目标是找出解空间树中满足约束条件的所有解,而分支限界法的求解目标则是找出满足约束条件的一个解,或是在满足约束条件的解中找出在某种意义下的最优解。

(2) 搜索方式的不同:回溯法以深度优先的方式搜索解空间树,而分支限界法则以广度优先或以最小耗费优先的方式搜索解空间树。

回溯与分支限界是很有实用价值的有效算法,通常情况下,其所解问题的解空间规模都很大。例如:

(1) 八皇后(8-Queens)问题:有"8!"种可能的解。

(2) 0-1 背包(0-1 Knapsack)问题:有 2^n 种可能解,其中 n 是可以装入背包的物品的种类。

(3) 旅行商(Traveling Salesman)问题:有"n!"种可能解,其中 n 是周游的城市数。

当 n 比较大时,对于上述问题采用简单的穷举法是无能为力的,即使采用高速计算机,把所有的可能解都计算出来(从中选取所求解),也是不现实的。而回溯与分支限界技术可以大大减少这种搜索的计算量。

用回溯法解题时,常遇到两类典型的解空间树:子集树与排列树。为巩固回溯算法的思想,请大家复习第二章介绍过的迷宫算法。

9.4.2 八皇后问题

一个比较适合采用回溯法解决的问题——n皇后问题,即在$n\times n$的国际象棋棋盘上摆下n个皇后,使所有的皇后都不能攻击到对方(即所有皇后不在同一行、同一列、同一对角线上),找出所有符合要求的情况。

n皇后问题的解空间树是一棵排列树,一旦一种组合是一种解,则解与解之间不存在优劣的分别。直到搜索到叶子结点时才能确定出一组解。这时用回溯法可以系统地搜索问题的全部解,而且由于解空间树是排列树的特性,代码的编写十分容易,在最坏的情况下,堆栈的深度不会超过n。但如果采用分支限界法,在解空间树的第一层就会产生n个活结点,如果不考虑剪枝,将在第二层产生$n\times(n-1)$个活结点,如此下去对队列空间的要求太高。n皇后问题不适合使用分支限界法处理的根源是它需要找出所有解的组合,而不是某种最优解(事实上也没有最优解可言)。形象一点来说,如果用人工解决n皇后问题,基本的思路应该是放一个皇后,看冲不冲突,不冲突的话放下一个,冲突的话改变位置,这样可以只用一个棋盘而且有规律地找到所有符合条件的情况,这正是回溯法的模拟过程。然而分支限界法则可以被这样表述:拿来一个棋盘,摆下一只皇后;再拿一个棋盘,再摆一只;待每个棋盘都有一只皇后以后,每个棋盘又被分解成更多的盘面……这样,棋盘越来越多,但是由于解和解(包括局部解)之间缺乏因果和限制的联系,棋盘之间并不能根据对方的信息获得什么,这显然是对资源的浪费。下面以八皇后问题为例来解释回溯法的具体应用。

八皇后问题是一个古老而著名的问题,是回溯算法的典型例题。该问题是十九世纪著名的数学家高斯1850年提出的:在一个8×8格的国际象棋棋盘上摆放八个皇后,使其不能互相攻击,即任意两个皇后都不能处于同一行、同一列或同一斜线上,问有多少种摆法。

高斯认为有 76 种方案。1854 年在柏林的象棋杂志上不同的作者发表了 40 种不同的解,后来有人用图论的方法解出 92 种结果。事实上,若 $n=4$,则仅有 2 种解,而当 $n=12$时,则会有 14 200 种不同的解。由此也可以进一步理解 n 增大对解空间树状态的影响。

下面的算法是按棋盘格式输出的八皇后问题算法代码。

```c
#include "stdio.h"
#include "windows.h"
#define N 8                   /*定义棋盘大小*/
int place(int k);             /*确定某一位置皇后放置与否,放置则返回1,反之返回0*/
void backtrack(int i);        /*主递归函数,搜索解空间中第 i 层子树*/
void chessboard();            /*每找到一个解,打印当前棋盘状态*/
static int sum,               /*当前已找到解的个数*/
x[N];                         /*记录皇后的位置,x[i]表示皇后 i 放在棋盘的第 i 行的第 x[i]列*/
int main(void)
{   backtrack(0);
    return 0;
}
int place(int k)
{ /*测试皇后 k 在第 k 行第 x[k]列时是否与前面已放置好的皇后相攻击。x[j] == */
  /*x[k]时,两皇后在同一列上; abs(k - j) == abs(x[j] - x[k])时,两皇*/
  /*后在同一斜线上.两种情况两皇后都可相互攻击,故返回 0 表示不符合条件.*/
    for (int j = 0; j < k; j ++)
```

```c
            if (abs(k - j) == abs(x[j] - x[k]) || (x[j] == x[k])) return 0;
    return 1;
}
void backtrack(int t)
{   /* t == N 时,算法搜索至叶子结点,得到一个新的 N 皇后互不攻击的放置方案 */
    if (t == N) chessboard();
    else
        for (int i = 0; i < N; i ++)
        {   x[t] = i;
            if (place(t)) backtrack(t + 1);
        }
}
void chessboard()
{   printf("第 %d 种解法:\n", ++sum);
    for (int i = 0; i < N; i ++)
    {   for (int j = 0; j < N; j ++)
            if (j == x[i]) printf("Q ");  /* Q 表示皇后在当前行所处位置 */
            else printf(". ");            /* . 表示棋盘上不可放皇后的位置 */
        printf("\n");
    }
    printf("\n");
}
```

下面给出求 n 皇后问题的参考代码,输出的每一行为一种可行的解,即给出数值的顺序代表对应的行,对应的数值则代表的是对应行的列坐标。如 4 皇后问题的解为:

2 4 1 3 第一行第二列,第二行第四列,第三行第一列,第四行第三列。

3 1 4 2……

参考算法代码如下:

```c
#include <stdio.h>
#include <cstring>
bool h[100],x[100],y[100];           /* 列、对角线冲突标志数组 */
int n,a[100],ans = 0;                 /* a[]保存解的结果序列,ans 累计合法解的个数 */

void dfs(int k)
{   int i;
    if(k == n + 1)                    /* 找到一个合理的解,则输出其结果 */
    {   ans++;
        for(i = 1;i < n;i++)
            printf("%d ",a[i]);       /* 输出保存的 Queen 位置 */
        printf("%d\n",a[i]);
        return;
    }
    for(i = 1;i <= n;i++)              /* 逐行寻找合适的 Queen 位置 */
    if (h[i]&&x[i-k+n]&&y[i+k])       /* 列、左、右对角线均不冲突 */
    {   a[k] = i;                     /* 记录下当前找到的可用 Queen 位置值 */
        h[i] = x[i-k+n] = y[i+k] = 0; /* 列、左、右对角线设置为冲突 */
        dfs(k+1);                     /* 递归找下一个合法位置 */
        h[i] = x[i-k+n] = y[i+k] = 1; /* 列、左、右对角线还原为不冲突 */
```

```c
    }
}

int main()
{   scanf("%d",&n);                  /* n 皇后 */
    memset(h,1,sizeof(h));           /* 列初始化为不冲突 */
    memset(x,1,sizeof(x));           /* 右上至左下对角线初始化 */
    memset(y,1,sizeof(y));           /* 左上至右下对角线初始化 */
    dfs(1);                          /* 第一行首位置开始深搜 */
    printf("%d\n",ans);              /* 输出总的解数 */
    return 0;
}
```

9.4.3 0-1 背包问题的回溯算法

0-1 背包问题是子集选取问题，即找最优解问题。一般情况下，都是 NP 难的。解 0-1 背包问题时，用回溯法需要构造解的子集树。在搜索状态空间树时，只要左孩子结点是一个可行结点，搜索就进入其左子树。对于右子树，先计算上界函数，只有当右子树有可能包含最优解的时候才进入右子树进行搜索，否则剪去右子树。9.3.3 节中给出了贪心法求解的过程，下面再看一下用回溯法求解的过程。

设上界函数 bound()：当前价值 cw +剩余容量可容纳的最大价值≤当前最优价值 bestp。

为了更好地计算和运用上界函数剪枝，选择先将物品按照其单位重量价值从大到小排序，此后就按照顺序考虑各个物品。参考代码如下：

```c
#include <stdio.h>
#include <conio.h>
int n;                               //物品数量
double c;                            //背包容量
double v[100];                       //各个物品的价值
double w[100];                       //各个物品的重量
double cw = 0.0;                     //当前背包重量
double cp = 0.0;                     //当前背包中物品价值
double bestp = 0.0;                  //当前最优价值
double perp[100];                    //单位物品价值排序后
int order[100];                      //物品编号
int put[100];                        //设置是否装入

void knapsack()                      //按单位价值排序
{   int i,j;
    int temporder = 0;
    double temp = 0.0;
    for(i = 1;i <= n;i++)
        perp[i] = v[i]/w[i];
    for(i = 1;i <= n-1;i++)
    {   for(j = i+1;j <= n;j++)
            if(perp[i]< perp[j])     //冒泡排序 perp[],order[],sortv[],sortw[]
            {   temp = perp[i];
```

```
                    perp[i] = perp[j];
                    perp[j] = temp;
                    temporder = order[i];
                    order[i] = order[j];
                    order[j] = temporder;
                    temp = v[i];
                    v[i] = v[j];
                    v[j] = temp;
                    temp = w[i];
                    w[i] = w[j];
                    w[j] = temp;
                }
        }
}

void backtrack(int i)                       //回溯函数
{   double bound(int i);
    if(i>n)
    {   bestp = cp;
        return;
    }
    if(cw+w[i]<=c)
    {   cw += w[i];
        cp += v[i];
        put[i] = 1;
        backtrack(i+1);
        cw -= w[i];
        cp -= v[i];
    }
    if(bound(i+1)>bestp)                    //符合条件搜索右子树
        backtrack(i+1);
}

double bound(int i)                         //计算上界函数
{   double leftw = c-cw;
    double b = cp;
    while(i<=n&&w[i]<=leftw)
    {   leftw -= w[i];
        b += v[i];
        i++;
    }
    if(i<=n)
        b += v[i]/w[i] * leftw;
    return b;
}

int main()
{   int i;
    printf("请输入物品的数量和容量: ");
    scanf("%d%lf",&n,&c);
    printf("请输入物品的重量和价值: ");
```

```
            for(i = 1;i < = n;i++)
            {   printf("第%d个物品的重量: ",i);
                scanf("%lf",&w[i]);
                printf("价值是: ");
                scanf("%lf",&v[i]);
                order[i] = i;
            }
            knapsack();
            backtrack(1);
            printf("最有价值为: %lf\n",bestp);
            printf("需要装入的物品编号是: ");
            for(i = 1;i < = n;i++)
            {   if(put[i] == 1)
                    printf("%d ",order[i]);
            }
            return 0;
        }
```

算法复杂度分析：上界函数 bound() 需要 $O(n)$ 时间，在最坏的情况下有 $O(2^n)$ 个右孩子结点需要计算上界，回溯算法 backtrack 需要的计算时间为 $O(n2^n)$。

0-1 背包问题也可以用 9.4.4 节介绍的分支限界方法来求解，在此留给大家自己课后完成代码的编写和测试，并与贪心法、回溯法进行比较分析。

9.4.4 分支限界算法

最优装载问题：有一批货，共 n 个集装箱要装上两艘载重量分别为 c_1 和 c_2 的轮船上，其中集装箱 i 的重量为 w_i，且 $w_1 + w_2 + \cdots + w_n \leqslant c_1 + c_2$；装载问题要求确定，是否有一个合理的装载方案可将这 n 个集装箱装上两艘轮船。如果有，找出一种装载方案。

例如，当 $n = 3, c_1 = c_2 = 50$，且 $w = [10, 40, 40]$ 时，可将集装箱 1 和集装箱 2 装上一艘轮船，而将集装箱 3 装在第二艘轮船；如果 $w = [20, 40, 40]$，则无法将这三个集装箱都装上轮船。

当 $w_1 + w_2 + \cdots + w_n = c_1 + c_2$ 时，装载问题等价于子集和问题。当 $c_1 = c_2$，且 $w_1 + w_2 + \cdots + w_n = 2c_1$ 时，装载问题等价于划分问题。

即使限制 $w_i, i = 1, 2, \cdots, n$ 为整数，c_1 和 c_2 也是整数。子集和问题与划分问题都是 NP 难的。由此可知，装载问题也是 NP 难的。

容易证明，如果一个给定的装载问题有解，则采用下面的策略可以得到最优装载方案。

(1) 首先将第一艘轮船尽可能装满；
(2) 然后将剩余的集装箱装上第二艘轮船。

```
template < class Type >
Type MaxLoading(Type w[],Type c,int n)    //初始化数据
{   Queue < Type > Q;                     //保存活结点的队列
    Q.Add( - 1);                          // -1 的标志是标识分层
    int i = 1;                            //i 表示当前扩展结点所在的层数
    Type Ew = 0;                          //Ew 表示当前扩展结点的重量
    Type bestw = 0;                       //bestw 表示当前最优载重量
```

```
        while(true)                          //搜索子集空间树
        {
            Type wt = Ew + w[i];             //检查左孩子
            if(wt <= c)                      //wt 为左孩子结点的重量
                if(wt > bestw)               //若装载之后不超过船体可承受范围
                {   bestw = wt;              //更新最优装载重量
                    if(i < n) Q.Add(wt);     //将左孩子添加到队列
                }
            if(Ew + r > bestw&&i < n)        //将右孩子添加到队列
                Q.Add(Ew);
            Q.Delete(Ew);                    //取下一个结点为扩展结点并将重量保存在 Ew
            if(Ew == -1)                     //检查是否到了同层结束
            {   if(Q.IsEmpty()) return bestw;//遍历完毕,返回最优值
                Q.Add(-1);                   //添加分层标志
                Q.Delete(Ew);                //删除分层标志,进入下一层
                i++;
                r -= w[i];                   //剩余集装箱重量
            }
        }
    }
```

参考代码如下:

```
#include <stdio.h>
#include <iostream>
#include <vector>
#include <queue>
#include <algorithm>
using namespace std;
void enqueue(queue<int> & q, int wt,int &bestw, int i, int n)
{   if(i == n)
    {   printf("cw = %d\n",cw);
        if (wt > bestw)
            bestw = wt;
    }
    else
        q.push(wt);
}
int main()
{   int n, c;
    queue<int> q;
    int num[100], bestw, cw;
    while(scanf("%d", &n) != EOF)
    {   scanf("%d", &c);
        int sum = 0;
        for(int i = 1 ; i <= n ; i++)
        {   scanf("%d", &num[i]);
            if(i > 1)
                sum += num[i];
        }
```

```
            q.push(-1);
            bestw = 0, cw = 0;
            int i = 1, t = 3;
            while(true)
            {   for(int j = 0 ; j < q.size() ; j++)
                {   printf("%d", q.front());
                    t = q.front(); q.pop(); q.push(t);
                }
                printf("\n");
                if(cw + num[i] <= c)
                {   if(cw + num[i] > bestw)
                        bestw = cw + num[i];
                    enqueue(q, cw + num[i], bestw, i, n);
                }
                if(cw + sum > bestw)
                    enqueue(q, cw, bestw, i, n);
                cw = q.front();
                q.pop();
                if(cw == -1)
                {   if(q.empty())
                        break;
                    q.push(-1); cw = q.front(); q.pop(); sum -= num[i]; i++;
                }
            }
            printf("%d\n", bestw);
        }
        return 0;
    }
```

9.4.5 回溯与分支限界应用

例 9-11 生日蛋糕 [POJ 1190]

Description

7月17日是 Mr. W 的生日，ACM-THU 为此要制作一个体积为 $N\pi$ 的 M 层生日蛋糕，每层都是一个圆柱体。设从下往上数第 $i(1 \leqslant i \leqslant M)$ 层蛋糕是半径为 R_i，高度为 H_i 的圆柱。当 $i < M$ 时，要求 $R_i > R_{i+1}$ 且 $H_i > H_{i+1}$。由于要在蛋糕上抹奶油，为尽可能节约经费，希望蛋糕外表面（最下一层的下底面除外）的面积 Q 最小。令 $Q = S\pi$，请编程对给出的 N 和 M，找出蛋糕的制作方案（适当的 R_i 和 H_i 的值），使 S 最小。（除 Q 外，以上所有数据皆为正整数）

Input

有两行，第一行为 $N(N \leqslant 10000)$，表示待制作的蛋糕的体积为 $N\pi$；第二行为 $M(M \leqslant 20)$，表示蛋糕的层数为 M。

Output

仅一行，是一个正整数 S（若无解则 $S = 0$）。

Sample Input

100
2

Sample Output

68

Hint

圆柱公式

体积 $V = \pi R^2 H$

侧面积 $A' = 2\pi RH$

底面积 $A = \pi R^2$

解题思路如下。

由于 R 和 H 是从下到上递减的,所以体积也是从下到上递减的,因此选择从下到上的搜索顺序有利于判断当前情况是否可行。此外,注意到表面积包括每层蛋糕的侧面积和裸露的顶面积。确定了最底层的蛋糕就确定了每层蛋糕裸露的顶面积之和,需要考虑的只剩下每层蛋糕的侧面积。因此这样的搜索顺序有利于判断是否可能出现比已知最优解更优的解。所以题目求解的基本方法是搜索加剪枝。

如 $2 \times v/R + \text{tmp} \geqslant \text{ans}$,即当前解+剩余资源的最优解$\geqslant$最优解时,则要剪枝等。

参考代码如下:

```
#include <stdio.h>
#include <iostream>
#include <cmath>
using namespace std;
int R,H,n,m,ans,mv[21],tmp;
void dfs(int v,int dep,int R,int H)
{   if (dep==0)
    {   if (v==0 && tmp<ans) ans=tmp;    //更新最优解
        return;
    }
    if (v-mv[dep-1]<0 || tmp>=ans || 2*v/R+tmp>=ans) return;  //剪枝
    for (int r=R-1;r>=dep;r--)
    {   int Hm = min(H-1,(v-mv[dep-1])/r/r);
        for (int h=Hm;h>=dep;h--)
            if ((v-r*r*h)>=0)
            {   if (dep==m) tmp=r*r;
                tmp+=2*r*h;
                dfs(v-r*r*h,dep-1,r,h);
                tmp-=2*r*h;
                if (dep==m) tmp=0;
            }
    }
}
int main()
{   memset(mv,0,sizeof(mv));
    for (int i=1;i<=m;i++)
        mv[i]=mv[i-1]+i*i*i;
    while (~scanf("%d %d",&n,&m))
    {   ans=10000000;
        dfs(n,m,n+1,n+1);
```

```
        if (ans == 10000000) printf("0\n");
        else printf(" % d\n",ans);
    }
    return 0;
}
```

例 9-12 字母(LETTERS) [POJ 1154]

Description

A single-player game is played on a rectangular board divided in R rows and C columns. There is a single uppercase letter(A~Z) written in every position in the board. Before the begging of the game there is a figure in the upper-left corner of the board(first row, first column). In every move, a player can move the figure to the one of the adjacent positions(up, down, left or right). Only constraint is that a figure cannot visit a position marked with the same letter twice. The goal of the game is to play as many moves as possible. Write a program that will calculate the maximal number of positions in the board the figure can visit in a single game.

Input

The first line of the input contains two integers R and C, separated by a single blank character, $1 \leqslant R, S \leqslant 20$. The following R lines contain S characters each. Each line represents one row in the board.

Output

The first and only line of the output should contain the maximal number of position in the board the figure can visit.

Sample Input

3 6
HFDFFB
AJHGDH
DGAGEH

Sample Output

6

解题思路如下。

R 行 S 列的格子中填满大写字母,问从左上角的格子开始走,每次只能或上或下或左或右移动一格且那个格子的字母不能走过,问最多能走几步。思路就是搜索当前的结点的字母是否出现过,如果出现过,则不扩展这个结点,否则扩展这个结点。扩展策略为深度优先。题目求解与迷宫问题有些相似。

参考代码如下:

```
#include< stdio.h>
#include< iostream>
using namespace std;
char map[30][30];
bool vis[27];                              //字母映射的方式来标记
int dir[4][2] = {{-1,0},{1,0},{0,-1},{0,1}};
int n,m,ans;                               //矩阵的大小,和输出的个数
void dfs(int step, int i, int j)
```

```
{   int x,y;
    if(step > ans)
        ans = step;
    for(int k = 0;k < 4;k++)
    {   x = i + dir[k][0];
        y = j + dir[k][1];
        if(!vis[map[x][y] - 'A']&&x >= 0&&x < n&&y >= 0&&y < m)
        {   vis[map[x][y] - 'A'] = 1;
            dfs(step + 1,x,y);
            vis[map[x][y] - 'A'] = 0;      //回溯的时候不需要去管 ans,在判断时候会随之更新
        }
    }
}
int main()
{   int i,j,p;
    while(scanf(" %d %d",&n,&m)!= EOF)
    {   memset(vis,0,sizeof(vis));
        getchar();
        for(i = 0;i < n;i++)
        {   for(j = 0;j < m;j++)
            scanf(" %c",&map[i][j]); //输入就会意外出错
            getchar();
        }
        ans = 0;
        vis[map[0][0] - 'A'] = 1;
        dfs(1,0,0);
        printf(" %d\n",ans);
    }
}
```

例 9-13 棍棒(Sticks)[POJ 1011]

Description

George took sticks of the same length and cut them randomly until all parts became at most 50 units long. Now he wants to return sticks to the original state, but he forgot how many sticks he had and how long they were originally. Please help him and design a program which computes the smallest possible original length of those sticks. All lengths expressed in units are integers greater than zero.

Input

The input contains blocks of 2 lines. The first line contains the number of sticks parts after cutting, there are at most 64 sticks. The second line contains the lengths of those parts separated by the space. The last line of the file contains zero.

Output

The output should contains the smallest possible length of original sticks, one per line.

Sample Input	Sample Output
9	6
5 2 1 5 2 1 5 2 1	5
4	
1 2 3 4	
0	

解题思路如下。

搜索+强剪枝。由小到大枚举所有可能的原棒长度,通过深度优先搜索尝试小棒能否组合成原棒,一旦检验成功则算法结束,当前原棒长度即为最小可能原棒长度。本题的难点在于搜索的方法和剪枝的技巧。

定义两个数组:nums[]和used[],分别存储木棍长度和被选用标志,则在满足如下条件时需剪枝。

(1) leftlenth = nums[i]:nums[i]是所拼长度的最后一个棒子,表明拼完了 nums[i] 剩下的棍子已无法拼出目标长度;

(2) leftlenth = totallenth:nums[i]是第一个棒子,第一个都拼不出来,那么 nums[i]在任何情况下都拼不出目标长度。

参考代码如下:

```cpp
#include <cstring>
#include <cstdio>
#include <cstdlib>
#include <algorithm>
#include <iostream>
using namespace std;

int nums[65];
int used[65];
int comp(const void * a, const void * b)
{ return ( *(int *)b - *(int *)a); }
bool solve(int tot_num, int left_num, int left_len, int tot_len) //总木棒数,剩余木棒,剩余长度,
                                                                  //拼出总长
{   int i;
    if ( left_num == 0 && left_len == 0 ) return true;
    if ( left_len == 0 ) left_len = tot_len;    //拼完一个拼下一个
    for( i = 0 ; i < tot_num ; i++)
    {   if( used[i] ) continue;                 //这根棍子被用过
        if( nums[i] > left_len ) continue;      //当前选择的棍子太长了
        used[i] = true;                          //试选某根棍子
        if( solve(tot_num,left_num-1,left_len-nums[i],tot_len) ) return true; //试选成功
        used[i] = false;                         //试选失败,回溯
        if( left_len == tot_len || nums[i] == left_len ) break; //剪枝
    }
    return false;                                //拼接不成功,返回试探下一个目标长度 len
}
```

```
int main( )
{   int n,i,len,sum;
    while ( scanf("%d",&n) != EOF )
    {   if( n == 0 ) break;
        memset(nums,0,sizeof(nums));      //初始化 nums[]
        memset(used,0,sizeof(used));      //初始化 used[]
        sum = len = 0;
        for (i = 0 ; i < n ; i++)
        {   scanf("%d",&nums[i]);
            sum += nums[i];
        }
        qsort(nums,n,sizeof(int),comp);   //nums[]数组元素降序排序
        for(len = nums[0]; len <= sum ; len++)   //从最长的木棍长度开始试探求解拼接
        {   if ( sum % len != 0) continue;   //寻找合理的目标长度,并尝试拼接
            if(solve(n,n,len,len))           //递归求解
            {   printf("%d\n",len);           //找到最优解输出结果,并退出本组拼接
                break;
            }
        }
    }
    return 0;
}
```

例 9-14　正方形(Square)　[POJ 2362][ZOJ 1909]

Description

Given a set of sticks of various lengths, is it possible to join them end-to-end to form a square?

Input

The first line of input contains N, the number of test cases. Each test case begins with an integer $4 \leqslant M \leqslant 20$, the number of sticks. M integers follow; each gives the length of a stick-an integer between 1 and 10,000.

Output

For each case, output a line containing "yes" if it is possible to form a square; otherwise output "no".

Sample Input

3
4 1 1 1 1
5 10 20 30 40 50
8 1 7 2 6 4 4 3 5

Sample Output

yes
no
yes

解题思路如下。

本题的解题思路与例 9-13 类似,但剪枝的条件不一样。可以直接用 DFS,但 DFS 需要剪枝,否则肯定超时,本题的剪枝条件有:

(1) 总数不能被 4 整除,直接输出 no;

(2) 最长的那个木棒大于边值,直接输出 no;

(3) 从某点出发,走了很多个点,如果会返回那么直接退出此次循环(因为出发点不满

足题意);

(4) 返回之后(说明走此点不合题意),若 for 循环的下一个点的值和现在一样,那么跳过下一个点,即不重复。

(5) 当可以构成三条边长度时就直接退出输出 yes。

参考代码如下:

```c
#include <stdio.h>
#include <stdlib.h>
#include <string.h>
#define MAX 21
int num,flag,t,n,m,average,visit[MAX],stick[MAX];

int cmp(const void *a,const void *b)
{   return *(int *)a - *(int *)b;
}

void DFS(int start,int temp,int root)
{   int i,j;
    if(flag!= 0)
        return ;
    if(temp == average)
    {   num++;
        if(num == 3)                              //剪枝 5
        {   flag = 1;
            return ;
        }
        j = 0;
        while(visit[j])                           //如果从没有访问过的那个点开始
            j++;
        DFS(j,0,j);
        return ;
    }
    for(i = start;i < n;i++)
    {   if(visit[i] == 0&&stick[i] + temp <= average)
        {   visit[i] = 1;
            DFS(i + 1,temp + stick[i],root);
            //以下表示已经退回来了,即还原现场!
            if(flag)  //找到符合的就退出所有 DFS
                return ;
            if(temp + stick[i] == average)        //如果走的点总把 num++,那么退回来的时候
                                                  //要还原(num -- )
                num -- ;
            visit[i] = 0;
            while(stick[i] == stick[i+1])         //剪枝 4 返回之后(说明走此点不合题意),若
            //for 循环的下一个点的值和现在一样,那么跳过下一个点
                i++;
        }
        if(!visit[root])    //剪枝 3 从某点出发,走了很多个点,如果会返回那么直接退出此次循环
            return ;
    }
}
```

```
}
int main()
{   int i,sum,max;
    scanf("%d",&t);
    while(t--)
    {   scanf("%d",&n);
        for(i=0,sum=0,max=0,average=0;i<n;i++)
        {   scanf("%d",&stick[i]);
            sum+=stick[i];
            if(stick[i]>max)
                max=stick[i];
        }
        average=sum/4;
        if(sum%4!=0||max>average) //剪枝1,剪枝2
        {   printf("no\n");
            continue;
        }
        memset(visit,0,sizeof(visit));
        qsort(stick,n,sizeof(stick[0]),cmp);
        flag=0;
        num=0;
        DFS(0,0,0);
        if(flag==1)
            printf("yes\n");
        else
            printf("no\n");
    }
    return 0;
}
```

9.5 动态规划法

动态规划算法与分治法十分类似,它的基本思想就是把要求解的问题划分成若干个子问题,然后从这些子问题的解中得到原来问题的解。但是与分治法不同的是,适合用动态规划求解的问题,它的子问题往往不是互相独立的。

动态规划又与贪心算法有些相似,往往把一个问题的解决方案视为一系列决策的结果。但与贪心算法不同的是,每采用一次贪心准则就要做出一个不可回溯的决策,而在动态规划中,还要观察每个最优决策序列中是否包含一个最优子序列。

9.5.1 Fibonacci 数的计算

如果一个数列中的每个数是前两个数之和,而数列的最初两个数都是1。这样的数列我们称之为 Fibonacci 数列。简单的斐波那契数求解其实就是个简单的动态规划。

```
#include<iostream>
#include<cstdio>
```

```
using namespace std;
int f[100];
int main()
{   int n;
    scanf("%d",&n);
    f[1] = f[2] = 1;
    for(int i = 3;i <= n;i++)
        f[i] = f[i-1] + f[i-2];
    printf("%d\n",f[n]);
    return 0;
}
```

注：如果从定义出发来求解，即用递归的方式来求解斐波那契数列，则函数的计算量会随 n 的增加而急剧增加，其计算量将是 n 的指数函数。事实上，函数值的增长也是非常快的，所以，对于较大的 n，其函数值也常常会超过计算机的正常表示范围。

例 9-15 World Cup Noise 斐波那契数列[POJ 1953]

Description

Background

"KO-RE-A, KO-RE-A" shout 54 000 happy football fans after their team has reached the semifinals of the FIFA World Cup in their home country. But although their excitement is real, the Korean people are still very organized by nature. For example, they have organized huge trumpets(that sound like blowing a ship's horn) to support their team playing on the field. The fans want to keep the level of noise constant throughout the match.

The trumpets are operated by compressed gas. However, if you blow the trumpet for 2 seconds without stopping it will break. So when the trumpet makes noise, everything is okay, but in a pause of the trumpet, the fans must chant "KO-RE-A"!

Before the match, a group of fans gathers and decides on a chanting pattern. The pattern is a sequence of 0's and 1's which is interpreted in the following way: If the pattern shows a 1, the trumpet is blown. If it shows a 0, the fans chant "KO-RE-A". To ensure that the trumpet will not break, the pattern is not allowed to have two consecutive 1's in it.

Problem

Given a positive integer n, determine the number of different chanting patterns of this length, i.e., determine the number of n-bit sequences that contain no adjacent 1's. For example, for $n = 3$ the answer is 5(sequences 000, 001, 010, 100, 101 are acceptable while 011, 110, 111 are not).

Input

The first line contains the number of scenarios.

For each scenario, you are given a single positive integer less than 45 on a line by itself.

Output

The output for every scenario begins with a line containing "Scenario #i:", where i is the number of the scenario starting at 1. Then print a single line containing the number of n-bit sequences which have no adjacent 1's. Terminate the output for the scenario with a blank line.

Sample Input
2
3
1

Sample Output
Scenario #1:
5

Scenario #2:
2

解题思路如下。

题意：求一个长度为 n 的由 0 和 1 组成的序列中满足没有两个 1 相邻的序列的数目。

思路：推出前三项后就可以发现其满足斐波那契数列。

参考代码如下：

```
#include <iostream>
#include <cstdio>
#include <string.h>
using namespace std;

#define CLR(arr,val) memset(arr,val,sizeof(arr))
long long dp[50];
int main()
{   int numcase;
    CLR(dp,0);
    dp[1] = 2;dp[2] = 3;
    for(int i = 3;i < 50;++i)
        dp[i] = dp[i-1] + dp[i-2];
    scanf("%d",&numcase);
    for(int i = 1;i <= numcase;++i)
    {   int n;
        scanf("%d",&n);
        printf("Scenario #%d:\n",i);
        printf("%lld\n\n",dp[n]);
    }
    return 0;
}
```

9.5.2 矩阵连乘的顺序问题

给定 n 个矩阵 $\{A_1, A_2, \cdots, A_n\}$，其中 A_i 与 A_{i+1} 是可乘的，$i = 1, 2, \cdots, n-1$。由于矩阵乘法满足结合律，所以矩阵的连乘有许多不同的计算次序。这种计算次序可以采用加括号的方式来确定。假如说一个矩阵连乘的计算次序已经完全确定，这也就意味着该连乘已经完全加括号。那么，完全加括号的矩阵连乘可以递归地定义为：

(1) 单个矩阵是完全加括号的;
(2) 矩阵连乘 A 是完全加括号的,则 A 可以表示成两个完全加括号的矩阵连乘形式,即 A =(BC)。

例如,矩阵连乘 $A_1A_2A_3$ 可以有以下几种不同的加括号方式:

$$(A_1(A_2A_3))$$
$$((A_1A_2)A_3)$$

矩阵 A 和 B 可乘的条件是矩阵 A 的列数等于矩阵 B 的行数。若 A 是一个 $p \times q$ 的矩阵,B 是一个 $q \times r$ 的矩阵,其乘积 $C = AB$ 是一个 $p \times r$ 的矩阵,总共需要 $p \times q \times r$ 次数乘。假设三个矩阵规模分别是:A_1 为 10×100、A_2 为 100×5 和 A_3 为 5×50,若以 $((A_1A_2)A_3)$ 这种方式计算,三个矩阵的连乘积需要的数乘次数为 7500。若以 $(A_1(A_2A_3))$ 这种方式计算,所需的数乘次数为 75 000。显然,在计算矩阵连乘积时,加括号方式对计算量有很大影响。

由于矩阵相乘满足结合率,而不同的运算次序所需的元素间乘法的次数不同。尽管计算结果相同,但所花费的时间代价相差极大,为此,对于经常进行矩阵连乘运算的应用问题,应首先确定最优的矩阵连乘次序。

最优矩阵连乘次序(Optimal Matrix Multiplication Order)问题可以描述为:给定 n 个矩阵 $A_1, A_2, A_3, \cdots, A_n$ 的维数为 $d_0, d_1, d_2, \cdots, d_n$,即 A_i 的维数为 $d_{i-1} \times d_i (1 \leq i \leq n)$。求一种连乘次序,使得计算时所需的元素乘法的总数最少。

下面看看用什么方法求解这个问题比较合适。穷举搜索法不是一个有效算法,它的时间复杂度是随 n 的增长呈指数增长的;由于无法决定最初在何处划分,所以分治法也不合适;贪心法虽是可选方法,但贪心法无法保证得到的是最优解。下面考虑用动态规划法解矩阵连乘积的最优计算次序问题。

1. 分析最优解的结构

设计求解具体问题动态规划算法的第一步是刻画该问题最优解的结构特征。将矩阵连乘积 $A_iA_{i+1}..A_j$ 简记为 $A[i:j]$。考察计算 $A[1:n]$ 的最优计算次序。设这个计算次序在矩阵 A_k 和 A_{k+1} 之间将矩阵链断开,$1 \leq k < n$,则其相应的完全加括号形式为 $((A_1..A_k)(A_{k+1}..A_n))$。以此次序,总的计算量为 $A[1:k]$ 的计算量加上 $A[k+1:n]$ 的计算量,再加上 $A[1:k]$ 和 $A[k+1:n]$ 相乘的计算量。

此问题的关键特征是计算 $A[1:n]$ 最优次序所包含的计算矩阵子链 $A[1:k]$ 和 $A[k+1:n]$ 的次序也是最优的。因此,矩阵连乘积计算次序问题的最优解包含着其子问题的最优解。这种性质称为最优子结构性质。问题的最优子结构性质是该问题可以用动态规划算法求解的显著特征。

2. 建立递归关系

设计动态规划算法的第二步就是递归地定义最优值。对于矩阵连乘积的最优计算次序问题,设计算 $A[i:j]$,$1 \leq i \leq j \leq n$,所需的最少数乘次数为 $m[i][j]$,则原问题的最优值为 $m[1][n]$。

当 $i = j$ 时,$A[i:j] = A_i$,为单一矩阵,无需计算,因此 $m[i][i] = 0$。

当 $i < j$ 时,可以利用最优子结构的性质来计算 $m[i][j]$。事实上,若计算 $A[i:j]$ 的最

优次序在 A_k 和 A_{k+1} 之间断开，$i \leqslant k < j$，则 $m[i][j]=m[i][k]+m[k+1][j]+P_{i-1} \times P_k \times P_j$。其中 P_i 表示第 i 个矩阵的列数，也是第 $i-1$ 个矩阵的行数，P_0 表示第一个矩阵的行数。由于在计算时并不知道断开点 k 的位置，所以 k 还未定。不过 k 的位置只有 $j-i$ 个可能。从而 $m[i][j]$ 可以递归地定义为：

$$\min[i][j] = \begin{cases} 0 & i=j \\ \min\{m[i][k]+m[k+1][j]+P_{i-1} \times P_k \times P_j\} & i<j \end{cases}$$

$m[i][j]$ 给出了最优值，即计算 $A[i:j]$ 所需的最少数乘次数。同时还确定了计算 $A[i:j]$ 的最优次序中的断开位置 k，也就是说，对于这个 k 有

$$m[i][j]=m[i][k]+m[k+1][j]+P_{i-1} \times P_k \times P_j$$

若将对应于 $m[i][j]$ 的断开位置 k 记为 $s[i][j]$，在计算最优值 $m[i][j]$ 后，可以递归地由 $s[i][j]$ 构造出相应的最优解。

3. 计算最优值

根据计算 $m[i][j]$ 的递归式，容易写一个递归算法计算 $m[1][n]$。但是简单地递归将耗费指数计算时间。在递归计算时，许多子问题被重复计算多次。这也是该问题可以用动态规划算法求解的又一显著特征。

用动态规划算法解决此问题，可依据其递归以自底向上的方式进行计算。在计算的过程中，保存已解决的子问题答案。每个子问题只计算一次，而在后面需要时只要简单查一下，从而避免大量的重复计算。

参考代码如下：

```c
#include <stdio.h>
void matrix_chain(int * p, int n, int[][100], int[][100]);
void trace_back(int i, int j, int [][100]);

int main()
{   int size[100], total, i = 0, m[100][100], s[100][100],j;
    printf("Please enter the number of matrix:\n");
    scanf("%d", &total);
    printf("Please enter a series of number.\nThe first number is the row of the first matrix, others are column of each matrix respectively:\n");
    while(i <= total)
        scanf("%d", &size[i++]);
    matrix_chain(size, total, m, s);
    printf("The result is:\n");
    trace_back(1, 6, s);
    printf("\n");
    return 0;
}

void matrix_chain(int * p, int n, int m[][100], int s[][100])
{   int i,j,k,r,t;
    for(i = 1; i <= n; i++) m[i][i] = 0;        //对角线的元素都为 0
    for(r = 2; r <= n; r++)
```

```
            for(i = 1; i <= n - r + 1; i++)
            {   j = i + r - 1;
                m[i][j] = m[i+1][j] + p[i-1] * p[i] * p[j];  //设第一个点是最佳断开位置,算出其
                                                            //所需数乘次数
                s[i][j] = i;                //记录下断开的位置
                for(k = i + 1; k < j; k++)
                {   t = m[i][k] + m[k+1][j] + p[i-1] * p[k] * p[j];
//如果从其他断开点断开矩阵链,所需的数乘次数比原来的小,就替换
                    if(t < m[i][j])
                    {   m[i][j] = t; s[i][j] = k;
                    }
                }
            }
        }
}

void trace_back(int i, int j, int s[][100])
{   if(i == j) {printf("A%d",i);return;}
    printf("(");
    trace_back(i,s[i][j],s);
    printf(",");
    trace_back(s[i][j] + 1, j, s);
    printf(")");
}
```

算法 matrix_chain 首先计算出 $m[i][i]=0$,然后再根据递归式,按照矩阵链长递增的方式依次计算 $m[i][i+1]$,$m[i][i+2]$,…,在计算 $m[i][j]$ 时,只是用到已计算出的 $m[i][k]$ 和 $m[k+1][j]$。

算法 matrix_chain 的主要计算量取决于程序中对 r,i 和 k 的三重循环。循环体内的计算量为 $O(1)$,而三重循环的总次数为 $O(n^3)$。因此,该算法的计算时间的上界为 $O(n^3)$,所占用的空间为 $O(n^2)$。由此可见动态规划算法比穷举搜索法要有效得多。

4. 构造最优解

动态规划算法的第 4 步是构造问题的最优解。算法 matrix_chain 只是计算出了最优值,并未给出最优解。也就是说,通过 matrix_chain 的计算,只是得到最少数乘次数,还不知道具体应按什么次序来做矩阵乘法才能达到最少的数乘次数。

事实上,matrix_chain 已记录了构造最优解所需要的全部信息。$s[i][j]$ 中的数表明,计算矩阵链 $A[i:j]$ 的最佳方式应在矩阵 A_k 和 A_{k+1} 之间断开,最优加括号方式为 $(A[i:k])(A[k+1:j])$。因此,由 $s[1][n]$ 记录的信息可知计算 $A[1:n]$ 的最优加括号方式为 $(A[1:s[1][n]])(A[s[1][n]+1:n])$。同理可以最终确定 $A[1:n]$ 的最优完全加括号方式,即构造出问题的一个最优解。

例 9-16 乘法难题(Multiplication Puzzle) [POJ 1651]

Description

The multiplication puzzle is played with a row of cards, each containing a single positive integer. During the move player takes one card out of the row and scores the number of points equal to the product of the number on the card taken and the numbers on the cards on the left and on the right of it. It is not allowed to take out the first and the last card in the row. After the final move, only two cards are left in the row.

The goal is to take cards in such order as to minimize the total number of scored points.

For example, if cards in the row contain numbers 10 1 50 20 5, player might take a card with 1, then 20 and 50, scoring

$10 \times 1 \times 50 + 50 \times 20 \times 5 + 10 \times 50 \times 5 = 500 + 5000 + 2500 = 8000$

If he would take the cards in the opposite order, i.e. 50, then 20, then 1, the score would be

$1 \times 50 \times 20 + 1 \times 20 \times 5 + 10 \times 1 \times 5 = 1000 + 100 + 50 = 1150.$

Input

The first line of the input contains the number of cards $N(3 \leqslant N \leqslant 100)$. The second line contains N integers in the range from 1 to 100, separated by spaces.

Output

Output must contain a single integer – the minimal score.

Sample Input   Sample Output
6   3650
10 1 50 50 20 5

解题思路如下。

题目要求求出那些积的和的最小值。其实这道题目和矩阵连乘是一样的，把它的 n 个输入转化为是 $n-1$ 个矩阵的行数和列数，那就和矩阵连乘问题一样了。

```
#include <cstdio>
#include <iostream>
using namespace std;

int m[101][101];
int p[101];

int Matrix_chain_mul(int p[], int n, int m[101][101])
{ n-=1;
    int i,j,k,r,q;
    for(i=1;i<=n;i++)
        m[i][i] = 0;
    for(r=2;r<=n;r++)
    { for(i=1;i<=n-r+1;i++)
        { j = i+r-1;
            m[i][j] = 99999999;
            for(k = i;k<j;k++)
            { q = m[i][k] + m[k+1][j] + p[i-1] * p[k] * p[j];
                if(q<m[i][j])
                    m[i][j] = q;
            }
        }
    }
```

```
        return m[1][n];
}
int main()
{   memset(p,0,sizeof(p));
    memset(m,0,sizeof(m));
    int n;
    scanf("%d",&n);
    for(int i = 0;i<n;i++)
        scanf("%d",&p[i]);
    int min = Matrix_chain_mul(p,n,m);
    printf("%d\n",min);
    return 0;
}
```

9.5.3 适合动态规划算法的两个条件

适合动态规划算法的问题本身具有两个非常重要的条件：最优子结构和子问题重叠性质。从一般意义上来说，这两个性质是用动态规划求解的基本要素。

(1) 最优子结构性质：当问题的最优解包含了其子问题的最优解时，称该问题具有最优子结构性质。在分析问题的这个性质时，所用的方法具有普遍性。首先假设由问题最优解导出的子问题的解不是最优的，然后再设法说明在这个假设下可构造出比原问题最优解更好的解，从而导致矛盾。一般采用自底向上的方式递归地从子问题的最优解逐步构造出整个问题的最优解。

(2) 重叠子问题性质：在用递归方法自顶向下求解问题时，每次所产生的子问题并不总是新的问题，有些子问题被反复计算多次。动态规划算法正是利用了这种子问题的重叠性质，对每个子问题只计算一次，然后将其保存在一个表格中，以方便以后用到的时候查询，从而能获得较高的解题效率。

例 9-17 商店购物（Shopping Offers）：[USACO 3.3.2]

In a certain shop, each kind of product has an integer price. For example, the price of a flower is 2 zorkmids(z) and the price of a vase is 5z. In order to attract more customers, the shop introduces some special offers.

A special offer consists of one or more product items together for a reduced price, also an integer. Examples：

three flowers for 5z instead of 6z, or two vases together with one flower for 10z instead of 12z.

Write a program that calculates the price a customer has to pay for a purchase, making optimal use of the special offers to make the price as low as possible. You are not allowed to add items, even if that would lower the price.

For the prices and offers given above, the (lowest) price for three flowers and two vases is 14z：two vases and one flower for the reduced price of 10z and two flowers for the regular price of 4z.

INPUT FORMAT

The input file has a set of offers followed by a purchase.

Line 1: s, the number of special offers, $(0 \leqslant s \leqslant 99)$.

Line $2 \sim s+1$: Each line describes an offer using several integers. The first integer is $n(1 \leqslant n \leqslant 5)$, the number of products that are offered. The subsequent n pairs of integers c and k indicate that k items $(1 \leqslant k \leqslant 5)$ with product code $c(1 \leqslant c \leqslant 999)$ are part of the offer. The last number p on the line stands for the reduced price $(1 \leqslant p \leqslant 9999)$. The reduced price of an offer is less than the sum of the regular prices.

Line $s+2$: The first line contains the number $b(0 \leqslant b \leqslant 5)$ of different kinds of products to be purchased.

Line $s+3 \sim s+b+2$: Each of the subsequent b lines contains three values: c, k, and p. The value c is the (unique) product code $(1 \leqslant c \leqslant 999)$. The value k indicates how many items of this product are to be purchased $(1 \leqslant k \leqslant 5)$. The value p is the regular price per item $(1 \leqslant p \leqslant 999)$. At most $5 \times 5 = 25$ items can be in the basket.

SAMPLE INPUT

2
1 7 3 5
2 7 1 8 2 10
2
7 3 2
8 2 5

OUTPUT FORMAT

A single line with one integer: the lowest possible price to be paid for the purchases.

SAMPLE OUTPUT

14

解题思路如下。

这是一个 5 维的动态规划问题,状态设置:$F[a_1][a_2][a_3][a_4][a_5]$ 为买 a_1 件物品 1,a_2 件物品 2,a_3 件物品 3,a_4 件物品 4,a_5 件物品 5 时所需的最少价格。边界条件:

$F[0][0][0][0][0] = 0$;

状态转移方程是:

$F[a_1][a_2][a_3][a_4][a_5] = \min\{F[a_1 - P[i][1]][a_2 - P[i][2]][a_3 - P[i][3]][a_4 - P[i][4]][a_5 - P[i][5]] + P[i][0]\}$,

其中 $i = 1..s+b$;且 $ak - P[i][k] >= 0$

初始状态是:

$F[a_1][a_2][a_3][a_4][a_5] = a_1 * p[1] + a_2 * p[2] + a_3 * p[3] + a_4 * p[4] + a_5 * p[5]$,注意一些特殊数据,如 0 0 之类的。

参考代码如下:

```
#include<iostream>
#include<cstdio>
using namespace std;
```

```cpp
        const int INF = 1684300900;
        struct node
        {   int sum,pay;
            int next[10];
        }a[100],d[100];                         //a、d结构分别保存优惠及实际订购商品数量、
                                                //费用等信息
        int s,n = 0,m;
        int b[1000];
        int f[11][11][11][11][11];

        void Init()                             //准备各种数据结构并初始化数据
        {   int c,k;
            scanf("%d",&s);                     //输入优惠条件数
            for (int i = 1;i <= s;i++)
            {   scanf("%d",&a[i].sum);          //输入优惠组合商品种类数要求
                for (int j = 1;j <= a[i].sum;j++)
                {   scanf("%d %d",&c,&k);       //输入优惠组合的商品编号及数量
                    if (!b[c]) b[c] = ++n;      //设置某商品优惠标志
                    a[i].next[b[c]] = k;        //保存某商品优惠的数量要求
                }
                scanf("%d",&a[i].pay);          //输入优惠组合的优惠价
            }
            scanf("%d",&m);                     //输入订购商品的种类数
            for (int i = 1;i <= m;i++)
            {   int c,k;
                scanf("%d %d",&c,&k);           //输入商品编号及数量
                if (!b[c]) b[c] = ++n;          //设置某商品订货标志
                d[b[c]].sum = k;                //保存某商品订货数量
                scanf("%d",&d[b[c]].pay);       //输入某商品的单价(原价)
            }
            for (int i = 1;i <= n;i++)          //生成单件商品的单价表
            {   a[s + i].sum = 1;
                a[s + i].next[i] = 1;
                a[s + i].pay = d[i].pay;
            }
            s += n;
        }

        void Solve()                            //依据状态转移方程求解
        {   memset(f,100,sizeof(f));
            f[0][0][0][0][0] = 0;
            for (int i1 = 0;i1 <= d[1].sum;i1++)
                for (int i2 = 0;i2 <= d[2].sum;i2++)
                    for (int i3 = 0;i3 <= d[3].sum;i3++)
                        for (int i4 = 0;i4 <= d[4].sum;i4++)
                            for (int i5 = 0;i5 <= d[5].sum;i5++)
                                if (f[i1][i2][i3][i4][i5]!= INF)
                                    for (int j = 1;j <= s;j++)
f[i1 + a[j].next[1]][i2 + a[j].next[2]][i3 + a[j].next[3]][i4 + a[j].next[4]][i5 + a[j].next
[5]] = min(f[i1 + a[j].next[1]][i2 + a[j].next[2]][i3 + a[j].next[3]][i4 + a[j].next[4]][i5 +
a[j].next[5]],f[i1][i2][i3][i4][i5] + a[j].pay);
```

```
        printf("%d\n",f[d[1].sum][d[2].sum][d[3].sum][d[4].sum][d[5].sum]);
}

int main()
{   Init();
    Solve();
    return 0;
}
```

例 9-18 细胞自动机(Cellular Automaton)   [POJ 3150]
Description

A *cellular automaton* is a collection of cells on a grid of specified shape that evolves through a number of discrete time steps according to a set of rules that describe the new state of a cell based on the states of neighboring cells. The *order of the cellular automaton* is the number of cells it contains. Cells of the automaton of order n are numbered from 1 to n.

The *order of the cell* is the number of different values it may contain. Usually, values of a cell of order m are considered to be integer numbers from 0 to $m-1$.

One of the most fundamental properties of a cellular automaton is the type of grid on which it is computed. In this problem we examine the special kind of cellular automaton — circular cellular automaton of order n with cells of order m. We will denote such kind of cellular automaton as n,m-automaton.

A distance between cells i and j in n,m-automaton is defined as $\min(|i-j|, n-|i-j|)$. A d-*environment of a cell* is the set of cells at a distance not greater than d.

On each d-*step* values of all cells are simultaneously replaced by new values. The new value of cell i after d-step is computed as a sum of values of cells belonging to the d-enviroment of the cell i modulo m.

The following picture shows 1-step of the 5, 3-automaton.

The problem is to calculate the state of the n, m-automaton after k d-steps.

Input

The first line of the input file contains four integer numbers n, m, d, and k ($1 \leq n \leq 500$, $1 \leq m \leq 1\,000\,000$, $0 \leq d < n/2$, $1 \leq k \leq 10\,000\,000$). The second line contains n integer numbers from 0 to $m-1$——initial values of the automaton's cells.

Output

Output the values of the n, m-automaton's cells after k d-steps.

Sample Input

sample input #1

5 3 1 1
1 2 2 1 2

sample input #2

5 3 1 10

1 2 2 1 2

Sample Output

sample output #1

2 2 2 2 1

sample output #2

2 0 0 2 2

【解题分析】

题意：如图 9.6 所示，在一个 N 个点构成的圆环上，定义一次变换，把每个点的值赋为与它距离不超过 d 的点的值之和 mod m。问经过 k 次变换后这个圆环的情况。

解题思路：显然这是一个循环矩阵的矩阵乘法运算。样例 1 构造的 $N \times N$ 矩阵如下：

1 1 0 0 1
1 1 1 0 0
0 1 1 1 0
0 0 1 1 1
1 0 0 1 1

图 9.6 环形细胞自动机

然而本题中 $N \leqslant 500$，矩阵乘法的时间复杂度却是 $O(N^3)$ 的，无法承受，需要考虑优化。

由于这个矩阵的每一行都是上一行右移一次得到的，具有这个特性的矩阵叫做循环矩阵。那么，由循环矩阵与循环矩阵去做矩阵乘法，得到的结果一定也是一个循环矩阵，这可根据矩阵乘法的定义分析得出。

既然如此，就意味着做矩阵乘法的时候，算出结果矩阵的第一行就可以轻松知道接下来别的行的情况了，至此，成功将矩阵乘法的复杂度优化到了 $O(N^2)$。

参考代码如下：

```cpp
#include<iostream>
#include<fstream>
#include<cmath>
using namespace std;
long long map[501][501],map1[501][501],map2[501][501];
long long m,d,k;
long long a[501],b[501];
int n;
void solve(long long k)
{   long long i,j;
    if(k == 1)
    {   for(i = 1;i <= n;i++)
            for(j = 1;j <= n;j++)
                map1[i][j] = map[i][j];
    }
    else
    {   solve(k/2);
        for(i = 1;i <= n;i++)
        {   map2[1][i] = 0;
            for(j = 1;j <= n;j++)
```

```
            {   map2[1][i] += map1[1][j] * map1[j][i];
                map2[1][i] % = m;
            }
        }
        for(i = 2;i < = n;i++)
        {   map2[i][1] = map2[i-1][n];
            for(j = 2;j < = n;j++)
                map2[i][j] = map2[i-1][j-1];
        }
        if(k/2 * 2 == k)
        {   for(i = 1;i < = n;i++)
                for(j = 1;j < = n;j++)
                    map1[i][j] = map2[i][j];
        }
        else
        {   for(i = 1;i < = n;i++)
            {   map1[1][i] = 0;
                for(j = 1;j < = n;j++)
                {   map1[1][i] += map2[1][j] * map[j][i];
                    map1[1][i] % = m;
                }
            }
            for(i = 2;i < = n;i++)
            {   map1[i][1] = map1[i-1][n];
                for(j = 2;j < = n;j++)
                    map1[i][j] = map1[i-1][j-1];
            }
        }
}
void read()
{   int i,j;
    while(scanf(" % d % lld % lld % lld",&n,&m,&d,&k) != EOF)
    {   for(i = 1;i < = n;i++)
            scanf(" % lld",&a[i]);
        memset(map,0,sizeof(map));
        for(i = 1;i < = n;i++)
        {   for(j = 1;j < = n;j++)
                if(min(abs(i-j),n-abs(i-j)) < = d)
                    map[i][j] = 1;
        }
        solve(k);
        for(i = 1;i < = n;i++)
        {   b[i] = 0;
            for(j = 1;j < = n;j++)
            {   b[i] += a[j] * map1[j][i];
                b[i] % = m;
            }
        }
        for(i = 1;i < = n;i++)
```

```
        printf(" % ld ",b[i]);
    printf("\n");
    }
}

int main()
{   read();
    return 0;
}
```

9.5.4 最长不降子序列问题

1. 问题描述

最长不降子序列(Longest Increasing Subsequence)问题如下：设有由 n 个不相同的整数组成的数列，记为 $a_1, a_2, \cdots, a_n$ 且 $a_i \neq a_j (i \neq j)$，例如 $3, 18, 7, 14, 10, 12, 23, 41, 16, 24$。若存在 $a_{i_1} < a_{i_2} < \cdots < a_{i_k}$ 且有 $i_1 < i_2 < i_3 < \cdots < i_k$ 的最大的 k 值，则称其为长度为 k 的不下降序列。如上例中 $3, 18, 23, 24$ 就是一个长度为 4 的不下降序列，同时 $3, 7, 10, 12, 16, 24$ 是长度为 6 的不下降序列。程序要求，当原数列给出之后，求出最长的不下降序列。

2. 算法分析

根据动态规划的原理，首先要考虑子问题如何分解，经过分析，发现"求以 $a_k(k=1,2,3,\cdots,N)$ 为终点的最长上升子序列的长度"是个好子问题，把一个上升子序列中最右边的那个数，称为该序列的"终点"。虽然该子问题与原问题形式上并不完全一样，但是只要这 N 个子问题都解决了，那么这 N 个子问题的解中，最大的那个就是整个问题的解。可见子问题只与数字所在的位置有关，因此，序列中数的位置 k 就是状态，而状态 k 对应的值，就是以 a_k 作为终点的最长上升子序列的长度，这个状态一共有 N 个。假定 Maxlen(k) 表示以 a_k 为终点的最长上升子序列的长度，那么有状态迁移方程：

Maxlen(1) = 1

Maxlen(k) = Max{Maxlen(i) : $1 \leqslant i < k$ 且 $a_i < a_k$ 且 $k \neq 1$} + 1

这个状态迁移方程的意思就是，Maxlen(k) 的值，就是在 a_k 左边，终点数值小于 a_k，且长度最大的那个上升子序列的长度加 1。

参考代码如下：

```
#include< stdio. h>
#include< stdlib. h>
#include< iostream>
using namespace std;
const int maxn = 2000;
int i,j,n,t,x,lmax,a[maxn],b[maxn];
int main()
{   int max;
    scanf(" % d",&n);              //输入要求解的数据个数及数据序列
    for(i = 1;i < = n;i++)
        scanf(" % d",&a[i]);
```

```
        b[n] = 1;
        lmax = 0;
        for(i = n - 1;i >= 1;i -- )             //倒推求解最长子序列长度
        {   max = 0;
            for(j = i + 1;j <= n;j++)
                if(a[i]<= a[j]&&b[j]> max)
                    max = b[j];
            b[i] = max + 1;
            if(b[i]> lmax) lmax = b[i];
        }
        printf(" % d\n",lmax);                  //输出最后求解结果
    return 0;
}
```

例 9-19 书架(Bookcase)，[ZOJ 3523]

Because of the 90th anniversary of the Coherent & Cute Patchouli(C. C. P), Patchouli Knowledge decides to rearrange the books on her bookcase.

Patchouli Knowledge is a powerful magician who lives in Scarlet Devil Mansion. In Scarlet Devil Mansion there's a large library under the ground, and Patchouli Knowledge lives in it. Of course, it's dark and uncomfortable, however it's a good quiet place to do some research or study on new powerful magics.

In the library there's a large bookcase. For convenience, we assume that it has N levels of shelves. On each shelves there are M books. Of course, each book has a title, such as *How to survive in Master Spark* or *Become a baka in nine minutes*. Patchouli Knowledge reads a large number of books every day, so the bookcase is messy.

She decides to rearrange her books in ASCII order. For example, the book *Two Dimension Mania* should be put before the book *Utawarerumono*, and *Zombies* should be put before *galgame*. The books may have the same name, and the spaces are also considered when comparing titles in ASCII order.

Each time, she will choose one book from one shelf, and insert it in any place of the same shelf. However, because of asthma, it will cost her one unit of energy on each moves. Patchouli Knowledge is unable to do a lot of works. So she wants to know the minimal energy cost she need to rearrange all the books.

Input

There are multiple test cases. For each test case:

The first line has two numbers $N(1 \leqslant N \leqslant 50)$ as the level of the shelves and $M(1 \leqslant M \leqslant 50)$ as the number of the books on each shelf.

Then followed by N blocks, each block describes a shelf that contains M lines. Each line of a block is a string(no more than 50 characters) indicates a book's title on the shelf. We assume all titles only have A to Z, a to z and spaces.

Output

For each test case, output the answer as the description required.

Sample Input

2 2
Two Dimension Mania
Utawarerumono
Utawarerumono
Two Dimension Mania

Sample Output

1

Hint

In the first shelf, you need not to do anything; In the second shelf, you need to take the Two Dimension Mania out, and insert it before Utawarerumono.

【解题分析】这是个求最长不降子序列的题目。

题意：书架共有 N 层，每层 M 本书，现在要使得每一层的书都按照字典不降序排列，每次可以把一本书移动到这本书所在层的另一个位置，求完成所有 N 层所需要的最少移动次数。

思路：按照题意，每层是独立的，如果是通过交换两本书的位置来整理，那么就是求序列的逆序数了，现在通过把一个数插到任意位置来把一个数列排成有序的，那么最优的方法就是找出当前序列里已经最多的有序的数，然后把其他的插在它们应该在的位置。现在又要求排成字典序，这样一来只需对每本书标号，然后求出标号序列的最长上升子序列长度 len，对于每一层，最少操作次数就是 $M - \text{len}$ 了。

```
#include<iostream>
#include<cstring>
#include<cstdio>
using namespace std;
int n,m;
struct bookname
{   char s[51];
}name[51];
int dp[100];
int lis()                                       //求最长不降子序列
{   int i,j,res = 0;
    for(i = 0;i < 100;i++)
        dp[i] = 1;                              //初始化最长序列
    for(i = 0;i < m;i++)
    {   for(j = 0;j < i;j++)
            if(strcmp(name[i].s,name[j].s)>= 0) //比较书名求不降序列
                if(dp[j] + 1 > dp[i])
                    dp[i]++;
        res = max(dp[i],res);                   //选最长不降序列
    }
    return res;
}
int main()
```

```
    {   int ans,i,j,a,b,c;
        while(scanf(" % d % d",&n,&m)!= EOF)
        {   ans = 0;
            getchar();
            for(i = 0;i < n;i++)
            {   for(j = 0;j < m;j++)
                    gets(name[j].s);            //输入书名
                    ans += (m − lis());          //计算最少移动次数
            }
            printf(" % d\n",ans);
        }
        return 0;
    }
```

9.5.5 最长公共子序列问题

最长公共子序列(Longest Common Subsequence)：一个数列 S，如果分别是两个或多个已知数列的子序列，且是所有符合此条件序列中最长的，则 S 称为已知序列的最长公共子序列。

子串是连续的，但子序列不要求是连续的，子序列只要求前后的相对顺序一致！

最长公共子序列的问题常用于解决字符串的相似度，是一个非常实用的算法。不难想象最长公共子序列的个数可能不唯一，但其长度一定是唯一的。

1. 最长公共子序列结构

解最长公共子序列问题时最容易想到的算法是穷举搜索法，即对 X 的每一个子序列，检查它是否也是 Y 的子序列，从而确定它是否为 X 和 Y 的公共子序列，并且在检查过程中选出最长的公共子序列。X 的所有子序列都检查过后即可求出 X 和 Y 的最长公共子序列。X 的一个子序列相应于下标序列 $\{1,2,\cdots,m\}$ 的一个子序列，因此，X 共有 $2m$ 个不同子序列，从而穷举搜索法需要指数时间。

事实上，最长公共子序列问题也有最优子结构性质，因为有如下定理。

定理：LCS 的最优子结构性质

设序列 $X = <x_1,x_2,\cdots,x_m>$ 和 $Y = <y_1,y_2,\cdots,y_n>$ 的一个最长公共子序列 $Z = <z_1,z_2,\cdots,z_k>$，则：

(1) 若 $x_m = y_n$，则 $z_k = x_m = y_n$ 且 Z_{k-1} 是 X_{m-1} 和 Y_{n-1} 的最长公共子序列；

(2) 若 $x_m \neq y_n$ 且 $z_k \neq x_m$，则 Z 是 X_{m-1} 和 Y 的最长公共子序列；

(3) 若 $x_m \neq y_n$ 且 $z_k \neq y_n$，则 Z 是 X 和 Y_{n-1} 的最长公共子序列。

其中 $X_{m-1} = <x_1,x_2,\cdots,x_{m-1}>$，$Y_{n-1} = <y_1,y_2,\cdots,y_{n-1}>$，$Z_{k-1} = <z_1,z_2,\cdots,z_{k-1}>$。

证明：用反证法。

(1) 若 $z_k \neq x_m$，则 $<z_1,z_2,\cdots,z_k,x_m>$ 是 X 和 Y 的长度为 $k+1$ 的公共子序列。这与 Z 是 X 和 Y 的一个最长公共子序列矛盾。因此，必有 $z_k = x_m = y_n$。由此可知 Z_{k-1} 是 X_{m-1} 和 Y_{n-1} 的一个长度为 $k-1$ 的公共子序列。若 X_{m-1} 和 Y_{n-1} 有一个长度大于 $k-1$ 的公共子序列 W，则将 x_m 加在其尾部将产生 X 和 Y 的一个长度大于 k 的公共子序列。此为矛盾。故

Z_{k-1} 是 X_{m-1} 和 Y_{n-1} 的一个最长公共子序列。

（2）由于 $z_k \neq x_m$，Z 是 X_{m-1} 和 Y 的一个公共子序列。若 X_{m-1} 和 Y 有一个长度大于 k 的公共子序列 W，则 W 也是 X 和 Y 的一个长度大于 k 的公共子序列。这与 Z 是 X 和 Y 的一个最长公共子序列矛盾。由此即知 Z 是 X_{m-1} 和 Y 的一个最长公共子序列。

（3）与（2）类似。

定理说明两个序列的最长公共子序列包含了其前缀的最长公共子序列。因此，最长公共子序列问题具有最优子结构性质。

2．子问题的递归结构

由最长公共子序列问题的最优子结构性质可知，要找出 $X=<x_1, x_2, \cdots, x_m>$ 和 $Y=<y_1, y_2, \cdots, y_n>$ 的最长公共子序列，可按以下方式递归地进行：当 $x_m = y_n$ 时，找出 X_{m-1} 和 Y_{n-1} 的最长公共子序列，然后在其尾部加上 $x_m(=y_n)$ 即可得 X 和 Y 的一个最长公共子序列。当 $x_m \neq y_n$ 时，必须解两个子问题，即找出 X_{m-1} 和 Y 的一个最长公共子序列及 X 和 Y_{n-1} 的一个最长公共子序列。这两个公共子序列中较长者即为 X 和 Y 的一个最长公共子序列。

由此递归结构容易看到最长公共子序列问题具有子问题重叠性质。例如，在计算 X 和 Y 的最长公共子序列时，可能要计算出 X 和 Y_{n-1} 及 X_{m-1} 和 Y 的最长公共子序列。而这两个子问题都包含一个公共子问题，即计算 X_{m-1} 和 Y_{n-1} 的最长公共子序列。

与矩阵连乘积最优计算次序问题类似，我们来建立子问题的最优值的递归关系。用 $c[i,j]$ 记录序列 X_i 和 Y_j 的最长公共子序列的长度。其中 $X_i=<x_1, x_2, \cdots, x_i>$，$Y_j=<y_1, y_2, \cdots, y_j>$。当 $i=0$ 或 $j=0$ 时，空序列是 X_i 和 Y_j 的最长公共子序列，故 $c[i,j]=0$。其他情况下，由定理可建立递归关系如下：

$$c[i,j]=\begin{cases} 0 & \text{if } i=0 \text{ or } j=0 \\ c[i-1,j-1]+1 & \text{if } i,j>0 \text{ and } x_i=y_j \\ \max\{c[i,j-1], c[i-1,j]\} & \text{if } i,j>0 \text{ and } x_i \neq y_j \end{cases}$$

3．计算最优值

直接利用上式容易写出一个计算 $c[i,j]$ 的递归算法，但其计算时间是随输入长度指数增长的。由于在所考虑的子问题空间中，总共只有 $O(mn)$ 个不同的子问题，因此，用动态规划算法自底向上地计算最优值能提高算法的效率。

计算最长公共子序列长度的动态规划算法 LCS_LENGTH(X, Y) 以序列 $X=<x_1, x_2, \cdots, x_m>$ 和 $Y=<y_1, y_2, \cdots, y_n>$ 作为输入。输出两个数组 $c[0..m, 0..n]$ 和 $b[1..m, 1..n]$。其中 $c[i,j]$ 存储 X_i 与 Y_j 的最长公共子序列的长度，$b[i,j]$ 记录指示 $c[i,j]$ 的值是由哪一个子问题的解得到的，这在构造最长公共子序列时要用到。最后，X 和 Y 的最长公共子序列的长度记录于 $c[m,n]$ 中。由于每个数组单元的计算耗费 $O(1)$ 时间，算法 LCS_LENGTH 耗时 $O(mn)$。

4．构造最长公共子序列

由算法 LCS_LENGTH 计算得到的数组 b 可用于快速构造序列 $X=<x_1, x_2, \cdots, x_m>$ 和

$Y=<y_1, y_2, \cdots, y_n>$ 的最长公共子序列。首先从 $b[m,n]$ 开始,沿着标志或下标所指的方向在数组 b 中搜索。并确定下列三种情况。

(1) X_i 与 Y_j 的最长公共子序列是由 X_{i-1} 与 Y_{j-1} 的最长公共子序列在尾部加上 x_i 得到的子序列;

(2) X_i 与 Y_j 的最长公共子序列和 X_{i-1} 与 Y_j 的最长公共子序列相同;

(3) X_i 与 Y_j 的最长公共子序列和 X_i 与 Y_{j-1} 的最长公共子序列相同。

通过上述方法,除了可以求得其最大长度外,还可以得到最长公共子序列。

5. 算法的改进

对于一个具体问题,按照一般的算法设计策略设计出的算法,往往在算法的时间和空间需求上还可以改进。这种改进,通常是利用具体问题的一些特殊性。

例如,在算法 LCS_LENGTH 和 LCS 中,可进一步将数组 b 省去。事实上,数组元素 $c[i,j]$ 的值仅由 $c[i-1,j-1]$,$c[i-1,j]$ 和 $c[i,j-1]$ 三个值之一确定,而数组元素 $b[i,j]$ 也只是用来指示 $c[i,j]$ 究竟由哪个值确定。因此,在算法 LCS 中,我们可以不借助于数组 b 而借助于数组 c 本身临时判断 $c[i,j]$ 的值是由 $c[i-1,j-1]$,$c[i-1,j]$ 和 $c[i,j-1]$ 中哪一个数值元素所确定,代价是 $O(1)$ 时间。既然 b 对于算法 LCS 不是必要的,那么算法 LCS_LENGTH 便不必保存它。这一来,可节省 $O(mn)$ 的空间,而 LCS_LENGTH 和 LCS 所需要的时间分别仍然是 $O(mn)$ 和 $O(m+n)$。不过,由于数组 c 仍需要 $O(mn)$ 的空间,因此这里所作的改进,只是在空间复杂性的常数因子上的改进。

另外,如果只需要计算最长公共子序列的长度,则算法的空间需求还可大大减少。事实上,在计算 $c[i,j]$ 时,只用到数组 c 的第 i 行和第 $i-1$ 行。因此,只要用两行的数组空间就可以计算出最长公共子序列的长度。更进一步的分析还可将空间需求减至 $\min(m,n)$。

参考代码如下:

```
#include <stdio.h>
#define MAX 100
char x[MAX + 1], y[MAX + 1];
int b[MAX + 1][MAX + 1], c[MAX + 1][MAX + 1], m, n;
static void Init_XY(void);
static void LCS_Length(void);
static void LCS(int i, int j);

int main (int argc, char * * argv)
{   Init_XY();
    LCS_Length();
    printf("The lowest common subsequence is :\n");
    LCS(m, n);
    printf("\n");
    getchar();
    return 0;
}

static void Init_XY(void)
{   int i;
```

```c
        printf("Please input two sequence numbers:");
        scanf_s("%d%d",&m,&n);
        getchar();
        printf("Please input two sequence numbers :\n");
        for(i = 1 ;i <= m; i++)
            scanf_s("%c",&x[i]);
        getchar();
        for (i = 1;i <= n ; i++)
            scanf_s("%c",&y[i]);
        getchar();
}

static void LCS_Length(void)
{   int i,j;
    for(i = 1; i <= m; i++)
        c[i][0] = 0;
    for(j = 1; j <= n; j++)
        b[0][j] = 0;
    for(i = 1; i <= m; i++)
        for(j = 1; j <= n; j++)
        {   if(x[i] == y[j])
            {
                c[i][j] = c[i-1][j-1] + 1;
                b[i][j] = 1;
            }
            else if(c[i-1][j] >= c[i][j-1])
            {   c[i][j] = c[i-1][j];
                b[i][j] = 2;
            }
            else
            {   c[i][j] = c[i][j-1];
                b[i][j] = 3;
            }
        }
        printf("The lowest common subsequence length = %d\n",c[m][n]);
}

static void LCS(int i, int j)
{   if(i == 0 || j == 0)
        return;
    if(b[i][j] == 1)
    {   LCS(i-1,j-1);
        printf("%c",x[i]);
    }
    else if(b[i][j] == 2)
        LCS(i-1,j);
    else
        LCS(i,j-1);
}
```

例 9-20 人类基因函数(Human Gene Functions)：[POJ 1080],[ZOJ 1027]

Description

It is well known that a human gene can be considered as a sequence, consisting of four nucleotides, which are simply denoted by four letters, A, C, G, and T. Biologists have been interested in identifying human genes and determining their functions, because these can be used to diagnose human diseases and to design new drugs for them.

A human gene can be identified through a series of time-consuming biological experiments, often with the help of computer programs. Once a sequence of a gene is obtained, the next job is to determine its function.

One of the methods for biologists to use in determining the function of a new gene sequence that they have just identified is to search a database with the new gene as a query. The database to be searched stores many gene sequences and their functions — many researchers have been submitting their genes and functions to the database and the database is freely accessible through the Internet.

A database search will return a list of gene sequences from the database that are similar to the query gene.

Biologists assume that sequence similarity often implies functional similarity. So, the function of the new gene might be one of the functions that the genes from the list have. To exactly determine which one is the right one another series of biological experiments will be needed.

Your job is to make a program that compares two genes and determines their similarity as explained below. Your program may be used as a part of the database search if you can provide an efficient one.

Given two genes AGTGATG and GTTAG, how similar are they? One of the methods to measure the similarity of two genes is called alignment. In an alignment, spaces are inserted, if necessary, in appropriate positions of the genes to make them equally long and score the resulting genes according to a scoring matrix.

For example, one space is inserted into AGTGATG to result in AGTGAT-G, and three spaces are inserted into GTTAG to result in -GT--TAG. A space is denoted by a minus sign(-). The two genes are now of equal length. These two strings are aligned:

AGTGAT-G
-GT--TAG

In this alignment, there are four matches, namely, G in the second position, T in the third, T in the sixth, and G in the eighth. Each pair of aligned characters is assigned a score according to the following scoring matrix.

Denotes that a space - space match is not allowed. The score of the alignment above is $(-3)+5+5+(-2)+(-3)+5+(-3)+5=9$.

Of course, many other alignments are possible. One is shown below (a different number of spaces are inserted into different positions):

AGTGATG
-GTTA-G

This alignment gives a score of $(-3)+5+5+(-2)+5+(-1)+5=14$. So, this one is better than the previous one. As a matter of fact, this one is optimal since no other alignment can have a higher score. So, it is said that the similarity of the two genes is 14.

Input

The input consists of T test cases. The number of test cases T is given in the first line of the input file. Each test case consists of two lines: each line contains an integer, the length of a gene, followed by a gene sequence. The length of each gene sequence is at least one and does not exceed 100.

Output

The output should print the similarity of each test case, one per line.

Sample Input	Sample Output
2	14
7 AGTGATG	21
5 GTTAG	
7 AGCTATT	
9 AGCTTTAAA	

【解题分析】

题目大意：要使两个字符串对齐，例如 AGTGATG、GTTAG 这两个字符串可以看成是 AGTGATG、-GTTA-G，也可以看成是 AGTGAT-G、-GT—TAG，然后按每个对齐的字母去查表（图9.7）可以得到它们的值，问怎样对齐可以得到所有值的和的最大值。

解题思路：这是一个变形的最长公共子序列。不同的是现在要求最优解。有以下3种情况：

(1) 取字符 $i-1$ 和 $j-1$ 的时候，dp$[i][j]$ = dp$[i-1][j-1]$ + matrix$[s1[i-1]][s2[j-1]]$；
(2) 取字符 $i-1$ 不取 $j-1$ 的时候，dp$[i][j]$ = dp$[i-1][j]$ + matrix$[s1[i-1]]['-']$；
(3) 取字符 $j-1$ 不取 $i-1$ 的时候，dp$[i][j]$ = dp$[i][j-1]$ + matrix$['-'][s2[j-1]]$。

最后，取 dp$[i][j]$ 值最大。

初值：dp$[0][0]$ = 0；因为每个字符都要和一个字符对齐，当然不包括"-"和"-"两个字符对齐，所以当 dp$[0][j]$ 的时候就代表 s2$[j-1]$ 与"-"对齐，所以 dp$[0][j]$ = dp$[0][j-1]$ + matrix$['-'][s2[j-1]]$。同理 dp$[i][0]$ = dp$[i-1][0]$ + matrix$[s1[i-1]]['-']$。

	A	C	G	T	-
A	5	-1	-2	-1	-3
C	-1	5	-3	-2	-4
G	-2	-3	5	-2	-2
T	-1	-2	-2	5	-1
-	-3	-4	-2	-1	*

图 9.7　相似性打分表

参考代码如下：

```
#include <iostream>
using namespace std;
#define MAXV 110
int matrix[5][5] =
{   5, -1, -2, -1, -3,
   -1, 5, -3, -2, -4,
   -2, -3, 5, -2, -2,
   -1, -2, -2, 5, -1,
   -3, -4, -2, -1, 0
};
```

```c
int GetId(char a)
{   switch(a)
    {   case 'A': return 0;
        case 'C': return 1;
        case 'G': return 2;
        case 'T': return 3;
        case '-': return 4;
    }
}
int max(int a,int b,int c)
{   if(a>=b && a>=c) return a;
    if(b>=a && b>=c) return b;
    return c;
}
int main()
{   int len1,len2,t,i,j,t1,t2,t3;
    char s1[MAXV],s2[MAXV];
    int dp[MAXV][MAXV];
    scanf("%d",&t);
    while(t--)
    {   scanf("%d%s%d%s",&len1,s1,&len2,s2);  /*输入相关参数*/
        memset(dp,0,sizeof(dp));              /*初始化*/
        dp[0][0] = 0;
        for(i=1;i<=len1;i++)
            dp[i][0] = dp[i-1][0] + matrix[GetId(s1[i-1])][GetId('-')];
        for(i=1;i<=len2;i++)
            dp[0][i] = dp[0][i-1] + matrix[GetId('-')][GetId(s2[i-1])];
        for(i=1;i<=len1;i++)                  /*动态规划求解*/
            for(j=1;j<=len2;j++)
            {   t1 = dp[i-1][j] + matrix[GetId(s1[i-1])][GetId('-')];
                t2 = dp[i][j-1] + matrix[GetId('-')][GetId(s2[j-1])];
                t3 = dp[i-1][j-1] + matrix[GetId(s1[i-1])][GetId(s2[j-1])];
                dp[i][j] = max(t1,t2,t3);
            }
        printf("%d\n",dp[len1][len2]);
    }
    return 0;
}
```

9.5.6 石子合并问题

例 9-21 石子合并问题：在一个圆形操场的四周摆放着 n 堆石子。现要将石子有次序地合并成一堆。规定每次只能选相邻的两堆石子合并成新的一堆，并将新的一堆石子数记为该次合并的得分。试设计一个算法，计算出将 n 堆石子合并成一堆的最小得分和最大得分。

Input：包含两行，第 1 行是正整数 $n(1 \leqslant n \leqslant 100)$，表示有 n 堆石子。第 2 行有 n 个数，分别表示每堆石子的个数。

Output：输出两行。第 1 行中的数是最小得分；第 2 行中的数是最大得分。

Sample Input
4
4 4 5 9
Sample Output
43
54

解题思路如下。

解题的基本思路还是动态规划。

$s(i,j)$表示从i起共合并j堆的最大(小)得分,通过分析可知该问题具有动态规划所要求的两个性质。

最优子结构性质:如果$s(i,j)$是从i起的共j个堆的最大(小)得分,那必定存在$k(i \leqslant k \leqslant j)$,使得$s(i,k)$和$s(i+k,j-k)$的得分分别是最大(小)的。

重叠子问题性质:计算$s(i,j)$时可以利用已经计算的结果简化计算步骤。
$s(i,j) = \max\{s(i,k)+s(i+k,j-k)\}$最后从$s(1,n),s(2,n),\cdots,s(n,n)$中选出值最小的一个即是该问题的解。

上述过程可以用一棵树来描述,并可求出n堆石子的合并算子,即给出树形动态规划的求解方程。其过程留给同学们课后研习。下面给出本例题的解题过程。

1. 基本过程

阶段i:石子的每一次合并过程,先两两合并,再三三合并……,最后n堆合并。

状态s:每一阶段中各个不同合并方法的石子合并总得分。

决策:把当前阶段的合并方法细分成前一阶段已计算出的方法,选择其中的最优方案。具体来说应该定义一个数组$s[i,j]$用来表示合并方法,i表示从编号为i的石头开始合并,j表示从i开始数j堆进行合并,$s[i,j]$为合并的最优得分。

对于上面的例子来说,初始阶段就是$s[1,1],s[2,1],s[3,1],s[4,1],s[5,1],s[6,1]$,因为一开始还没有合并,所以这些值应该全部为0。

2. 两两合并过程

$s[1,2] = s[1,1]+s[2,1]+\text{sum}(1,2)$
$s[2,2] = s[2,1]+s[3,1]+\text{sum}(2,2)$
$s[3,2] = s[3,1]+s[4,1]+\text{sum}(3,2)$
$s[4,2] = s[4,1]+s[5,1]+\text{sum}(4,2)$
$s[5,2] = s[5,1]+s[6,1]+\text{sum}(5,2)$
$s[6,2] = s[6,1]+s[1,1]+\text{sum}(6,2)$

其中$\text{sum}(i,j)$表示从i开始j个数的和。

3. 三堆石子合并过程

三三合并可以拆成两两合并,拆分方法有两种,前两个为一组或后两个为一组,即$s[1,3] = s[1,2]+s[3,1]+\text{sum}(1,3)$或$s[1,3] = s[1,1]+s[2,2]+\text{sum}(1,3)$,取其最优。

$s[2,3] = s[2,2] + s[4,1] + \text{sum}(2,3)$ 或 $s[1,3] = s[2,1] + s[3,2] + \text{sum}(2,3)$，取其最优。

4. 四堆石子的合并

四四合并的拆分方法有三种：$3+1$、$1+3$、$2+2$，即前 3 堆加第 4 堆、第 1 堆加后 3 堆、前 2 堆加后 2 堆，求出三种分法的得分，取其最优即可。

五堆、六堆合并过程可依次类推。

依据 $s[i,j] = \max\{s[i,k] + s[i+k, j-k]\}$ 最后从 $s[1,n], s[2,n], \cdots, s[n,n]$ 中选出最优解。

参考程序如下：

```c
#include "stdio.h"
#include "stdlib.h"
int num[101];
int s[99][100];

int sum(int i, int j, int n)                                //求和
{   int result, final;
    result = num[i];
    for(int p = 1; p <= j - 1; p++)
    {   if(i + p > n)
            final = (i + p) % n;
        else
            final = i + p;
        result = result + num[final];
    }
    return result;
}

int max(int n)
{   int k, t, w, result;
    for(int i = 1; i <= n; i++)                             //初始阶段就是 s[1,1], s[2,1], s[3,1],
            s[i][1] = 0;                                    //s[4,1], s[5,1], s[6,1]全部为 0
    for(int r = 2; r <= n; r++)                             //枚举阶段，从两两合并开始计算
    for( i = 1; i <= n; i++)                                //计算当前阶段的 n 种不同状态的值
    {   if(i + 1 > n)
            w = (i + 1) % n;
        else
            w = i + 1;
        s[i][r] = s[i][1] + s[w][r-1] + sum(i,r,n);         //s(i,r,n)表示从 i 开始 r 个数的和
        for( k = 1; k <= r - 1; k++)                        //枚举不同的分段方法
        {   if (i + k > n)
                w = (i + k) % n;
            else
                w = i + k;
            t = s[i][k] + s[w][r-k] + sum(i,r,n);
            if(t > s[i][r])                                 //比较取 s[1..n][r]中的最大值
                s[i][r] = t;
```

```c
        }
        result = s[1][n];
        for(int u = 1;u <= n;u++)                    //从 s[1][n]到 s[n][n]中取最大值
            if(s[u][n]> result)
                result = s[u][n];
        return result;
    }
    int min(int n)                                    //同 max()差不多
    {   int k,t,w,result;
        for(int i = 1;i <= n;i++)
            s[i][1] = 0;
        for(int r = 2;r <= n;r++)
            for( i = 1;i <= n;i++)
            {   if(i + 1 > n)
                    w = (i + 1) % n;
                else
                    w = i + 1;
                s[i][r] = s[i][1] + s[w][r - 1] + sum(i,r,n);
                m[i][r] = w;
                for( k = 1;k <= r - 1;k++)
                {   if(i + k > n)
                        w = (i + k) % n;
                    else
                        w = i + k;
                    t = s[i][k] + s[w][r - k] + sum(i,r,n);
                    if(t < s[i][r])                   //比较
                    {   s[i][r] = t;
                        m[i][r] = k;
                    }
                }
            }
        result = s[1][n];
        for(int u = 1;u <= n;u++)                    //还是比较,与 max 比较不同
        {   if(s[u][n]< result)
                result = s[u][n];
        }
        return result;
    }
    int main()
    {   int n;
        scanf(" % d",&n);
        for(int i = 1;i <= n;i++)
            scanf(" % d",&num[i]);
        printf(" % d\n",min(n));
        printf(" % d\n",max(n));
        return 1;
    }
```

例 9-22　一个古老的石子游戏（An old Stone Game）：[POJ 1738]

Description

There is an old stone game. At the beginning of the game the player picks $n(1 \leqslant n \leqslant 50000)$ piles of stones in a line. The goal is to merge the stones in one pile observing the following rules：

At each step of the game, the player can merge two adjoining piles to a new pile. The score is the number of stones in the new pile.

You are to write a program to determine the minimum of the total score.

Input

The input contains several test cases. The first line of each test case contains an integer n, denoting the number of piles. The following n integers describe the number of stones in each pile at the beginning of the game.

The last test case is followed by one zero.

Output

For each test case output the answer on a single line. You may assume the answer will not exceed 1 000 000 000.

Sample Input	Sample Output
1	0
100	17
3	8
3 4 3	
4	
1 1 1 1	
0	

【解题分析】

石子合并问题的普遍做法是动态规划。dp[i][j]表示从 i 合并到 j 这段石子所需的最小代价和。从小到大枚举区间就行了，时间复杂度为 $O(N^3)$。又因为有四边形不等式优化，设 $f[i][j]$ 为区间 $[i,j]$ 的最优分界点，则有 $f[i][j-1] \leqslant f[i][j] \leqslant f[i+1][j]$，复杂度就降为 $O(N^2)$。此时，对于 $N=50000$ 的复杂度来说依然不可接受。Knuth 在 TAOCP 里有一个很神奇的算法，叫做 GarsiaWachs。具体算法如下：

step 0：初始数组为 num[1..n]，num[0] = num[n + 1] = INF。

step 1：每次找到一个最小的 i 使得 num[i - 1]≤num[i + 1]，将 num[i - 1] 和 num[i] 合并为 temp。

step 2：找到前面一个最大的 j 使得 num[j] > temp，将 temp 放在 j 之后。

step 3：重复 1, 2，直到剩余的堆数为 1。

因为每次 step2 之后，指向的位置只需要向前一个即可（前面其他的都不会受到此次更新的影响），因此每次指针的移动并不多。因此，一个理论时间复杂度其实有 $O(N^2)$ 的算法就能够轻松过掉这道题。

参考程序如下:

```cpp
#include <iostream>
#include <cstdio>
#include <cstring>
using namespace std;
struct node
{   int d;
    node * prev, * next;
    node(int _d)
    {   d = _d;
        prev = next = 0;
    }
    node() {}
};
const int INF = 1000000000 + 1111111;
struct delink
{   node * head, * tail;
    int size;
    void init(int n)
    {   size = n;
        if (!n) return;
        node * last;
        head = new node(INF);
        tail = head; last = head;
        for (int i = 0; i <= n; ++i)
        {   int x;
            if (i < n) scanf(" %d", &x);
            else x = INF;
            tail = new node(x);
            tail->prev = last;
            last->next = tail;
            last = tail;
        }
    }
    int gao()
    {   node * now = head->next, * tmp, * k;
        int tot = 0, t;
        while (size-- > 1)
        {   while (!now->prev || now->prev->d > now->next->d) now = now->next;
            t = now->prev->d + now->d;
            now->next->prev = now->prev->prev;
            now->prev->prev->next = now->next;
            k = now->prev->prev;
            now = new node(t);
            tot += t;
            while (k->d <= t) k = k->prev;
            now->next = k->next;
            now->prev = k;
            k->next->prev = now;
            k->next = now;
            now = now->prev;
        }
        return tot;
```

```
        }
    }dq;

    int main()
    {   int n;
        while (scanf(" % d", &n), n)
        {   dq.init(n);
            printf(" % d\n", dq.gao());
        }
        return 0;
    }
```

本题实现代码有些复杂，建议读者用简单数组，并用递归过程重写实现代码，这样，既可以巩固知识，又可使代码更简洁。

9.5.7 凸多边形最优三角剖分

多边形是平面上一条分段线性闭曲线。也就是说，多边形是由一系列首尾相接的直线段组成的。组成多边形的各直线段称为该多边形的边。多边形相接两条边的连接点称为多边形的顶点。若多边形的边之间除了连接顶点外没有别的公共点，则称该多边形为简单多边形。一个简单多边形将平面分为三个部分：被包围在多边形内的所有点构成了多边形的内部；多边形本身构成多边形的边界；而平面上其余的点构成了多边形的外部。当一个简单多边形及其内部构成一个闭凸集时，称该简单多边形为凸多边形。也就是说凸多边形边界上或内部的任意两点所连成的直线段上所有的点均在该凸多边形的内部或边界上。

通常，用多边形顶点的逆时针序列来表示一个凸多边形，即 $P = \{v_0, v_1, \cdots, v_{n-1}\}$ 表示具有 n 条边 $v_0v_1, v_1v_2, \cdots, v_{n-1}v_n$ 的一个凸多边形，其中，约定 $v_0 = v_n$。

若 v_i 与 v_j 是多边形上不相邻的两个顶点，则线段 v_iv_j 称为多边形的一条弦。弦将多边形分割成凸的两个子多边形 $\{v_i, v_{i+1}, \cdots, v_j\}$ 和 $\{v_j, v_{j+1}, \cdots, v_i\}$。多边形的三角剖分是一个将多边形分割成互不重叠的三角形的弦的集合 T。图 9.8 是一个凸多边形的两种不同的三角剖分。

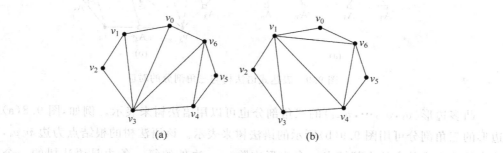

图 9.8 一个凸多边形的两种不同的三角剖分

在凸多边形 P 的一个三角剖分 T 中，各弦互不相交且弦数已达到最大，即 P 的任一不在 T 中的弦必与 T 中某一弦相交。在一个有 n 个顶点的凸多边形的三角剖分中，恰好有 $n-3$ 条弦和 $n-2$ 个三角形。

凸多边形最优三角剖分问题是：给定一个凸多边形 $P=\{v_0,v_1,\cdots,v_{n-1}\}$ 以及定义在由多边形的边和弦组成的三角形上的权函数 ω。要求确定该凸多边形的一个三角剖分，使得该三角剖分对应的权即剖分中诸三角形上的权之和为最小。

可以定义三角形上各种各样的权函数 ω。例如：

定义 $\omega(v_iv_jv_k)=|v_iv_j|+|v_iv_k|+|v_kv_j|$，其中，$|v_iv_j|$ 是点 v_i 到 v_j 的欧氏距离。相应于此权函数的最优三角剖分即为最小弦长三角剖分。

注意：解决此问题的算法必须适用于任意的权函数。

用动态规划算法也能有效地求解凸多边形的最优三角剖分问题。尽管这是一个计算几何学问题，但在本质上，它与矩阵连乘积的最优计算次序问题极为相似。

1. 三角剖分的结构及其相关问题

凸多边形的三角剖分与表达式的完全加括号方式之间具有十分紧密的联系。正如矩阵连乘积的最优计算次序问题等价于矩阵链的完全加括号方式。这些问题之间的相关性可从对应的完全二叉树的同构性看出。这里的所谓完全二叉树是指叶子结点以外的所有结点的度数都为 2 的二叉树（注意与满二叉树和近似满二叉树的区别）。

一个表达式的完全加括号方式对应于一棵完全二叉树，并称这棵二叉树为表达式的语法树。例如，与完全加括号的矩阵连乘积 $((A_1(A_2A_3))(A_4(A_5A_6)))$ 相对应的语法树如图 9.9(a) 所示。

语法树中每一个叶子结点表示表达式中一个原子。在语法树中，若一结点有一个表示表达式 E_l 的左子树，以及一个表示表达式 E_r 的右子树，则以该结点为根的子树表示表达式 (E_lE_r)。因此，有 n 个原子的完全加括号表达式对应于唯一的一棵有 n 个叶子结点的语法树，反之亦然。

图 9.9 表达式语法树与三角剖分的对应

凸多边形 $\{v_0,v_1,\cdots,v_{n-1}\}$ 的三角剖分也可以用语法树来表示。例如，图 9.8(a) 中凸多边形的三角剖分可用图 9.9(b) 所示的语法树来表示。该语法树的根结点为边 v_0v_6，三角剖分中的弦组成其余的内部结点。多边形中除 v_0v_6 边外的每一条边是语法树的一个叶子结点。树根 v_0v_6 是三角形 $v_0v_3v_6$ 的一条边，该三角形将原多边形分为三个部分：三角形 $v_0v_3v_6$，凸多边形 $\{v_0,v_1,\cdots,v_3\}$ 和凸多边形 $\{v_3,v_4,\cdots,v_6\}$。三角形 $v_0v_3v_6$ 的另外两条边，即弦 v_3v_6 和 v_0v_3 为根的两个孩子。以它们为根的子树分别表示凸多边形 $\{v_0,v_1,\cdots,v_3\}$ 和凸多边形 $\{v_3,v_4,\cdots,v_6\}$ 的三角剖分。

在一般情况下，一个凸 n 边形的三角剖分对应于一棵有 $n-1$ 个叶子结点的语法树。反之，也可根据一棵有 $n-1$ 个叶子结点的语法树产生相应的一个凸 n 边形的三角剖分。也就是说，凸 n 边形的三角剖分与 $n-1$ 个叶子的语法树之间存在一一对应关系。由于 n 个矩阵的完全加括号乘积与 n 个叶子的语法树之间存在一一对应关系，因此 n 个矩阵的完全加括号乘积也与凸 $(n+1)$ 边形的三角剖分之间存在一一对应关系。图 9.9(a) 和图 9.9(b) 表示出了这种对应关系，这时 $n=6$。矩阵连乘积 $A_1A_2..A_6$ 中的每个矩阵 A_i 对应于凸 $(n+1)$ 边形中的一条边 $v_{i-1}v_i$。三角剖分中的一条弦 $v_iv_j, i < j-1$，对应于矩阵连乘积 $A_{i+1}..A_j$。

事实上，矩阵连乘积的最优计算次序问题是凸多边形最优三角剖分问题的一个特殊情形。对于给定的矩阵链 $A_1A_2..A_n$，定义一个与之相应的凸 $(n+1)$ 边形 $P = \{v_0, v_1, \cdots, v_n\}$，使得矩阵 A_i 与凸多边形的边 $v_{i-1}v_i$ 一一对应。若矩阵 A_i 的维数为 $p_{i-1} \times p_i, i = 1, 2, \cdots, n$，则定义三角形 $v_iv_jv_k$ 上的权函数值为 $\omega(v_iv_jv_k) = p_ip_jp_k$。依此权函数的定义，凸多边形 P 的最优三角剖分所对应的语法树给出矩阵链 $A_1A_2..A_n$ 的最优完全加括号方式。

2．最优子结构性质

凸多边形最优三角剖分问题有最优子结构性质。事实上，若凸 $(n+1)$ 边形 $P = \{v_0, v_1, \cdots, v_n\}$ 的一个最优三角剖分 T 包含三角形 $v_0v_kv_n, 1 \leqslant k \leqslant n-1$，则 T 的权为三个部分权的和，即三角形 $v_0v_kv_n$ 的权，子多边形 $\{v_0, v_1, \cdots, v_k\}$ 的权和 $\{v_k, v_{k+1}, \cdots, v_n\}$ 的权之和。可以断言由 T 所确定的这两个子多边形的三角剖分也是最优的，因为若有 $\{v_0, v_1, \cdots, v_k\}$ 或 $\{v_k, v_{k+1}, \cdots, v_n\}$ 的更小权的三角剖分，将会导致 T 不是最优三角剖分的矛盾。

3．最优三角剖分的递归结构

首先，定义 $t[i,j], 1 \leqslant i < j \leqslant n$ 为凸子多边形 $\{v_{i-1}, v_i, \cdots, v_j\}$ 的最优三角剖分所对应的权值，即最优值。为方便起见，设退化的多边形 $\{v_{i-1}, v_i\}$ 具有权值 0。据此定义，要计算的凸 $(n+1)$ 边多边形 P 对应的权的最优值为 $t[1,n]$。

$t[i,j]$ 的值可以利用最优子结构性质递归地计算。由于退化的 2 顶点多边形的权值为 0，所以 $t[i,i] = 0, i = 1, 2, \cdots, n$。当 $j - i \geqslant 1$ 时，子多边形 $\{v_{i-1}, v_i, \cdots, v_j\}$ 至少有三个顶点。由最优子结构性质，$t[i,j]$ 的值应为 $t[i,k]$ 的值加上 $t[k+1,j]$ 的值，再加上 $v_{i-1}v_kv_j$ 的权值，并在 $i \leqslant k \leqslant j-1$ 的范围内取最小。由此，$t[i,j]$ 可递归地定义为：

$$t[i,j] = \begin{cases} 0 & i = j \\ \min_{i \leqslant k \leqslant j-1} \{t[i,k] + t[k+1,j] + \omega(v_{i-1}v_kv_j)\} & i < j \end{cases} \quad 1 \leqslant i \leqslant j \leqslant n$$

4．计算最优值

与矩阵连乘积问题中计算 $m[i,j]$ 的递归式进行比较，容易看出，除了权函数的定义外，两个递归式是完全一样的。因此，只要对计算 $m[i,j]$ 的算法做很小的修改就可以完全适用于计算 $t[i,j]$。

下面描述计算凸 $(n+1)$ 边形 $P = \{v_0, v_1, \cdots, v_n\}$ 的三角剖分最优权值的动态规划算法 MINIMUM_WEIGHT_TRIANGULATION，输入是凸多边形 $P = \{v_0, v_1, \cdots, v_n\}$ 的权函数

ω，输出是最优值 $t[i,j]$ 和使得 $t[i,k]+t[k+1,j]+\omega(v_{i-1}v_kv_j)$ 达到最优的位置（$k=s[i,j]$，$1\leqslant i\leqslant j\leqslant n$）。

```
static void MINIMUM_WEIGHT_TRIANGULATION(int n,int t[][],int s[][])
{   for (int i = 1;i<= n;i++) t[i][i] = 0;
    for (int ll = 2;ll<= n;ll++)
        for (int i = 1;i<= n - ll + 1,i++)
        {   j = i + ll - 1;
            t[i][j] = MaxINF;
            for (int k = i;i<= j - 1;i++)
            {   int q = t[i][k]+ t[k+1][j]+ w(i-1,k, j);
                if (q<t[i][j])
                {   t[i][j] = q;
                    s[i][j] = k;
                }
            }
        }
    return(t,s);
}
```

与 MATRIX_CHAIN_ORDER 一样，算法 MINIMUM_WEIGHT_TRIANGULATION 占用 $O(n^2)$ 空间，耗时 $O(n^3)$。

5. 构造最优三角剖分

上述算法在计算每一个子多边形$\{v_{i-1},v_i,\cdots,v_j\}$的最优三角剖分所对应的权值 $t[i,j]$ 的同时，还在 $s[i,j]$ 中记录了此最优三角剖分中与边（或弦）$v_{i-1}v_j$ 构成三角形的第三个顶点的位置。因此，利用最优子结构性质并借助于 $s[i,j]$，$1\leqslant i\leqslant j\leqslant n$，凸$(n+1)$边形 $P=\{v_0,v_1,\cdots,v_n\}$的最优三角剖分可在 $O(n)$ 时间内构造出来。

习题

（1）一个文件以下列频率包含冒号、空格、换行（newline）、逗号和数字：冒号(100)，空格(605)，换行(100)，逗号(705)，0(431)，1(242)，2(176)，3(59)，4(185)，5(250)，6(174)，7(199)，8(205)，9(217)。构造其 Huffman 编码。

（2）编写一个程序实现最近点对算法。

（3）为什么 Strassen 算法在 2×2 矩阵的乘法中不使用可交换性是重要的。

（4）计算 $A_1A_2A_3A_4A_5A_6$ 的最优方法是什么？其中，这些矩阵的阶数分别为 A_1：10×20，A_2：20×1，A_3：1×40，A_4：40×5，A_5：5×30，A_6：30×15。

（5）编写一个 $O(MN)$算法，求解最长公共子序列问题。

（6）矩形覆盖：在平面上给出了 n 个点，现在需要用一些平行于坐标轴的矩形把这些点覆盖住。每个点都需要被覆盖，而且可以被覆盖多次。每个矩形都至少要覆盖两个点，而且处于矩形边界上的点也算作被矩形覆盖。注意：矩形的长宽都必须是正整数，也就是说矩形不能退化为线段或者点。问怎样选择矩形,才能够使矩形的总面积最小。

(7) 金银岛:某天 KID 利用飞行器飞到了一个金银岛上,上面有许多珍贵的金属,KID 虽然更喜欢各种宝石的艺术品,可是也不拒绝这样珍贵的金属。但是他只带着一个口袋,口袋至多只能装重量为 w 的物品。岛上金属有 s 个种类,每种金属重量不同,分别为 n_1, $n_2, \ldots, n_s$,同时每个种类的金属总的价值也不同,分别为 $v_1, v_2, \cdots, v_s$。KID 想一次带走价值尽可能多的金属,问他最多能带走价值多少的金属。注意:金属是可以被任意分割的,并且金属的价值和其重量成正比。

(8) 采药:辰辰是个很有潜能、天资聪颖的孩子,他的梦想是成为世界上最伟大的医师。为此,他想拜附近最有威望的医师为师。医师为了判断他的资质,给他出了一个难题。医师把他带到一个到处都是草药的山洞里对他说:"孩子,这个山洞里有一些不同的草药,采每一株都需要一些时间,每一株也有它自身的价值。我会给你一段时间,在这段时间里,你可以采到一些草药。如果你是一个聪明的孩子,你应该可以让采到的草药的总价值最大。"如果你是辰辰,你能完成这个任务吗?

(9) Pell 数列:Pell 数列 $a_1, a_2, a_3, \cdots$ 的定义是:$a_1 = 1, a_2 = 2, \cdots, a_n = 2 \times a_{n-1} + a_{n-2}(n > 2)$。给出一个正整数 $k(1 \leqslant k \leqslant 1\,000\,000)$,求 Pell 数列的第 k 项除以 32 767 的余数是多少?

(10) 集合加法:给出 2 个正整数集合 $A = \{p_i \mid 1 \leqslant i \leqslant a\}$,$B = \{q_j \mid 1 \leqslant j \leqslant b\}$ 和一个正整数 $s(1 \leqslant s \leqslant 10000)$。问题是使得 $p_i + q_j = s$ 的不同的 (i, j) 对有多少个。

(11) 木材加工:木材厂有 N 根原木,现在想把这些木头切割成一些长度相同的小段木头,需要得到的小段的数目 K 是给定了。希望得到的小段越长越好,你的任务是计算能够得到的小段木头的最大长度。木头长度的单位是厘米。原木的长度都是正整数,要求切割得到的小段木头的长度也是正整数($1 \leqslant N \leqslant 10\,000$,$1 \leqslant K \leqslant 10\,000$)。

(12) 最大子矩阵:将矩阵的大小定义为矩阵中所有元素的和。给定一个 $N \times N(0 < N \leqslant 100)$ 的矩阵,找到最大的非空(大小至少是 1×1)子矩阵。

例如,如下 4×4 的矩阵:
0 -2 -7 0
9 2 -6 2
-4 1 -4 1
-1 8 0 -2
它的最大子矩阵是:
9 2
-4 1
-1 8
这个子矩阵的大小是 15。

ACM/ICPC 实战练习

(1) POJ 2753,Similarity of necklaces
(2) POJ 3070,Fibonacci

(3) POJ 3124, The Bookcase
(4) POJ 1458, ZOJ 1733, Common Subsequence
(5) POJ 2250, ZOJ 1939, Compromise
(6) POJ 2127, ZOJ 2432, codeforces
(7) POJ 1064, ZOJ 1464, Cable master
(8) POJ 1741, Tree
(9) POJ 2524, Ubiquitous Religions
(10) POJ 1987, Distance Statistics
(11) POJ 3233, Matrix Power Series
(12) POJ 2114, ZOJ 2304, Boatherds
(13) POJ 2709, Painter
(14) POJ 1129, ZOJ 1084, Channel Allocation
(15) POJ 1017, ZOJ 1307, Packets

参 考 文 献

[1] 严蔚敏,吴伟民.数据结构(C语言版)[M].北京:清华大学出版社,2004.
[2] 李文新,郭炜,余华山.程序设计导引及在线实践[M].北京:清华大学出版社,2012.
[3] 王晓东.算法设计与分析(第二版)[M].北京:清华大学出版社,2008.
[4] 耿国华.数据结构(C语言描述)(第二版)[M].西安:西安电子科技大学出版社,2008.
[5] Mark Allen Weiss 著.数据结构与算法分析[M].冯舜玺译.北京:机械工业出版社,2007.
[6] Clifford A. Shaffer 著.数据结构与算法分析[M].张铭,刘晓丹译.北京:电子工业出版社,1998.
[7] 李春葆,苏光奎.数据结构与算法教程[M].北京:清华大学出版社,2005.
[8] 王红梅,胡明,王涛.数据结构(C++版)[M].北京:清华大学出版社,2010.
[9] 吴永辉,王建德.数据结构编程实验[M].北京:机械工业出版社,2012.
[10] 许卓群,杨冬青,唐世渭.数据结构与算法[M].北京:高等教育出版社,2006.

图书资源支持

感谢您一直以来对清华版图书的支持和爱护。为了配合本书的使用,本书提供配套的素材,有需求的用户请到清华大学出版社主页(http://www.tup.com.cn)上查询和下载,也可以拨打电话或发送电子邮件咨询。

如果您在使用本书的过程中遇到了什么问题,或者有相关图书出版计划,也请您发邮件告诉我们,以便我们更好地为您服务。

我们的联系方式:

地　　址: 北京海淀区双清路学研大厦 A 座 707

邮　　编: 100084

电　　话: 010-62770175-4604

资源下载: http://www.tup.com.cn

电子邮件: weijj@tup.tsinghua.edu.cn

QQ: 883604(请写明您的单位和姓名)

用微信扫一扫右边的二维码,即可关注清华大学出版社公众号"书圈"。

扫一扫
资源下载、样书申请
新书推荐、技术交流